U0221164

5G 丛书

无线 D2D 通信与网络详解

宋令阳

［新］杜斯特·尼亚托（Dusit Niyato）

［美］韩竹

［加］埃克拉姆·侯赛因（Ekram Hossain）

著

李　楠　董江波　董炎杰　詹　义　译

机　械　工　业　出　版　社

本书主要介绍无线 D2D 通信网络设计、分析和优化技术，包括无线 D2D 通信的基本理论以及该领域的研发动态。

随着对高速率无线数据接入的需求不断增加，D2D 通信将成为蜂窝网络的关键技术。本书从物理层、MAC 层、网络层和应用层对基于端到端的无线通信做了介绍，并且在讨论真实应用场景以及未来发展之前提供了所有的关键背景信息。本书对重点内容进行了深入讨论，比如为承载更大容量以及为用户提供更好服务的蜂窝网络和 Ad－Hoc D2D 网络之间的动态资源（如频谱及功率等）共享技术。读者将了解通信网络在真实场景中的资源管理、优化、安全性、标准化和网络拓扑结构等方面以及所面临的挑战，并学习如何在实践中运用设计原则。

图书在版编目（CIP）数据

无线 D2D 通信与网络详解/宋令阳等著；李楠等译. —北京：机械工业出版社，2022.6

（5G 丛书）

书名原文：Wireless Device－to－Device Communications and Networks

ISBN 978-7-111-70592-5

Ⅰ. ①无…　Ⅱ. ①宋…　②李…　Ⅲ. ①无线电通信－通信网　Ⅳ. ①TN92

中国版本图书馆 CIP 数据核字（2022）第 065210 号

机械工业出版社（北京市百万庄大街 22 号　邮政编码 100037）

策划编辑：林　桢　　　　责任编辑：林　桢

责任校对：潘　蕊　王明欣　封面设计：鞠　杨

责任印制：刘　媛

北京盛通商印快线网络科技有限公司印刷

2022 年 8 月第 1 版第 1 次印刷

184mm×240mm・21 印张・1 插页・531 千字

标准书号：ISBN 978-7-111-70592-5

定价：129.00 元

电话服务　　　　　　　　　　网络服务

客服电话：010-88361066　　　机　工　官　网：www. cmpbook. com

　　　　　010-88379833　　　机　工　官　博：weibo. com/cmp1952

　　　　　010-68326294　　　金　　　书　　　网：www. golden-book. com

封底无防伪标均为盗版　　　机工教育服务网：www. cmpedu. com

推　荐　序

随着手机移动媒体业务不断增加，对高速率无线数据接入的需求也呈现出爆发式的增长。然而传统的移动通信网络是基于一种以基站为中心的集中式的网络拓扑结构的，所有的用户需要借助基站来接入网络，实现通信。这样的网络拓扑结构，其系统容量将受限于基站的性能，当大量用户同时进行业务操作的时候，就可能造成网络拥塞，影响网络达到其最佳性能。

Device - to - Device（D2D）通信的提出，缓解了上述问题。在蜂窝网络内，D2D 通信与蜂窝网络使用相同的资源，用户既可以通过传统蜂窝系统获得服务，终端之间也可以在基站的控制下直接通过 D2D 链路进行通信，这样就能够有效地采用点对点传输，将基站的流量转移为本地，从而提高无线网络容量，提升用户业务体验，也有效节约了终端耗电量。而且，D2D 通信能够允许在授权或非授权频谱资源上运营，从而大大提高了频谱利用效率，可以为运营商带来更大的收益。可以想见，D2D 通信将成为蜂窝网络需支持的关键技术之一。

本书主要介绍了无线 D2D 通信网络设计、分析和优化技术，包括无线 D2D 通信的基本理论以及该领域的研发动态。本书从物理层、MAC 层、网络层和应用层对基于端到端的无线通信做了详细的介绍，讨论了 D2D 通信技术的真实应用场景，并介绍了如何在实践中运用相关的设计原则。本书还对 D2D 通信的关键技术进行了深入阐述，如功率控制技术、动态资源共享技术等，以及安全性、标准化、网络拓扑等方面的技术内容。

本书的作者对 D2D 通信的技术原理、关键技术和实际应用进行了长期、大量的跟踪研究。作者站在实际应用的角度，对 D2D 通信进行了全面的梳理。通过阅读本书不仅可以帮助读者了解 D2D 通信的基本原理，还可以增强在实际网络中应用该技术的能力。相信本书一定能够为广大研究人员和工程技术人员提供有力的帮助。

译 者 序

随着移动互联网的飞速发展，移动通信网络容量压力日渐增大，而无线频谱资源越发紧缺。如何有效提升频率利用效率，增加网络容量，应对爆发式增长的移动互联网业务，是当前移动通信网络研究的一个热点。3GPP 在 LTE 的基础上，提出了多种新技术来满足网络的要求，以提供更高的数据传输速率和系统容量。其中，Device - to - Device（D2D）通信就是推荐的方法之一。

D2D 通信是一种在系统控制下，允许终端之间通过复用蜂窝资源直接进行通信的新型技术，它能够有效增加蜂窝系统频谱效率，并在一定程度上解决无线通信系统频谱资源匮乏的问题。除了提升频率利用效率外，它还具有减少终端功耗、增加待机时间、加快业务传输速率等优势。D2D 通信的引入也使得蜂窝通信终端建立 Ad - Hoc 网络成为可能，在特定情况下，终端可借助 D2D 实现端到端通信甚至接入蜂窝网络，用户之间既可以方便地实现移动社区服务，又可以有效接入蜂窝网络，极大地拓展了移动通信的应用场景。

本书系统介绍了 D2D 通信的基本原理、建模方法、资源管理、网络设计、系统安全、标准化进程以及实际应用等，对 D2D 通信的关键技术进行了全面研讨。对于其重要应用，如 Ad - Hoc D2D 网络和移动社交网络也进行了深入讨论。通过阅读本书，读者可以了解到 D2D 通信的很多技术细节，还能够学习到如何在真实网络中更好地使用 D2D 通信来增强网络性能，并扩展移动业务应用。

本文的译者长期从事无线通信技术研究和开发工作，具有丰富的理论基础和实践经验。李楠负责翻译第 1、5、12 章，董江波负责翻译第 2 ~ 4 章，董炎杰负责翻译第 9 ~ 11 章，奝义负责翻译第 6 ~ 8 章。全书由李楠负责统稿和审校。

鉴于译者的水平有限，书中难免有翻译疏漏和不妥之处，恳请读者批评指正。

原书前言

现在越来越多的移动媒体业务直接应用于手机，致使对高数据传输速率的无线接入需求也不断增加。因此，随之出现了一些新的无线技术来提供高速、大容量并且保证 QoS 的移动服务。一些新技术，如微蜂窝网络和异构网络逐渐涌现，它们能通过减小蜂窝覆盖范围从而提高网络容量，并且有效地抑制干扰。然而，所有这些尝试仍然依赖于一个集中式的网络拓扑结构，即均需要有基站或接入点供移动设备进行通信。这样一个集中式的网络拓扑结构本质上是受限于基站或者接入点的性能的，当存在大量移动通信设备时可能造成网络拥塞。而且，基站和接入点可能没有设备之间的完整传输参数，这会对达到最佳的网络性能有影响。为了缓解这个问题，我们引入了 D2D 通信的概念，从而允许从基站和接入点卸载流量进行本地点对点传输。此外，这项技术的关键是要增加无线网络容量来满足移动应用程序和服务的带宽要求。D2D 通信在蜂窝网络中提高用户体验和资源利用率方面是一项很有潜力的技术，并且能够在授权或非授权频谱资源上运营。

D2D 通信可以是底层或覆盖一个蜂窝网络，使用相同的资源可以提高系统的吞吐量。具体来说，在蜂窝网络内，UE 可以通过 eNB 提供服务，同时 UE 间可以直接通过 D2D 链路进行通信。利用 D2D 通信的 UE 仍然在蜂窝网络内被 eNB 弱控制，因此可以继续使用蜂窝网络。eNB 可以控制应用在蜂窝网络和 D2D 链路上的资源。eNB 也可以通过限定 D2D 发射机的传输参数（如发射功率和通信时长）来控制对蜂窝接收机的干扰。

众多研究人员和无线工程师推测 D2D 通信将成为蜂窝网络的一个重要特性。D2D 通信有以下优势：

1）扩大覆盖面积。

2）为蜂窝网络卸载流量。

3）提高能源利用效率。

4）提高吞吐量和频谱效率。

5）创建新服务，如社交/车载自组织网络服务等。

设计、分析和优化 D2D 通信和网络需要多学科的知识，如无线通信网络、信号处理、人工智能、决策理论、优化和经济理论。因此，一本能包含蜂窝网络中 D2D 通信的研究进展和基本概念理论的书对于研究人员和工程师都是非常有用的。

本书从物理层、MAC 层、网络层和应用层各个方面总结了 D2D 通信与蜂窝网络共存的研究进展。本书主要有以下特点：

1）D2D 通信和网络的整体视图。

2）关于 D2D 通信网络的最先进的研究和关键技术的全面回顾。

3）涵盖 D2D 通信网络的技术设计、分析、优化和应用等各方面。

4）概述了 D2D 通信和网络有关的关键研究问题。

5）D2D 通信的标准化进程。

本书分为 5 部分：第 1 部分为引言；第 2 部分为 D2D 通信建模和分析技术；第 3 部分为 D2D 通信的资源管理、跨层设计和安全性；第 4 部分为 D2D 通信的应用；第 5 部分为 D2D 通信标准化。

第 1 部分是第 1 章，是对 D2D 通信的整体介绍，包括不同的配置或接入方法、设备的同步和搜索、频谱共享和资源管理、功率控制和 D2D 局域网。并且描述了 D2D 通信的模拟场景。

第 2 部分包括第 2 章和第 3 章，介绍了应用在 D2D 通信中的不同技术，包括设计、分析、优化等相关技术。特别地，用来获取优化资源控制方案的优化技术会在第 2 章中详细讨论。并对优化技术的主要变化（如非约束和约束的最优化、非线性最优化、联合最优化）进行了介绍。同时，对基于动态规划的随机优化、马尔可夫决策过程和随机规划都进行了讨论。第 3 章介绍了博弈论知识，包括不同的博弈论模型的基本知识，即非合作博弈、重复博弈、合作博弈（讨价还价博弈和联盟博弈）以及匹配理论和拍卖理论。

第 3 部分包括第 4 ~ 8 章，讨论了无线资源管理、跨层设计和 D2D 通信的安全性。第 4 章阐述基于联盟博弈论的 D2D 通信的模式选择框架，同时提出了一个联合模式选择和资源配置的模型。第 5 章集中在 D2D 通信的干扰协调，提出一种网络辅助的功率控制方案来同时考虑降低干扰和节能。第 6 章介绍了 D2D 通信的子信道分配和时域调度的方法。第 7 章提供了对跨层设计理论的论述，同时讨论了利用这些概念开发新协议所面临的挑战，另外还列举了几个跨层设计的例子。第 8 章讨论了 D2D 通信在邻区发现和数据传输阶段引起的安全性问题，并讨论了物理层安全作为保证 D2D 通信安全的方法。

第 4 部分包括第 9 ~ 11 章，介绍了 D2D 通信的应用场景。特别地，第 9 章讨论了车载自组织网络的应用。第 10 章讨论了 D2D 通信在移动社交网络协作内容分发中的应用。第 11 章介绍了 M2M 通信的范例，说明了当 D2D 用户相互接近时，D2D 通信可以考虑为 M2M 通信的一种类型。

第 5 部分是第 12 章，介绍了 D2D 通信在网络中的驱动力、需求和应用场景。此外，该章还介绍了计算机仿真评估 D2D 通信性能（包括链路级和系统级）的关键方法和系统参数。

因为本书各章是相互独立的，所以跳过任一章都不会影响您继续阅读其他章。

在本书出版之际，也感谢美国国家科学基金会、加拿大自然科学和工程研究委员会对本书所有研究内容的支持。

宋令阳
Dusit Niyato
韩竹
Ekram Hossain

目录

第 3 部分 D2D 通信的资源管理、跨层设计和安全性

第4部分　D2D通信的应用

第5部分 D2D通信标准化

第1部分　引　　言

第 1 章　D2D 通信基础知识

作为下一代无线通信系统，3GPP LTE 致力于为高数据速率和系统容量提供技术。此外，LTE - Advanced（LTE - A）被定义为支持 LTE 的新组件，以满足更高的通信需求[1]。其中，本地服务的性能和服务质量（Quality of Service，QoS）需要通过频谱资源的重用方能显著提高。然而，重用未经授权的频谱可能无法提供一个稳定的可控环境[2]。因此，为本地服务开辟授权频谱的方法，已经吸引了很多关注。在本章中，我们提出了在授权频段内设备到设备（Device to Device，D2D）通信的基本概念。我们首先给出了底层（underlaying）蜂窝网络 D2D 通信的概述。然后，讨论了接入方法、设备同步和发现机制。其次，简要介绍了模式选择、频谱共享、功率控制和多输入多输出（Multiple - Input Multiple - Output，MIMO）技术。提出了 D2D 直连和 D2D 局域网（Local Area Network，LAN）的概念，并给出了一个 D2D 直连的仿真场景的例子，最后简要描述了 D2D 通信的问题和挑战。

1.1　D2D 通信概述

D2D 通信通常指的是，使设备之间直接通信的技术，而不需要通过接入点或基站。D2D 通信可认为是一种 LTE - A 的技术组件，用户设备（User Equipment，UE）彼此之间通过直接链路连接来传输数据信号，使用蜂窝资源却无须通过 eNB（即基站）。作为一个蜂窝网络的底层，D2D 通信可以提高频谱效率[1,3-9]。同时，D2D 通信也可以认为是 4G 系统的一个附加组件，并成为下一代通信技术（例如，5G[5] 蜂窝网络）支持的“原生（native）”功能选项。

D2D 通信可以有三种类型，如图 1.1 所示。

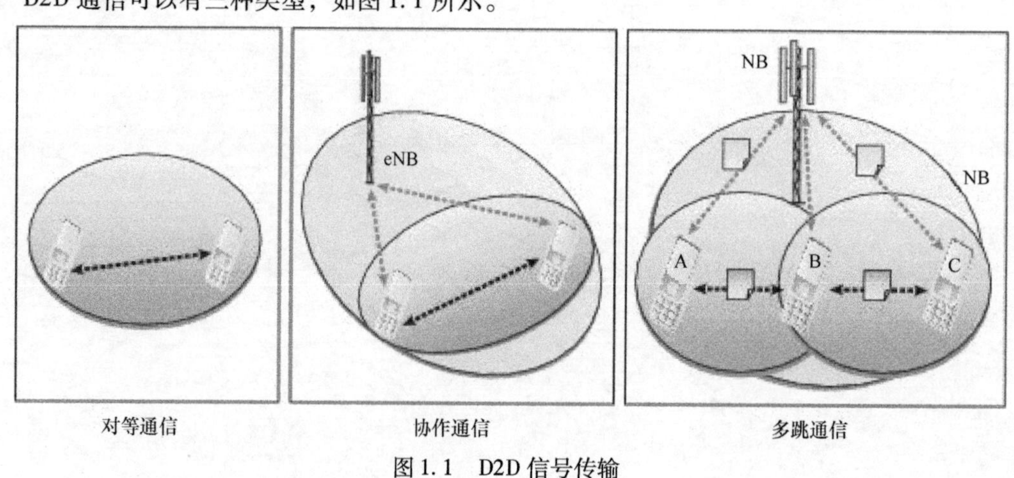

图 1.1　D2D 信号传输

- **对等通信**：此类型是一种点对点通信，大多数针对 D2D 通信的研究主要考虑此传输类型。

- **协作通信**：此类型是使用终端作为中继来扩展覆盖范围，并利用多个终端的协作实现合作分集，以获得空间分集。
- **多跳通信**：此类型是类似于移动点对点（Ad-Hoc）网络和网状（mesh）网络，其中可能包括复杂的数据叠加和数据路由，例如无线网络编码。

D2D 通信虽然提升了频谱效率，并大大提升了系统容量，但也会由于频谱共享而造成蜂窝网络的干扰。因此，必须制定有效的干扰协调机制，以保证蜂窝通信的目标性能水平。参考文献［1，3，10，11］研究了利用 D2D UE 来限制同信道干扰的情况。参考文献［12］利用 MIMO 传输方案，避免在蜂窝下行链路干扰共享相同资源的 D2D 接收器，以保证 D2D 通信所需的性能目标。干扰管理无论是蜂窝网络对 D2D 通信的干扰，还是 D2D 对蜂窝网络的干扰，都在参考文献［13］中进行了考虑。为了进一步提高小区内的频谱复用增益，正确配对蜂窝网络和 D2D UE 对同一资源的共享，参考文献［14，15］进行了相关研究。参考文献［15］提出了一种替代的贪婪启发式算法，主要以蜂窝网络使用信道状态信息（Channel State Information，CSI）来减少干扰。该计划很容易操作，但不能避免信令开销。参考文献［16］通过跟踪远近干扰、识别干扰手机用户以及确保有效使用上行链路（Uplink，UL）频段等手段，资源分配方案能够避免有害干扰。此外，也要防止蜂窝网络对 D2D 通信的干扰。参考文献［17］提供了蜂窝网络与 D2D 连接之间的最优资源分配和功率控制分析，使得在不同的资源共享模式下共享相同的资源，并在单小区场景以及曼哈顿网格环境的两种情况下，评估了 D2D 底层系统的性能。然后，该方案可应用于进一步优化共享式用户的资源。

现有的参考文献表明，通过适当的资源管理，最大限度地减少蜂窝网络和 D2D 传输之间的干扰，D2D 通信能够有效改善系统的吞吐量。然而，分配蜂窝网络资源给 D2D 传输的问题并不是小事。在本书的后面部分，我们将讨论不同的 D2D 通信资源管理方法。

1.2　D2D 通信的关键技术

1.2.1　D2D 通信架构

D2D 网络可以配置为以下三种方法，来允许或限定特定用户使用：

- **受网络控制的 D2D**：在这种情况下，通信信令建立和其后的蜂窝网络与 D2D 用户资源分配，都由基站（Base Station，BS）和核心网络控制。这种集中配置的好处是，能够有效地进行干扰规避和资源管理。然而，当 D2D 链路数目变大时，这个方案会使得控制信令激增，从而导致增加开销并降低频谱效率。因此，这种完全受网络控制的方法，在只有少量 D2D 链路的情况下是非常有用的。
- **自组织 D2D**：在这种情况下，D2D 用户自己实现通信，以一种自组织的方式找到空闲的频谱。这种结构类似于认知无线电，D2D 用户可以感知周围环境，从而获得 CSI、干扰和蜂窝系统信息等。这种分布式的方法可以有效地避免控制信令开销和时间延迟。但该方法的自组织性质，使得其由于缺乏具备频谱使用许可的运营商的有效控制，从而导致通信混乱和不稳定。

• **网络辅助D2D**：D2D用户以一种自组织的方式进行操作，并且对于资源管理，只通过蜂窝系统进行有限的控制信息的交换。蜂窝网络可以使用D2D通信的状态，从而达到更好的控制目的。这种方法具有前两种方法的优点。

1.2.2 设备同步及发现

对于D2D通信，为了减少多址干扰和正确的切换，必须确保蜂窝网络与D2D用户以及D2D用户之间的同步。采用IEEE 802.11或LTE中的方法，可以使手机同步。通常情况下，设备同步和发现以一种联合的方式加以实现。

设备发现的根本问题是，设备间无须任何协调，而在空间、时间、频率上同时满足。这可以通过一些随机过程，并以配对设备中的一个承担发送信标的任务，来完成设备发现。对于传统的配对发现，无论是在点对点网络中，还是在蜂窝网络中，发现是都由一方发送一个已知的同步或参考信号序列（信标）来完成的。根据发现UE是否有反应，发现的过程可以分为两大类：基于信标的发现和基于请求的发现。根据是否有网络参与检测，发现过程可以分为两种类型：网络辅助检测和非网络辅助检测。

在网络辅助D2D的情景下，网络可以在发现过程中进行调解，通过识别候选D2D，协调时间和频率分配用于发送和扫描信标，从而使配对过程更加节能和耗时更少。一个典型的过程如下：

• 用直连信号发现一个对等设备。

• 设置发射功率，使得UE在一定的距离内可以收听到广播消息。

• 接收广播的UE要与eNB进行确认。

1.2.3 模式选择

在D2D的底层通信系统中，一个最具挑战性的问题是应该使用蜂窝通信模式，还是使用设备直接通信模式。在D2D模式下，数据是直接传送给接收方，而在蜂窝通信模式，需要源设备发送到eNB，然后目的设备从eNB的下行链路（Downlink，DL）接收数据。在这里，有三种不同的模式选择标准：

• **蜂窝通信模式**：所有的设备都处于蜂窝通信模式。

• **强制D2D模式**：所有的通信设备始终处于D2D模式。

• **路径损耗D2D模式**：如果源设备与其服务eNB，或一个目的设备与其服务eNB之间的路径损耗，大于源节点和目的节点之间直连链路的路径损耗，那么选择D2D模式。

1.2.4 频谱共享与资源管理

D2D通信的频谱共享方法可分类如下：

• **叠加（Overlay）D2D通信**：D2D用户占用蜂窝的空闲频谱资源进行通信。这种方法下，通过将授权频谱分为两个部分（即，正交信道分配），从而完全消除跨层干扰。此时，一部分的子信道将用于蜂窝用户，而另一部分将由D2D网络使用。虽然此方案从跨层干扰角度来看是最佳的，但在频谱复用方面却是低效的。

- **底层（Underlay）D2D 通信**：在这种频谱共享方案中，多个 D2D 用户可以与手机用户共存，从而能够提高频谱效率。蜂窝用户和 D2D 用户采用同信道分配，将使运营商更加高效并有利于提高收益，但从技术角度看，这个方案远比叠加方案复杂。

叠加的方法易于实现，但可能并不是特别有效的。底层的方法可以实现更好的整体系统性能，但也会带来较大的信令开销。因此，为了优化 D2D 与蜂窝模式之间频谱共享的系统性能，无线资源管理就变得非常重要。无线资源管理可以以非协作或协作的方式进行。在非协作解决方案中，每个 D2D 用户可以管理其频谱以便最大限度地提高吞吐量和服务质量（QoS）。相比之下，在协作模式下，D2D 用户可以收集关于频谱使用的部分信息，并在进行频谱分配时考虑对同信道邻近用户的影响。这样，蜂窝用户和 D2D 用户的平均吞吐量和 QoS，以及它们的性能，可被局部优化。

1.2.5　功率控制

功率控制是协调同信道干扰的一种重要而有效的方法。功率控制有两种方法：

- **自组织功率控制**：D2D 用户根据一个预定义的信干噪比（Signal - to - Interference - plus - Noise - Ratio，SINR）阈值来调整功率，以自组织的方式满足用户的 QoS，而不影响蜂窝用户。
- **网络管理功率控制**：蜂窝用户与 D2D 用户根据 SINR 报告，自适应地调整其发射功率。通常，D2D 用户可以先控制发射功率，然后蜂窝用户再做出改变，直到所有的用户都满意它们的 SINR 要求后，这种迭代过程才结束。

显然，第一种方法不会改变蜂窝用户的行为，因为对其来说 D2D 用户是不可见的。该方法简单，但效率较低。而第二种方法中所有的用户都可以调整自己的发射功率。然而，在受网络控制的方法中，需要蜂窝用户与 D2D 用户以及 eNB 之间进行一些信息交换。

1.2.6　MIMO 上下行传输

多输入多输出（MIMO）天线可以通过利用信号空间分集来提高鲁棒性，利用空间复用来提高系统容量。具体而言，使用多天线的 eNB 和 UE，通过采用波束赋形发射或接收，可减少对其他用户的同信道干扰，从而提高频谱效率。

基于 MIMO 的几种方法如下：

- **eNB 波束赋形**：这种类似多用户 MIMO 的方法，在蜂窝下行链路方向减少干扰 D2D 用户，从而使 D2D 通信成为可能。
- **D2D 波束赋形**：此方法避免任何由 D2D 传输引起的有害干扰，无论是对蜂窝的还是对其他 D2D 用户的。
- **虚拟 D2D 波束赋形**：此方法借助移动节点间协作的理念，使得多个 D2D 用户协作，形成波束赋形矩阵来提高系统性能。

1.3 D2D 局域网

D2D 通信可以分为两大类：D2D 直连和 D2D 局域网。具体来说，D2D 直连仅指传统的单跳通信[1]。在多跳 D2D 局域网中，受网络控制的智能设备可以以一种点对点方式来实现集群智慧通信，并通过工作在许可的频段，从而实现最大的灵活性和良好的性能。图 1.2 显示了一个典型的单小区多用户的场景，其中包括：传统蜂窝通信、单跳 D2D 直连传输以及 D2D 局域网的组通信。

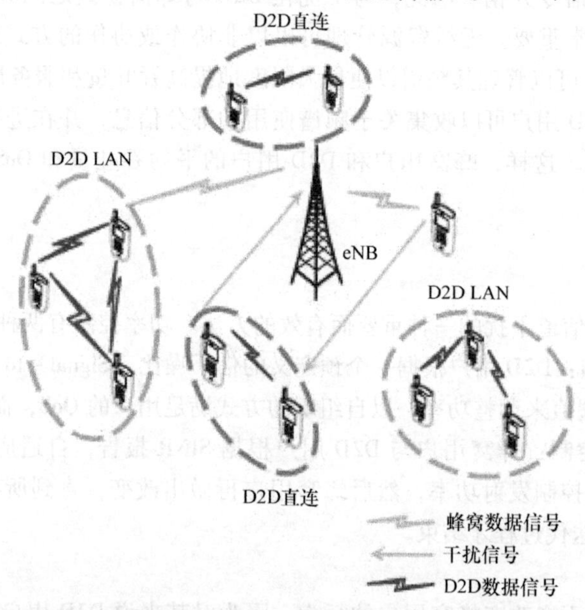

图 1.2　底层蜂窝网络的 D2D 通信，包括蜂窝通信、D2D 直连和 D2D 局域网

对于 D2D 局域网，受网络控制的手机可以形成组通信，从而提供各种特定应用目的的功能。同样，在 D2D 直连中，这些局域网内的手机可工作在复用频谱，作为蜂窝网络的底层，而这使得资源分配问题更具挑战性。D2D 局域网具有代表性的情况如下：

- **组通信**：当 eNB 接收到大量相近的请求时，采用局域网就可以有效地减轻部分数据负荷。例如，在体育馆或音乐厅的网络中，当许多手机都在请求内容的时候，一些“种子”UE 可以首先选择从 eNB 获得完整的信息，然后这些种子与剩余的其他手机共享数据，从而减少 eNB 的压力。
- **多跳中继通信**：如果一些智能设备不在基站有效覆盖范围之内，那么 D2D 局域网中的手机即可作为在手机间完成文件传递的中继。这在发生灾害的情况下，以及郊区是特别有用的。
- **协同智能手机感应**：由于智能手机已经具备环境感知能力，这类似于无线传感器网络，数据可以协同聚集到一些“下沉”的 UE，然后再被传输到 eNB。

D2D 局域网应用的一个代表性例子就是移动社交网络，其中社会利益（social interests）为提高 D2D 局域网中的智能手机传输发挥了主要作用，同时契约博弈（contract game）可以用来模拟社交相关个人的公用事物。

1.4　D2D 直连：模拟场景

一个单小区的情况如图 1.3 所示。为简单起见，蜂窝中只一个蜂窝用户（UE1）和一个处于 D2D 模式的 D2D 对（UE2 和 UE3）。三个用户同时共享共同的无线资源。因此，应考虑同信道干扰。UE2 的发送位置固定，距离 BS 为 D。另一个 D2D 用户 UE3 的位置，以均匀分布方式，分布于以 UE2 为中心的半径为 L 的区域内。在传统的蜂窝系统中，UE1 可通过均匀分布的方式，自由分布于蜂窝内的任何位置。在仿真中，三个用户的位置在每次迭代中都会更新。

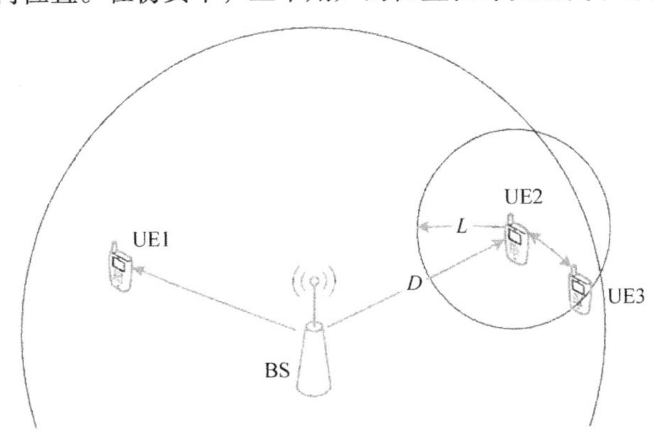

图 1.3　D2D 通信底层方案

根据图 1.3，三个通信中的用户处于系统中。UE2 和 UE3 处于 D2D 模式，UE1 是蜂窝用户。我们设定 UE2 和 UE3 之间的最大距离是 25m。其实，它们之间达到最大 100m 的距离也是有效的。这里的结果只给出一个有代表性的场景。表 1.1 显示了主要的仿真参数。

表 1.1　主要的仿真参数

参数	值
蜂窝	独立蜂窝，单扇区
系统区域	用户设备分布在距离基站 500m 的范围内
噪声谱密度	-174dBm/Hz
系统带宽	5MHz
噪声系数	基站：5dB；终端设备：9dB
天线增益和模式	基站：14dBi；终端设备：全向 0dBi
簇半径	5m、10m、15m、20m、25m
发射功率	基站：46dBm；终端设备：24dBm（无功率控制）

无线传播是根据 WINNER II 信道模型建模的，D2D 信道是基于办公室/室内场景的，而蜂窝信道是基于城市宏蜂窝的情景。表 1.2 给出了路径损耗模型。d 是链路距离，单位是 m；n_{walls} 是连接路径中墙壁的数量。$d'_{\text{BP}}=4h'_{\text{BS}}h'_{\text{MS}}f_c/c$，这里 f_c 是中心频率，单位为 Hz；$c=3.0\times10^8\text{m/s}$，

是光在自由空间的传播速度；h'_{BS}和h'_{MS}分别是基站和移动台的有效的天线高度。天线的有效高度h'_{BS}和h'_{MS}计算如下：$h'_{BS}=h_{BS}-1.0\text{m}$ 和 $h'_{MS}=h_{MS}-1.0\text{m}$，其中$h_{BS}$和$h_{MS}$是实际天线的高度，在市区环境中的有效环境高度假定为1.0m。LOS（视距）概率见表1.3。

表1.2也显示了干扰信道模型。PL_{B1}是城市微蜂窝场景的路径损耗（见参考文献［18］中的详细参数），d_{out}是户外终端和离墙最近的室内终端两点之间的距离，d_{in}是从墙到室内终端的距离，θ是室外路径与墙的法线之间的角度。为了简单起见，我们在仿真中假设$\theta=0$以使得$d_{out}+d_{in}=d$。

表1.2 路径损耗模型[18]

场景	路径损耗（PL）/dB	阴影衰落/dB
D2D之间（视距）	$18.7\log_{10}d+46.8$	3
D2D之间（非视距）	$36.8\log_{10}d+43.8+5(n_{walls}-1)$	4
蜂窝内（视距）	$26\log_{10}d+39$； $40.0\log_{10}d+13.47-14.0\log_{10}h'_{BS}-14.0\log_{10}h'_{MS}$	$10\text{m}<d<d_{BP}$时：4； $d'_{BP}<d<5\text{km}$时：6； $h_{BS}=25\text{m}$，$h_{MS}=1.5\text{m}$
蜂窝内（非视距）	$(44.9-6.55\log_{10}h_{BS})\cdot\log_{10}d+34.46+5.83\log_{10}h_{BS}$	$50\text{m}<d<5\text{km}$时:8； $h_{BS}=25\text{m}$，$h_{MS}=1.5\text{m}$
D2D与蜂窝用户之间	$PL=PL_b+PL_{tw}+PL_{in}$； $PL_b=PL_{B1}(d_{out}+d_{in})$； $PL_{tw}=14+15(1-\cos\theta)^2$； $PL_{in}=0.5d_{in}$	7

表1.3 视距概率[18]

场景	视距概率（P）
D2D	$P_{LOS}=\begin{cases}1 & d\leqslant 2.5\\ 1-0.9(1-(1.24-0.61\log_{10}d)^3)^{1/3}, & d>2.5\end{cases}$
蜂窝	$P_{LOS}=\min(18/d,1)\cdot(1-\exp(-d/63))+\exp(-d/63)$

以下主要研究，D2D系统与蜂窝的功率控制下的SINR分布。LTE上行开环功率控制（Open-Loop-Fraction Power-Control，OFPC）的方案在参考文献［19］中有所介绍。

$$P=\min\{P_{max},P_0+10\cdot\log_{10}M+\alpha\cdot L\} \tag{1.1}$$

表1.4给出了功率控制方案的参数。

表1.4 OFPC参数

参数	值
P_{max}	24dBm
P_0	-78dBm
α	0.8
L	两个配对UE之间的路径损耗
M	1

在这种情况下，由于UL资源是共享的，D2D系统与蜂窝用户之间的干扰必须要加以考虑。

当 D2D 和同信道蜂窝用户之间的距离不大于 D2D 通信的最大距离时，干扰信道可以基于室内/办公场景。然而，当同信道干扰来自更远的位置，D2D 的信道模型将是不适合的。依照 WINNER II 信道模型，我们选择一个室内到室外或室外到室内的场景来模拟长距离干扰信道。

考虑一个 19 个蜂窝的场景，其中每一个蜂窝都如图 1.3 所示。为简单起见，此处主要考虑一个蜂窝用户和一个 D2D 对之间的模型。我们在每次仿真迭代中都更新了三个用户的位置。此外，还要考虑同信道干扰。邻小区干扰也来自于 D2D 设备、手机用户（上行）以及基站（下行）。图 1.4 和图 1.5 给出了没有功率控制（Power - Control，PC）机制的 D2D 通信的 SINR 分布，分别给出了下行链路（DL）和上行链路（UL）的情况。

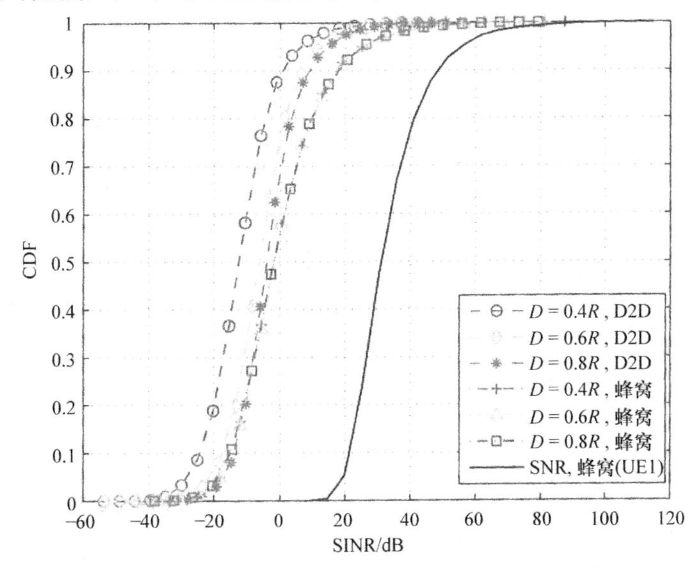

图 1.4　D2D 底层通信的 SINR 分布，$L=25\mathrm{m}$（下行）

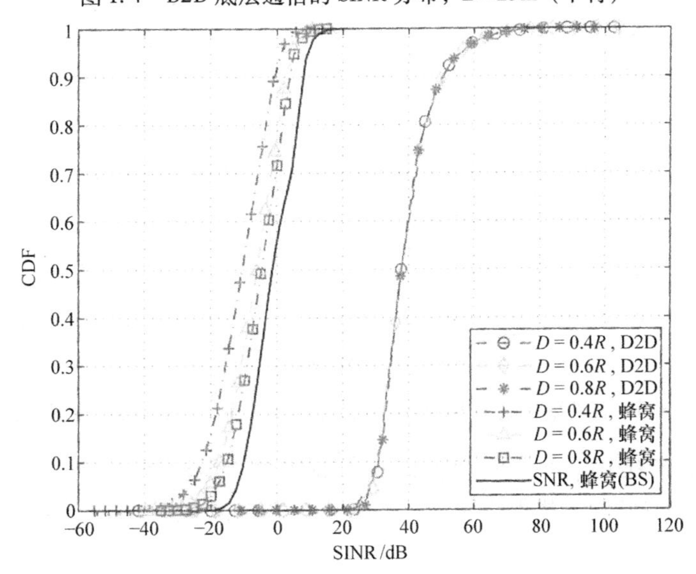

图 1.5　D2D 底层通信的 SINR 分布，$L=25\mathrm{m}$（上行）

当 D2D 用户没有功率控制而共享蜂窝下行资源，且远离基站时，D2D 的 SINR 较好。蜂窝（UE1）的 SINR 对于 D2D 用户的位置不敏感。UE1 的 SINR 高于 D2D 的 SINR。当共享下行资源时，D2D 受到的干扰来自于基站。该配对的位置将直接影响干扰的强度。对于一个蜂窝用户，干扰的强度不仅取决于 D2D 用户的位置，而且取决于蜂窝用户的位置。由于两者都是随机分布的，D2D 配对用户的位置对于结果没有显著影响。UE 的发射功率小于基站的发射功率，因此，来自 BS 的干扰高于来自 D2D 的干扰。因此，D2D 的 SINR 显然要比 UE1 的差。

当 D2D 用户没有功率控制而共享蜂窝上行资源时，即使从基站到 D2D 配对用户的距离发生变化，D2D 的 SINR 将总是保持不变。当 D2D 配对用户远离基站时，基站的 SINR 将会更好一些。D2D 的 SINR 优于基站的 SINR。在共享上行资源时，D2D 干扰的强度不仅取决于 D2D 用户的位置，也取决于蜂窝用户的位置。由于两者是随机分布的，D2D 配对用户的位置对于结果没有显著影响。对于基站来说，干扰来自 D2D 用户。配对用户的位置直接影响干扰的强度。UE3 到 UE2 的距离只有 0～25m，而 UE1 到基站的距离为 0～500m，这种情况就使得 D2D 接收功率大于基站的接收功率。

图 1.6 和图 1.7 显示的是 D2D 通信分别在下行和上行阶段的有功率控制的 SINR 分布。当 D2D 用户通过功率控制共享蜂窝下行资源时，D2D 的 SINR 下降，UE1 的 SINR 增加。当 D2D 用户通过功率控制共享蜂窝上行资源时，D2D 的 SINR 下降，基站的 SINR 增加。图 1.8 显示了 D2D 通信有功率控制与没有功率控制的 SINR 分布的对比。有功率控制时，D2D 的 SINR 降低约 30dB。有功率控制 D2D 的 SINR 给出了较小的动态范围。

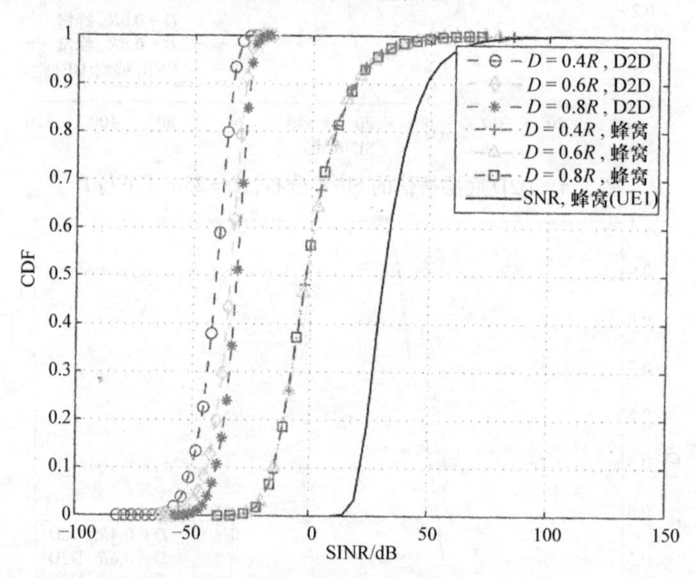

图 1.6　有功率控制的 D2D 底层通信的 SINR 分布，$L=25$m（下行）

OFPC 方案限制了 D2D 用户的发射功率，从而导致 D2D 的 SINR 恶化。由于 D2D 发射功率下降，对于蜂窝用户和基站的干扰也将减少。由于在 OFPC 方案中的路径损耗补偿作用，D2D 的 SINR 分布将更加集中。

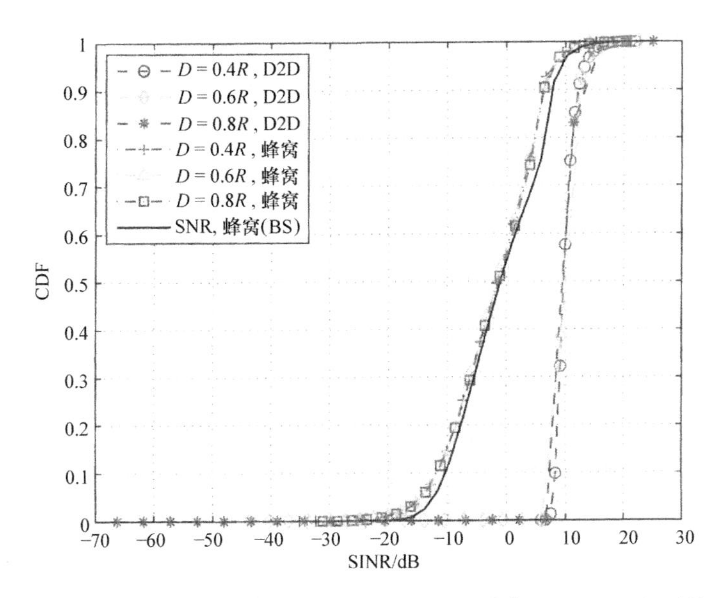

图 1.7　有功率控制的 D2D 底层通信的 SINR 分布，$L=25\mathrm{m}$（上行）

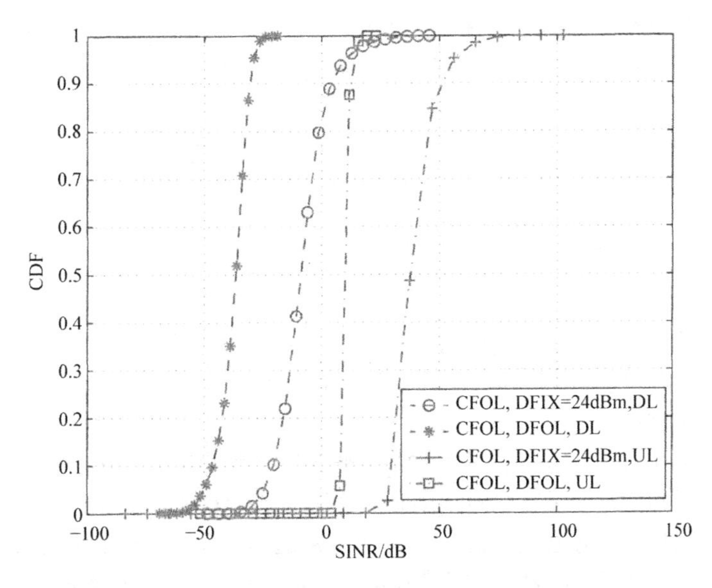

图 1.8　D2D 底层通信的 SINR 分布，$L=25\mathrm{m}$，$D=0.5R$

CFOL—蜂窝部分开环功率控制　DFIX—D2D 固定功率　DFOL—D2D 部分开环功率控制

1.5　D2D 通信的问题和挑战

对于 D2D 直连，几个关键的挑战如下：

- 比例法则（scaling law）和容量分析。
- 信道测量和建模、干扰分析。
- 基于邻近的应用程序，如上下文感知网络，以及演唱会和体育场网络的负载转移（offload）。
- 移动性测量、建模和管理。
- 减少信令开销。
- 跨蜂窝 D2D 传输的有限回程（limited - backhaul）问题。

一个阻碍 D2D 通信的主要困难是，需要在 D2D 网络中开发高效的数据传递，而不会对原本的蜂窝网络造成严重的干扰。对功率控制、协同传输、多址接入方式需要进行认真研究。使用无线网络编码已被公认为是一种根据频谱效率来提高网络性能的有效方式。因此，如何采用这种技术的问题，必须认真研究。

多跳 D2D 通信对于扩大覆盖是特别有用的，它可以激励中间节点参与转发过程。在这种情况下，必须开发一种采用适当支付方式的奖励系统。

无线资源管理在 MIMO 和基于正交频分多址（Orthogonal Frequency - Division Multiple - Access，OFDMA）的 D2D 底层网络中是特别具有挑战性的。在这些网络中，如何有效地协调空间、时间、频率、功率和设备的问题就变得很有意思了。短距离 D2D 通信的能量收集（例如，从周围的无线环境）是另一个新兴的研究课题。其他挑战包括鉴别 D2D 通信是否有用的识别服务，认知和自组织 D2D 链接，基于邻近的负载转移（offloading），以及 D2D 通信的能力和性能评价。最后，许多应用，如移动社交网络、车载自组织网络，甚至利用 D2D 通信的机器类（machine - type）通信，都值得深入研究。

1.6 小结

D2D 通信将成为由未来无线通信网络支持的一种主要功能选项。对于运营商来说，D2D 通信在授权频段比在未经授权频段更可控。通过蜂窝频谱资源重用，D2D 通信可以提高频谱效率，从而带来较高的系统容量。

在本章中，我们介绍了 D2D 通信的一些基本概念和技术。首先，我们提供了 D2D 通信概述。D2D 通信这个词通常指的是使设备之间直接通信的技术，而无须通过基础设施的接入点或基站。它可以分为三类，包括：对等通信、协作通信和多跳通信。我们已经讨论了 D2D 的配置方法、设备同步和发现机制。然后，简要介绍了模式选择、频谱资源共享、功率控制和 MIMO 技术。并描述了一个简单的仿真场景，展示了仿真结果。此外，我们提出了 D2D 局域网的概念，这种受网络控制的移动设备可以进行组通信和实现各种功能的具体应用。最后我们讨论了 D2D 通信的几个挑战。

第 2 部分　D2D 通信建模和分析技术

第 2 章　优 化 算 法

本章主要研究在通信网络中如何设定资源分配规则。我们着重研究了资源的类型、参数、约束条件，以及网络各层的优化效果。同时，如何去权衡各优化目标和用户喜好，这也是我们所关心的研究点。本章的目的是在无线网络规划和资源分配的优化问题上给读者提供一个新视角。

2.1　约束最优化

很多资源分配问题都可以归结为约束最优化问题，一般表示为

$$\min_{\boldsymbol{x} \in \Omega} f(\boldsymbol{x})$$

$$满足\begin{cases} g_i(\boldsymbol{x}) \leqslant 0,\ i=1,\cdots,m \\ h_j(\boldsymbol{x}) = 0,\ j=1,\cdots,l \end{cases} \tag{2.1}$$

式中，$\boldsymbol{x}$ 是资源分配优化的参数向量；Ω 是其变化范围；$f(\boldsymbol{x})$是优化目标矩阵，即实际目标，或者说是优化性能或代价的表示函数；$g_i(\boldsymbol{x})$和 $h_j(\boldsymbol{x})$分别是等式约束和不等式约束。优化过程就是寻找所有 $\bar{\boldsymbol{x}} \in \Omega$ 使其满足等式约束和不等式约束。最优解即$f(\bar{\boldsymbol{x}}) \leqslant f(\boldsymbol{x})$，$\forall \boldsymbol{x} \in \Omega$。

2.1.1　基本定义

如果优化目标、不等式约束和等式约束都是 $\boldsymbol{x}$ 的线性函数，则式（2-1）中的问题就称为线性规划。线性规划问题的一个重要特征就是它的全局优化目标很容易通过线性函数得到。然而它最大的不足就是无线网络和资源分配中的大部分实际问题都是非线性的。因此，很难用线性规划去建模。如果优化目标函数或者约束条件有一个不是线性的，那么就称为非线性规划。非线性规划一般可以解决许多局部问题，但要找到全局优化方法并不是件容易的事。此外，如果变量集 Ω 包含整数集，就称式（2.1）中的问题为整数规划。大部分整数规划都是非确定性多项式（NP - hard）难题，它们不能用多项式方法解决。

凸规划是一种特殊的非线性规划，它的变量集 Ω 是一个凸集，优化目标和约束函数是凸/凹/线性函数。凸集定义如下：

定义 1　有一个集合 Ω，如果任意 $\boldsymbol{x}_1$，$\boldsymbol{x}_2 \in \Omega$，以及任意 θ 取值$0 \leqslant \theta \leqslant 1$，都有 $\theta \boldsymbol{x}_1 + (1-\theta)\boldsymbol{x}_2 \in \Omega$，我们就称其为凸集。

凸函数定义如下：

定义 2　有一个函数f，如果参数向量 $\boldsymbol{x}$ 的取值范围 Ω 是凸集，且对于所有 $\boldsymbol{x}_1$，$\boldsymbol{x}_2 \in \Omega$ 及$0 \leqslant \theta \leqslant 1$，有$f(\theta \boldsymbol{x}_1 + (1-\theta)\boldsymbol{x}_2) \leqslant \theta f(\boldsymbol{x}_1) + (1-\theta)f(\boldsymbol{x}_2)$，我们就称其为凸函数。

当 $\boldsymbol{x}_1 \neq \boldsymbol{x}_2$ 且 $0 < \theta < 1$ 时，函数是严格凸的，就叫作凸函数。

图 2.1 是凸集和非凸集的示例。图 2.2 是凸函数的示例。如果函数是可微的，而且两个约束条件不变，那么函数就是一个凸函数。

$$\text{一阶条件：} f(\boldsymbol{x}_2) \geqslant f(\boldsymbol{x}_1) + \nabla f(\boldsymbol{x}_1)^{\mathrm{T}}(\boldsymbol{x}_2 - \boldsymbol{x}_1) \tag{2.2}$$

$$\text{二阶条件：} \nabla^2 f(\boldsymbol{x}) \geqslant 0 \tag{2.3}$$

凸函数的一个重要应用是延森不等式。假定函数 f 是凸的，且变量 $\boldsymbol{x}$ 在 Ω 中服从随机分布，则下列不等式成立：

$$f(E[\boldsymbol{x}]) \leqslant Ef(\boldsymbol{x}) \tag{2.4}$$

式中，E 表示期望值。

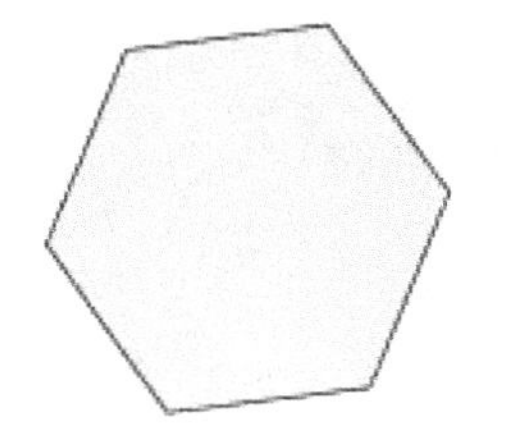
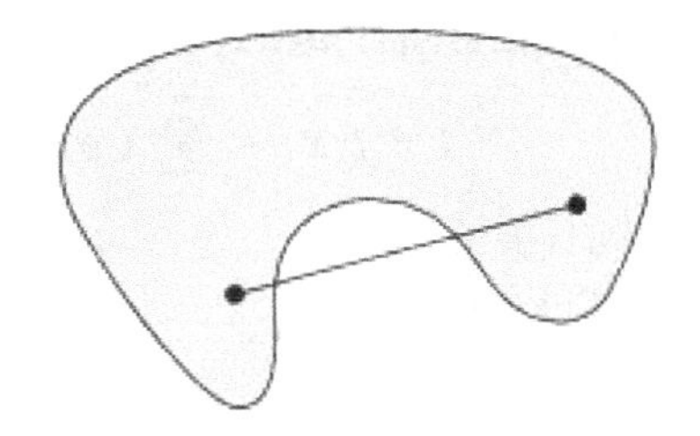

图 2.1　凸集与非凸集

凸优化的优势如下：

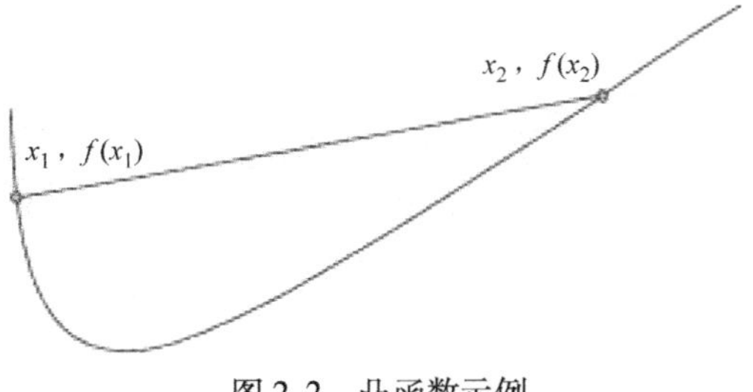

图 2.2　凸函数示例

- 应用广泛，比如自动控制系统、估值和信号处理、信息网络、电子电路设计、数据分析与建模，以及金融学。
- 由于计算时间通常满足二次多项式，因此凸优化应用内点法或其他特殊方法解决问题是非常可靠且高效的。
- 嵌入到计算机辅助设计/分析工具，或者实时/自动控制系统中，其解决方法足够可靠。
- 将一个问题归纳为凸优化问题，还有一个理论上或者说概念上的优势。

凸优化的挑战在于，如何将一个问题定义并建模成凸优化问题，这个过程可能有很多技巧。

我们已经讨论过约束优化问题的基础知识，之后我们将看到如何将一个问题论证为约束优化问题。资源分配问题，当其参数、目标函数以及约束条件有以下物理意义时，可以被称为约束优化问题。

- **参数**：物理层参数包括传输功率、调制水平、信道编码率以及信道/编码方法。MAC 层参数包括传输时间/频率、服务速率以及传输优先级。网络层参数包括路由选择和路由时延。应用层参数包括信息编码率、缓冲优先级以及包到达率。
- **目标函数**：物理层：最小总功率、最大吞吐量、最小误比特率。MAC 层：最大总吞吐量、最小缓冲区溢出概率、最小延迟。网络层：最小成本和最大效益。应用层：最小失真和最小延迟。
- **约束**：物理层：最大移动传输功率、有效调制集、有效信道编码率、能量限制。MAC 层：

冲突、有限时域/频域隙、有限的其他移动信息。网络层：最大跳数和安全因素。应用层：底层传输、有限源速率、严格时延、安全性。

2.1.2 拉格朗日法

论证了资源分配符合约束优化问题后，我们要去找解。接下来，我们来解释如何在闭集中找到解。通常，寻找一个约束问题的闭集方案的一个最重要方法就是拉格朗日法，其步骤如下：

1）将式（2.1）写成拉格朗日多项式函数，如下：

$$J = f(\boldsymbol{x}) + \sum_{i=1}^{m} \lambda_i g_i(\boldsymbol{x}) + \sum_{j=1}^{l} \mu_j h_j(\boldsymbol{x}) \tag{2.5}$$

式中，λ_i和μ_j是拉格朗日乘子。

2）J对$\boldsymbol{x}$微分，并设为0，即

$$\frac{\partial J}{\partial \boldsymbol{x}} = 0 \tag{2.6}$$

3）由式（2.6），求解λ_i和μ_j。

4）将λ_i和μ_j代入约束关系函数中，求得$\boldsymbol{x}$。

可以看到，拉格朗日法的难点在于步骤3）和4），也由此得到拉格朗日多项式的闭集解，这个过程中，使用以下近似方法或数学技巧是非常必要的。

从式（2.1）中很难得到分析结果，因为约束和优化目标是非线性而且非凸的。这加大了式（2.5）中的拉格朗日多项式函数的难度，使其很难求得优化点。对约束和优化目标进行近似化简之后，可以通过对式（2.5）进行微分并将结果代回到约束中得到优化的拉格朗日乘子，最终解出式（2.1）。

1）参数化近似法。在该方法中，非线性和非凸性函数可以用参数化函数近似表示，目的在于得到最佳参数，例如使误差控制到最小的参数。

最常用的近似方法是线性近似。假定原始函数是$f(x)$，近似线性函数可被写成

$$\min_{a,b} \int_c^d \| f(x) - (ax + b) \|^2 \mathrm{d}x \tag{2.7}$$

式中，$[c, d]$是可变范围，以使近似更精确。

另一种近似方法是多项式或者称为泰勒表达式。原始函数可被展开成

$$f(x) = c_0 + c_1(x - x_0) + c_2(x - x_0)^2 + \cdots \tag{2.8}$$

式中，x_0是函数的展开点；c_0，c_1，c_2，…是常量。

所有参数向量为$\boldsymbol{a}$、近似范围为$[c, d]$的关于x的凸函数$f'(x; \boldsymbol{a})$，可被写成

$$\min_{a} \int_c^d \| f(x) - f'(x; \boldsymbol{a}) \|^2 \mathrm{d}x \tag{2.9}$$

2）省略不重要部分。这种近似的基本思想是，尽管函数本身不是凸的，但通过一定变换，某些部分可以被忽略，使得其近似表示呈凸性。

一个很好的例子便是信道容量函数，如下：

$$C = W\log_2(1 + \mathrm{SNR}) \tag{2.10}$$

式中，C表示容量；W表示带宽；SNR 表示信噪比。当 SNR 高时，比如 SNR >>1，可以忽略 1，

于是得到

$$C' = W\log_2(\text{SNR}) \tag{2.11}$$

C'便是一个凸函数。这种近似方法被应用在很多网络优化中，比如参考文献［20］。

2.1.3 最优性

本节将研究解的最优性，例如，怎么判定解是否是最优的，或者在什么情况下是最优的。本节将分如下几部分展示，首先，讨论非约束问题的最优性；其次，解释弗里茨·约翰条件和 Karush - Kuhn - Tucker（KKT）条件，最后，阐述二阶条件。

在讨论非约束优化性之前，我们来定义一下全局最优解和局部最优解，如下：

定义3 在Ω中，使$\bar{\boldsymbol{x}}\in\Omega$且$\min f(\boldsymbol{x})$，如果$f(\bar{\boldsymbol{x}})\leqslant f(\boldsymbol{x})$，$\forall \boldsymbol{x}\in\Omega$，则$\bar{\boldsymbol{x}}$被称为全局最小解。如果$f(\bar{\boldsymbol{x}})$不比任何相邻$\bar{\boldsymbol{x}}$大，则称$\bar{\boldsymbol{x}}$为局部最小解。

最优性的充分必要条件如下：

- **必要条件**

1）一阶必要条件：如果$f(\boldsymbol{x})$对$\bar{\boldsymbol{x}}$是可微的，当$\nabla f(\bar{\boldsymbol{x}})=0$时，$\bar{\boldsymbol{x}}$为局部最小解。

2）二阶必要条件：$f(\boldsymbol{x})$对$\bar{\boldsymbol{x}}$是二阶可微的，且$\bar{\boldsymbol{x}}$是局部最小解，$\nabla f(\bar{\boldsymbol{x}})=0$且海森矩阵$\boldsymbol{H}(\bar{\boldsymbol{x}})$是半正定的。

- **充分条件**

1）一阶充分条件：如果$f(\boldsymbol{x})$对$\bar{\boldsymbol{x}}$是伪凸的，当且仅当$\nabla f(\bar{\boldsymbol{x}})=0$时，$\bar{\boldsymbol{x}}$是全局最小解。

2）二阶充分条件：如果$f(\boldsymbol{x})$对$\bar{\boldsymbol{x}}$是二阶可微的，当$\nabla f(\bar{\boldsymbol{x}})=0$，且海森矩阵$\boldsymbol{H}(\bar{\boldsymbol{x}})$正定，则$\bar{\boldsymbol{x}}$是严格的局部最小解。

值得一提的是，曲线中一些满足必要条件的点可能并不是最优点，例如图2.3所示的函数$z=x^2-y^2$，从中可见点（0，0）满足一阶微分等于0的必要条件，但是这个点并不是局部最优点。

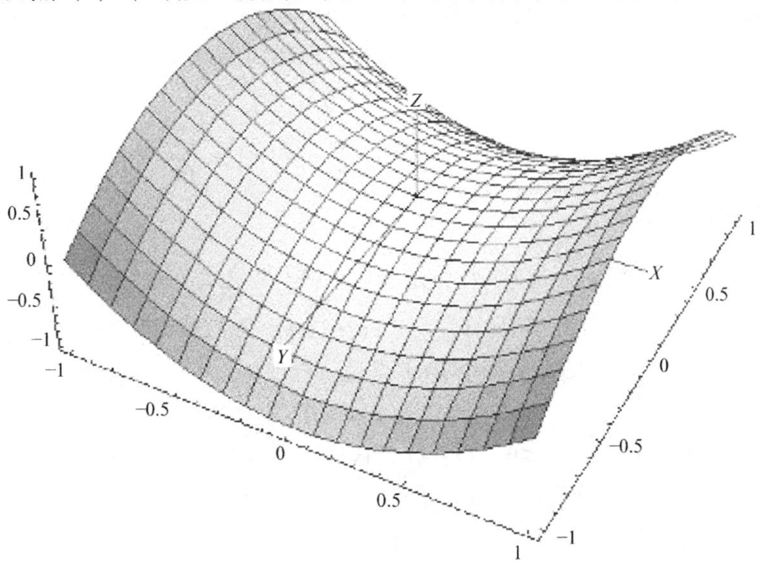

图2.3 鞍点示例

下面将列举一些式（2.1）的最优性定理。

• 弗里茨·约翰必要条件。使 $\bar{\boldsymbol{x}}$ 为可行解，且使 $I=\{i:g_i(\bar{\boldsymbol{x}})=0\}$。假定 $g_i(i\in I)$ 在 $\bar{\boldsymbol{x}}$ 上是连续的，f 和 g_i（$i\in I$）对于 $\bar{\boldsymbol{x}}$ 是不可微的，且 h_j，$\forall j$ 对 $\bar{\boldsymbol{x}}$ 是连续且可微的。如果 $\bar{\boldsymbol{x}}$ 是局部最小解，则存在 u_0，u_i（$i\in I$），及 v_j（$j=1$，…，l），使

$$u_0\nabla f(\bar{\boldsymbol{x}})+\sum_{i\in I}u_i\nabla g_i(\bar{\boldsymbol{x}})+\sum_{j=1}^{l}v_j\nabla h_j(\bar{\boldsymbol{x}})=\boldsymbol{0} \tag{2.12}$$
$$u_0,u_i\geqslant 0,\forall i\in I,(u_0,\boldsymbol{u}_I,\boldsymbol{v})\neq(0,\boldsymbol{0},\boldsymbol{0})$$

式中，$\boldsymbol{u}_I$ 是由 u_i 构成的向量；$\boldsymbol{v}=(v_1,\cdots,v_l)^{\mathrm{T}}$。

• 弗里茨·约翰充分条件。定义 $S=\{\boldsymbol{x}:g_i(\boldsymbol{x})\leqslant 0,\ i\in I,\ h_j(\boldsymbol{x})=0,\ j=1,\ \cdots,\ l\}$，如果 h_j（$j=1$，…，l）是仿射的，$\nabla h_j(\bar{\boldsymbol{x}})(j=1,\ \cdots,\ l)$ 是线性独立的，且存在 $\bar{\boldsymbol{x}}$，$\varepsilon>0$ 的 ε 邻域 $N_\varepsilon(\bar{\boldsymbol{x}})$，则 f 在 $S\cap N_\varepsilon(\bar{\boldsymbol{x}})$ 上是伪凸的，则 $\bar{\boldsymbol{x}}$ 是式（2.1）的局部最小解。

• KKT 必要条件。设 f 和 g_i（$i\in I$）都能对 $\bar{\boldsymbol{x}}$ 微分，g_i（$i\in I$）在 $\bar{\boldsymbol{x}}$ 上连续，h_j，$\forall j$ 对 $\bar{\boldsymbol{x}}$ 连续且可微，假定 $\nabla g_i(\bar{\boldsymbol{x}})$，$\forall i\in I$ 和 $\nabla h_j(\bar{\boldsymbol{x}})(j=1,\ \cdots,\ l)$ 线性无关，如果 $\bar{\boldsymbol{x}}$ 是局部最优解，则对特定的 $u_i(i\in I)$ 和 $v_j(j=1,\ \cdots,\ l)$ 存在

$$\nabla f(\bar{\boldsymbol{x}})+\sum_{i\in I}u_i\nabla g_i(\bar{\boldsymbol{x}})+\sum_{j=1}^{l}v_j\nabla h_j(\bar{\boldsymbol{x}})=\boldsymbol{0} \tag{2.13}$$
$$u_i\geqslant 0,\forall i\in I$$

• KKT 充分条件。设 KKT 条件在 $\bar{\boldsymbol{x}}$ 上恒定，即存在 $\bar{u}_i\geqslant 0$（$i\in I$）和 $\bar{v}_j$（$j=1$，…，l）满足

$$\nabla f(\bar{\boldsymbol{x}})+\sum_{i\in I}\bar{u}_i\nabla g_i(\bar{\boldsymbol{x}})+\sum_{j=1}^{l}\bar{v}_j\nabla h_j(\bar{\boldsymbol{x}})=\boldsymbol{0} \tag{2.14}$$

设 $J=\{j:\bar{v}_j>0\}$ 和 $K=\{j:\bar{v}_j<0\}$。假定 f 对 $\boldsymbol{x}$ 是伪凸的，$g_i(i\in I)$、$h_j(j\in J)$ 和 $h_j(j\in K)$ 是准凸的，则对目标函数和约束函数的凸规划限制在 $N_\varepsilon(\bar{\boldsymbol{x}})$ 域时，$\bar{\boldsymbol{x}}$ 即式（2.1）的局部最小解。

• KKT 二阶必要条件。假定式（2.1）定义的目标和约束均是二阶可微的，且 Ω 非空。如果 $\bar{\boldsymbol{x}}$ 是局部最优解，则定义约束拉格朗日函数 $L(\boldsymbol{x})$ 为

$$L(\boldsymbol{x})=\phi(\boldsymbol{x},\bar{\boldsymbol{u}},\bar{\boldsymbol{v}})=f(\boldsymbol{x})+\sum_{i\in I}\bar{u}_i g_i(\boldsymbol{x})+\sum_{j=1}^{l}\bar{v}_j h_j(\boldsymbol{x}) \tag{2.15}$$

则其在 $\bar{\boldsymbol{x}}$ 上的海森公式为

$$\nabla^2 L(\bar{\boldsymbol{x}})=\nabla^2 f(\bar{\boldsymbol{x}})+\sum_{i\in I}\bar{u}_i\nabla^2 g_i(\bar{\boldsymbol{x}})+\sum_{j=1}^{l}\bar{v}_j\nabla^2 h_j(\bar{\boldsymbol{x}}) \tag{2.16}$$

式中，$\nabla^2 f(\bar{\boldsymbol{x}})$、$\nabla^2 g_i(\bar{\boldsymbol{x}})$（$i\in I$）、$\nabla^2 h_j(\bar{\boldsymbol{x}})$（$j=1$，…，$l$）为 f 的海森公式。若 $\nabla g_i(\bar{\boldsymbol{x}})(i\in I)$ 与 $\nabla h_j(\bar{\boldsymbol{x}})(j=1,\cdots,l)$ 线性无关，则 $\bar{\boldsymbol{x}}$ 为一个 KKT 点且

$$\boldsymbol{d}^{\mathrm{T}}\nabla^2 L(\bar{\boldsymbol{x}})\boldsymbol{d}\geqslant 0 \tag{2.17}$$

对所有 $\boldsymbol{d}\in\{\boldsymbol{d}\neq\boldsymbol{0}$：$\nabla g_i(\bar{\boldsymbol{x}})^{\mathrm{T}}\boldsymbol{d}\leqslant\boldsymbol{0}\}$（$i\in I$）和 $\nabla h_j(\bar{\boldsymbol{x}})^{\mathrm{T}}\boldsymbol{d}=0$（$j=1$，…，$l$）。

• KKT 二阶充分条件。假定式（2.1）中定义的目标与约束均为二阶可微，且 Ω 非空，设 $\bar{\boldsymbol{x}}$ 为式（2.1）的拉格朗日多项式的 KKT 点，且分别与不等式约束和等式约束相关，则 $I^+=\{i\in I$：$\bar{u}_i>0\}$ 与 $I^0=\{i\in I$：$\bar{u}_i=0\}$。定义约束拉格朗日函数 $L(\boldsymbol{x})$ 及其海森公式，即

$$C=\left\{\begin{array}{ll}\boldsymbol{d}\neq\boldsymbol{0}: & \nabla g_i(\bar{\boldsymbol{x}})^{\mathrm{T}}\boldsymbol{d}=0\}, \quad i\in I^+\\ & \nabla g_i(\bar{\boldsymbol{x}})^{\mathrm{T}}\boldsymbol{d}\leqslant 0\}, \quad i\in I^0\\ & \nabla h_j(\bar{\boldsymbol{x}})^{\mathrm{T}}\boldsymbol{d}=0\}, \quad j=1,\cdots,l\end{array}\right. \tag{2.18}$$

那么，如果 $\boldsymbol{d}\in\{\boldsymbol{d}>\boldsymbol{0}\}$ 对所有 $\boldsymbol{d}\in C$，存在 $\bar{\boldsymbol{x}}$ 为约束局部最小解。

本节所讨论的最优性问题可以应用于不同场景。例如，它能提高某个具体解的最优性，它能决定适应性算法的终止条件，再或者，它能用于收敛性分析。

2.1.4　原始对偶算法

本节将定义约束优化的对偶概念。在一些凸假设和约束中，原始问题和对偶问题有相同的优化目标值，因此可以将它们放在一起考虑，发展出高效的算法。我们先来定义对偶问题，再介绍对偶原理。先讨论一些性能问题，再介绍原始对偶算法。

将式（2.1）视为原始问题，则其拉格朗日对偶问题可以定义为

$$\max\theta(\boldsymbol{u},\boldsymbol{v}),满足\ \boldsymbol{u}\geqslant\boldsymbol{0} \tag{2.19}$$

式中，$\theta(\boldsymbol{u},\boldsymbol{v})=\inf\{f(\boldsymbol{x})+\sum_{i=1}^{m}u_i g_i(\boldsymbol{x})+\sum_{j=1}^{l}v_j h_j(\boldsymbol{x}):\boldsymbol{x}\in\Omega\}$。

例如，标准线性规划的原始问题为

$$\min_{\boldsymbol{x}}\boldsymbol{c}^{\mathrm{T}}\boldsymbol{x},满足\begin{cases}\boldsymbol{A}\boldsymbol{x}=\boldsymbol{b}\\ \boldsymbol{x}\geqslant 0\end{cases} \tag{2.20}$$

式中，$\boldsymbol{x}$ 是 $N\times 1$ 维的优化向量；$\boldsymbol{c}$ 和 $\boldsymbol{b}$ 是常向量；$\boldsymbol{A}$ 是常矩阵。对偶函数为

$$\begin{aligned}\theta(\boldsymbol{u},\boldsymbol{v})&=\inf_{\boldsymbol{x}}\left(\boldsymbol{c}^{\mathrm{T}}\boldsymbol{x}-\sum_{i=1}^{N}\lambda_i\boldsymbol{x}_i+\boldsymbol{v}^{\mathrm{T}}(\boldsymbol{A}\boldsymbol{x}-\boldsymbol{b})\right)\\&=-\boldsymbol{b}^{\mathrm{T}}\boldsymbol{v}+\inf_{\boldsymbol{x}}(\boldsymbol{c}+\boldsymbol{A}^{\mathrm{T}}\boldsymbol{v}-\boldsymbol{\lambda})^{\mathrm{T}}\boldsymbol{x}\end{aligned} \tag{2.21}$$

式中，$\boldsymbol{\lambda}=[\lambda_1\cdots\lambda_N]^{\mathrm{T}}$。因为线性函数（$\boldsymbol{c}+\boldsymbol{A}^{\mathrm{T}}\boldsymbol{v}-\boldsymbol{\lambda}$）无下限，$\theta(\boldsymbol{u},\boldsymbol{v})=-\infty$ 仅当 $\boldsymbol{c}+\boldsymbol{A}^{\mathrm{T}}\boldsymbol{v}-\boldsymbol{\lambda}=0$。对偶问题如下：

$$\max\theta(\boldsymbol{u},\boldsymbol{v})=\begin{cases}-\boldsymbol{b}^{\mathrm{T}}\boldsymbol{v} & \boldsymbol{c}+\boldsymbol{A}^{\mathrm{T}}\boldsymbol{v}-\boldsymbol{\lambda}=0\\ -\infty & 否则，满足\ \boldsymbol{\lambda}\geqslant\boldsymbol{0}\end{cases} \tag{2.22}$$

对偶问题一个主要应用就是对偶定理。以下弱对偶定理说明，对偶问题有效结果的目标值就是原始问题有效结果目标值的下限。

定理 1　弱对偶定理：如果 $\boldsymbol{x}$ 是式（2.1）原始问题的一个有效结果，且（$\boldsymbol{u}$，$\boldsymbol{v}$）是式（2.19）对偶问题的有效结果，则 $f(\boldsymbol{x})\geqslant\theta(\boldsymbol{u},\boldsymbol{v})$。对偶间隙定义为 $f(\boldsymbol{x})-\theta(\boldsymbol{u},\boldsymbol{v})$。

在凸假设和约束条件下，对偶间隙在以下强对偶定理中为零。

定理 2　强对偶定理：设 Ω 为凸集，g_i 为凸，h_j 为仿射，假定存在一个 $\boldsymbol{x}\in\Omega$ 使得 $\boldsymbol{g}(\boldsymbol{x})\leqslant\boldsymbol{0}$ 且 $\boldsymbol{h}(\boldsymbol{x})=\boldsymbol{0}$，其中 $\boldsymbol{0}$ 为 $\boldsymbol{h}$ 的内点（斯莱特（内在性）条件），则原始问题的最优点即是对偶问题的最优点，比如

$$\inf\{式(2.1)\}=\sup\{式(2.19)\} \tag{2.23}$$

零对偶间隙的充分必要条件是存在鞍点，定义如下：

定义 4　（$\bar{\boldsymbol{x}}$，$\bar{\boldsymbol{u}}$，$\bar{\boldsymbol{v}}$），$\bar{\boldsymbol{x}}\in\Omega$ 且 $\bar{\boldsymbol{u}}\geqslant\boldsymbol{0}$，当且仅当

1）$\phi(\bar{\boldsymbol{x}},\bar{\boldsymbol{u}},\bar{\boldsymbol{v}}) = \min(f(\boldsymbol{x}) + \sum_{i\in l} \bar{u}_i g_i(\boldsymbol{x}) + \sum_{j=1}^{l} \bar{v}_j h_j(\boldsymbol{x}))$。

2）$\boldsymbol{g}(\bar{\boldsymbol{x}}) \leqslant \boldsymbol{0}$，$\boldsymbol{h}(\bar{\boldsymbol{x}}) = \boldsymbol{0}$。

3）$\bar{\boldsymbol{u}}^{\mathrm{T}}\boldsymbol{g}(\bar{\boldsymbol{x}}) = 0$。

另一种相似的解释是互补松弛性[20]。

如果原始问题与对偶问题相等，就能用原始问题直接去解决对偶问题。因为非线性非凸问题，其对偶间隙可能不为0。事实上，有时候对偶问题会需要更少信息去完成优化。此外，原始问题和对偶问题可以直接去找优化方案。方案之一叫作截面或外部线性化方法，其步骤如下：

1）初始化。

2）解决原始优化问题。

3）解决对偶优化问题。

4）返回到步骤1），直到满足KKT条件等优化条件。

2.2 线性规划和单纯形算法

线性规划（Linear Programming，LP）是用一个线性函数解决凸多面体上的最大/最小值问题，广泛应用于工程中。其中一个工程应用实例是使用相同的无线资源为不同用户提高网络性能。用单纯形算法[21,22]解决线性规划问题。这里还将讨论一些其他算法。

线性规划问题可以用以下模型表示：

$$\min \boldsymbol{c}^{\mathrm{T}}\boldsymbol{x}，满足\begin{cases}\boldsymbol{A}\boldsymbol{x}=\boldsymbol{b}\\ \boldsymbol{x}\geqslant \boldsymbol{0}\end{cases} \tag{2.24}$$

式中，$\boldsymbol{x}$是变量向量；$\boldsymbol{A}$是已知系数的矩阵；$\boldsymbol{c}$和$\boldsymbol{b}$是已知系数的向量。表达式$\boldsymbol{cx}$被称为目标函数，表达式$\boldsymbol{Ax}=\boldsymbol{b}$被称为约束。矩阵$\boldsymbol{A}$通常不是方阵且列数多于行数，$\boldsymbol{Ax}=\boldsymbol{b}$可能是不确定的，为$\boldsymbol{x}$保留更大的可能性空间使$\boldsymbol{c}^{\mathrm{T}}\boldsymbol{x}$更小。

目前，有两大处理技术正在广泛应用，它们都是通过试验方法逐渐改善直到满足优化条件。

- **单纯形算法** 大概50年前由Dantzig提出，通过不断调整其边界变量以减少约束$\boldsymbol{Ax}=\boldsymbol{b}$，再通过剩余变量的特征值求得基本解。基本解代表了由$\boldsymbol{Ax}=\boldsymbol{b}$，$\boldsymbol{x}\geqslant\boldsymbol{0}$定义的可行域中的极限边界点，而单纯形算法可以看作为沿着边界边缘从一点移动到另一点。
- **阻挡法/内点法**㊀ 相反地，它是在可行域内部得到所求点。该方法起源于20世纪60年代由Fiacco和McCormick提出并发展起来的非线性规划技术，但直到1984年卡玛卡发表创造性分析报告后才开始应用于LP领域。

下面我们来详细说明LP问题的解是否会落于可行域的边界上。

定理3 极限点（单纯形滤波器）理论：若一个线性函数在多边形凸域上存在最大或最小值，则最大、最小值一定在边界上。

这个定理说明有限的极限点对应着有限解，因此，问题简化为找有限点集。但是，对实际问题来说，有限点集仍然太过庞大。单纯形算法提供了一套有效的系统搜索方法，可以确保在有限

㊀ 将在2.4节详细讨论阻挡法/内点法。

的步骤里找到那些点。

在应用单纯形算法之前，线性规划问题必须被转换成增广形式，这种形式引入非负松弛变量，用约束中的等式替换不等式。问题可表示如下：

$$\begin{pmatrix} 1 & -\boldsymbol{c}^{\mathrm{T}} & 0 \\ \boldsymbol{0} & \boldsymbol{A} & \boldsymbol{I} \end{pmatrix} \begin{pmatrix} Z \\ \boldsymbol{x} \\ \boldsymbol{x}_{\mathrm{s}} \end{pmatrix} = \begin{pmatrix} 0 \\ \boldsymbol{b} \end{pmatrix} \tag{2.25}$$

式中，$\boldsymbol{x}$ 是式（2.24）标准形的变量向量；$\boldsymbol{x}_{\mathrm{s}}$ 是展开过程中引入的松弛变量向量；$\boldsymbol{c}$ 包含优化系数；$\boldsymbol{A}$ 和 $\boldsymbol{b}$ 描述了约束等式集；Z 是最大化的变量。

这种系统是典型的非确定系统，因为变量数量多于等式数量，其数量差即是问题的自由度。因而，任何解，无论是否最优，都会包含一系列任意解。单纯形算法将0作为任意解，所以带有0的变量数取决于其自由度。

在单纯形算法中，具有非零值的变量也叫作基本变量，零值变量也叫作非基本变量，增广形式可以简化寻找初始积分可行解过程。单纯形算法提供了一套有效的系统搜索方法以在有限步骤中求解，具体如下：

1）由极限点开始搜索（比如一个基本可行解）。

2）判断邻近极限点是否可以提高目标函数的最优性。如果不能，则将当前点视为最优点；如果有提高优化性的可能性，则进行下一步。

3）移动到使目标函数优化性能提高最大的邻近点。

4）重复步骤2）和步骤3），直到找到最优解或者表明该问题无边界或无可行域。

1972年，Klee 和 Minty 给出了一个 LP 问题的模型，其中多面体 P 变形成 n 维立方体。他们证明了由 Dantzig 论述的单纯形算法可以在找到最优点之前遍历到所有 $2n$ 个顶点。这表明该算法最坏情况下的时间复杂度服从指数变化。其他旋转规则下的相似模型也陆续被提出。是否存在一种旋转规则使得最坏情况下的时间复杂度服从多项式变化，这是个开放性问题。不过，单纯形算法在实际应用中非常有效。

LP 的重要性一部分源于其广泛应用，另一部分源于在解决优化解问题上存在有效的通用方法。比如，Khachian[23] 发现的一个 $O(x^5)$ 多项式时间算法。Karmarkar[24] 发现了一个更有效的多项式时间算法，该算法从立方体的中心出发（即所谓的内点法），然后转换变形。内点法早在20世纪60年代就广为人知，它们将线性规划视为只有标准输入，并且求解时忽略其原始或特殊结构信息。将其应用于大规模和大用途问题上是非常快速且可靠的。

相对地，LP 也有一些限制。事实上，优化参数的目标和约束很少是线性函数。在非线性条件下，可能有很多局部最优解，而使用单纯形算法并不能找到最佳解。在接下来的部分中，我们将讨论处理更复杂问题的更一般的规划方法。

2.3　凸规划法

凸优化问题可以被定义为

$$\min f_0(x)$$

$$
\text{满足}\begin{cases} f_i(x) \leqslant 0,\ i=1,\cdots,m \\ \boldsymbol{a}_i^{\mathrm{T}}\boldsymbol{x}=\boldsymbol{b}_i,\ i=1,\cdots,p \end{cases} \tag{2.26}
$$

式中，目标函数 f_0 是凸的；不等式约束函数 f_1，…，f_m 是凸的；等式约束函数 $g_i(\boldsymbol{x})=\boldsymbol{a}_i^{\mathrm{T}}\boldsymbol{x}-\boldsymbol{b}_i$ 是仿射的。

凸优化问题的基本特性是，任何局部最优点都是全局最优。而且，通过前述的对偶理论，优化条件可以很容易判定。既然线性是一种特殊的凸性，LP 也是一种特殊的凸优化。下面将讨论一些典型的凸优化问题。

2.3.1 二次方程、几何学以及半定规划

二次规划即目标函数为二次函数且约束函数是如下形式的仿射，即

$$
\min \boldsymbol{x}^{\mathrm{T}}\boldsymbol{P}\boldsymbol{x}+2\boldsymbol{q}^{\mathrm{T}}\boldsymbol{x}
$$

$$
\text{满足}\begin{cases} \boldsymbol{G}\boldsymbol{x}\leqslant \boldsymbol{h} \\ \boldsymbol{A}\boldsymbol{x}=\boldsymbol{b} \end{cases} \tag{2.27}
$$

式中，$\boldsymbol{P}=\boldsymbol{P}^{\mathrm{T}}$。如果 $\boldsymbol{P}$ 为半正定矩阵，那么式（2.27）就是凸函数。这时，只要存在向量 $\boldsymbol{x}$ 满足约束且优化目标在可行域上是有界的，则二次规划就有全局最优点。如果 $\boldsymbol{P}$ 正定，则全局最优点是唯一的；如果 $\boldsymbol{P}$ 为 0，问题就变成了线性规划问题，这时就满足了 KKT 条件。

双二次规划问题也是二次规划问题。例如，当我们忽略式（2.27）的等式约束时，对偶函数即

$$
q(\boldsymbol{u})=\inf_{x}\left\{\frac{1}{2}\boldsymbol{x}^{\mathrm{T}}\boldsymbol{P}\boldsymbol{x}+\boldsymbol{q}^{\mathrm{T}}\boldsymbol{x}+\boldsymbol{u}^{\mathrm{T}}(\boldsymbol{G}\boldsymbol{x}-\boldsymbol{h})\right\} \tag{2.28}
$$

通过 $\boldsymbol{x}=-(\boldsymbol{P})^{-1}(\boldsymbol{q}+\boldsymbol{G}^{\mathrm{T}}\boldsymbol{u})$ 可求得下确界，则对偶问题变成了

$$
\min \frac{1}{2}\boldsymbol{u}^{\mathrm{T}}\boldsymbol{G}(\boldsymbol{P})^{-1}\boldsymbol{G}^{\mathrm{T}}\boldsymbol{u}+(\boldsymbol{h}^{\mathrm{T}}+\boldsymbol{G}(\boldsymbol{P})^{-1}\boldsymbol{q})\boldsymbol{u}
$$

$$
\text{满足 } \boldsymbol{u}\geqslant \boldsymbol{0} \tag{2.29}
$$

对于正定 $\boldsymbol{P}$，可以用椭球法解决多项式时间问题[25]。当 $\boldsymbol{P}$ 非正定（甚至当 $\boldsymbol{Q}$ 只有一个负的特征值）时，问题就变成了 NP－hard[25]。

对于几何规划，我们需要以下定义。

定义 5 单项式函数如下：

$$
f(x)=cx_1^{a_1}x_2^{a_2}\cdots x_n^{a_n} \tag{2.30}
$$

式中，$c\geqslant 0$；$a_i\in\mathbf{R}$。

定义 6 正项式函数如下：

$$
f(x)=\sum_{k=1}^{K}c_k x_1^{a_{1k}}x_2^{a_{2k}}\cdots x_n^{a_{nk}} \tag{2.31}
$$

式中，$c_k\geqslant 0$；$a_{ik}\in\mathbf{R}$。

在以下条件下，优化问题也就是几何规划问题，即

$$
\min f_0(x)
$$

$$
\text{满足}\begin{cases} f_i(x)\leqslant 1,\ i=1,\cdots,m \\ h_i(x)=1,\ i=1,\cdots,p \end{cases} \tag{2.32}
$$

式中，f_0，…，f_m 是多项式；h_1，…，h_p 是单项式。几何规划也有许多应用，包括数据逻辑回归的电路设计和参数估计。逻辑回归中的最大似然估计值就是几何规划问题。

几何规划一般不是凸优化问题，但是可以通过改变变量、转换目标和约束函数将其转化成凸问题。例如，设 $y=\log x$，正项式可以转换成仿射函数多项式之和。

半定规划（Semidefinite Programming，SDP）或者说半定优化（Semidefinite Optimization，SDO）处理的是具有线性成本函数和线性约束的对称的半正定矩阵变量。通常的特殊情况就是 LP 和具有凸二次约束的凸二次规划。SDP 问题如下：

$$\min \boldsymbol{c}^{\mathrm{T}}\boldsymbol{x}$$
$$\text{满足 } F(\boldsymbol{x})\geqslant 0 \tag{2.33}$$

式中，

$$F(\boldsymbol{x}) = \boldsymbol{F}_0 + \sum_{i=1}^{m} x_i\boldsymbol{F}_i \tag{2.34}$$

且 $F(\boldsymbol{x})$ 是半正定的。

双半定规划如下：

$$\min \boldsymbol{F}_0\boldsymbol{y}$$
$$\text{满足}\begin{cases}\boldsymbol{F}_i\boldsymbol{y}=0, & \forall i\\ \boldsymbol{y}\geqslant 0\end{cases} \tag{2.35}$$

运筹学以及组合优化中，很多实际问题可以建模或近似为半定规划问题。解决 SDP 有两种算法，一种是内点法，另一种是特殊化的凸优化算法。

2.3.2　梯度迭代法、牛顿法及其变形

凸优化的其中一个优点在于它有很多简单方法去寻找全局最优点。我们先来讨论非约束优化的解决方法，然后将这些方法扩展到约束优化。下面有几个非约束问题的例子。

- 假如函数梯度可计算，则梯度方法可找到函数最接近的局部最小值。这种逐步减少的方法也称为梯度迭代法，即从点 $\boldsymbol{x}_0$ 开始，逐步向 $\boldsymbol{x}_i$ 和 $\boldsymbol{x}_{i+1}$ 移动，进行足够多次移动，梯度也逐步减小，直到与目标梯度 $-\nabla f(\boldsymbol{x})$ 相差最小。其伪代码描述如下。

给定一个可行的起点 $\boldsymbol{x}_0$，重复以下步骤：

1）计算梯度 $\nabla f(\boldsymbol{x})$。

2）直线寻找：选择步距 t 以优化 $f(\boldsymbol{x}_i - t\nabla f(\boldsymbol{x}_i))$。

3）更新：$\boldsymbol{x}_{i+1}=\boldsymbol{x}_i - t\nabla f(\boldsymbol{x}_i)$。

一直重复以上步骤直到满足终止条件，例如 KKT 条件（在前一节中定义）或指定精确度。

图 2.4 给出了梯度方法的一个示例。如图所示，这种逐步递减的方法方便应用，且每次迭代都很快速。它也很稳定，只要最小点存在，这个方法一定能找到它们。但是，就算具有所有这些优势，该方法还是有一个很严重的缺陷：它一般收敛很慢。对于最坏的尺度化体系，例如，如果海森矩阵在解点上的特征值随数量级变化而不同，用此方法在找到最小点前要花费很多次迭代。它开始可以正常收敛，但收敛速度将越来越慢。

- 牛顿法是一个广为人知的算法，用于寻找一个或多个等式的根。当一个实值 x^* 使得函数

$f(x)$在该点的一阶梯度为零时，可以对$f'(x)$应用牛顿法找到这个x^*，进而求得函数极限最大值或极限最小值。

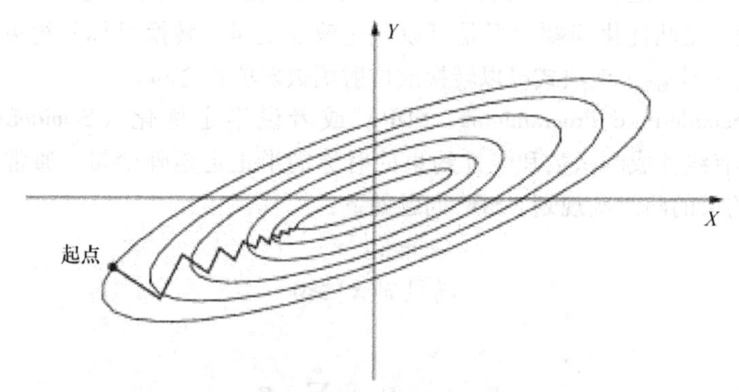

图 2.4 梯度迭代法示例

定义 7 假定存在二阶微分，牛顿法步距定义为

$$\boldsymbol{v}_{\mathrm{nt}} = -\nabla^2 f(\boldsymbol{x})^{-1}\nabla f(\boldsymbol{x}) \tag{2.36}$$

解释如下：

$\boldsymbol{v}_{\mathrm{nt}}$是最小化的二阶近似值，

$$\hat{f}(\boldsymbol{x}+\boldsymbol{v}) = f(\boldsymbol{x}) + \nabla f(\boldsymbol{x})^{\mathrm{T}}\boldsymbol{v} + \frac{1}{2}\boldsymbol{v}^{\mathrm{T}}\nabla^2 f(\boldsymbol{x})\boldsymbol{v} \tag{2.37}$$

$\boldsymbol{v}_{\mathrm{nt}}$是海森范式中的逐步递减目标值。

$\boldsymbol{v}_{\mathrm{nt}}$是一阶微分的线性优化条件$\nabla f(\boldsymbol{x}^*)=0$的解。

牛顿步距独立于参量的线性变化。

定义 8 牛顿减量定义如下：

$$\lambda(\boldsymbol{x}) = (\nabla f(\boldsymbol{x})^{\mathrm{T}}\nabla^2 f(\boldsymbol{x})^{-1}\nabla f(\boldsymbol{x}))^{\frac{1}{2}} \tag{2.38}$$

$\lambda^2/2$是$f(\boldsymbol{x})-f^*$基于函数f在$\boldsymbol{x}$上的二次近似值的估量[20]。

牛顿法的几何解释是，在每一次迭代中，函数被关于$\boldsymbol{x}$的二次函数$f(\boldsymbol{x})$近似，然后向二次函数的最大或最小值移动。具体移动步骤如下。

给定一个可行的起始点$\boldsymbol{x}_0$，公差$\epsilon>0$，重复以下步骤：

1）计算牛顿步距及差量。

2）如果$\lambda^2/2\leqslant\epsilon$，跳出。

3）线性搜索：选择步距t。

4）更新：$\boldsymbol{x}_{i+1}=\boldsymbol{x}_i+t\boldsymbol{v}_{\mathrm{nt}}$。

牛顿法对局部最大或最小值的收敛速度远快于梯度迭代法。但是，使用牛顿法必须已知$f(\boldsymbol{x})$的海森矩阵，但该矩阵有时候很难计算。有些拟牛顿法会用一个近似矩阵去取代海森矩阵。牛顿法的另一个缺陷在于寻找海森逆矩阵必须花费巨大的运算。

对非约束优化，这里有一些其他方法。

- **共轭梯度法**。该方法借助实践去尝试解决这类问题。在下降方向上，它用共轭方向取代局部梯度。该方法将产生迭代序列向量（如逐次逼近结果）、迭代相应残差以及迭代与残差更新方向。尽管该序列可能很庞大，但只需要记录其中几个向量。在每次迭代中，将取得两个内积来计算更新使结果满足某一正交条件的标量。如果最小值的邻近处有狭长谷地形状，那么最小值将在比逐步递减法少得多的步骤内找到。

- **割线法**。在牛顿法中，计算和倒转大规模系统的海森矩阵是异常费力的。割线法的思路是不直接用海森矩阵，而是从一个使结果接近的近似矩阵出发，渐渐逼近海森矩阵。
- **随机梯度下降法**。通过简单示例函数求得梯度去取代真实梯度。然后参量转化为一系列与该梯度相关的量。因此，参量模型也会被更新。对于大数据集，随机梯度下降法将比批量梯度下降法快得多。
- **BFGS 法**。拟牛顿法或者变尺度法通常在海森矩阵难以求得时用。为了得到海森矩阵在某个单点上的近似矩阵，这些方法将用前面算法所得迭代的梯度信息。

本节剩余部分，我们将讨论如何解决约束优化。首先，有时候我们可以通过 KKT 条件忽略一些约束而不影响最终结果。而且利用对偶问题，一些约束可以被去除而不会损失其优化性。如果约束不能被减少，下列方法则是解决问题的常用方法。

- **投影梯度法/牛顿法**。如果没有不等式约束，我们可以将梯度或搜索方向根据等式约束进行投影。假定优化问题为

$$\begin{aligned}&\min f(\boldsymbol{x})\\&\text{满足 } \boldsymbol{A}\boldsymbol{x}=\boldsymbol{b}\end{aligned} \tag{2.39}$$

利用投影梯度法，其投影梯度$\boldsymbol{v}_{\mathrm{pg}}$可写成

$$\begin{pmatrix}\boldsymbol{I} & \boldsymbol{A}^{\mathrm{T}}\\ \boldsymbol{A} & \boldsymbol{0}\end{pmatrix}\begin{pmatrix}\boldsymbol{v}_{\mathrm{pg}}\\ \boldsymbol{w}\end{pmatrix}=\begin{pmatrix}-\nabla f(\boldsymbol{x})\\ \boldsymbol{0}\end{pmatrix} \tag{2.40}$$

式中，$\boldsymbol{w}$ 是拉格朗日多项式的估量。

利用投影牛顿法，其投影牛顿步距$\boldsymbol{v}_{\mathrm{nt}}$可写成

$$\begin{pmatrix}\nabla^2 f(\boldsymbol{x}) & \boldsymbol{A}^{\mathrm{T}}\\ \boldsymbol{A} & \boldsymbol{0}\end{pmatrix}\begin{pmatrix}\boldsymbol{v}_{\mathrm{nt}}\\ \boldsymbol{w}\end{pmatrix}=\begin{pmatrix}-\nabla f(\boldsymbol{x})\\ \boldsymbol{0}\end{pmatrix} \tag{2.41}$$

- **内点法/阻挡法**。当所求点接近可行域边界时，该方法即给目标添加处罚函数，以使结果总能满足不等式约束。我们将在 2.4 节中详细讨论这种方法。
- **割平面法**。其基本思想是找到一个超平面使得优化结果的搜索空间被大大减小。我们将在 2.5 节中讨论这种方法。

2.3.3 乘子交替方向法

乘子交替方向法（Alternating - Direction Method of Multipliers，ADMM）描述如下：

$$\begin{aligned}&\min_{\boldsymbol{x},z}\quad f(\boldsymbol{x})+g(z)\\&\text{满足}\quad \boldsymbol{A}\boldsymbol{x}+\boldsymbol{B}z=\boldsymbol{c}\end{aligned} \tag{2.42}$$

式中，$\boldsymbol{x}\in\mathbb{R}^n$；$z\in\mathbb{R}^m$；$\boldsymbol{c}\in\mathbb{R}^p$；矩阵 $\boldsymbol{A}\in\mathbb{R}^{p\times n}$和 $\boldsymbol{B}\in\mathbb{R}^{p\times m}$；函数 f 和 g 是封闭的、凸的、本征的。增广拉格朗日函数表示为

$$\mathcal{L}_\rho(\boldsymbol{x},z,\boldsymbol{\mu}) = f(\boldsymbol{x}) + g(z) + \frac{\rho}{2}\|\boldsymbol{Ax}+\boldsymbol{Bz}-\boldsymbol{c}+\boldsymbol{\mu}\|_2^2 \tag{2.43}$$

式中，$\rho>0$ 是惩罚参数；$\boldsymbol{\mu}$ 是比例对偶变量。利用比例对偶变量，$\boldsymbol{x}$ 和 z 在一个 Gauss - Seidel 式中被更新。对于每个迭代参数 t，该更新过程表示为

$$\boldsymbol{x}^{t+1} = \underset{x}{\operatorname{argmin}} f(\boldsymbol{x}) + \frac{\rho}{2}\|\boldsymbol{Ax}+\boldsymbol{Bz}^t-\boldsymbol{c}+\boldsymbol{\mu}^t\|_2^2$$

$$z^{t+1} = \underset{z}{\operatorname{argmin}} g(z) + \frac{\rho}{2}\|\boldsymbol{Ax}^{t+1}+\boldsymbol{Bz}-\boldsymbol{c}+\boldsymbol{\mu}^t\|_2^2 \tag{2.44}$$

最终，比例对偶变量更新为

$$\boldsymbol{\mu}^{t+1} = \boldsymbol{\mu}^t + \boldsymbol{Ax}^{t+1} + \boldsymbol{Bz}^{t+1} - \boldsymbol{c} \tag{2.45}$$

基于 ADMM 的方法给分布式优化提供了一个总体框架，一个典型例子是分享问题，如下：

$$\min_{x_i} \sum_i^N f_i(\boldsymbol{x}_i) + g\left(\sum_i^N \boldsymbol{x}_i\right) \tag{2.46}$$

式中，$\boldsymbol{x}_i \in \mathbb{R}^n$，$i=1, \cdots, N$，是局部变量。函数 f_i 描述了子系统 i 的局部消耗，函数 g 是普通目标。在分享问题中，每个 i 决定了其个体变量 $\boldsymbol{x}_i$ 以优化局部成本/支付函数 f_i 和分享目标 g。分布式的分享问题可以用 ADMM 巧妙地解决。通过复制所有的变量 $\boldsymbol{x}_i$，分享问题可被重写为

$$\min_{x_i,z_i} \sum_i^N f_i(\boldsymbol{x}_i) + g\left(\sum_i^N z_i\right)$$
$$\text{满足 } \boldsymbol{x}_i = z_i, \forall i \tag{2.47}$$

ADMM 的比例更新过程构成了迭代。通过局部智能体 $i=1, \cdots, N$，$\boldsymbol{x}_i$ 更新可以在如下并行式中单独进行，

$$\boldsymbol{x}_i^{t+1} = \underset{x_i}{\operatorname{argmin}} f_i(\boldsymbol{x}_i) + \frac{\rho}{2}\|\boldsymbol{x}_i - z_i^t + \boldsymbol{\mu}_i^t\|_2^2 \tag{2.48}$$

变量 z 将在得到以下全部局部变量后被更新，

$$z^{t+1} = \underset{z}{\operatorname{argmin}} g\left(\sum_i^N z_i\right) + \frac{\rho}{2}\|\boldsymbol{x}_i^{t+1} - z_i + \boldsymbol{\mu}_i^t\|_2^2 \tag{2.49}$$

比例对偶变量 $\boldsymbol{\mu}_i$ 更新步骤也是在以下并行式中独立进行的：

$$\boldsymbol{\mu}_i^{t+1} = \boldsymbol{\mu}_i^t + \boldsymbol{x}_i^{t+1} - z_i^{t+1} \tag{2.50}$$

因此，原始分享问题被分解成两部分：其一是 z 更新优化问题，这要求从每个智能体处收集到 $\boldsymbol{x}_i$；其二是 N 个 $\boldsymbol{x}_i$ 更新优化问题，这是每个智能体从分散的新 z 中单独计算得到。

2.4 非线性规划

非线性规划问题可表示为

$$\min F(\boldsymbol{x})$$
$$\text{满足}\begin{cases} g_i(\boldsymbol{x}) = 0,\ i=1,\cdots,m_1,\text{其中 } m_1 \geqslant 0 \\ h_j(\boldsymbol{x}) \geqslant 0,\ j=m_1+1,\cdots,m,\ \text{其中 } m \geqslant m_1 \end{cases} \tag{2.51}$$

式中，F 是一个变量向量 $\boldsymbol{x}$ 的标量函数。我们的目标是将 F 缩小为一个或多个类似函数，以限制

或确定变量向量值。F 也叫作目标函数，其他函数叫作约束。既然目标函数或约束是非线性的，则式（2.51）中的优化问题也叫作非线性规划（Nonlinear Programming，NLP）。

NLP 的最大挑战之一就是一些问题有"局部最优"，比如结果只满足函数衍生式的要求但不够好。这种情况与多峰相似。要一个算法只能通过向上爬坡从一点移动到另一点是很困难的，因为它到达的峰点可能不是最高的。解决这类难题的算法被称为"全局优化"。接下来，我们将先讨论如何从初始状态找到局部最优点。特别地，我们将讨论阻挡/内点法。然后我们将研究找到全局最优点的技术。

使用阻挡以及设置阻挡的可行域的编码思想早在 20 世纪 60 年代就被 Fiacco、McCormick 和其他人研究过了。这些思想主要发展成为一般的 NLP。Nesterov 和 Nemirovskii 想到了此类阻挡的一个特殊类，可以用于任何凸集的编码。他们确保了算法迭代次数将被多项式维度所限制，也确保了结果的精确度。

2.4.1　阻挡法/内点法

在约束优化中，阻挡函数是一个约束函数，其值在可行域的边界点将趋于无限。因其是违反约束，常被称为处罚约束。阻挡函数也是凸的光滑函数。两个最常见的阻挡函数形式是倒数阻挡函数和对数阻挡函数，分别表示如下：

$$I_{\text{inv}} = \begin{cases} \sum_{j=m_1}^{m} 1/h_j(\boldsymbol{x}) & h_j \geqslant 0, j = m_1, \cdots, m \\ +\infty & \text{其他} \end{cases} \tag{2.52}$$

以及

$$I_{\log} = \begin{cases} -\sum_{j=m_1}^{m} \log(h_j(\boldsymbol{x})) & h_j \geqslant 0, j = m_1, \cdots, m \\ +\infty & \text{其他} \end{cases} \tag{2.53}$$

给目标函数 $F(\boldsymbol{x})$ 添加阻挡函数，这使得式（2.51）中问题变成

$$\begin{gathered} \min\ tF(\boldsymbol{x}) + I(\boldsymbol{x}) \\ \text{满足 } g_i(\boldsymbol{x}) = 0,\ i = 1, \cdots, m_1 \end{gathered} \tag{2.54}$$

在极端情况中，即 t 足够大，阻挡函数 I 成为理想阻挡函数，式（2.54）中问题变成式（2.51）中问题。

阻挡法（路径跟踪算法）通过解决式（2.54）中一系列简化问题来解决式（2.51）的问题。换言之，该方法计算最佳点 $\boldsymbol{x}^*$ 使得对于一系列递增的 t 值来说，结果与初始问题足够相近。阻挡法的详情见表 2.1。

表 2.1　阻挡法

给定一个有效初始点 $\boldsymbol{x}_0$，公差 $\epsilon > 0$，且 $t > 0$，$\mu > 1$，重复以下步骤：

1）计算式（2.54）中 $\boldsymbol{x}^*$。

2）取 $\boldsymbol{x} = \boldsymbol{x}^*$。

3）如果满足容忍度要求，则返回 $\boldsymbol{x}$。

4）取 $t = \mu t$。

在选择μ时有一个权衡，如果μ很小，式（2.54）中的问题每次迭代的复杂度也比较小，且迭代紧随可行值域的中间值。但是，它需要更多次迭代。相反地，如果μ很大，则阻挡函数快速收敛到理想情况，但是式（2.54）中的问题的复杂度将增加，并且一系列可能的局部最优点将出现。

内点法是一类解决线性和非线性凸优化问题的算法。这类算法是受Narendra Karmarkar于1984年开发的关于线性规划算法的启发。其基本组成元素是一个用于为凸集进行编码的可自我协调的阻挡函数。Mehrotra的预估算法是内点法最通常的实现形式。由Kojima、Mizuno和Yoshise提出的原始-对偶内点法也被广泛应用。内点法从解析中心（由Sonnevend和Megiddo提出）出发，然后随着中心路径，最终收敛到最优结果，如图2.5所示。

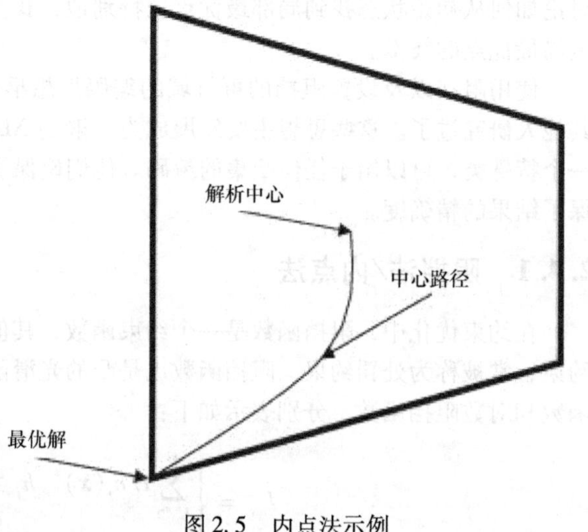

图2.5 内点法示例

为求全局最优解，算法的初始点至关重要。一个流行方法是从试探的好结果开始，然后用某些算法使之收敛到更好结果。在大部分情况下，一些好结果可以得到，但是，全局最优解却不能保证。为了得到全局最优解，还将使用其他一些方法。

2.4.2 蒙特卡罗法

蒙特卡罗法是一类仿真不同物理或数学系统的演算算法。其区别于其他仿真方法（例如分子动力法）之处在于其随机性，这意味着它们的行为是不确定的。该算法通常用随机数（或更通常是伪随机数）作为反确定性算法。

有趣的是，蒙特卡罗法的有效性并不要求真正的随机数。很多最有用的方法是用确定的、伪随机序列，以使仿真更容易地去测试和重复仿真。仿真质量的唯一要求通常是使伪随机序列在某种意义上近似“足够随机”。也就是说，当考虑的元素足够多时，它们要么是均匀分布的，要么遵循其他需要的分布。由于算法的重复性和计算量的庞大，蒙特卡罗法可在计算机中应用很多技术实现计算机仿真。

对于优化问题，尤其是大规模的问题，通常存在很多局部最优解。为了解决这个难点，我们将算法在可行值域中随机初始化。通过对比局部最优解，蒙特卡罗初始点越多，找到全局最优解的可能性越大。蒙特卡罗法还有很多变形，例如并发退火法和随机隧道法。

2.4.3 模拟退火法

模拟退火（Simulated Annealing，SA）法是一种解决全局优化问题的一般的随机性元算法。它是1983年由S. Kirkpatrick、C. D. Gelatt和M. P. Vecchi发明的，且1985年由V. Cerny又独自

发明。

其名字是受冶金工艺中的退火技术的启发，退火技术是一种通过反复加热和有限制地降温过程来增加材料的晶体规模并减小其瑕疵的技术。其加热过程使得原子从原来位置（低能级位置）游离到能量更高的位置，其缓慢冷却过程使得原子在比原始状态更少内能的情况下有更多机会去寻找更稳定的结构。

类比于这种物理作用，SA 算法通过随机的就近方法使得每一步都重复了当前结果。这种结果被选择的可能性取决于其与相应函数值的差异以及一个全局参量 T（即温度）。温度在这个过程中是逐渐下降的。其依据是，当温度足够大时当前结果几乎是随机变化的，而当 T 逐渐变为 0 时结果逐渐下降。允许“上坡”运动可以避免方法陷入局部最小值。

SA 启发式算法的每一步都考虑了一些当前状态的邻域，以及决定将系统移动到邻域或保持在当前状态的可能性。这个可能性使得系统最终向更稳定的状态移动。当温度很高时，这个可能性很大，这使得该方法在一些局部最优解处不太可靠。相反地，当局部最优解的可能性比较低时，这个可能性也比较低。当温度变成 0，该算法变成贪婪算法。典型步骤是重复直到系统达到足够好的稳定状态，或者直到计算预算达到给定的最大程度。它可以表示为，对于任何给定的有限问题，模拟退火算法决定全局优化结果的可能性随着退火程序的扩展逐渐接近 1。

2.4.4　遗传算法

遗传算法（Genetic Algorithm，GA）是一种用于为优化问题找到近似结果的方法。遗传算法是一类特殊的进化算法，它受遗传、突变、自然选择、重组（或交叉）等生物进化的启发。

遗传算法通常应用于计算机仿真上，其中有一系列候选结果（所谓的个体）的抽象表征（所谓的染色体），以使优化问题向更好的结果演进。传统意义上，结果为一串由 0 和 1 表示的二进制字符串，但也可以存在不同编码方法。进化过程从一系列完全随机的个体出发，就像遗传规律一样。每一代都将评价整体的适应度。然后，根据它们的适应度，从当前样本中随机选择成倍的个体，并且进行修正（突变或重组）以形成新样本，作为下一次迭代的母本。遗传算法详情见表 2.2。

表 2.2　遗传算法

选择随机初始样本。重复以下步骤：
1）评估样本中个体行为的比例。
2）选择最佳个体对去生产。
3）应用交叉算子，它决定了这两个所选个体生产下一代的可能形式。
4）应用变异算子，使得后代产生变异，通常是小概率的。
继续重复以上步骤，直到达到终止条件。

2.4.5　群体智能

群体智能（Swarm Intelligence，SI）是分散化的、自我管理的、自然的或者人工的集群行为。这个概念来源于人工智能。SI 系统由一系列简单智能体组成，它们在各自的位置上受彼此以及所处环境的影响。灵感通常来源于自然界，特别是生态系统。这些智能体遵循很简单的规则，而且没有控制中心指挥个体智能体如何表现、定位，一般它们的行为是随机的，各个智能体的相互影响使得整体“智能的”行为得以出现。SI 在自然中的例子有蚁群、鸟群、畜群、菌落以及鱼群。原则上，群体应该是一个多智能体系统，有着自我管理能力，表现出一定的智能行为。群体原理应用到机器人上被称为群体机器人，而术语 SI 指的是更一般的一组算法。“群体预言”已经被用于预测问题中。

算法示例包括但不限于利他主义算法[25,26]、蚁群优化算法[27,28]、人工蜂群算法[29]、人工免疫系统[30]、引力搜索算法[31,32]、萤火虫群优化[33,34]、智能水滴[35]、粒子群优化[36-38]、河流形成动态学[39-41]、自推进粒子[42-44]、随机扩散搜索[45-49]，以及多群优化[50,51]，它们应用于不同场景。基于 SI 的技术可用于一些如自组装和干涉的轨道群、行星映射群技术、数据挖掘、基于蚂蚁算法路由和群体模拟等应用。

接下来将给出一个示例，展示如何找到最短路径。假设从源到目的地有很多条路径，蚂蚁们需要找到最短路径。SI 算法表示如下：

1）蚂蚁在移动过程中分泌信息素。

2）信息素随时间减弱。

3）蚂蚁沿着信息素浓度最高的路径走。

4）如果没有信息素，选择最短路径的可能性与选择长路径的可能性一样。

较短路径会有更多通过者，因此信息素水平会比较高。蚂蚁将逐渐趋于选择更短路径。

2.5　整数规划

离散优化的决策变量取值为一个特定集合中的离散值。而组合优化问题需要从各种可能组合中选择最佳组合。大部分组合问题可以表示为整数问题。整数/组合优化问题研究的是有限资源的有效分配以达到所需目标，其部分或全部变量取值为整数。基本资源约束，比如调制、信道分配、编码率等，它们将限制一些有效分配方式被选择的可能性。例如，信道分配、调制水平、信道编码率甚至功率，都离散分布在一个实际系统中。要设计未来的无线网络，研究这些整数规划问题很重要，尤其是站在实现的角度。

整数/组合优化功能多样，这是因为很多实际问题、实践活动和资源，例如信道、用户和时隙，它们都是不可分割的。而且，很多问题只有有限的选择方案（如调制方式），所以可以很方便地将其描述为组合优化问题，组合这个词意味着只存在有限多个可选的有效方案。组合优化模型通常就是整数优化模型，它们的规划就是进行“计划”，而且只能根据有限个可选的可能性去选择这些模型。整数规划就是从一个明确的离散空间中寻找一个或多个最好（最优）的方案。本节我们将研究如何对无线网络和资源分配问题进行整数优化。

这些问题的主要难点在于我们没有任何优化条件去验证一个给定的（可行）方案是否是最优的。比如，在线性规划中我们有这样的优化条件：面对一个备选方案，我们将验证它运行过程中是否还在逐步改善有效目标，如果没有，则方案到达最优。如果我们能找到一个可以进一步改善结果的方向，那么这个结果还不是最优的。但在离散或组合优化问题中，并不存在这样的全局优化条件。这意味着要确保一个给定的可行结果是最优的，必须将它与其他所有可行结果进行一一对比。如果要将所有可能的选择都枚举出来，因为 NP 完全性，那么这个计算量将是超乎想象的。因此，这种对比必须有所简略，使其只要枚举部分的可能方案。

解决整数规划问题至少有三种不同方式，在实际计算中经常将它们结合来使用。它们就是

- 放松分解技术。
- 枚举技术。
- 基于多面组合的割平面法。

在学习这些技术之前，我们将在下面两节中先研究一般问题，并用背包问题作例子。

2.5.1　一般公式

本节我们将讨论整数优化的一般问题公式化。然后讨论其在无线网络和资源分配中的潜在应用。我们将显示对公式化问题的足够重视。

大部分对数据的整数优化研究仅限于线性实例。在参考文献 [52] 中将给出非线性实例的整数规划方法。一般问题公式化可表示为

$$\min_{x,y,z} f(\boldsymbol{x},\boldsymbol{y},\boldsymbol{z})$$
$$\text{满足}\begin{cases} g_i(\boldsymbol{x},\boldsymbol{y},\boldsymbol{z}) \leqslant 0,\ i=1,\cdots,m \\ h_j(\boldsymbol{x},\boldsymbol{y},\boldsymbol{z}) = 0,\ j=1,\cdots,l \\ \boldsymbol{x}\in\mathcal{R},\ \boldsymbol{y}\in\{0,1\},\text{且 } \boldsymbol{z}\in\mathcal{I} \end{cases} \tag{2.55}$$

式中，函数 f 是目标函数；函数 g_i 是等式约束函数；函数 h_j 是不等式约束函数；向量 $\boldsymbol{x}$ 是实值变量；向量 $\boldsymbol{y}$ 取值 0 或 1；向量 z 取值范围在整数集$\mathcal{I}$中。如果 $\boldsymbol{y}=\boldsymbol{0}$ 且 $\boldsymbol{z}=\boldsymbol{0}$，则式（2.55）就是一个非线性优化实例；如果 $\boldsymbol{z}=\boldsymbol{0}$，则式（2.55）就是一个单纯的 0－1 整数规划问题；如果 $\boldsymbol{y}=\boldsymbol{0}$，则式（2.55）就叫纯整数规划问题；否则它就是一个混合整数规划问题。

整数规划在无线网络和资源分配问题上有很多潜在应用。接下来我们就列举一些具有代表性的例子。

- **网络、路由和图论问题**。一个网络中可能有很多优化问题，网络（或图）是由一些节点以及连接这些节点的弧线组成。物理网络中能衍生出很多实际问题。此外，即使没有实际网络，很多问题也可以被建模成网络。比如，如果要给一系列用户分配一系列工作，但是要尽量减少分配消耗，这就可以视作一个分配网络。这里的一个节点集代表待分配的用户，另一个节点集代表可能的工作，如果一个用户被分配到某个工作，这个用户和这个工作之间就有一条弧线。

此外，有很多图论问题验证了基本图或网络的性能。这些问题包括中国邮路问题，就是在一个图中，找到一条路径，要求起点和终点相同，同时该路径对图中每条线至少经过一次，而且路径最短。如果要求每个节点都必须经过且只经过一次，而不要求每条边都遍历，那么问题就变成众所周知的复杂的旅行商问题。其他图论问题还有顶点着色问题，其目标是选择尽量少的颜色种类给图中每个顶点进行着色，要求任何相邻节点颜色不同；还有边着色问题，其目标是选择一个包含所有节点的边集，使各边权重和最小；还有最大团问题，其目标是找到原始图的最大子图，使得子图中任一节点都与其他所有节点相连；还有最小割问题，其目标是找到权重和最小的边集，使得去掉任何一边都会从节点集 t 中分离出一个节点集 s。

尽管乍一看这些图的组合优化问题在数学上可能很有趣，但似乎对在管理或工程上做决策

并没有什么实用性，不过其实它们的应用领域却相当广泛。旅行商问题可以应用在路由规划、大规模电路设计和战略防御上。四色问题（一张地图是否可以只用四种甚至更少的颜色来着色标记?）是顶点着色问题的一个特例。团问题和最小割问题对大规模系统可靠性都有重要意义。

- **调度问题**。空时网络经常存在于调度应用中。也就是要在不同时间点实现特殊要求。给这个问题建模，即用不同节点代表不同时间点上的相同实体。很多可以用空时网络表示的调度问题的一个例子是信道分配问题，它要求给信道分配一个最佳用户使得系统性能或 QoS 达到最大。一个信道每次必须分配唯一一个用户，一个用户根据其瞬时信道条件及其传输历史或 QoS 而被分配一个信道。
- **分配问题**。分配问题是数学旁支优化问题或运筹学上最基本的组合优化问题之一。其最一般的形式如下。

存在若干智能体和若干任务。任何智能体都可以被分配执行任何任务，产生的成本由分配而定。要求给每项任务分配一个智能体直到所有任务都被执行，且总的分配成本最小。如果智能体和任务数目相等，则对所有任务的总分配成本和对所有智能体的分配成本（或者说每项任务的成本和，在这个示例中是一样的）是一样的，那么这个问题也叫线性分配问题。通常说一个不带任何附加条件的分配问题，就是指线性分配问题。其他都是二次分配问题和阻塞分配问题。

分配问题是另一个有名的优化问题——运输问题的一个特例，而运输问题是最大流问题的特例，最大流问题又是线性规划的特例。这些问题都可能用单纯形算法解决，所以任何问题都可以借助其特殊结构设计出更高效的算法。需要花费大量时间的线性分配问题可以用由智能体数量的二次多项式限定的算法去解决。

如下案例所示，（线性）分配问题关于智能体、任务和成本的限制可以有所放松。假设一家出租车公司有三辆空载的出租车（智能体）和三名想尽快乘车的乘客（任务）。公司要尽快载客，每辆出租车载客成本是它到载客点的距离。分配问题的解决方法是使任何出租车与乘客的组合的总成本最低。

但是，分配问题可以比它看起来更灵活。在以上例子中，假定有四辆可用的出租车，而只有三名乘客。那么可以创造第四个任务，即“存而不为”，使出租车载客的成本为 0，那么分配问题就可以用相同的方法同样得到很好的结果。

可以使用相似技巧解决任务多于智能体的问题，如果任务数是智能体数的几倍，必须科学分配，使利润最大而不是成本最小。

前述对分配问题（或者说线性分配问题）的定义可以写成如下形式。其中每 n 个任务被任意 n 个智能体执行。智能体 j 完成任务 i 的成本为 c_{ij}。每个任务分配一个智能体，使得总成本最小：

$$\min \sum_{i=1}^{n} \sum_{j=1}^{n} c_{ij} x_{ij}$$

$$\text{满足} \begin{cases} \sum_{j=1}^{n} x_{ij} = 1, \text{所有 } i \\ \sum_{i=1}^{n} x_{ij} = 1, \text{所有 } j \\ x_{ij} \in \{0,1\} \end{cases} \tag{2.56}$$

现在我们将讨论公式的注意事项。如前所述，整数规划公式的多功能性充分说明了组合优化领域研究求解过程的活力。相同问题往往有不同的数学解决方法，而且在合理的计算时间内为一个大规模整数规划问题寻求最优方案常常取决于问题的表述形式，因此最近的研究直接面向整数规划问题公式化。这么看来，有时候增加整型变量数、约束调节数或者两者都增加，是有好处的。此外，一些问题可能本来就很难用式（2.55）表示，但式（2.55）确实应用广泛。

一旦问题被公式化为整数规划问题，最优或者近最优解就一定能找到。下节将讨论一个特殊的整数规划实例及其不同的应用。

2.5.2　背包问题

本节将讨论整数规划的一个特殊实例及其应用。然后列举问题公式化的不同形式。

假设要从 n 个可能的物品中选出一些组合去填满一个总承重为 c 的背包，那些物品重量分别为 w_i，价值为 p_i，要求所选物品的总价值最大。这个问题有一个明显的线性约束（就是所选物品的总重量不能超过 c），一个线性目标函数，就是背包中物品的总价值，还有附加约束，即每件物品要么在背包中要么不在，也就是说不可能存在小数形式的物品（例如 1.5 个物品）。定义一个二进制变量 x_j 的向量如下：

$$x_j = \begin{cases} 1, \text{选择物品} j \\ 0, \text{其他} \end{cases} \tag{2.57}$$

最简单的背包问题是如何使背包中物品的价值尽可能大，如：

$$\max_{x_j} \sum_{j=1}^{n} p_j x_j$$
$$\text{满足} \sum_{j=1}^{n} w_j x_j \leqslant c \tag{2.58}$$

通常来说，背包问题是 NP 困难问题。其具体解见参考文献［53］。

这个问题可能看起来太过简单，并没有什么实用性，但背包问题其实对于密码破译者和对计算机文件保护、资金电子转账以及电子邮件等感兴趣的人来说是很重要的。这些程序使用“密钥”控制获取安全信息的权限。通常这些密钥是基于一些特定数据集合的线性组合而来的。这个问题也很重要，因为大部分整数规划问题都起源于它（例如，可能问题是很多背包约束组合而成的）。多个背包问题的解经常基于分别验证每个约束。

下面将列举背包问题公式化的所有类型。对于无线网络和资源分配，我们可以选择最佳匹配。

- **0－1 背包问题**。该问题公式见式（2.58）。这个问题广受关注，原因有三个。其一，它可以看作最简单的整数优化问题。其二，它是很多复杂问题的子问题。其三，它可以代表很多实际情况。

- **有界背包问题**。该问题从 0－1 背包问题发展而来，因为 x_j 可以是一些其他整数而不仅仅是二进制数。该问题如下：

$$\max_{x_j} \sum_{j=1}^{n} p_j x_j$$
$$\text{满足} \begin{cases} \sum_{j=1}^{n} w_j x_j \leqslant c \\ 0 \leqslant x_j \leqslant b_j \text{且为整数}, j \in N = \{1, \cdots, n\} \end{cases} \tag{2.59}$$

• **子集和问题**。子集和问题也叫独立价值背包问题或堆积问题。它是 0－1 背包问题的特殊例子，其 $p_j = w_j$，$\forall j$。该问题可写成

$$\max_{x_j} \sum_{j=1}^{n} w_j x_j$$

$$满足\begin{cases} \sum_{j=1}^{n} w_j x_j \leqslant c \\ x_j = 1,选择物品 j;否则\ x_j = 0 \end{cases} \tag{2.60}$$

• **找硬币问题**。该问题是要找一些硬币凑成固定金额，同时使得硬币个数最少。每个硬币的单位是 w_j，总钱数是 c，问题可写成

$$\min_{x_j} \sum_{j=1}^{n} x_j$$

$$满足\begin{cases} \sum_{j=1}^{n} w_j x_j = c \\ 0 \leqslant x_j\ 且为整数,\ j \in N = \{1,\cdots,n\} \end{cases} \tag{2.61}$$

• **多背包问题**。如果不止一个背包，问题就变成了多背包问题。假设总背包数是 m，总物品数是 n。0－1 多背包问题可写成

$$\max \sum_{i=1}^{m} \sum_{j=1}^{n} p_j x_{ij}$$

$$满足\begin{cases} \sum_{j=1}^{n} w_j x_{ij} \leqslant c_i, \forall i \in M = \{1,\cdots,m\} \\ \sum_{i=1}^{m} x_{ij} \leqslant 1, \forall j \in N = \{1,\cdots,n\} \\ x_{ij} = 1,为背包\ i\ 选择物品\ j;否则\ x_{ij} = 0 \end{cases} \tag{2.62}$$

• **泛化分配问题**。在泛化分配问题中，各个背包的收益和重量是不同的，例如 p_{ij} 和 w_{ij}。问题可写成

$$\max \sum_{i=1}^{m} \sum_{j=1}^{n} p_{ij} x_{ij}$$

$$满足\begin{cases} \sum_{j=1}^{n} w_{ij} x_{ij} \leqslant c_i, \forall i \in M = \{1,\cdots,m\} \\ \sum_{i=1}^{m} x_{ij} = 1, \forall j \in N = \{1,\cdots,n\} \\ x_{ij} = 1,为背包\ i\ 选择物品\ j;否则\ x_{ij} = 0 \end{cases} \tag{2.63}$$

• **装箱问题**。装箱问题即如何选择最少的背包数去装下所有物品，背包容量为 c。假定，如果第 i 个背包被占用，则 $y_i = 1$；否则 $y_i = 0$。问题可写成

$$\min \sum_{i=1}^{n} y_i$$

$$满足\begin{cases} \sum_{j=1}^{n} w_j x_{ij} \leqslant c y_i, \forall i \in N = \{1,\cdots,n\} \\ \sum_{i=1}^{m} x_{ij} = 1, \forall j \in N = \{1,\cdots,n\} \\ x_{ij} = 1,为背包\ i\ 选择物品\ j;否则\ x_{ij} = 0 \end{cases} \tag{2.64}$$

后文的三节将讨论解决整数/组合问题的三种不同方法，并给出例子以区分各方法。

2.5.3 松弛和分解

整数规划问题的解决方法之一是给拉格朗日形式的目标函数引入一些“复杂”约束。这个拉格朗日松弛算法广为人知。从约束集中去掉复杂约束会使得子问题更易于解决。后者是该方法起效的必需步骤，因为子问题必须不断被解决直到总问题达到最优解。拉格朗日松弛算法的界限比线性规划更严格，但仅限于在整数域中解决子问题，例如，仅当子问题没有整性。（一个问题含有整性，仅当去除整性约束的拉格朗日问题的解法不变时）。拉格朗日松弛算法要求理解待解问题的结构，这样就可以分解那些复杂化的约束[54]。试图加强拉格朗日松弛边界的相关方法叫拉格朗日分解[55]。该方法包括分离约束以得到分散的、更易求解的子集。当子集相关变量被创造出来，问题的维度也会增加。所有的拉格朗日方法都依赖于具体问题而没有统一的结论。

试想这样一个约束组合优化的例子：

$$\max \sum_{j=1}^{n} p_j x_j \tag{2.65}$$

$$\text{满足}\begin{cases} \sum_{j=1}^{n} w_j x_j = c \\ x_j = \{0,1\}, \forall j \end{cases}$$

拉格朗日松弛放松了对目标函数的复杂约束，如下：

$$\begin{gathered} \max \sum_{j=1}^{n} p_j x_j + \lambda\left(c - \sum_{j=1}^{n} w_j x_j\right) \\ \text{满足 } x_j = \{0,1\}, \forall j \end{gathered} \tag{2.66}$$

式中，λ 是拉格朗日乘子。我们的目标是通过引入 λ，找到一个简单解来求解式（2.66）。因此，复杂度可以被大大降低。通过调整 λ，可以提高复杂约束的灵活性和松弛性。该方法就叫次梯度法，完整步骤描述如下：

1）λ 初始值取0，其步距为 k（视情况而定）。

2）求解式（2.66）获得当前解 x。

3）对每一个违反 x 的约束，给相应的 λ 增加 k。

4）对每个与 x 相关性较弱的约束，给相应的 λ 减小 k。

5）如果 m 次迭代都用完了却尚未得到最好的结果，那么将 k 减半。

6）返回到步骤2）。

下面将给出拉格朗日松弛的例子。整数优化问题为

$$\begin{gathered} \max_{x_i \in \{0,1\}} 4x_1 + 5x_2 + 6x_3 + 7x_4 \\ \text{满足}\begin{cases} 2x_1 + 2x_2 + 3x_3 + 4x_4 \leqslant 7 \\ x_1 - x_2 + x_3 - x_4 \leqslant 0 \end{cases} \end{gathered} \tag{2.67}$$

拉格朗日松弛由下式给出

$$\begin{aligned} \max_{x_i \in \{0,1\}} & 4x_1 + 5x_2 + 6x_3 + 7x_4 + \lambda_1(7 - 2x_1 - 2x_2 - 3x_3 - 4x_4) \\ & + \lambda_2(-x_1 + x_2 - x_3 + x_4) \end{aligned} \tag{2.68}$$

初始值设为 $\lambda_1 = \lambda_2 = 0$，步距设为0.5，其解 $x_j = 1$，$\forall j$，这违背了约束。再设 $\lambda_1 = 0.5$，$\lambda_2 = 0$，解与约束还是相违背的。再重新设值，直到 $\lambda_1 = 2$ 且 $\lambda_2 = 0$。这时第一条约束松弛性满

足，第二条约束也满足。我们无法再返回到违反约束的 $\lambda_1=1.5$ 状态，所以我们减小步距使得 $\lambda_1=1.75$，$\lambda_2=0$。当 $\lambda_1=1.83$ 且 $\lambda_2=0.33$，程序终止，此时最优解为 $x_1=x_2=x_3=1$，$x_4=0$。

大部分基于拉格朗日法的策略都能解决特殊行式。其他问题可能都存在特殊列式，当一部分变量值被赋特殊值时，问题就变得简单了。Benders 分解算法修正了复杂化变量，通过反复迭代[56]解决后续问题。应用对偶原理，算法肯定能找到一个割平面（比如一个线性不等式），该平面切断了当前解而保留了整数可行点。这个割集被加入到不等式的集合中，问题再次被解决。

以上每个分解法都给出了整数解边界，可以视为分支定界算法（2.5.4 节我们将讨论该算法），而不是应用更广的线性规划松弛法。但是，这些算法都是专用算法，它们都使问题有固定的“约束模型”或者特殊结构。

2.5.4 枚举法：分支定界法

解决纯整数规划问题最简单的方法就是枚举出所有可能性。但是参数规模可能引发“组合爆炸”，所以该方法只能解决最小的实例。有时可以通过控制或修正参数来去除一些可能性。除了直接或间接枚举法，最常用的枚举法叫分支定界法，其“分支”指枚举部分解的技巧，“定界”指通过与解的上界或下界比较来测试该解。接下来将详细讨论分支定界法，并给出示例。

基本思路是从变量 x 的容许值即可行域中找到使函数 $f(x)$ 最小的值。其中 f 和 x 都是任意的。分支定界过程需要两个工具。

其一是用较小的可行域覆盖原来可行域的方法。这就是所谓的分支，程序就是对每个子域进行反复迭代，所有子域自然形成了一个树形结构，称为搜索树或分支定界树之类的，其节点就是构造的子域。另一个工具是定界，它是一种在可行域内为最优解寻找上界和下界的快捷方法。

该方法的核心就是简单的观察（对于一个最小化的任务），如果搜索树中子域 A 的下界大于任意其他子域 B 的上界，那么 A 就可以安全地从搜索域中去除。这个步骤叫剪枝，常用一个全局变量 m 完成，它记录了当前为止在所有子域中的最小上界，任何下界大于 m 的子域都将被去除。

可能会有节点的上界等于下界的情况，那么相应子域中的值就是函数的最小值。有时可以直接找到最小值。因此，所有节点都考虑完备了。注意，在算法处理过程中依然可能有节点被去除。

理想情况下，当搜索树上所有节点都被剪枝或者解决时，程序终止。这种情况下，所有未去除的子域其上下界等于函数全局最小值。实际上程序经常在给定时间之后终止，这时所有现存段的最优下界和最优上界就确定了全局最小解的变化范围。

该方法的效果基本上取决于所使用的分支算法和定界算法。若重复分支方法选择不当，则直到所有子域分解成最小也不会有任何剪枝。这种情况下，该方法就变成定义域的无穷枚举，通常运算量庞大。没有统一的定界算法能解决所有问题，几乎找不到这样的算法。因此，每个实例都要用适合自己的分支和定界算法对范例进行相应的修正。

下面将给出分支定界算法实例。将以下整数优化的约束扩大：

$$\max Z=21x_1+11x_2$$

$$满足\begin{cases}7x_1+4x_2\leqslant 13\\x_1\geqslant 0, x_2\geqslant 0\\x_1, x_2\text{ 是整数}\end{cases}\tag{2.69}$$

1）第一步是展开式（2.69），其中 x_1 和 x_2 是连续变量。解为 $Z=39$，$x_1=1.86$，$x_2=0$。因其是非整数值，故在 x_1 上分支，进行步骤 2）和步骤 3）。

2）$x_1\geqslant 2$，这时没有可行解。

3）$0\leqslant x_1\leqslant 1$，其解为 $Z=37.5$，$x_1=1$，$x_2=1.5$。因有非整数值，故在 x_2 上分支，进行步骤 4）和步骤 5）。

4）$0\leqslant x_1\leqslant 1$ 且 $0\leqslant x_2\leqslant 1$，其解为 $Z=32$，$x_1=1$，$x_2=1$。因其都是整数值，故终止分支。返回一个可能解。

5）$0\leqslant x_1\leqslant 1$ 且 $x_2\geqslant 2$，其解为 $Z=37$，$x_1=0.71$，$x_2=2$。因其是非整数值，故在 x_1 上分支，进行步骤 6）和步骤 7）。

6）$x_1=1$ 且 $x_2\geqslant 2$，这时没有可行解。

7）$x_1=0$ 且 $x_2\geqslant 2$，其解为 $Z=35.75$，$x_1=0$，$x_2=3.25$，因其是非整数值，故在 x_2 上分支，进行步骤 8）和步骤 9）。

8）$x_1=0$ 且 $2\leqslant x_2\leqslant 3$，其解为 $Z=33$，$x_1=0$，$x_2=3$，因全是整数值，故终止分支。返回一个可能解。

9）$x_1=0$ 且 $x_2\geqslant 4$，这时没有可行解。

步骤流程如图 2.6 所示。对比步骤 4）和步骤 8）的结果，最优解为 $Z=32$，$x_1=1$ 且 $x_2=1$。

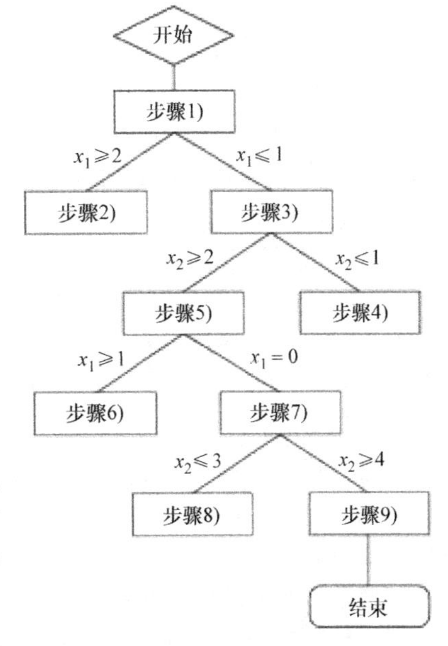

图 2.6　分支定界算法示例

2.5.5　割平面

精确优化有巨大的计算优势。多面体理论在过去 25 年发展很快，应用在解决数值问题中会使解决问题的规模和复杂度适当提高。多面体组合学的基本思想是用问题的可行点和极射线的适当凸化去代替整数规划问题的约束集。

Weyl[57] 提出了一个理论，凸多面体可以定义为有限多个半空间的交集，或者说多边形加上一个由有限多个向量或点组成的椎体。如果原始问题公式化的数据是有理数，那么 Weyl 理论说明存在这样一个线性不等式的有限体系，其解集与 S 中的混合整数点 conv（S）一致。因此，只要能列举出一个确定 S 凸化的线性不等式集，就可以通过线性规划解决整数规划问题。Gomory[58] 针对整数规划问题提出了“割平面”算法，在这里可视作 Weyl 理论的一个构造性证明。

尽管 Gomory 算法可以在有限多步内收敛到一个解，但要收敛到最优解却是相当慢的，因为代数方法派生的割集是“弱的”，甚至通常没有为可行点的凸包定义支撑超平面。由于人们对尽可能小的 conv（S）线性约束集感兴趣，因此人们开始考虑线性不等式的最小系统，使其每一个不等式都决定多面体 conv（S）的一个面。如果将其视为原始问题的割平面，则定义多面体 conv（S）面的线性不等式是最可能的割集，也就是说，如果不去掉问题的一些可行的整数或混合整数解，它们无法强化。很多研究活动都在关注如何确定具体组合优化问题的部分（或全部）线性不等式，这是因为 Weyl 理论正被广泛引用。对于大部分有趣的整数规划问题，描述一个多面体最少所需不等式数取决于变量数，变量数可以检验该方法在计算上是否实用。很显然，基于多面体理论的割平面算法的实现可以解决以前认为难以解决的尺寸难题。该方法的成功可以部分解释为，我们很关注 conv（S）单极点最优性的证明。因此，我们不需要 S 的完整描述，只要最优解邻域内的部分描述即可。

因此，一般的割平面方法在第一步中放松了对变量的完整性约束，且在 S 集中解决了结果的线性规划问题。如果线性规划是无界的或不可行的，那么整数规划也是如此。如果线性规划的解是整数，那就是解决了一个整数规划。如果不是，那么就解决了一个小平面识别问题，该问题的目的是要找到“切断”分式线性规划解的线性不等式，同时确保所有可行的整数点满足该不等式，即一个从多面体 conv（S）“分离”分数点的线性不等式。算法继续进行，直到①找到一个整数解（我们已经成功地解决了这个问题）；②线性规划是不可行的，因此整数规划也是不可行的；或③没有割集被小平面识别程序识别，因为面结构的完整描述是不知道或因为小平面识别程序是不精确的，即无法通过算法生成一个已知形式的割。如果因为第三种可能性而终止这个割过程，那么，这个程序通常“加强”了线性规划因子，使得所得线性规划解值更接近整数解的值。在一般情况下，割平面的方法可以如下所述：

1）解决线性规划松弛。

2）如果整数规划问题的解对松弛有效，则终止优化。

3）否则，从可行整数点的多面体中找一个或更多割平面去分割松弛的最优解，并加入约束子集。

4）返回步骤 1）。

通常，第一松弛问题可使用原始单纯形算法求解。加入割平面之后，当前的原始迭代不再可行。然而，对偶问题仅通过加入一些变量来修改。如果这些额外的双变量被赋予值 0，目前的对偶解仍是对偶可行的。因此，后续松弛问题可使用对偶单纯形算法求解。请注意，该松弛的值提供所述整数方案的最优值下限。这些下限可以用来衡量最优的进展，并为解提供性能保证。

考虑整数规划问题的一个示例，如下：

$$\min -2x_1 - x_2$$
$$\text{满足}\begin{cases} x_1 + 2x_2 \leqslant 7 \\ 2x_1 - x_2 \leqslant 3 \\ x_1, x_2 \geqslant 0, \text{且为整数} \end{cases} \tag{2.70}$$

可行整数点如图 2.7 所示。通过忽略完整性约束得到线性规划松弛（或 LP 松弛），这由实线中包含的多面体给出。可行整数点的凸包的边界由虚线表示。

如果用割平面算法解决这个问题，首先要解决线性规划松弛，给出点 $x_1 = 2.6$，$x_2 = 2.2$，值为 -7.4。除了点（2.6，2.2），所有可行整数点都满足不等式 $x_1 + x_2 \leqslant 4$ 和 $x_1 \leqslant 2$。因此，这两个不等式是有效割平面。那么这两个约束条件就可以加入到松弛中，并且当松弛再次解决，点 $x_1=2$，$x_2=2$ 所得值为 -6。注意，该点在原始整数规划中也是可行的，因为它是整数规划松弛的最优点，所以必定也是该问题的最优点。

如果不同时添加这两个不等式，而仅加入不等式 $x_1\leqslant 2$，那么新松弛的最优解将是 $x_1=2$，$x_2=2.5$，值为 -6.5。那么松弛可以通过一个割平面来修正，该割平面从凸包中分离出该点，例如 $x_1+x_2\leqslant 4$，解决这个新松弛也就是求解整数规划的最优解。

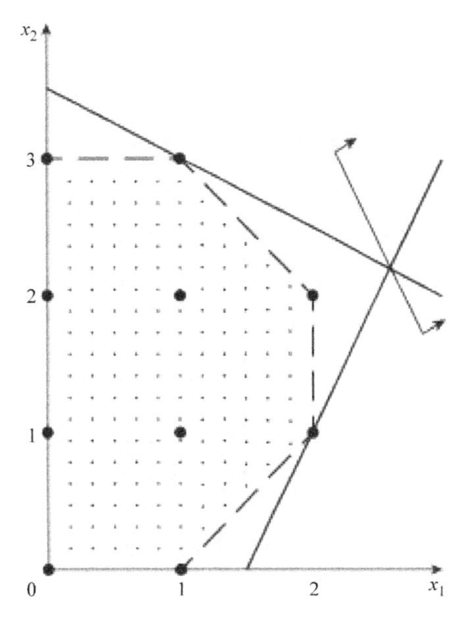

图 2.7 割平面法示例

2.5.6 Bender 分解

Bender 分解[56]是一种通过将大型复杂的问题分成多个较小的问题从而解决大规模线性程序（以及混合整数规划）的广泛使用的算法，配有一种特殊的块结构。反复解决这些较小的问题可能比直接解决一个大问题计算效率更高。具体地，子问题解决一些变量子集和剩余变量，进而计算出主问题给出的计算变量值，从而解决主问题。如果子问题发现主问题的决策是不可行的，就会生成更多约束并添加到主问题中。反复进行上述迭代直到收敛为止。

示例如下，考虑单个大规模线性混合整数规划：

$$\max_{x,y} \quad z=\boldsymbol{c}^{\mathrm{T}}\boldsymbol{x}+\boldsymbol{h}^{\mathrm{T}}\boldsymbol{y}$$

$$\text{满足}\begin{cases}\boldsymbol{Ax}+\boldsymbol{Gy}\leqslant\boldsymbol{b}\\ \boldsymbol{x}\in\mathbb{Z}_{+}^{n}\\ \boldsymbol{y}\in\mathbb{R}_{+}^{p}\end{cases} \tag{2.71}$$

式中，$\boldsymbol{x}$ 和 $\boldsymbol{y}$ 是变量；$\boldsymbol{c}$、$\boldsymbol{h}$、$\boldsymbol{b}$、$\boldsymbol{A}$ 和 $\boldsymbol{G}$ 是常向量或矩阵。当 $\boldsymbol{A}$ 可分解块，整数规划（主问题）的解决方法比原始问题简单。这里的 $\boldsymbol{x}$ 叫复杂变量，因为只要 $\boldsymbol{x}$ 固定，问题就极易解决。

首先，假设 $\boldsymbol{x}$ 固定，得到下面的线性规划问题：

$$z_{\mathrm{LP}}(\boldsymbol{x})=\max_{y}\{\boldsymbol{hy}\mid\boldsymbol{Gy}\leqslant\boldsymbol{b}-\boldsymbol{Ax}\} \tag{2.72}$$

它是上述问题的子问题，对偶式为

$$\max_{u}\{\boldsymbol{u}(\boldsymbol{b}-\boldsymbol{Ax})\mid\boldsymbol{uG}\geqslant\boldsymbol{h},\boldsymbol{u}\in\mathbb{R}_{+}^{m}\} \tag{2.73}$$

假设对偶多面体有界非空，主问题就是

$$z=\max_{x\in\mathbb{Z}_{+}^{n}}\left(\boldsymbol{cx}+\min_{i\in 1,\cdots,T}u^{i}(\boldsymbol{b}-\boldsymbol{Ax})\right) \tag{2.74}$$

式中，$4\{u^{i}\}_{i=1}^{T}$ 是对偶多面体的极点。主问题公式化为

$$z=\max_{\eta}\{\eta\leqslant u^{i}(\boldsymbol{b}-\boldsymbol{Ax}),i\in 1,\cdots,T,\boldsymbol{x}\in\mathbb{Z}_{+}^{n}\} \tag{2.75}$$

上述主问题和子问题就被反复优化了。只要式（2.71）的原始单个大规模线性混合整数规

划可以沿线性规划松弛的可行边界值来剖分，在有限步数后，Bender 分解就能找到最优解或者证明最优解不存在。

2.6 动态规划和马尔可夫决策过程

我们首先研究动态规划的基础知识。然后介绍一个主要的应用，即马尔可夫决策过程，并用 Bellman 方程求解。那么，在马尔可夫过程的转移概率是非随机或未知的情况下，将研究部分可观察的 MDP（马尔可夫决策过程）和强化学习。最后，举两个无线网络的例子进行说明。

2.6.1 动态规划的一般定义

基本上，动态规划方法通过组合一系列低复杂子问题的解来解决高复杂性的问题。动态规划依赖于最优的原则，即在决策或选择的一个最佳的序列中，每个子序列也必须是最优的。要了解基本问题机制，我们定义了以下概念：

• 状态：一种状态是一个系统的配置，并由标签标识，该标签指示与该状态相对应的属性。

• 阶段：一个阶段是系统中经历特定过程的单个步骤，对应于从一个状态到相邻状态的转变。

• 动作：在每个状态都有一组可用的操作，其中一个必须做出选择。

• 策略：策略是一组动作，每个动作对应多个状态。最优策略是根据给定目标的最佳动作集。

• 回报：一个回报就是一个系统在流程的一个阶段生成的一个东西。回报通常类似于利润、成本、距离、收益或产品等。

• 状态值：状态值是系统在该状态下启动并遵循特定策略时所产生的回报（总和）的函数。最优策略下的状态值是最优值。

基于上述定义的不同特征，动态规划问题分类见表 2.3。动态规划常用以下两种方法中的一种：

• 自顶向下的方法。该问题被分成子问题，而这些子问题被解决并且记忆解决方案，以防它们需要再次求解。

• 自底向上的方法。所有可能需要的子问题被提前解决，然后建立应对更大问题的解。这种方法在堆栈空间和函数调用的数量方面稍好一些，但有时不能直观地找出所需解决问题的所有子问题。

表 2.3 动态规划分类

离散	连续
有限域	无限域
确定的	随机的
受约束	不受约束
状态信息完备	状态信息不完备
单目标	多目标

实际上，要给问题建模，必须采取以下步骤：

1）表征优化解的结构。

2）循环定义优化解的值。

3）在缓存中自顶向下或在表中自底向上计算最优解的值。

4）从计算值中确定最优解。

几种典型应用如下：

- 涉及的决策序列在时间上的问题：生产计划、存储管理、投资决策，以及替换策略。
- 其中决策的顺序在时间上没有直接关系的问题：连续生产工艺、最优路径的问题、最佳搜索的问题。
- 分配问题：决定一个或多个有限资源的分配序列。
- 组合和图论问题：调度、排序和集合划分。

2.6.2 马尔可夫决策过程

动态规划的主要应用之一就是马尔可夫决策过程（MDP），即在输出部分随机且由决策者决定的情况下，给出一种决策模型的数学框架。在 MDP 中，假设具有马尔可夫特性，也就是说一个状态中的动作仅取决于当前状态而与之前状态无关。MDP 对研究很多优化问题有重要作用[59]。

MDP 模型包括第 n 次动作 α_n、状态 s_n、奖励函数 $R(s_n, \alpha_n)$ 和遗忘因子 β。在无限时域中的平均时间奖励表示为

$$V = \sum_{n=1}^{\infty} \beta^n R(s_n, \alpha_n) \tag{2.76}$$

其动作可以是确定的或随机的。确定动作是 $\alpha_n = \pi(s_n)$，其中 π 是策略。随机动作表示为 $P(s' \mid s, \pi(s))$，即在当前状态和策略下，下一状态出现的可能性。

Bellman 方程也称为最优方程或动态规划方程。我们可以忽略次数 n，有 Bellman 方程如下：

$$V^{\pi}(s) = R(s) + \beta \sum_{s'} P(s' \mid s, \pi(s)) V^{\pi}(s') \tag{2.77}$$

而方程为最优策略时被称为 Bellman 最优方程：

$$V^{*}(s) = R(s) + \max_{\alpha} \beta \sum_{s'} P(s' \mid s, \alpha) V^{*}(s') \tag{2.78}$$

换句话说，Bellman 方程用于计算给出最佳预期回报的动作。

MDP 的一个主要缺点是维度魔咒。状态空间通常大到天文数字。为了克服这个问题，可分解 MDP 是一种紧凑地表示大型结构化 MDP 的方法，其状态通过分配状态变量集来隐式描述。

以上解假定了采取动作前状态 s 是已知的，否则 $\pi(s)$ 无法计算。如果这种假设是不正确的，问题被称为部分可观察马尔可夫决策过程（POMDP）。MDP 是 POMDP 的一种特殊情况。在这种情况下，观察总是唯一地标识真实状态（即，状态可以被直接观察或者可以从观察直接推导出）。在表 2.4 中，我们对比了经典规划、MDP 和 POMDP。

表 2.4 规划问题类型

	状态	动作模型
经典规划	可观察	确定的
MDP	可观察	随机的
POMDP	部分可观察	随机的

由于世界的真实状态不能被唯一标识，POMDP 推理机必须保持的概率分布被称为信念状态，它描述了世界每个真实状态的概率。信念状态维护是马尔可夫过程，因为它只需要知道先前的信念状态、所采取的动作和所看到的观察。

每个信念是一个概率分布，因此，在一个 POMDP 中的每个值是一个完整的概率分布的函数。这是有问题的，因为概率分布是连续的。此外，我们必须处理信念空间的巨大复杂性，这类似于 MDP 的维度魔咒。到目前为止，POMDP 仅成功地应用于具有少量可能观测和行动的非常小的状态空间。

如果 MDP 问题的状态转换概率是未知的，则该问题是强化学习之一，这是机器学习的一个子领域，其涉及智能体应如何在环境中采取动作，以便最大化长期奖励的概念。强化学习算法试图找到一种策略，将世界状态映射到智能体在这些状态下应采取的动作。

Q 学习是最流行的无模型强化学习技术，它的工作原理是学习动作值函数，该函数给出在给定状态下执行给定动作并遵循固定策略的预期效用。Q 学习的一个优点是，它能够比较可用动作的预期效用，而不需要环境的模型。该算法的核心是一个简单的数值迭代更新。对于每个状态 s 的状态集合 S 和动作集合 A 中的每一个动作 α，我们可以通过下式计算其预期折扣奖励的更新。

$$Q_{t+1}(s_t,\alpha_t)\leftarrow Q_t(s_t,\alpha_t)+\alpha_t(s_t,\alpha_t)\left[R_t+\beta\max_{\alpha}Q_t(s_{t+1},\alpha_{t+1})-Q_t(s_t,\alpha_t)\right] \tag{2.79}$$

式中，R_t 是在时间 t 观察到的真实奖励；$\alpha_t(s,a)$ 是学习率且满足 $0\leqslant\alpha_t(s,a)\leqslant 1$；$\beta$ 是折扣因子且满足 $0\leqslant\beta\leqslant 1$。

2.7 随机规划

随机优化是指在优化过程中最小化（或最大化）函数存在的随机性。随机优化方法是一种优化算法，它将概率（随机）元素包含在问题的数据（目标函数、约束等）或算法本身中（通过随机参数值、随机选择等），或在两者中同时存在。与确定性优化方法相反，确定性优化方法中所述目标函数的值被假设为确定的，并且计算是完全由到目前为止采样的值来确定的。同时确定性优化问题是由已知的参数阐述的，但现实世界的问题几乎无一例外地包含一些未知参数。

当参数只在一定范围内已知时，解决此类问题的一种方法被称为稳健优化。这里的目标是找到一个解，使其在某种意义上对所有这些数据是可行的且是最优的。随机规划模型在样式上是相似的，但有一个优势，即概率分布管理的数据是已知的或可估计的。这里的目标是找到一些策略对于所有（或几乎所有）可能的数据实例都是可行的，并且最大化决策函数和随机变量的期望值。更一般地，这样的模型被公式化，用解析或数值方法求解，并被分析以便向决策者提供有用的信息。

相比之下，即使数据是精确的，有时也要在搜索过程中故意引入随机性以加快收敛并使得算法对建模误差（扰动分析）的敏感度更小。此外，加入的随机性可以为脱离局部解提供必要的动力，从而寻找到一个全局最优解。事实上，这种随机的原则是一种简单而有效的方法，对于各种各样的问题几乎都能在所有数据集中获得良好性能的算法。

在本节中，我们首先研究了一般问题模型。然后，我们研究了几类解，如分配问题、机会约束和惩罚不足、追索，还清晰地给出了简单的例子。

2.7.1　问题定义

我们从一个简单的线性规划实例开始：

$$\min x_1 + x_2$$
$$\text{满足}\begin{cases} w_1 x_1 + x_2 \geqslant 7 \\ w_2 x_1 + x_2 \geqslant 4 \\ x_1 \geqslant 0 \\ x_2 \geqslant 0 \end{cases} \tag{2.80}$$

式中，w_1 在 1 ~4 中均匀分布（即 $w_1 \sim U(1,4)$）；$w_2 \sim U$（1/3，1）。

式（2.80）中的问题如图 2.8 所示。随机变量 w_1 和 w_2 代表约束的梯度。其解可以是五边形区域中的任何一点。对于随机变量的一个特定值，解点可以是最优的，而对于其他值，解点可能不是最优的甚至是无效的。那么接下来就是如何解决问题。更准确地说，在什么条件下可以解决问题呢?

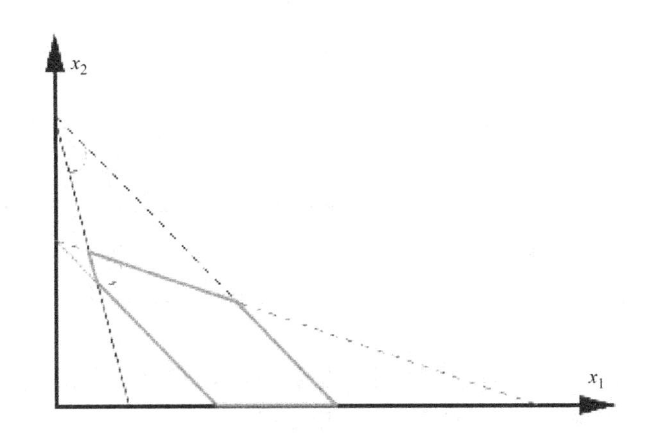

图 2.8　随机线性规划实例

问题公式的一般形式如下：

$$\min g_0(x,\xi)$$
$$\text{满足}\begin{cases} g_i(x,\xi) \leqslant 0,\ i = 1,\cdots,m \\ x \in X \subset \mathbb{R}^n \end{cases} \tag{2.81}$$

式中，ξ 是随机向量；g_i 是确定性函数。

如果有可能在观测随机变量后决定，我们可以将其简单地解决为确定性程序，称为 Wait -

and - See 方法。不幸的是，这通常是不合适的，因为我们需要在不知道随机变量精确值的情况下决定做什么。接下来，我们将讨论几种类型的解。

解的第一类即探索随机变量的分布。最简单的一种是猜不确定性。对于式（2.80）的例子，下面展示了三种可能的猜测，每种猜测说明一定的“风险”级别。

1）公正的：为每个随机变量选择平均值。由于平均 $E(w)=(2.5,\ 1.5)$，我们可以将 $w_1=2.5$ 和 $w_2=1.5$ 代入式（2.80），所得结果是 $(\hat{x}_1,\hat{x}_2)=(18/11,32/11)$。

2）悲观的：选择随机变量的最坏情况值。在最坏情况 $(w_1,w_2)=(1,1/3)$ 下，所得结果是 $(\hat{x}_1,\hat{x}_2)=(0,7)$。

3）乐观的：选择随机变量的最佳情况值。在最佳情况 $(w_1,w_2)=(4,1)$ 下，所得结果是 $(\hat{x}_1,\hat{x}_2)=(4,0)$。

上述猜测方法的优点是简单。然而，由于仅利用了有关随机性的粗略信息，其结果可能是非常不准确甚至是不可行的。

2.7.2　机会约束、抽样方法和变异

为解决以上问题，下面方法常被应用在实践中。

1）机会约束：使一个约束的概率足够大。例如，针对式（2.80）中的问题，加入以下两个约束：

$$P(w_1x_1+x_2\geqslant 7)\geqslant\alpha_1 \tag{2.82}$$

$$P(w_1x_1+x_2\geqslant 4)\geqslant\alpha_2 \tag{2.83}$$

式中，α_1 和 α_2 表示满足约束的概率。

2）抽样方法：首先使用蒙特卡罗方法生成随机变量集，然后对每个集计算最佳解，最后，对解的概率分布进行分析。

3）似然比方法：如果目标是不连续的，或者相应的概率分布也依赖于决策变量，则蒙特卡罗抽样方法不起作用。与估计和检测方法类似，可以定义似然比来解决问题。

4）遗传算法：一种用于计算优化和搜索问题的精确或近似解的搜索技术，这在上一节中已进行讨论。

5）模拟退火：这是一个用于全局优化问题的通用概率元算法，即在较大的搜索空间中找到给定函数的全局最优值的良好近似，这在上一节中也进行了讨论。

2.7.3　追索

应用最广泛和研究最多的随机规划模型是两阶段追索规划。这里决策者在第一阶段中采取动作，随后发生的随机事件将影响第一阶段决策的结果。之后在第二阶段可以做出一个追索决定，以弥补第一阶段决策可能产生的任何不良影响。这种模型中的最优策略是单个第一阶段策略和追索决策（决策规则）集合（其定义了第二阶段对每个随机结果应当采取的行动）。

在非线性优化部分讨论的屏障方法中，这种不可行性是可以接受的，但会有预期短缺的惩罚。定义 $\bar{x}=\max(0,\ -z)$ 为 z 的负部分。对于式（2.80）的约束 $w_1x_1+x_2\geqslant 7$，该短缺是

$(w_1x_1+x_2-7)^-$。每个约束，被分配一个缺口成本 q_i。因此，式（2.80）中的最优化问题变为

$$\min_{x\in\mathbf{R}_+^2}=\{x_1+x_2+q_1E_{w_1}[(w_1x_1+x_2-7)^-]+q_2E_{w_2}[(w_2x_1+x_2-4)^-]\} \tag{2.84}$$

以上问题是凸的，也相当于以下问题：

$$\min_{x\in\mathbf{R}_+^2}=\{x_1+x_2+Q(x_1,x_2)\} \tag{2.85}$$

式中，

$$Q(x_1,x_2)=E_w\left[\min_{y\in\mathbf{R}_+^2}\{q_1y_1+q_2y_2\}\right]$$

$$\text{满足}\begin{cases}w_1x_1+x_2+y_1=7\\ w_2x_1+x_2+y_2=4\end{cases} \tag{2.86}$$

这里 $Q(x_1, x_2)$ 叫追索函数。使用以上公式，我们可以通过加强以下事件去纠正动作。

1）第一阶段决策。

2）自然产生随机决策。

3）第二阶段决策，修正步骤2）中的错误。

两阶段追索的思想可以很容易地扩展到多阶段追索，它适合那些在目前已知的一些随机变量实现的基础上做出周期性决策的情况。它在多阶段追索中有一些（机器）学习的味道。具有固定追索的 H 阶段随机线性规划可以写成

$$\min c^1x^1+E\{\min x^2(w)x^2(w)+\cdots+\min x^H(w)x^H(w)\}$$

$$\text{满足}\begin{cases}W^1x^1=h^1\\ T^1(w)x^1+W^2x^2(w)=h^2(w)\\ \cdots\\ T^{H-1}(w)x^{H-1}+W^Hx^H(w)=h^H(w)\\ x^1\geqslant 0,\cdots,x^H(w)\geqslant 0\end{cases} \tag{2.87}$$

式中，决定变量 $x^2(w)$，…，$x^H(w)$可由变量 w 决定。$T(w)$和 $H(w)$分别是技术和追索矩阵。

L形法[60]是追索的一个算法，它是一种分解法，对解决用侧面模型表示的由一个主问题和若干子问题构成的问题非常有效。同时带有主问题和子问题的完整问题可能是非常大的。L形法是解决一系列较小的问题的过程。组合解在有限次迭代中收敛到最优解。由于所需的迭代次数可能很大，因此当下限值和上限值相差指定的最小公差时，我们可以终止该进程。一些理论界限可用来分析L形法。

2.8 稀疏优化

本节我们首先研究稀疏优化模型，然后介绍技术的最新进展，最后总结如何为特定问题选择算法。

2.8.1 稀疏优化模型

首先来总览一组广泛用于解决问题的算法，如下：

$$\min_{x}\{r(\boldsymbol{x}):\boldsymbol{Ax}=\boldsymbol{b}\} \tag{2.88a}$$

$$\min_{x} r(\boldsymbol{x})+\mu h(\boldsymbol{Ax}-\boldsymbol{b}) \tag{2.88b}$$

$$\min_{x}\{r(\boldsymbol{x}):\bar{h}(\boldsymbol{Ax}-\boldsymbol{b})\leqslant\sigma\} \tag{2.88c}$$

式中，$r(\boldsymbol{x})$、$h(\boldsymbol{x})$和$\bar{h}(\boldsymbol{x})$是凸函数。

函数$r(\boldsymbol{x})$是正则化矩阵，且在稀疏优化中通常不可微；函数$h(\boldsymbol{x})$和$\bar{h}(\boldsymbol{x})$是数据保真度测度，通常是可微的，但也有例外，比如ℓ_1和ℓ_∞保真度测度（或损失函数），它们是不可微的。

介绍算法之前，先来看一下ℓ_1问题，如下：

$$\min_{x}\{\|\boldsymbol{x}\|_1:\boldsymbol{Ax}=\boldsymbol{b}\} \tag{2.89a}$$

$$\min_{x}\|\boldsymbol{x}\|_1+\frac{\mu}{2}\|\boldsymbol{Ax}-\boldsymbol{b}\|_2^2 \tag{2.89b}$$

$$\min_{x}\{\|\boldsymbol{x}\|_1:\|\boldsymbol{Ax}-\boldsymbol{b}\|_2\leqslant\sigma\} \tag{2.89c}$$

也考虑一下其变体，即$\boldsymbol{x}$的范数ℓ_1被对应于变换稀疏、联合稀疏和低 rankness 的正则化函数替换。这些问题是凸的和不平滑的。比如问题的变体式（2.89a），本节大部分算法可扩展求解如下内容：

$$\min_{s}\{\|\boldsymbol{s}\|_1:\boldsymbol{A\Psi s}=\boldsymbol{b}\} \tag{2.90a}$$

$$\min_{x}\{\|\Upsilon\boldsymbol{x}\|_1:\boldsymbol{Ax}=\boldsymbol{b}\} \tag{2.90b}$$

$$\min_{u}(\mathrm{TV}(\boldsymbol{u}):\mathcal{A}(\boldsymbol{u})=\boldsymbol{b}\} \tag{2.90c}$$

$$\min_{X}\{\|\boldsymbol{X}\|_{2,1}:\boldsymbol{AX}=\boldsymbol{b}\} \tag{2.90d}$$

$$\min_{X}\{\|\boldsymbol{X}\|_*:\mathcal{A}(\boldsymbol{X})=\boldsymbol{b}\} \tag{2.90e}$$

式中，$\mathcal{A}(\cdot)$是给定的线性算子；Υ是线性变换；$\mathrm{TV}(\boldsymbol{u})$是全变差$\int|\nabla\boldsymbol{u}(x)|\mathrm{d}x$的一个确定的离散化（参考文献［61］严格定义了广义有界变差函数空间），$\ell_{2,1}$范数定义如下：

$$\|\boldsymbol{X}\|_{2,1}:=\sum_{i=1}^{m}\|[x_{i1}\ x_{i,2}\cdots x_{in}]\|_2 \tag{2.91}$$

核范数$\|\boldsymbol{X}\|_*$等于$\boldsymbol{X}$的奇异值之和。式（2.90a）~式(2.90e）模型分别用于得到一个比$\boldsymbol{\Psi}$稀疏的向量、一个应用变换Υ会变稀疏的向量、一个分段常量信号、一个由联合稀疏向量组成的矩阵和一个低秩矩阵。

分解$\{1,\cdots,n\}=\mathcal{G}_1\cup\mathcal{G}_2\cup\cdots\cup\mathcal{G}_S$，其中$\mathcal{G}_i$是坐标集，$\mathcal{G}_i\cap\mathcal{G}_j=\varnothing$，$\forall i\neq j$。定义（重量）群$\ell_{2,1}$范数为

$$\|\boldsymbol{x}\|_{\mathcal{G},2,1}=\sum_{s=1}^{S}w_s\|\boldsymbol{x}_{\mathcal{G}_s}\|_2$$

式中，$w_s\geqslant0$，$s=1,\cdots,S$，是一个给定的权重集；$\boldsymbol{x}_{\mathcal{G}_s}$是与$\mathcal{G}_s$相应的$\boldsymbol{x}$的一个子向量。模型为

$$\min_{x}\{\|\boldsymbol{x}\|_{\mathcal{G},2,1}:\boldsymbol{Ax}=\boldsymbol{b}\} \tag{2.92}$$

给出了除了一些非零子向量$\boldsymbol{x}_{\mathcal{G}_s}$以外的所有解。

如果式（2.90）和式（2.92）中的等式约束不适合目标解，可以像式（2.89b）和

式（2.89c）一样用松弛和惩罚约束。

根据噪声类型，可用其他距离测度或损失函数代替式（2.89b）和式（2.89c）中的 ℓ_2 范数，例如两个概率分布 p 和 q 的库尔贝克－莱布勒（Kullback－Leibler）散度[62,63]，以及 logistic 损失函数[64]。

实际问题有时有额外约束，例如非负性约束 $\boldsymbol{x}\geqslant 0$ 或边界约束 $1\leqslant\boldsymbol{x}\leqslant\boldsymbol{u}$。

式（2.91）中的 $\ell_{2,1}$ 范数是 $\ell_{p,q}$ 范数的规范形式，

$$\|\boldsymbol{X}\|_{p,q}=\left(\sum_i\left(\sum_j|x_{i,j}|^p\right)^{q/p}\right)^{1/q}$$

当 $1\leqslant p,\ q\leqslant\infty$，它是凸的。对于这类问题及其扩展，我们研究了从 ℓ_1 极小化扩展而来的算法。

以下模型及其变体不包括在内：

$$\min_{\boldsymbol{x}}\{\|\boldsymbol{Ax}-\boldsymbol{b}\|_2:\|\boldsymbol{x}\|_1\leqslant k\}$$

解决这种模型可能需要投影的多面体集，例如 ℓ_1 球形 $\{\boldsymbol{x}\in\mathbb{R}^n:\ \|\boldsymbol{x}\|_1\leqslant 1\}$，这比解决涉及极小化 ℓ_1 范数的子问题成本更高。但是，也存在有效的投影的方法[65-67]，以及用于 ℓ_1 约束的稀疏优化问题的算法[68,69]。

2.8.2 稀疏优化算法列举

我们列出了一些流行的稀疏优化算法。有关详细说明，请参阅参考文献［70］。

1）**经典算子**：凸稀疏优化问题可以转换为等效锥规划，并由现成算法求解。然而对于大规模问题，这些算法通常是低效的甚至不可行的。

2）**收缩运算**：许多算法比较高效的一个普遍原因是因为它们使用类似收缩的运算，其可以非常高效地计算。

3）**Prox－线性算法**：Prox 线性框架和此框架下的几个算法都是基于梯度下降的，并利用类似收缩运算。对偶是在现代凸优化中非常强大的工具，对于稀疏优化也不例外。

4）**对偶算法**：稀疏优化有几个对偶模型和算法。对偶算法其中一类非常有效且用途广泛，几乎适用于所有凸稀疏优化问题。其基于变量/算子分裂和交替最小化，将一个困难问题分解成一系列简单步骤。

5）**（块）坐标极小化和梯度下降**：（块）坐标下降算法一直是在工程实践中解决许多凸和非凸问题的流行工具。它可以与 Prox 线性算法相整合，从而在稀疏优化问题中显得特别有效。

6）**同伦算法和参数二次规划**：与其他算法不同，同伦算法产生的不仅是一个解，更是解的路径；它们不仅能有效地对不同参数值产生多种解，而且在该解足够稀疏的情况下尤其快。

7）**连续、变步长和线搜索**：所有上述算法可以（往往很显著地）通过适当地设置步长参数（确定每次迭代的进度）来加速。

8）**用于稀疏优化的非凸方法**：由于 ℓ_q 拟范数（$0<q<1$）比 ℓ_1 范数更接近 ℓ_0 范数。当取得全局极小化后，解决非凸 ℓ_q 极小化问题就可以更方便地取决于 ℓ_1 极小化。这是一个很大的假设，可以解释为什么在快速衰减信号问题上，某个用于 ℓ_q 极小化的平滑算法可以找到全局极小

化，且比 ℓ_1 极小化的效果更好。

9）**贪婪算法**：与所有以前的算法相比，贪婪算法并不一定对应一个优化模型，它不是通过最大限度地极小化目标函数的方式来系统地寻找解，而是通过贪婪的方式逐步构建支持来建立稀疏解。它们对快速衰减信号效果非常不错。

10）**低秩矩阵算法**：大部分的算法和技术可以从稀疏向量恢复扩展到低秩矩阵恢复。然而，后一问题还存在一类基于将低秩矩阵分解成一胖一瘦矩阵思想的算法；此类算法需要相对较少的内存，并且运行效率很高。

第3章 博 弈 论

在本章中，我们将会讨论不同类型博弈的基本概念，并介绍一些简单的例子。我们的目标是让读者了解一些基本问题和基本解决方法。由于本书的目标不是讲授博弈论本身，因此我们没有阐述一些数学细节。对于博弈论的细节问题，读者可以参阅参考文献［71－74］。

3.1 博弈论基础

在本节中，我们将讨论博弈论的基本概念和要素。然后，我们举了囚徒困境的例子来解释参与人的行为。此外，我们根据不同的标准对博弈论进行分类。接下来，我们研究如何通过描述无线网络和资源分配问题的效用函数，来表示分布式参与人本身的利益。

一场博弈大致可以定义为每个参与人调整其策略来优化自己的效用从而与别人竞争。策略和效用可以如下定义。

定义9 策略r是一个完整的应变计划或决策规则，规定了智能体在每个可区分的状态Ω中的动作。

定义10 在任何博弈中，效用（支付/收益）u代表着参与人的动机。一个给定参与人的效用函数为在博弈中每一个可能的结果指定一个编号，而且当号码更高（或更低）时意味着所输出结果会更优。

博弈论中最常见的假设是合理性。在其最温和的形式下，合理性意味着所有参与人都是积极的，并且想最大化自己的效用函数。严格意义上，这意味着每个参与人总是最大化自己的效用，从而能够完美地计算出每一个动作的概率结果。一场博弈可以如下定义。

定义11 策略式博弈G具有三个要素：该组的参与人$i \in \mathcal{I}$，这是一个有限集$\{1, 2, \cdots, N\}$；每个参与人i的策略空间Ω_i；效用函数u_i，其测量第i个参与人的每个策略组合$\boldsymbol{r} = (r_1, r_2, \cdots, r_N)$的输出结果。我们定义$\boldsymbol{r}-i$为参与人$i$的对手的策略，如$r_{-i} = (r_1, \cdots, r_{i-1}, r_{i+1}, \cdots, r_N)$。在静态博弈中，参与人之间的交互作用只发生一次，而在动态博弈中交互作用可以发生数次。

最常被引用的博弈是称为“囚徒困境”的例子。这个名字来源于一个假设的情况：两个罪犯因一起犯罪被捕，但警方没有足够的证据来给他们定罪。因此，警方将两人分开，并提出了一个人交易：如果一个人证明另外一个人有罪，那么他将获得减刑或释放。与国际象棋不同，在这里，犯人没有对方“举动”的任何信息。如果他们都不说（或者说两人相互合作），那么他们的收益是很好的，因为没有进一步的证据是没法定罪的。如果其中一人背叛，但另一人保持沉默，那么背叛者将是获益的，因为没有足够的证据来定罪，所以他将被释放，而沉默者将会因为有人指证而入狱。如果他们都背叛对方，则他们都将获得减刑，这可以描述为一个空的结果。明显的困境是面临这两种选择时，如何在没有任何信息的情况下做出一个好的决定。

依据犯人的决定所带来的后果来将此决定指定任一点值，见表 3.1。囚徒困境是一个两人的博弈。一个参与人作为行参与人，另一个参与人作为列参与人。双方都有合作（C）或背叛（D）的策略选择。因此，这场博弈中有四种可能的结果：$\{(C, C), (D, D), (C, D), (D, C)\}$。在相互合作中，$\{(C, C)\}$，两个参与人都将获得奖励回报——3。在相互背叛中，$\{(D, D)\}$，两个参与人都将得到背叛的惩罚——1。当一名参与人选择合作，而另一名参与人选择背叛，$\{(C, D), (D, C)\}$，合作的参与人得到回报——0。背叛的参与人得到背叛带来的利益——5。

表 3.1 囚徒困境

	合作	背叛
合作	(3, 3)	(0, 5)
背叛	(5, 0)	(1 1)

在“囚徒困境”的博弈中，如果一方合作，另一方选择背叛将有更好的回报（5 而不是 3）；如果一方选择背叛，另一方也选择背叛仍然有好的回报（1 而不是 0）。无论其他参与人的策略如何，参与人总是选择背叛，$\{(D, D)\}$ 是一种平衡。虽然合作会给每个参与人一个更好的回报 3，但是贪婪会导致较低的结果。

可以通过三个基本的区别来区分不同的博弈，如下所述。

1）非合作与合作博弈。在非合作博弈中，个别参与人的行为会最大限度地提高自己的收益，而在合作博弈中，会形成参与人联盟，参与人采取联合动作从而达到互惠互利的结果。

2）策略式博弈和扩展式博弈。策略式是用一个矩阵来表示同时博弈。两名参与人，一个是“行”参与人，另一方是“列”参与人。每行或每列代表一个策略，每一格表示策略组合给每个参与人带来的收益。

扩展式（也称为博弈树）是用图解来表示序贯博弈。它提供了有关参与人、收益、策略和行动顺序的信息。博弈树由节点（或顶点）组成，节点指出哪个参与人可以采取的动作，并由边进行连接，表示可在该节点采取的动作。初始（或根）节点表示要做出的第一个决定。每一组从树的初始节点最终到达终端节点的边代表了博弈的结束。每个终端节点都标有每个参与人在博弈结束于此节点时获得的收益。

3）完全或不完全信息的博弈。如果博弈中所有因素都是已知的，那么此次博弈是完全信息的博弈。具体地说，在博弈中每个参与人知悉所有其他参与人，包括博弈的时机以及每个参与人的策略和收益。

如果一个参与人不能确切地知道其他参与人在一点上到底采取了什么动作，那么这个序贯博弈是一个不完全信息的博弈。从技术上讲，在多个节点上至少存在一个信息集。如果每个信息集包含一个节点，该博弈是完美信息之一。直观地说，如果是轮到我行动，我可能不知道每一个其他参与人迄今为止已经采取了哪些动作。因此，我必须推测他们可能的行动，并且通过贝叶斯法则判断哪个动作可能导致我目前的决定。

3.2 非合作静态博弈

在本节中，我们首先定义非合作静态博弈。然后我们将研究这种博弈的两种方式。接着，我们会给出博弈的一些特性，如优势、纳什均衡、帕累托最优和混合策略，并列举一些基本的例子来说明。最后，我们讨论了应用于无线网络和资源分配问题的非合作静态博弈结果的低效性。最后简单讨论两种方法的理念、定价和裁判思路来提高博弈的结果。

定义 12 非合作博弈中，参与人无法做出超越博弈论已明确建模的强制执行合同。因此，非合作博弈不是定义为参与人相互之间不合作的博弈，而是任何合作必须是自我强制的博弈。

定义 13 静态博弈中，在不知道其他参与人策略选择的情况下，所有参与人同时做出决定（或选择策略）。尽管决定可能是在不同的时间点进行的，但是因为每个参与人没有关于其他参与人的信息，所以博弈可以认为是同时进行的。因此，这就好像该决定是同时进行的。

3.2.1 静态博弈的标准式

静态博弈可以通过下面定义的标准式来表示。

定义 14 策略（标准）式是用一个矩阵表示同时博弈。对于两个参与人，一个是“行”参与人，另一个是“列”参与人。每行或列代表一个策略，每格代表每个参与人在组合策略下的收益。

一个例子是“性别战博弈”，见表 3.2 所示场景。丈夫和妻子已同意出席晚上难得一见的娱乐事件。不幸的是，他们都没记住他们是答应镇上两个特殊事件的哪一个：拳击比赛或歌剧。丈夫喜欢拳击比赛，而妻子更喜欢歌剧；但是，无论是在一起还是分开他们都能接受。他们必须在没有沟通的条件下同时决定。有两个纯策略均衡。不同的纯策略均衡是每个参与人的首选。然而，对于参与人来说任何一个均衡都要比其他非均衡的结果要好。

表 3.2 性别战博弈（妻子和丈夫）

	拳击比赛	歌剧
拳击比赛	(1, 2)	(0, 0)
歌剧	(0, 0)	(2, 1)

对于每个参与人，都有一些策略空间。从参与人的兴趣角度看，一些策略是优于其他的。要定义这样的优势，我们有以下两个定义。

定义 15 主导策略：一个策略是占主导地位的话，不管任何参与人怎么做，该策略都会使得该参与人获得更大的收益。因此，如果一个策略是占主导地位，不管对手怎样做，那么它总是比其他任何策略更好。如果一个参与人有一个主导策略，那么他或她会一直用该策略处于均衡状态。此外，如果一个策略占主导地位，那么其他策略都处于受控状态。

定义 16 受控策略：如果一个策略是处于受控的，那么不管任何其他参与人做什么，该策略使一个参与人比其他策略获得更小收益。因此，不管对手做什么，如果采取其他策略总是比这一策略要好，那么可以说这个策略是处于受控状态的。受控策略永远不会在均衡中发挥作用。

例如，表 3.1 展示的囚徒困境，每个参与人都有一个合作的受控策略和一个背叛的主导策略。这是因为，无论其他参与人的策略是什么，对每个参与人来说背叛总是产生一个较高的效用。请注意，这里的主导并不意味着更高的回报。在这种情况下，受控策略为两个参与人提供了比主导策略更高的收益。

3.2.2 纳什均衡、帕累托最优和混合策略

要分析这场博弈的结果，可以使用纳什均衡，这是一个众所周知的概念，指出在均衡中各代理人在其他代理人采取策略条件下将选择一个具有效用最大化的策略。

定义17 定义一个策略向量$\boldsymbol{r}=[r_1\cdots r_K]$，定义第$i$个参与人的对手的策略向量$\boldsymbol{r}_i^{-1}=[r_1\cdots r_{i-1}r_{i+1}\cdots r_K]$，其中$K$是参与人的数目，$r_i$为第$i$个参与人的策略。$u_i$是第$i$个参与人的效用。纳什均衡点$r$定义为

$$u_i(r_i,\boldsymbol{r}_i^{-1})\geqslant u_i(\widetilde{r}_i,\boldsymbol{r}_i^{-1}),\forall i,\forall \widetilde{r}_i\in\Omega,\boldsymbol{r}_i^{-1}\in\Omega^{K-1} \tag{3.1}$$

考虑到其他参与人的策略，没有参与人可以只改变自己的策略来增加自己的效用。

换言之，纳什均衡是一组策略，每个策略对应一个参与人，这样没有一个参与人有动机来单方面改变其动作。如果他们中的任何一个策略上的变化将导致该参与人比坚持其目前的策略得到的收益要小，那么此时参与人处于均衡状态。

纳什均衡的存在，有时可能很难证明。有一些现有的定理证明它的存在。我们只需要证明所提出的博弈满足定理的要求。例如，在参考文献［71］中，已经证明纳什均衡点（NEP）存在，如果$\forall i$满足下面条件

1）Ω是u_i（$\boldsymbol{r}_i$）的支持域，是一个非空，凸的，并且是某一欧几里得空间$\Re^L$的紧凑子集。

2）u_i（$\boldsymbol{r}_i$）是在$\boldsymbol{r}_i$中连续的，并且在$\boldsymbol{r}_i$中拟凸。

有可能有无限数量的纳什均衡。在所有这些均衡中，我们需要选择最佳的一个。有许多标准可用来判断均衡是否是最佳的。在这些标准中，帕累托最优性是最重要的一个。

定义18 **帕累托最优性**：帕累托最优性是以Vilfredo Pareto的名字命名的，是对效率的测度。如果没有其他的结果可以使每一个参与人至少一样好，并且至少使一个参与人有明显的提升，那么博弈的结果是帕累托最优。即，帕累托最优结果不能在不伤害至少一个参与人的情况下得到改善。通常情况下，纳什均衡不是帕累托最优，这意味着参与人的收益都是可以增加的。

到现在为止，我们仅讨论了确定策略或者纯策略。纯策略定义了一个参与人在博弈中的每一个可能实现状态下采取的具体行动或动作。这种行动不必是随机的，也不必像混合策略那样从分布中获得。

定义19 **混合策略**：一个策略包括可能的行动，以及与每个行动的采取频率相关的概率分布（权重集合）。参与人只有当其对几个纯策略都漠不关心时才会使用混合策略。此外，如果对手能够从知道下一步行动中受益，则该混合策略是首选的，因为保持让对手猜测是可取的。

为了说明帕累托最优性以及混合策略的思路，我们给出了“斗鸡博弈”的例子（也被称为鹰鸽博弈），见表3.3。情况如下。两个车手在狭窄的道路上开车冲向彼此。第一个突然转向的人会在同伴中丢面子。然而，如果没有人突然转向，则终结的命运将困扰两者。有两个纯策略均衡。不同的纯策略均衡成为每个参与人的首选。（1，-1）和（-1，1）两个均衡都是帕累托最优。还存在混合策略均衡，其中每个参与人突然转向的概率为0.99和保持的概率为0.01。

零和博弈是常和博弈的一种特例，即所有参与人效用和为0。因此，一个参与人的增益总是在损害别人的基础上获得的，如大多数体育赛事。因此，策略之一是为了自己获得利益而压制对方。考虑到利益冲突，此类博弈的均衡往往是混合策略。

表3.3 斗鸡博弈（车手1、车手2）

	保持	转向
保持	(−100, −100)	(1, −1)
转向	(−1, 1)	(0, 0)

一个零和博弈例子见表3.4所示的“硬币配对”博弈。该方案确定谁需要做每晚的家务。两个孩子首先选择“相同”代表谁，“不同”代表谁。然后，每个孩子隐藏在手掌的一分钱要么面朝上，要么面朝下。然后两个硬币同时揭晓。如果它们匹配（无论是正面或都是反面），则“相同”获胜。如果它们是不同的（一个正面和一个反面），则“不同”获胜。本场比赛相当于“猜双单的游戏”，并与三种策略版（石头、剪子、布）颇为相似。本场比赛是零和。唯一的均衡是混合策略。每个参与人采取每种策略的概率相同，导致每个参与人的期望收益为零。

表3.4 硬币配对（不同，相同）

	正面	背面
正面	(−1, 1)	(1, −1)
背面	(1, −1)	(−1, 1)

不幸的是，非合作静态博弈的纳什均衡往往效率很低。例如，在表3.1囚徒困境的例子中，如果一个参与人合作，则其他背叛的参与人将有更好的回报，5比3；如果一个参与人背叛，则其他参与人背叛仍会有更好的回报，1比0。因此，无论其他参与人的策略如何，参与人总是选择背叛，而$\{(D, D)\}$是纳什均衡。虽然合作将给予每个参与人更好的回报——3，但是贪婪导致了低效率的结果，所以非合作静态博弈的结果可能是低效率的。在文献中有许多方案能够克服这种低效率。下面，我们将举两个例子，即定价和基于裁判的方法。

3.2.3 社会最优：无秩序和裁判的代价

由于个体参与人没有任何动机与其他参与人进行合作，并对其他参与人的资源造成伤害，因此从系统观点出发博弈的结果可能不是最优的。传统上，社会最优通过假设有一个可以得知网络完整信息的“精灵”来计算。然后社会最优使用上一章中讨论的优化技术来计算。并将所得社会最优解与博弈结果进行比较。接下来，我们将研究两种技术，可以提高博弈的结果使之接近社会最优解。

为了接近社会最优解，定价已经被经济学家和计算机网络研究人员作为有效工具。定价技术的动机是以下两个目标：

1）优化系统收益。

2）鼓励在资源使用方面的合作。

一个高效的定价机制可以使分布式决策与通过集中控制获得的系统效率兼容。如果定价强制实施纳什均衡，可实现系统最优，此时定价策略被称为激励相容。参考文献［75，76］提出了一种基于使用量定价的策略，其中参与人使用资源支付的价格与参与人所消耗的资源量成正比。

其次，基于裁判方案的基本思路是引入一个裁判到非合作博弈中。该博弈可以有多个纳什均衡。裁判负责检测这些低效率的纳什均衡，然后改变博弈规则，以阻止参与人陷入不良的博弈结果。值得一提的是，非合作博弈仍以分配方式进行。裁判仅在必要时进行干预。参考文献［77，78］把上述的想法应用于一个多小区的正交频分多址（OFDMA）网络，使其具有高效的分布式资源分配。

3.3 动态博弈

当参与人通过无数次地进行类似博弈而相互影响时，博弈被称为动态或重复博弈。与同时博弈不同，参与人至少有关于其他参与人选择策略中一些信息，因此他们的发挥可能取决于过去的行动。自主参与人间的合作可以通过考虑长期的利益或者来自其他人的威胁而得到鼓励。在本节中，我们首先介绍如何表示动态博弈。然后，我们将讨论可提供给参与人的信息。我们还进一步研究动态博弈的性质。接下来，应用重复博弈介绍了两个实际的策略，“针锋相对”和“卡特尔维持”。然后，对一种特殊的博弈——随机博弈（马尔可夫博弈）进行了研究。最后，我们讨论微分控制/博弈的概念。

3.3.1 序贯博弈和博弈的扩展式

首先，我们通过下述定义给出序贯博弈的概念。

定义20 **序贯博弈**，参与人遵循一定的预定义指令做出决策（或选择一个策略），并在至少有一些参与人可以观察其之前的参与人的行动。如果没有参与人观察到先前参与人的行动，那么博弈是同时的。如果每一个参与人观察了其之前所有参与人的行动，则博弈是完美信息之一。如果一些（但不是全部）参与人观察了先前的行动，而其他参与人同时采取行动，则游戏是不完美信息之一。

对于博弈的信息，有三个概念。

定义21 如果博弈中的所有因素是众所周知的，那么博弈是完全信息之一。具体地，每个参与人在博弈中知悉其他参与人的策略和收益。

定义22 如果同一时间只有一个参与人行动，且每个参与人都知道在其之前行动的参与人的每个动作，那么序贯博弈是完美信息之一。从技术上讲，每个信息集仅包含一个节点。直观地说，如果是轮到我行动，我总是知道其他所有参与人已经在此之前所采取的动作。所有其他的博弈都是不完美信息。

定义23 如果一个参与人在这点上不知道其他参与人到底采取了什么动作，那么序贯博弈是不完美信息之一。从技术上讲，至少存在与多个节点相关的信息集。如果每个信息集仅包含一个节点，那么博弈是完美信息之一。直观地说，如果是轮到我行动，我可能不知道其他所有参与人迄今为止采取了哪些动作。因此，我必须推测他们可能的动作，并通过贝叶斯法则推断哪些动作能导致我现在的决策。

序贯博弈通过博弈树（扩展式）来表示。

定义24 博弈树（也称为扩展式）是序贯博弈的图形表示。它提供了关于参与人、收益、策略和行动顺序的信息。博弈树由节点组成，这些节点是参与人可以采取动作的点，其通过顶点连接。初始（或根）节点代表做出的第一个决策。每组顶点从初始节点出发通过树最终到达终端节点，代表博弈的结束。每个终端节点都标有每个参与人在该节点结束时能够获得的收益。

为了进一步说明，一个示例如图3.1所示。该博弈中有两名参与人：1和2。每一个非终端节点的数字标识这个决策节点属于哪个参与人。每个终端节点上的数字代表参与人的收益（例如，2，1表示参与人1的收益是2和参与人2的收益是1）。图的每个边的标签都是该边表示的动作的名称。

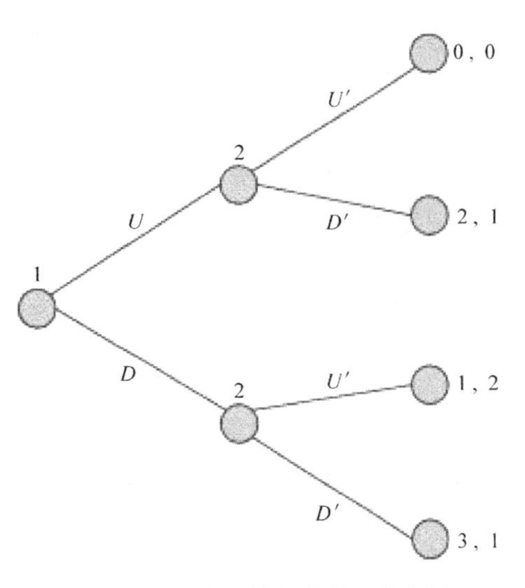

图3.1 扩展式的博弈举例（博弈树）

初始节点属于参与人1，表明该参与人第一个采取行动。根据博弈树，该博弈的行动如下所示：参与人1在U和D之间选择；参与人2观察参与人1的选择，然后在U'和D'中做选择。收益正如博弈树中给出的。树的四个终端节点表示四个结果：（U，U'）、（U，D'）、（D，U'）和（U，U'）。与每个结果相关的收益，分别如下：（0，0）、（2，1）、（1，2）和（3，1）。

序贯博弈可以利用子博弈完美均衡的概念来解决。

定义25 子博弈完美纳什均衡是这样一种均衡，即参与人的策略组成了原博弈中的每一个子博弈的纳什均衡。它可以通过逆向归纳找到，这是求解有限扩展式或序贯博弈的迭代过程。首先，人们会确定在博弈中采取最后一次行动的参与人的最优策略。然后，根据给定的最后一个参与人的动作，确定倒数第二个行动的参与人的最优动作。这个过程持续逆向进行，直到所有参与人的动作都被确定。

在图3.1所示，如果参与人1采取D，参与人2将通过采取U'来最大化收益，因此参与人1只获得收益1。然而如果参与人1采取U，参与人2将通过采取D'来最大化收益，参与人1获得收益为2。参与人1更喜欢收益为2而不是1，因此将采取U，参与人2将采取D'。这是子博弈完美均衡。

子博弈完美均衡消除不可置信威胁。一个不可置信威胁是参与人在一个序贯博弈中制造的，而这不符合参与人执行的最佳利益。人们希望的是，这种威胁被认为是没有必要执行的。尽管纳什均衡可能依赖于不可置信威胁，但是逆向归纳能够消除它们。

3.3.2 重复博弈

对于重复博弈，从技术角度可以采用如下定义。

定义26 设G为一个静态博弈，β表示一个折扣因数。$\mathcal{T}$周期重复博弈表示为$G(\mathcal{T},\beta)$，由博弈G重复$\mathcal{T}$次构成。这样的博弈其收益表示为

$$V_i = \sum_{t=1}^{\mathcal{T}} \beta^{t-1}\pi_i^t \tag{3.2}$$

式中，π_i^t表示参与人i在t周期的收益。如果$\mathcal{T}$趋近于无限大，那么$G(\infty,\beta)$被定义为无限重

复博弈。在本书中，我们使用无限重复博弈。

从下面的无名氏定理，我们知道，在无限重复博弈中，可以得到任何可行的输出，以便让每一个参与人获得比纳什均衡更好的收益。

定理 4 无名氏定理：用（e_1，…，e_n）表示 G 的一个纳什均衡的收益，（x_1，…，x_n）表示来自 G 的任何可行的收益。如果对于每一个参与人 i 有 $x_i > e_i$，假设 β 无限接近于 1，那么存在一个 G（∞，β）均衡（子博弈完美）达到平均收益为（x_1，…，x_n）。

现在我们知道，通过重复博弈，可以比纳什均衡获得更好的收益。其原因是，只要有足够的耐心，一个参与人的不合作行为将被来自其他合作参与人的报复惩罚；或者另一方面，一个参与人的合作，未来可以通过别人的合作而得到收益。剩下的问题是如何定义好的规则来强制参与人之间的合作，以实现更好的收益。在下文中，我们将提出两种方法，即“针锋相对”和“卡特尔维持”。

针锋相对是触发策略的一种类型，即一个参与人在一个周期中的动作与其对手在上一周期中的动作相同。许多研究工作已经使用了这种方法[79,80]。针锋相对的优点是易于实现。但是，也有一些潜在的问题。一个参与人的最好的反应是与其他对手采取不相同的动作。他人动作的信息很难获得。这些都限制了针锋相对的可能应用。与针锋相对相比，有许多不苛刻且更优的触发策略。其中一个最优的设计标准是卡特尔维持[81]。

卡特尔维持重复博弈框架的基本思路是对贪婪参与人提供足够的威胁，以防止他们从合作中背叛。首先，获得合作点，以便所有参与人都具有比对应于非合作 NEP 更好的性能。但是，如果任何参与人从合作中背叛而另一些参与人仍然合作，则背叛的参与人有更好的效用，而另一些参与人的效用则相对差一些。如果没有规则被采用，合作的参与人也将有背叛动机。因此，非合作导致了低效率性能。卡特尔维持框架提供了一种机制，使自私的参与人的当前背叛收益将被未来来自其他参与人的惩罚策略相抵消。对于任何一个理性的参与人，这种惩罚威胁将阻止他们背叛，所以使得合作继续执行。

所提出的触发策略是对背叛的参与人引入惩罚的一种策略。在触发策略中，参与人从合作开始。假设每个参与人能观察到时刻 t 的公共信息 P_t（比如，博弈的结果）。这些公共信息的例子可以是成功传输速率以及网络吞吐量。注意到，这些公共信息大多是非完美的或者仅是关于参与人策略的部分信息。这里我们假设一个更大的 P_t 代表更高的合作水平，并且能够为所有参与人带来更高的性能。将合作策略表示为 $\overline{\lambda} = [\lambda_1, \lambda_2, \cdots, \lambda_N]^{\mathrm{T}}$，非合作策略表示为 $\overline{s} = [s_1, s_2, \cdots, s_N]^{\mathrm{T}}$。触发惩罚博弈规则用三个参数来表征：最优的惩罚时间 T，触发门限 P^*，合作策略 $\overline{\lambda}$。分布式参与人 i 的触发惩罚策略（$\overline{\lambda}$，P^*，T）表示如下：

1）在周期 0 内，参与人 i 执行合作阶段的策略 $\overline{\lambda}$。

2）如果合作阶段在周期 t 执行并且 $P_t > P^*$，那么参与人 i 在周期 $t+1$ 内执行合作阶段。

3）如果合作阶段在周期 t 执行并且 $P_t < P^*$，那么参与人 i 在周期 $T-1$ 内切换到惩罚阶段，其中无论结果如何，参与人都执行静态纳什均衡 $\overline{s}$。在周期 T 内，参与人返回到合作阶段。

注意，$\overline{s}$ 表示非合作结果，这比由合作策略产生的结果 $\overline{\lambda}$ 差很多。因此，背叛的自私的参与人将在惩罚阶段获得低很多的收益。此外，惩罚时间 T 要设计足够长，从而让自私的参与人的所有作弊收益被惩罚所抵消。因此，参与人没有动力从合作中背叛，因为参与人的目标是随着时间的推移来最大化长期收益。

问题的其余部分是如何计算（$\bar{\lambda}$，P^*，T）的最优参数，如何构造一个卡特尔使得效益最优化且消除对背叛的激励。我们定义$\mathcal{P}_{\text{trig}} = \Pr(P_t < P^*)$，这是公共信息实现小于触发阈值的触发概率。如果我们讨论式（3.2）中未来的不同情形，则预期收益 V_i 如下：

$$V_i(\bar{\lambda},P^*,T) = \pi_i(\bar{\lambda}) + (1-\mathcal{P}_{\text{trig}})\beta V_i(\bar{\lambda},P^*,T) + \mathcal{P}_{\text{trig}}\left[\sum_{t=1}^{T-1}\beta^t\pi_i(\bar{s}) + \beta^T V_i(\bar{\lambda},P^*,T)\right], \forall i \tag{3.3}$$

式中，$\pi_i(\bar{\lambda})$和$\pi_i(\bar{s})$分别是合作与不合作的收益。式（3.3）中的右边的第一项是合作情况下当前的预期收益；第二项和第三项是两种不同结果的收益，这取决于惩罚是否被触发。注意 V_i 不仅是参与人的策略 $\bar{\lambda}$ 函数，也是博弈参数 P^* 和 T 的函数。我们的目标是为每个参与人最大化其预期收益 V_i，而最优策略为所提出的算法产生一个 NEP。给定 P^* 和 T 为了获得 NEP，则重复博弈的最优策略也可以用于下一阶必要条件表征：

$$\frac{\partial V_i(\lambda_i,\lambda_{-i})}{\partial \lambda_i}=0, \forall i \tag{3.4}$$

如果所有参与人具有相同的效用并且所有参与人博弈结果是对称的，则第一阶条件的解 λ^* 对所有参与人是相同的。这种解也是参数 P^* 和 T 的函数。为了获得最佳 P^* 和 T 来最大化预期收益 V_i，我们使用以下的微分方程：

$$\frac{\partial V_i(P^*,T)}{\partial P^*}=0, \frac{\partial V_i(P^*,T)}{\partial T}=0, \forall i \tag{3.5}$$

在一般情况下，式（3.4）和式（3.5）需要通过数值方法来解决。对收益函数的某些结构，可以推导出闭合形式的最佳配置 $\{\bar{\lambda}, P^*, T\}$。

3.3.3 随机博弈

在博弈论中，随机博弈是一个动态的，由一个或更多参与人参与的概率转换的竞争博弈。博弈按照一系列阶段进行。在每个阶段的开始，博弈处于某种状态。参与人选择动作，每个参与人获得的收益依赖于当前状态和选择的动作。博弈然后进行到一个新的随机状态，其分布取决于先前的状态和由参与人选择的动作。在新状态继续重复该过程，持续有限或无限个阶段。参与人总收益往往是各阶段收益的折扣和或者各阶段收益平均的下限。请注意，一个状态随机博弈等于一个（无限）重复博弈，并且单智能体随机博弈等于一个马尔可夫决策过程（MDP）。正式定义如下。

定义 27 一个 N 个人随机博弈 G 由一个有限的非空集的状态 S、N 个参与人、参与人的有限动作集 A_i、被称为运动定律的在 $S\times(A_1\times A_2\times\cdots\times A_N)$ 下的条件概率分布 p、定义在历史空间 $H=S\times A\times S\times A\cdots$上的有界实值的收益函数 u_i（其中 $A=A_1\times A_2\times\cdots\times A_N$）组成。如果对于所有状态 $s\in S$，并且动作选择 $a=(a^1, a^2, \cdots, a^N)$，都存在一种独特的状态 s'，使得 $p(s'\mid s, a)=1$，那么这个博弈被称为 N 个参与人的确定性博弈。

如果参与人是有限的且动作集和状态集也是有限的，那么一个有限阶段的随机博弈总是具有纳什均衡。如果总收益是一个折扣和，这同样适用于无限阶段的博弈。Vieille[82] 表明，所有具有有限状态和动作空间的二人随机博弈，当总收益是各阶段收益平均值的下限时，都具有近似纳什均衡。当有两个以上的参与人时，这种均衡是否存在是一个悬而未决的问题。Shapley 提出了解决两个参与人零和随机博弈的使用价值迭代的算法[83]。

随机博弈是由 LloydShapley[83] 在 20 世纪 50 年代早期发明的。由 Neyman 和 Sorin[84] 编写的书是完整的参考资料。在 Filar 和 Vrieze[85] 编写的更基础的书中为 MDP 理论和二人随机博弈提供了统一的严格推理。他们创造了长期竞争的 MDP，包括一个和两个参与人的随机博弈。随机博弈在经济学和进化生物学中都有应用。关于无线网络，随机博弈已经在一些领域中开展了详细研究，如流量控制、路由和调度[86,87]。

3.3.4　微分控制/博弈

我们认为博弈不会瞬间发生，而要经过一段时间。这导致了对动态博弈的研究。微分博弈作为动态博弈的特例，是由 Rufus Isaacs 在 20 世纪 50 年代早期开始研究的。基本上，微分博弈是专为解决随时间变化的冲突而设计的数学模型。在微分博弈中，有不止一个参与人，每个参与人都具有单独的目标函数，他或她试图最大化这些目标函数，且这些目标函数服从一组微分方程（模拟了系统的动态特性）[88]。

微分博弈是静态的非合作博弈理论的扩展，它采用了最优控制理论中发展而来的方法和模式。最优控制理论为研究动态系统最优化问题的最优解而发展来的（即状态随着时间的变化而发生变化）。因此，最优控制可以应用到博弈理论中从而获得具有不同目标或收益函数的理性实体的均衡解。在最优控制理论中获得最优解的主要方法是动态规划。这种方法已经被应用在微分博弈中，参与人的收益取决于所在的状态（即受制于状态），其随时间演变。对于非分层和分层结构，微分博弈的通用解分别是纳什均衡和施塔克尔贝格（Stackelberg）解。应用最优控制理论中的技术，能获得这些解[89]。

1. 微分最优控制问题

在优化控制中，每个参与人在一段时间内具有单一目标（如最大化收益）的最优化问题。这个优化问题考虑了被固定在均衡中的其他参与人的动作。

在控制理论的标准模型中，系统的状态是由一个变量 x 来表征的。这种状态随时间改变，根据常微分方程（ODE）得到[90]：

$$\begin{aligned}\dot{x}(t) &= f(x(t), u(t)) + \rho w \\ x(0) &= x^0\end{aligned} \tag{3.6}$$

式中，w 是一个控制函数。优化控制中的基本问题是找到一个控制函数来最大化收益：

$$L[u(\cdot)] = \int_0^T g(x(t), u(t))\mathrm{d}t + h(x(T)) \tag{3.7}$$

式中，h 是一个终端收益；g 对应一个正在运行的收益。

2. 微分博弈

微分博弈是基本最优控制问题的扩展，其中一个以上的参与人参加了博弈，他们每个人都试图最大化自己的收益。系统状态 x 根据以下 ODE 随着时间而演变：

$$\begin{aligned}\dot{x}(t) &= f(x(t), u_1(t), \cdots, u_i, \cdots, u_N) \\ x(0) &= x^0\end{aligned} \tag{3.8}$$

式中，u_i 是参与人 i 的控制函数，且 N 是参与人总数。参与人 i 选择其控制函数来最大化收益：

$$L_i[u(\cdot)] = \int_0^T g_i(x(t), u(t))\mathrm{d}t + h_i(x(T)) \tag{3.9}$$

微分博弈的分析在很大程度上依赖于最优控制理论的概念和技术。最好从动态原理出发，通过研究用于处理各种参与者的价值函数的哈密顿－雅可比－贝尔曼（HJB）系统来研究均衡策略。动态规划基于最优性原理。根据这一原理，动作的性质是，无论初始状态和时间如何，所有剩余的决策必须构成最优动作。为了实现这一原理，可以在时间上逆向求解，也就是说，我们要从所有可能的与最后时间相对应的（如阶段）最终状态开始。这个最后时间的最优动作被选择后，我们开始往回退一步，再次确定最优动作。重复此步骤，直到回退到初始时间或阶段为止。当其应用到时间连续最优控制时，动态规划的核心是 HJB 偏微分方程（PDE）。

为了使用动态规划推导针对每一个参与人的最优控制函数，首先价值函数被定义如下：

$$v_i(x,t) = \max_{u(\cdot)} L_i[u(\cdot)] \tag{3.10}$$

$$v_i(x,t) = h_i(x) \tag{3.11}$$

对于参与博弈的参与人，需要获得可用的信息。在微分博弈中，可用信息有三种情况。

- **开环信息**：利用开环动作，参与人在初始时刻 $t=0$ 就具有状态变量值的公共信息。在该初始状态中，每个参与人通过考虑所有其他参与人的预期行为来选择控制变量路径。所有参与人在博弈开始前都要遵循其动作路径。
- **闭环信息**：利用闭环信息，参与人被假定为没有延迟地获知从时间 0 到 t（即 $[0, t)$）的状态变量值。
- **反馈信息**：在时间 t，参与人被假定为知道已知时间 $t-\epsilon$ 下的状态变量值，其中 ε 为正且任意小。时间 t 的信息集可以从所有参与人在时间 $t-\epsilon$ 的状态变量值的向量来估计。

在这个阶段，一个自然假设是，参与人采用的策略有反馈形式：$u_i = u_i^*(x^*)$。换句话说，它们只依赖于系统的当前状态，而不是过去的历史。对于反馈形式的纳什非合作解，价值函数 v_i 满足来源于动态规划原理的 HJB 方程式。

定理 5 如果存在满足下列直线抛物型偏微分方程[89]的合适的光滑函数 v_i，则最优解 u_i^*（$i=1, \cdots, N$）会导致博弈的反馈纳什均衡解，$x^*(t)$是相应的状态轨迹，

$$-\frac{\partial v_i(x,t)}{\partial t} = \max_{u_i(t,x)}\left\{\frac{\partial^2 v_i(x,t)}{\partial x^2} + \frac{\partial v_i(x,t)}{\partial x} f[t,x,U_i,U_{j\neq i}^*] + g_i[t,x,u_i,u_{j\neq i}^*]\right\} \tag{3.12}$$

该 HJB 方程通常是按照时间顺序逆向求解，开始于 $t=T$，结束于 $t=0$。在一般情况下，该 HJB 方程不具有典型（光滑）解。广义解的几个概念包括黏性解[91]和极小解[92]。对于仿射线性二次型博弈的特例，价值函数具有应满足一组一阶微分方程的唯一解。这个特例可获得最优动作的闭合形式解。

3. 随机微分博弈

在规定周期的连续时间内定义的动态博弈的随机公式包括一个随机微分方程，其将状态的演变描述如下：

$$\begin{aligned}\dot{x}(t) &= f(x(t), u_1(t), \cdots, u_i, \cdots, u_N) + \rho w \\ x(0) &= x^0\end{aligned} \tag{3.13}$$

式中，w 表示随机波动，其建模为高斯噪声，均值为零且方差为 σ^2。对于随机情况下参与人的价值函数可以写为

$$v_i(x,t) = \max_{u_i(t)} L_i = E_w\left\{\int_0^T g_i(t)\mathrm{d}t + h_i[x(T)]\right\} \tag{3.14}$$

最后，最优控制函数都可以使用下面的随机 HJB 方程获得：

$$-\frac{\partial v_i(x,t)}{\partial t} = \max_{u_i(t)}\left\{\frac{(\rho)^2\sigma^2}{2}\frac{\partial^2 v_i(x,t)}{\partial x^2} + \frac{\partial v_i(x,t)}{\partial x}f[t,x,u_i(t)] + g_i[t,x,u_i(t)]\right\} \tag{3.15}$$

对于二次型收益函数的特例，可以得出该封闭形式解。在这种情况下，博弈的标准形式如下[93]：

$$\begin{aligned}\dot{x} &= f[x(t),u_1(t),\cdots,u_N] + \rho w\\ &= Ax(t) + B_1u_1(t) + B_2u_2(t) + \cdots + B_Nu_N(t) + C + \rho w\end{aligned} \tag{3.16}$$

仿射二次型成本函数可以改写为

$$g_i = \frac{1}{2}Qx^2 + Ru_i^2 + N \tag{3.17}$$

$$h_i = \frac{1}{2}Q^f x^2 \tag{3.18}$$

最后，对于价值函数，我们有

$$\begin{aligned}v_i(x,t) &= \max_{u_i(t)} L\\ &= \max_{u_i(t)} E_w\left\{\int_0^T \mu[x(t),u_i(t)(t)]\mathrm{d}t + h[x(T)]\right\}\end{aligned} \tag{3.19}$$

根据参考文献［89］，仿射线性二次型问题的价值函数对于 $v_i(t)$ 有唯一解：

$$v_i[t] = \frac{1}{2}T_i(t)X(t)^2 + x(t)\zeta_i(t) + \xi_i(t) + m_i(t) \tag{3.20}$$

式中，$T_i(t)$ 满足下述里卡蒂（Riccati）微分方程：

$$\frac{\mathrm{d}T_i}{\mathrm{d}t} + 2T_iF_i + Q_i + \frac{T_i^2B_i^2}{R_i} = 0 \tag{3.21}$$

$$T_i(T) = Q_i^f \tag{3.22}$$

并且

$$F_i = A - \frac{T_iB_i^2}{R_i} \tag{3.23}$$

ζ_i 和 m_i 可以从下面微分方程中获得：

$$\frac{\mathrm{d}\zeta_i}{\mathrm{d}t} + \frac{F_i\zeta_i + T_i\zeta_iB_i^2}{R_i} + T_iB_i = 0 \tag{3.24}$$

$$\zeta_i(T) = 0 \tag{3.25}$$

$$\frac{\mathrm{d}m_i}{\mathrm{d}t} + \alpha_i\zeta_i + \frac{\zeta_i^2B_i^2}{2R_i} = 0 \tag{3.26}$$

$$m_i(T) = 0 \tag{3.27}$$

$$\alpha_i = C - \frac{\zeta_iB_i^2}{R_i} \tag{3.28}$$

最终，ξ_i 统计值由下式给出，

$$\frac{\mathrm{d}\xi_i}{\mathrm{d}t} = -\frac{R_i\sigma^2 u_i}{2} \tag{3.29}$$

最优控制变量可以如下得到，即

$$u_i^* = -\frac{B_i}{R_i}\frac{\partial v_i}{\partial x} = -\frac{B_i(T_i x + \zeta_i)}{R_i} \tag{3.30}$$

对于随机微分博弈，最优控制函数构成了反馈纳什均衡。

3.4 合作博弈理论1——讨价还价博弈

合作博弈是一种参与人之间具有可强制执行实施合同的博弈。因此，它不是参与人之间实际上进行合作的博弈，而是通过第三方（如法官和警察）强制执行合作的博弈。合作博弈理论有两个主要的组成部分：讨价还价方案和联盟概念。本小节主要讨论讨价还价博弈，而下一小节讨论联盟概念。

合作博弈理论中的讨价还价问题可以用下述[72,76,94]来描述：

定义28 用 $N=\{1, 2, \cdots, N\}$ 表示一组参与人。假设 S 是 $\Re^N$ 封闭的凸子集，其表示参与人合作条件下可以得到的可行收益分配集合。假设 $u_{\min}^i$ 表示第 i 个参与人期望获得的最小收益，否则其将不会合作。假设 $\{u_i \in \boldsymbol{S} \mid u_i \geqslant u_{\min}^i,\ \forall i \in N\}$ 是一个非空有界集。定义 $\boldsymbol{u}_{\min} = (u_{\min}^1, \cdots, u_{\min}^N)$，$(\boldsymbol{S}, \boldsymbol{u}_{\min})$ 对表示 N 人讨价还价问题。

在可行集 S 内，我们将帕累托最优性的概念定义为解决讨价还价问题的选择标准。

定义29 当且仅当没有其他分配 u_i' 满足 $u_i' \geqslant u_i$，$\forall i$ 和 $u_i' > u_i$，$\exists i$ 时，问题 $(u_1, \cdots, u_N)$ 是帕累托最优化问题。即不存在其他的分配方式导致某些参与人性能优越而其他参与人性能不差。

下面，我们首先讨论一些讨价还价解，然后列举一些例子。

3.4.1 讨价还价解

可能存在无限个帕累托最优点，所以我们需要一个更进一步的准则来选择讨价还价结果。一个可能的标准是公平。无线资源分配中常用的公平标准是 max - min[95]，可以使得最差信道条件下的参与人性能最大化。这一标准使得信道状况良好的参与人产生较差性能从而降低了总体系统性能。在这里，我们首先介绍纳什讨价还价解（NBS）中公平的概念[72]。直观的想法是，先满足所有参与人最基本的需求，然后将剩下的资源按照他们各自的条件适当地分配给每个参与人。参考文献［72］介绍了各种各样的讨价还价解。在这些解中，NBS 在下述条件下提供了一个唯一的公平的帕累托最优化操作点。

定义30 如果满足以下公理，则将 $\overline{\boldsymbol{u}}$ 称为 $\boldsymbol{u}_{\min}$ 在 $\boldsymbol{S}$ 中的一个 NBS，即 $\overline{\boldsymbol{u}} = \phi(\boldsymbol{S}, \boldsymbol{u}_{\min})$。

1）个体理性：$\overline{u}_i \geqslant u_{\min}^i$，$\forall i$。

2）可行性：$\overline{\boldsymbol{u}} \in \boldsymbol{S}$。

3）帕累托最优性：对于每个$\hat{\boldsymbol{u}} \in \boldsymbol{S}$，如果$u_i \geqslant \bar{u}_i$，$\forall i$，那么$\hat{u}_i = \bar{u}_i$，$\forall i$。

4）无关备选方案独立性：如果$\bar{\boldsymbol{u}} \in \boldsymbol{S}' \subset \boldsymbol{S}$，$\bar{\boldsymbol{u}} = \phi(\boldsymbol{S}', \boldsymbol{u}_{\min})$，那么$\bar{\boldsymbol{u}} = \phi(\boldsymbol{S}, \boldsymbol{u}_{\min})$。

5）线性变换独立性：对于任何线性尺度变换ψ，$\psi(\phi(\boldsymbol{S},\boldsymbol{u}_{\min})) = \phi(\psi(\boldsymbol{S}), \psi(\boldsymbol{u}_{\min}))$。

6）对称性：如果在所有智能体交换下S是不变的，则$\phi_j(\boldsymbol{S},\boldsymbol{u}_{\min}) = \phi_{j'}(\boldsymbol{S}, \boldsymbol{u}_{\min})$，$\forall j,j'$。

公理4）~6）称为公平性公理。无关备选方案公理表明消除没有被选择的可行解不会影响NBS。公理5）表明讨价还价解是尺度不变的。对称性公理说明，如果对于所有参与人的可行范围是完全对称的，那么所有参与人有相同的解。

下述优化表明有NBS满足上述公理[72]。

定理6 NBS的存在性：解函数$\phi(\boldsymbol{S}, \boldsymbol{u}_{\min})$满足定义30中的6条公理。它满足：

$$\phi(\boldsymbol{S},\boldsymbol{u}_{\min}) \in \arg \max_{\bar{\boldsymbol{u}} \in \boldsymbol{S}, \bar{u}_i \geqslant u_{\min}^i, \forall i} \prod_{i=1}^{N} (\bar{u}_i - u_{\min}^i) \tag{3.31}$$

另外两种讨价还价解也被提出作为NBS的替代，即Kalai - Smorodinsky解（KSS）[71]和公平解（ES）。为了定义这些解，我们需要先介绍以下定义。

定义31 受限的单调性：如果满足$\mathcal{U} \subset \mathcal{V}$和$H(\mathcal{U},\boldsymbol{u}_{\min}) = H(\mathcal{V},\boldsymbol{u}_{\min})$，那么$\phi(\mathcal{U},\boldsymbol{u}_{\min}) \geqslant \phi(\mathcal{V}, \boldsymbol{u}_{\min})$，其中$H(\mathcal{U}, \boldsymbol{u}_{\min})$称为乌托邦点，定义为

$$H(\mathcal{U},\boldsymbol{u}_{\min}) = \left[\max_{\boldsymbol{u} > \boldsymbol{u}_{\min}} u_1(\boldsymbol{u}) \max_{\boldsymbol{u} > \boldsymbol{u}_{\min}} u_2(\boldsymbol{u}) \right] \tag{3.32}$$

定义32 Kalai - Smorodinsky解：假设Λ表示在包含$\boldsymbol{u}_{\min}$和$H(\mathcal{U}, \boldsymbol{u}_{\min})$的那一排上的一些点。$\phi(\mathcal{U}, \boldsymbol{u}_{\min})$是KSS，可以被表示为

$$\phi(\mathcal{U},\boldsymbol{u}_{\min}) = \max \left\{ \boldsymbol{u} > \boldsymbol{u}_{\min} \,\middle|\, \frac{1}{\theta_1}(u_1 - u_{\min}^1) = \frac{1}{\theta_2}(u_2 - u_{\min}^2) \right\} \tag{3.33}$$

式中，$\theta_i = H_i(\mathcal{U}, \boldsymbol{u}_{\min}) - u_{\min}^i$。解在$\Lambda$中。

定义33 ES：$\phi(\mathcal{U}, \boldsymbol{u}_{\min})$是ES，可以表示为

$$\phi(\mathcal{U},\boldsymbol{u}_{\min}) = \max \{ \boldsymbol{u} > \boldsymbol{u}_{\min} \mid u_1 - u_{\min}^1 = u_2 - u_{\min}^2 \} \tag{3.34}$$

下一步，我们研究“最后通牒博弈”（序贯讨价还价），参与人之间只能通过匿名方式互动一次。例如，对于两个参与人的情况，第一个参与人提出如何划分割他们之间的钱财，而另一个参与人可以选择接受或者拒绝这个提议。如果第二个参与人拒绝，则两者都得不到任何资源。如果第二个参与人接受提议，那么两者将按照提议分配资源。因为这个博弈只有一次而且是匿名的，所以往复不是问题。

例如，我们假设对可用商品有一个最小划分（比如1美分）。假设总共可用的钱数是x。那么第一个参与人在区间$[0, x]$选择一个值。第二个参与人选择函数f：$[0, x] \to \{$“接受”，“拒绝”$\}$（即，第二个选择是接受哪部分，放弃哪部分）。我们可以将策略描述为(p, f)，其中p是提议，f是函数。如果$f(p)=$“接受”，那么第一个参与人收到p，而第二个参与人收到$x-p$，否则两者接收均为0。如果$f(p)=$“接受”，(p,f)是“最后通牒博弈”中纳什均衡，并且没有$y>p$，使得$f(y)=$“接收”（即，p是第二个参与人可接受的最大值）。第一个参与人不想单方面增加他的要求，因为第二个参与人将会拒绝任何更高要求。第二个参与人可能不想拒绝此

要求，否则他就什么也得不到。

还有一种纳什均衡，其中 $p=x$ 并且对于所有的 $y>0$，$f(y)$ = “拒绝”（如，第二个参与人拒绝给第一个参与人任何金额的要求）。这时两个参与人都不能得到任何东西，但是任何一方单方面的改变策略也不会得到更多。

然而，这些纳什均衡只有一个满足更严格的均衡概念，这就是子博弈完美性。假设第一个参与人要求分配大量的钱，第二个参与人就只能得到较少的钱。通过拒绝这种要求，第二个参与人什么都得不到而不是拿到较少的钱。因而，第二个参与人选择接受任何数量的钱都会是更好的选择。那么，如果第一个参与人知道这一点，其将给第二个参与人尽可能最少（非零）的数量。

3.4.2 讨价还价博弈的应用

在无线网络中有很多讨价还价解的应用。下面列出几项：

1）**OFDMA 资源分配**[96]：对于多用户单小区 OFDMA 系统来说，在每个用户的最大化功率和最小化速率的约束下，同时考虑用户间的公平性的条件时，资源分配问题就是通过分配子载波、速率和功率来最大化系统总速率。该方法考虑了一个新的公平准则，即基于 NBS 和联盟的广义比例公平。首先，提出一个两用户算法来讨价还价两个用户间子载波的使用。然后提出了一个基于用户间最优联盟配对的多用户讨价还价算法。仿真结果显示，该算法不仅能提供用户间公平的资源分配，而且还可以和不考虑公平性直接最大化总速率时的方案有差不多的系统总速率。该算法有比 max－min 公平性方案更高的速率。此外，迭代的快速实现对于每次迭代而言复杂度仅有 $O(K^2N\log N+K^4)$，其中 N 是子载波数，K 是用户数。

2）**动态频谱接入**[97]：动态频谱接入通过允许设备感知和使用可以利用的频谱资源从而实现接近最优化的频谱利用率。然而，一个朴素的分布式频谱分配可能导致终端间巨大的干扰。对于频谱接入问题一个通用框架定义了总体系统效用的几个定义。通过将分配问题简化为一个图论着色问题的变异，全局优化问题就是 NP－hard 问题，而且可以通过顶点标记提供一个通用的近似方法。研究了集中化方案和分布式方案两种方案。前者是中央服务器基于全局信息计算分配任务；后者是终端之间协商自身信道的分配以让全局达到最优化。实验结果表明分配算法可以很大程度地减少干扰且提高吞吐量（能够达到 12 倍）。进一步仿真表明分布式算法生成的分配方案与使用全局信息的集中化算法生成的分配方案质量相似，而分布式算法具有更小的计算复杂度。

3）**自组网络（Ad－Hoc 网络）**[98]：需要一种新频谱接入协议，其应具有机会式、灵活高效并且保证公平等特点。博弈论提供了一个理想的框架来分析频谱的接入，该问题涉及通过独立频谱用户的决策来进行复杂的分布式决策。并提出合作博弈论模型来分析一种场景：多跳无线网络中的节点需要达成一个频谱公平分配的方案。在高干扰的环境中，博弈论的效用空间是非凸的，这将会使通过单一策略进行最优化分配无法实现。然而，随着可用信道数量的增加，该效用空间变得接近凸的，因而通过单一策略进行最优分配变得可实现。NBS 的使用使得公平和效率之间得到了良好的折中，而且仅使用少量的信道。最后，提出一种分布式的方案进行频谱共享，并且结果显示分配的合理性接近于 NBS。

4）**Mesh 网络**[99]：在基于 OFDMA 的无线 Mesh 网络（WMN）中提出了一种新的公平调度方案，为 mesh 路由器（MR）和 mesh 客户端公平地分配子载波和功率来最大化 NBS 的公平性。在 WMN 中，因为中央调度器并不是获知所有调度信息（比如 MR），这有利于通过每个节点可获得的有限信息下进行分布式调度时的 MR 和尽可能多的 mesh 客户端。不同于解决单一的全局控制问题，分层次的子载波和功率分配问题被解耦成两个子问题，一个是 MR 分配子载波组给 mesh 客户端，另一个是每个 mesh 客户端将其子载波间的发射功率分配到每个输出链路。这两个子问题分别由非线性整数规划和非线性混合整数规划来表示。对于 MR 问题，提出了一个简单而又高效的算法。同时，通过将 mesh 客户端的问题转化为时分调度问题，可以得到一个封闭形式的解。仿真结果表明，当 mesh 客户端的数量增加时，该方案为每个用户（mesh 客户端）提供了公平的机会和具有可比的整体端到端的速率。

5）**多媒体传输**[100]：多用户的多媒体应用（如企业流媒体、监测、游戏）正在兴起，它们经常部署在带宽受限的网络基础设施中。为了确保这些应用程序（对延迟敏感和超宽带视频多媒体数据等应用）需要的服务质量（QoS），有效地进行资源管理变得非常重要。著名的讨价还价博弈理论用来在多个协作用户间公平有效地分配带宽。具体来说，有两种讨价还价解用来解决资源管理问题：NBS 和 Kalai - Smorodinsky 讨价还价解（KSBS）。用于多用户资源分配的两种讨价还价解的解释如下：NBS 可以用来最大化系统效用，KSBS 确保所有用户产生与最大化效用相应的相同效用惩罚。讨价还价策略和解通过使用一个资源管理器在网络中实施，该资源管理器明确考虑了针对带宽分配的应用相关失真。这些讨价还价解表现出的重要属性（公理）可以用于有效的多媒体资源分配。此外，提出了若干标准用来确定这些解的讨价还价能力，这使人们在考虑到视觉质量影响、部署的时空分辨率等情况下选择解时提供额外的灵活性。

3.5 合作博弈理论 2——联盟博弈

我们已经讨论了怎样通过讨价还价来执行合作博弈论。对于博弈论其余的分析方法有联盟、核心、Shapley 函数和 nucleolus。在下文中我们将要解释这些理论并且举例。同样也会讨论公平性问题。最后，展示出一个用于分布式实现联盟的合并/分割算法。

3.5.1 特征函数和核心

首先，我们通过引入下面概念来讨论怎样在参与人间分割利益以及分割的属性和稳定性。

定义 34 联盟 S 定义为总参与人 N 的一个子集，$S \in N$。联盟中的参与人试图彼此间相互合作。在博弈论中联盟的形式用（N，v）表示，其中 v 是一个实值函数，称为特征函数。$v(S)$ 表示联盟 S 在下述特性下的合作价值：

1）$v(\emptyset)=0$。

2）（超加性）如果 S 和 T 是不相交的联盟（$S \cap T=\emptyset$），那么 $v(S)+v(T) \leqslant v(S \cup T)$。

联盟声明通过合作协议获得利益。但是我们仍然需要区分合作参与人间的利益。协议在公平方面一种可能的特性是稳定，因为联盟没有动机和力量来破坏合作协议。v 的这种分割集合叫作核心，定义如下：

定义35 当 $\sum_{i=1}^{N} x_i = v(N)$ 时，一个收益向量 $\boldsymbol{x} = (x_1, \cdots, x_N)$ 是群有理或高效的。当参与人可得收益不比单独动作时少的条件下，收益向量 $\boldsymbol{x}$ 称为个体有理的，即，$x_i \geqslant v(\{i\}), \forall i$。归责原则是满足上述两种条件下的收益向量。

定义36 在联盟 S 中归责 $\boldsymbol{x}$ 称为不稳定的，当 $v(S) > \sum_{i \in S} x_i$，即参与人对 S 有激励同时扰乱上述 $\boldsymbol{x}$。稳定的归责集合 C 称为核心（core），即

$$C = \{\boldsymbol{x}: \sum_{i \in N} x_i = v(N) \text{ 且} \sum_{i \in S} x_i \geqslant v(S), \forall S \subset N\} \tag{3.35}$$

核心实现了合理的可能的分配。当不存在子联盟使得它的参与人能获得比其余的分配更高的总输出时，这种分配的组合就在核心中。如果不是在核心中进行分配，一些参与人会受到挫败，他们可能会考虑和其他一些参与人离开组并建一个更小的组。

为了说明核心的想法，我们给出了下面的例子。考虑具以下特征函数的博弈论：

$$\begin{aligned} &v(\varnothing)=0, v(\{1\})=1, v(\{2\})=0, v(\{3\})=1, \\ &v(\{1,2\})=4, v(\{1,3\})=3, v(\{2,3\})=5, v(\{1,2,3\})=8 \end{aligned} \tag{3.36}$$

利用 $v(\{2,3\})=5$，我们可以消除收益向量（如（4，3，1）），因为参与人2和参与人3可以通过自己组建联盟获得更好的收益。同理，博弈的最终核心是（3，4，1）、（3，3，2）、（3，2，3）、（3，1，4）、（2，5，1）、（2，4，2）、（2，3，3）、（2，2，4）、（1，5，2）、（1，4，3）和（1，3，4）。

3.5.2 公平性

核心的概念定义了收益分配的稳定性。然后，我们将探讨怎样根据不同的公平原则划分参与人间的收益。首先，我们通过定义名为Shapley函数的价值来研究联盟中每个参与人的权力。

定义37 Shapley函数 ϕ 是一个参与人给每个可能特征函数 v 分配一个实数的函数，如下：

$$\phi(v) = (\phi_1(v), \phi_2(v), \cdots, \phi_N(v)) \tag{3.37}$$

式中，$\phi_i(v)$ 表示在博弈中参与人 i 的价值。对于 $\phi(v)$，Shapley公理有：

1）有效性：$\sum_{i \in N} \Phi_i(v) = v(N)$。

2）对称性：如果 i，j 对于每个不包含 i，j 的每个联盟 S，均满足 $v(S \cup \{i\}) = v(S \cup \{j\})$，那么 $\phi_i(v) = \phi_j(v)$。

3）虚设局中人（Dummy）公理：如果 i 对于不包括 i 的每个联盟 S 中，均满足 $v(S) = v(S \cup \{i\})$，那么 $\phi_i(v) = 0$。

4）可加性：如果 u 和 v 是特征函数，那么 $\phi(u+v) = \phi(v+u) = \phi(u) + \phi(v)$。

可以证明存在唯一函数 ϕ 满足Shapley公理。为了计算Shapley函数，假设同一时间进入联盟中的参与人组成一个大联盟。每个参与人进入联盟时，他接收的数量由其进入时带来的增益决定。参与人通过这个方案获得的数量取决于参与人进入的顺序。如果参与人进入是完全随机的，那么Shapley收益平均分配给每个参与人，如下：

$$\phi_i(v) = \sum_{S \subset N, i \in S} \frac{(|S|-1)!(N-|S|)!}{N!}[v(S) - v(S - \{i\})] \tag{3.38}$$

如式（3.36）中的例子，可以看出Shapley值为 $\phi = (14/6, 17/6, 17/6)$。

对于多合作博弈的另一个概念是 nucleolus。对于一个固定的特征函数，归责 $\boldsymbol{x}$ 将最不公平的情况最小化，即对于每个联盟 S 和它的不满，计算最优的分配来最小化不满。首先我们定义过度的概念来衡量不满。

定义 38 对于联盟 S 衡量一个归责 $\boldsymbol{x}$ 不公平的度量定义为过度，如下：

$$e(\boldsymbol{x},S) = v(S) - \sum_{j\in S} x_j \tag{3.39}$$

显然，当且仅当所有过度值为负数或零时，任何归责 $\boldsymbol{x}$ 都在核心中。

在所有的分配中，kernel 是一个公平的分配，定义如下：

定义 39 v 的 kernel 是所有分配 $\boldsymbol{x}$ 中的一个集合，满足：

$$\max_{S\subseteq N-j, i\in S} e(\boldsymbol{x},S) = \max_{T\subseteq N-i, j\in T} e(\boldsymbol{x},T) \tag{3.40}$$

如果参与人 i 和 j 在同一个联盟中，那么参与人 i 在没有参与人 j 的联盟中可获得的最高过度值等同于参与人 j 在没有参与人 i 的联盟中可获得的最高过度值。

最后，我们如下定义 nucleolus。

定义 40 nucleolus 是可以最小化最大过度值的分配 $\boldsymbol{x}$，即

$$\boldsymbol{x} = \arg\min_{x}(\max e(\boldsymbol{x},S), \forall S) \tag{3.41}$$

nuceleolus 有如下性质：博弈的 nucleolus 是以联盟的形式存在且是唯一的。nucleolus 是群有理、个体有理的，并且满足对称性公理和虚设局中人公理。如果核心是非空的，那么 nucleolus 在核心和 kernel 中。换句话说，nucleolus 在 min - max 准则下是最优分配。

3.5.3 合并/分割算法

使用上一节描述的联盟概念，可以为自组织形成一种联盟的算法。这种算法将会遵循简单的合并/分割规则，允许修改 N 节点的分区 T，如下[101]：

- **合并规则**：合并联盟 $\{S_1,\cdots,S_l\}$ 的任意集，其中 $\{\cup_{j=1}^{l} S_j\} \rhd \{S_1,\cdots,S_l\}$。因此，$\{S_1,\cdots,S_l\} \to \{\cup_{j=1}^{l} S_j\}$（$S_i$ 表示联盟）。
- **分割规则**：分割任意一个联盟 $\cup_{j=1}^{l} S_j$，其中 $\{S_1,\cdots,S_l\} \rhd \{\cup_{j=1}^{l} S_j\}$。因此，$\{\cup_{j=1}^{l} S_j\} \to \{S_1,\cdots,S_l\}$。

简言之，当合并（分割）产生一个基于所选 $\rhd$ 的首选集，则多个联盟将合并（分割）。在参考文献［101，102］中显示合并 - 分割操作的任意迭代终止，因此，通过合并 - 分割设计一个联盟算法是合适的。帕累托命令比合并 - 分割规则中的对比关系 $\rhd$ 更具有吸引力。在帕累托命令下，只有当至少有一个参与人在不降低其他参与人收益的情况下，通过合并可以提高其个人收益时，联盟才会合并。相似地，当联盟中的至少一个参与人通过分割能提高个人收益而又不伤害其他参与人收益时，联盟才会分割。因此，分割或合并的决策面对的是这样一个事实：所有的参与人必须从这个分割或合并中受益，因此任何一个合并或分割的达成必须是允许所有的参与人保持他们的收益，并且至少使一个参与人的收益提高。图 3.2 展示了在无线网络虚拟 MIMO 系统中使用联盟博弈的例子。

两个重要的背叛函数可以在参考文献［101，103］中参阅。第一个是 $\mathbb{D}_{hp}(T)$ 函数（记作 $\mathbb{D}_{hp}$），与 N 中每个分区 T 联盟起来，N 中所有分区组成的家族是参与人通过应用到分区 T 的

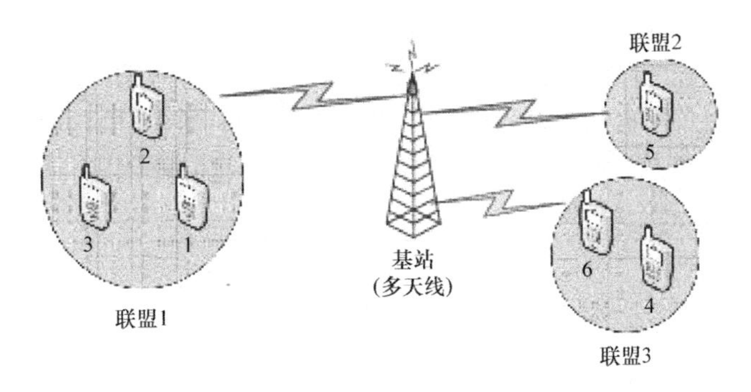

图3.2 虚拟MIMO系统中联盟博弈论和合并/分割算法

"合并－分割"操作形成的。该函数允许参与人的任何组合离开分区 T，再通过合并－分割操作在 N 中创造其他的分区 T。第二个函数是$\mathbb{D}_c(T)$（记作$\mathbb{D}_c$），与 N 中每个分区 T 联盟起来。该函数允许参与人的任何组合离开分区 T，通过任何操作并在 N 中创建任意集合。两种形式的稳定性源于这些定义：$\mathbb{D}_{hp}$稳定和更严格的$\mathbb{D}_c$稳定。如果 T 中没有参与人想要通过合并－分割操作离开 T，就说明分区 T 是$\mathbb{D}_{hp}$稳定的；如果 T 中没有参与人想要通过任何操作（不局限于合并或分割）离开 T，就说明分区 T 是$\mathbb{D}_c$稳定的。

3.6 匹配理论

在经济学中，匹配理论是一个用来描述随着时间推移形成的互利关系的数学框架[104]。它在劳动经济学中尤其具有影响力，其被用来描述新工作的形成，也被用来描述其他的人类关系（如婚姻）[105,106]。因此，匹配理论正显示出其是一个有前途的范例，可以为无线/移动网络中节点间的协作建模。

在匹配理论中，我们要解决的最主要问题是在两组元素间找到一个稳定的匹配，为每个元素列出首选项。匹配是从一个集合中的元素到另一个集合中的元素的映射。稳定的匹配概念描述如下。考虑一个集合中的元素A和D分别与另一个集合中的元素B和C匹配。假设，A比起B更适合C，并且C比起D更适合A。A和C称为一个封闭对。换句话说，一个稳定的匹配意味着不存在任何封闭对（A，C），在这个封闭对中它们不匹配，但如果匹配起来后相对于它们当前的匹配情况，两者分别都会更好。

根据每个稳定的匹配对中参与人的数量，匹配的类型可以被划分成不同的形式。典型地，有三种匹配方式：一对一匹配、多对一匹配和多对多匹配。

3.6.1 一对一匹配

在一对一匹配问题中，一个集合中的每个元素都仅和另一个集合中的一个元素相匹配。在一对一匹配模型中会有许多问题，一个代表就是稳定婚姻问题（SMP）。

稳定婚姻问题一般规定如下：有 n 个男人和 n 个女人，每个人按照优先级顺序给所有的异性一个唯一的从1到 n 的编号，如果两个异性结婚，那么没有异性和这两个人具有比他们之间更亲密的关系。如果没有这样的人出现，说明婚姻关系是稳定的[107]。

为了解决一对一匹配的问题，我们将介绍Gale - Shapley（GS）算法，如算法1所示，它最初用来解决SMP，并且使所有的婚姻稳定[108]。1962年，David Gale和Lloyd Shapley证明，对于任何同等数量的男人和女人，它总能解决SMP，并且使所有的婚姻稳定。他们提出了一个算法来解决这个问题[107]。

算法1 Gale - Shapley算法

1. 初始化

初始化所有$m \in M$和$w \in W$为单身的

2. 男士向女士求婚

while 存在单身男士m并且也有一个可以求婚的女士w **do**

  $w = m$为没有求婚的女士中最高等级

  if w是单身的 **then**

    （m，w）订婚

  else

    if w比起m'更倾向于m **then**

      （m，w）订婚

      m'变为单身

    else

      （m'，w）仍然订婚中

    end if

  end if

end while

3. 算法结束

每个男士与一位女士相匹配并一直相互陪伴

3.6.2 多对一匹配

多对一匹配的例子如医院/居民问题，以及大学入学问题。这一类型的匹配问题，一方参与人（医院/大学）与另一方（居民/学生）多个参与人匹配。但是在申请方的参与人（居民/学生）只能匹配另一方的一个参与人。

Gale和Shapley在1962年出版的文章中指出当大学和学生匹配的时候总会存在一个稳定的解，但是有可能更倾向于将大学作为一个群组，而不是将申请方作为一个群组。Gale和Shapley发现存在大学最优稳定匹配和学生最优稳定匹配[108]。这种情况与一对一匹配中的结果一致。那么，最先提出的参与人能更好地得到满足。可以容易地扩展到稳定的多对一匹配，我们会在下一节中介绍。

多对多匹配的框架已经广泛应用在许多著名项目中，如针对医学院毕业生的美国住院医师培训匹配项目（NRMP），以及在波士顿和纽约的公立学校递归。现在，它也被应用在通信领域[109,110]。

1. 多对一 GS 匹配算法

多对一 GS 匹配算法可以通过三个步骤来执行。第一阶段，所有的大学和学生通过对其他学生和大学进行评估来开始初始化过程。然后所有的大学和学生降序排列优先级列表$\mathcal{CLGLIST}_i$和$\mathcal{STDLIST}_j$。我们构造一系列没有匹配的学生列表$\mathcal{UNMATCH}$。最初，所有的学生都在$\mathcal{UNMATCH}$上。有了优先级列表，所有学生将同时在第二阶段申请大学。因为每个学生只能匹配一个大学，所以学生每次只能申请一个大学。

根据收到的学生的申请，CLG_i 会在第三阶段根据他们的优先级列表$\mathcal{CLGLIST}_i$ 做决定。因为每个大学同时可以服务最多 K 个学生，如果申请的数量大于限制的数量，那么大学会只选择 K 个最适合的学生来达到最大的值，并且拒绝其他申请者。然后我们会从$\mathcal{UNMATCH}$中移除这些被大学接收的学生，保留那些被拒绝的。

如果 $\mathcal{UNMATCH} \neq \emptyset$，算法会返回到第二阶段。否则，匹配过程继续，直到 $\mathcal{UNMATCH} = \emptyset$，即所有学生都与一个大学相匹配。然后，算法结束。

在提出的多对一 GS 匹配算法中，匹配过程中学校和学生的行为都是自私的。因此，算法只能为学校和学生达到一个局部最优的结果。该算法总结在下述的算法 2 中。

算法 2 多对一 GS 匹配算法

---

1. 初始化

创建大学的优先级列表，$\mathcal{CLGLIST}_i = \{STD_j\}_{j=1}^{M}$

创建学生的优先级列表，$\mathcal{STDLIST}_j = \{CLG_i\}_{i=1}^{N}$

创建没有匹配成功的学生列表，$\mathcal{UNMATCH}$

2. 学生申请大学

for 所有的学生 $\in \mathcal{UNMATCH}$ **do**

  划归到给 Clg_i，代表以前从来没拒绝过

end for

3. 大学做出决定

对于 Clg_i，$i \in \mathcal{N}$

if $\sum_{j \in \mathcal{M}} x_{ij} \leqslant K$ **then**

  Clg_i 保留所有申请的学生

  从$\mathcal{UNMATCH}$中移出 Std_i

else

  Clg_i 保留最想要的 K 个学生，拒绝其他人

  将留下的学生从$\mathcal{UNMATCH}$中移出

  将被拒绝的学生添加到$\mathcal{UNMATCH}$

end if

---

if $\mathcal{UNMATCH} \neq \emptyset$ **then**

　跳到第 2 步

else

　跳到第 4 步

end if

4. 结束算法

每所大学都匹配到了他们想要的学生

---

2. 协作匹配算法

在多对一匹配中，因为一方的参与人同时服务多个申请者，多人共享有限的资源。一个高效用的参与人通常比其余参与人收到更多的提议，因此匹配申请者的数量很大。因为与其匹配的量大，所以每人分到的资源会减少。因此，申请者与高效用参与人相匹配后会获得到比他们预期更少的资源。

在认知无线电网络中可以发现这样一个例子，频谱资源在次用户（SU）间共享。在多对一匹配进入到一个稳定阶段后，对于高效用的主用户（PU），由于它们要服务很多次用户，那么它们提供给每个 SU 的资源就减少了；对于较低效用的 PU，因为有较少的申请，所以它们提供给和它们匹配的 SU 的频谱资源可能会高于那些高效用的 PU。

如果有机会让 SU 来做第二个选择，选择另一个 PU 可以给它们提供比第一个稳定匹配更多的资源，那么资源就可以更好地利用，而且 SU 也可以得到更好满足。总之，社会的福利可能会增加。接下来，我们提出的另一个分布式匹配算法是一个贪婪算法的扩展，但是可以更好地满足用户，并且带来更高的社会福利。这里我们简要列出协作匹配算法的程序如下。

初始化阶段，它与贪婪算法完全相同。在匹配过程中，PU 和 SU 通过贪婪算法第一次相匹配。然后，假设所有的其他 SU 固定在它们目前的匹配中，当要重新与其他的 PU 匹配时，SU_j 会估计它的效用，然后判定换到另一个 PU 时它是否能获得更高效用。

如果所述 $\mathrm{PU}_{i'}$ 没有达到它的最大容量 K，这一过程可以顺利地进行。但是，如果 $\mathrm{PU}_{i'}$ 已经有 K 个 SU 与其相匹配，那么 SU_j 需要先核查它是否与 $\mathrm{PU}_{i'}$ 适合。换言之，它需要考察 $\mathrm{PU}_{i'}$ 是否更想要 SU_j 而不是它最近的匹配 SU（如果 $U_{\mathrm{PU}_{i'}^{j}}$ 比 $U_{\mathrm{PU}_{i'}^{j'}}$ 最小价值高）。因此，我们需要保证 $\mathrm{PU}_{i'}$ 在这次重新匹配过程中不会有任何损失。否则，即使 SU 更愿意重新匹配，PU 也没有参与的动机。如果 SU_j 可以满足 $\mathrm{PU}_{i'}$ 的需求，那么 SU_j 会考虑匹配到 $\mathrm{PU}_{i'}$。在 SU_j 检查所有的其他 PU 后，如果有其他的 $\mathrm{PU}_{i'}$ 可以提供给 SU_j 一个更高的效用，那么它将会选择更好的而放弃当前这个。当 SU 完成重新选择后，PU 会重新像在贪婪算法那样做决定。算法会继续，直到$\mathcal{UNMATCH} = \emptyset$，即所有的 SU 都有与之匹配的 PU。然后，算法结束。

为了保证我们的算法可以收敛到一个稳定匹配，并且提供一个更高的社会福利，我们设置了一些约束。在所有的 SU 完成评估它们的重新匹配价值后，我们会降序排列想要重新提议的 SU。可以获得更高效用的 SU 可以获得比其他更高的优先权来重新提议，如果它们的重新匹配将使高阶 SU 的效用降低到零以下，那么将不被允许重新匹配。另外，为了防止 SU 在重匹配的过程中在它们以前和当前 PU 之间循环，我们设置了一个标志来记录它们重匹配的次数。每个 SU

只能向一个特定的 PU 提议匹配两次。

我们将算法总结在下面的算法 3 中。

算法 3 协作匹配算法

1. 初始化
2. 通过贪婪算法匹配
for 所有 $SU_{j,j}=1:M$ **do**
  与 PU_i^j 稳定匹配
  $SELECT_j=1$
end for
3. SU 向 PU 提出申请
for 所有的 $SU_{j,j}=1:M$ **do**
  固定其他的 SU
  if $k_{i'}<K$，$i\neq i'$ **then**
    如果申请 $PU_{i'}$ 计算新的效能函数 $\hat{U}_{SU_j}^{i'}$
  else
    if $U_{PU_{i'}^j}>\min U_{PU_{i'}^{j'}}$ **then**
      计算除去 $SU_{j'}=\arg\min_{j'}U_{PU_{i'}^{j'}}$ 的新效用函数 $\hat{U}_{SU_j}^{i'}$
    end if
  end if
end for
if $\hat{U}_{SU_j}^{i'}>U_{SU_j}^{i}$ 并且 $SELECT_j\leqslant 2$ **then**
  申请最好的选择 $PU_{i'}$
  $SELECT_j=SELECT_j+1$
else
  申请最近的 PU_i
  $SELECT_j=SELECT_j$
end if
4. PU 做出决定
5. 算法结束

3.6.3 多对多匹配

考虑一些公司和顾问。每个公司都想要雇佣很多顾问，而每个顾问都想为很多公司工作。公司有一系列可选择的顾问，顾问也有一系列可能的公司供选择。这是一个多对多匹配市场的例子。匹配是将顾问集分配给公司，将公司集分配给顾问，因此，当且仅当顾问 w 分配给 f 时，公

司 f 也分配给顾问 w，问题是预测哪个匹配会发生。

多对多匹配方案不像多对一匹配方案那样容易理解，一个公司可以雇佣很多劳动者，而一个劳动者只能服务一家公司。尽管多对多合同没有一对一、多对一那么常见，但是大部分劳动力市场至少有几个多对多的合同。在美国，有76%的雇员从事固定行业劳动，而有5%或者更多的劳动者有多份工作[111]。众所周知，在双边多对多匹配问题中，它不像在多对一匹配问题中，成对的稳定匹配对于群体差异是不能避免的。但是如果对它们充分研究也会发现，多对多匹配问题在某些方面仍会有很大的差异。

在通信领域，有很多地方需要用多对多匹配来描述。对于新的家庭基站技术可能会引入一个新应用。通过介绍这个技术，用户可以与一个特定的家庭基站或者宏基站匹配，被它们中的任何一个服务。那么服务的覆盖率就拓宽了[109]。这种匹配发生在多个家庭基站接入点（Femto - Cell Access Point，FAP），拥有多个宏基站接入点（Macro - Cell Access Point，MAP）的多个无线运营商（Wirless Operator，WO），同时连接到WO的多个最终用户（Final User，FU）是这个理论的一个很好的应用。

3.7 拍卖理论

3.7.1 拍卖基础

在本节中，我们首先定义拍卖的概念。然后，我们以博弈论模型介绍拍卖，并讨论一些基本性质。最后，我们会列出几种拍卖的基本类型，紧随其后列举一些简单的例子。

拍卖有很多形式，但是总会满足两个条件。首先，它们可能应用于任何项目中，所以它们是很普遍的；其次，拍卖结果不取决于投标人的身份，即拍卖是匿名的。大部分拍卖是投标人提出投标，或者指定他们愿意支付的金额。下面给出拍卖的定义。

定义41 一种市场机制，其中对象、服务、对象集是在参与人提出的投标基础上进行交换的。拍卖提供了一组特定的规则，来管理一个对象对于最优报价者的销售或者购买（采购拍卖）。拍卖的具体机制包括第一价格拍卖、第二价格拍卖、英式拍卖和荷兰式拍卖。

博弈论拍卖模型是一个由一组参与人提出的数学游戏，一组动作（策略）适用于每个参与人，并且一个收益向量对应于每一个策略的组合。通常，参与人是买家和卖家。每个参与人的动作集是一系列的竞标函数或者预定价格。每个竞标函数映射参与人对于一个竞标价格的价值（当作为买家时）或者成本（当作为卖家时）。在策略组合下每个参与人的收益是参与人在该策略组合下的预期效用（或预期利益）。

拍卖的博弈论模型和策略招标通常分为以下两类。在私有价值模型中，每个参与人假定每个竞争的投标人获得一个来自概率分布中的随机私有价值。在公共价值模型中，每个参与人假定任何其他参与人获得一个来自概率分布的随机信号，所有投标人都是一样的。经常但非总是如此，私有价值模型中假定投标人之间的价值是独立的，而公共价值模型假定价值的独立性取决于概率分布的公共参数。当有必要对投标人的价值分布做出明确假定时，大多数发表的研究都假设投标人是对称的。这意味着投标人获得其价值（或信号）的概率分布在投标人之间是相同的。在假设独立性的私有价值模型中，对称性意味着投标人的价值是独立且均匀分布的。

对于拍卖有很多特性。第一，分配效率意味着在所有的拍卖中最高的投标人总是获得胜利(即不存在底价)。第二，拍卖需要计算效率。最后，为了研究不同的拍卖收益（预期售出价格)，我们引入以下定理。

定理7 收益等价定理：任何两个拍卖，使得

- 具有最高价值的投标人获胜。
- 具有最低价值的投标人预计零利润。
- 投标人是风险中立[⊖]。
- 价值分布是严格增加的并且是非核式的。

对每个投标人有相同的收入，也有同样的预期利润。该定理可以帮助人们找到一个均衡策略。

值得一提的是赢者诅咒现象，当不同投标人的实际值未知但相互关联，并且投标人做出基于估算值的出价决策时，在共同价值的设置下这种现象就可能发生。在这种情况下，中标人将趋于最高估价投标人，同时这个中标人往往会出价过高。

有许多方法可以对不同类型的拍卖进行分类。例如，标准拍卖，要求该拍卖的中标者必须是出价最高的投标人。非标准拍卖就不需要服从这个条件（如彩票)。传统上有四种类型的拍卖可用于单个项目的分配，如下。

定义42 **第一价格拍卖**：是指出价最高的投标人获得出售目标，并且所付金额等于其出价金额。另外，在采购拍卖中，中标者是出价最低的投标人，并支付与它出价金额相等的金额。实际中，第一价格拍卖要么采用密封投标，即投标人同时提交出价，要么采用荷兰式拍卖。在第一价格拍卖中，投标人将其出价隐藏在真实价值之下。

定义43 **第二价格拍卖**：是指出价最高的投标人获得出售目标，并且所付金额等于出价第二高的投标人的出价金额。另外，在采购拍卖中，中标者是提交出价最低者，并且支付价格等于第二低投标人提出的出价。实际中，第二价格拍卖要么采用密封投标，即投标人同时提交出价；要么采用英式拍卖，即投标人继续提高双方的出价，直到只有一个投标人为止。另外，第一价格拍卖为出价最高的投标人中标，付款与中标金额相等。

定义44 **英式拍卖**（公开增价拍卖)：是连续第二价格拍卖的一种类型，其中拍卖师指导投标人定向击败当前的出价。新的出价必须将当前出价提高一个预定义的增量。当没有投标人愿意出价高于当前出价时，拍卖结束。那么，当前出价的投标人是赢家并支付中标额。英式拍卖中出价最高的投标人支付中标额，当中标人只需要通过最小增量出价战胜下一个最高的投标人时被称为第二价格拍卖。因此，中标人实际支付一笔相当于（稍高于）第二高的出价。

定义45 **荷兰式拍卖**（公开减价拍卖)：是第一价格拍卖的一种类型，其中“时钟(clock)”表示物品最初的出售价格，一般比任何投标人可能支付的价格都要高得多。之后，时钟逐渐降低价格，直到投标人“按响蜂鸣器”或表明其愿意支付。然后拍卖结束，中标人支付

⊖ 在经济中，风险中性型行为介于风险规避型和风险追求型之间。如果付出50美元，或者100美元中的50%，一个风险规避型的人会付出50美元，风险追求型的人会付出100美元中的50%，而一个风险中性型的人会在二者之间没有任何倾向。

其通过蜂鸣声来停止拍卖过程时时钟上反映的金额。这些拍卖是以荷兰一种出售鲜花的公共市场机制来命名的，也反映了商店不断降低特价商品的价格。

大多数拍卖理论都围绕着上面列出的四个“标准”拍卖类型。然而，其他类型的拍卖也得到了一些学术研究，如下所示。

定义 46　日本式拍卖：是连续第二价格拍卖的一种类型，类似于英式拍卖，其中拍卖师定时提高当前价格。投标人必须在每一个价格水平表明他们愿意留在拍卖并支付当前价格。因此，不同于英式拍卖，每个投标人必须在每一级进行出价才能留在拍卖中。当只剩下一个投标人表示愿意留下时，拍卖结束。这种拍卖的形式也被称为按钮拍卖。

定义 47　全支付拍卖：投标人将他们的出价放在密封的信封中，同时交给拍卖师。信封被打开时，出价最高的投标人获胜，支付与其出价相等的金额。所有失败的投标人也必须向拍卖师支付与自己出价相等的金额。这种拍卖形式是非标准的，但它可以用来了解一些事情，如竞选活动（其中出价可以理解为竞选开支）或排队等待稀缺商品（其中出价可以理解为你继续排队的时间）。全支付拍卖最直接的形式是塔洛克（Tullock）拍卖，有时也被称为塔洛克彩票，其中每个人都提交出价，但输家和赢家都要支付其提交的出价。这有助于描述公共选择理论的某些想法。

定义 48　单一价格拍卖：与传统拍卖相似，是策略博弈的一种类型，获胜者通常是出价最低的唯一个体，而不常见的拍卖规则可以指定最高的唯一出价是获胜者。单一价格拍卖经常被用作竞赛或抽奖的形式。

定义 49　广义第二价格拍卖（GSP）：是一种用于多个物品的非真实拍卖机制，最初被认为是维克瑞（Vickrey）拍卖的自然延伸，但它实际上并没有保留维克瑞拍卖的一些优良性能（如真实性）。它主要用于关键字拍卖，其中赞助搜索位置在拍卖的基础上出售。

现在，我们研究一个简单的第一价格拍卖模型，其中有两个买方竞拍一件物品。每个买方可能认为对手的私人价值是从区间［0，1］上的均匀分布中得出的，累积分布函数为 $F(v)=v$㊀。我们假设二个条件，一是所售物品对于卖方的价值为0，二是卖方的保留价格也是0。每个买方的期望效用 U 可以写为

$$U(p)=(v-p)\Pr[p>B(v_o)] \tag{3.42}$$

式中，p 是出价价格；$(v-p)$ 是买方获胜前提下获得的消费者剩余；$\Pr[p>B(v_o)]$ 是成为出价最高的买方的可能性，这个可能性是由该买方的出价价格 p 超过另一个买方的出价价格 B（表示为该买方价值 v_o 的函数）的概率给出的。

假设每个买方的均衡出价随着买方价值单调递增；这意味着该出价函数 B 有一个反函数。用 Y 表示 B 的反函数：$Y=B^{-1}$，那么 $U(p)=(v-p)\Pr[Y(p)>v_o]$。由于 v_o 是分布式 $F(v_o)$，得

$$\Pr[Y(p)>v_o]=F(Y(p))=Y(p) \tag{3.43}$$

这意味着 $U(p)=(v-p)Y(p)$。如果 $U'(p)=0$，那么出价价格 p 使 U 最大化。求 U 关于 p 的微分并使其为0，得

$$U'(p)=-Y(p)+(v-p)Y'(p)=0 \tag{3.44}$$

㊀ 假设 F 在两个买方之间是对称的，因此这是一个具有对称投标人的拍卖模型。

由于买方是对称的，在均衡情况下，必然存在 $p=B(v)$ 或（等效地）$Y(p)=v$。因此，有

$$-Y(p)+(Y(p)-p)Y'(p)=0 \tag{3.45}$$

该微分方程的解 $\hat{Y}$ 是这个博弈的逆纳什均衡策略。

在这一点上，可以推测的（唯一）解是对于一些实数 α 的线性函数 $\hat{Y}(p)=\alpha p$ 和 $\hat{Y}'(p)=\alpha$。代入 $U'(p)=0$ 得

$$-\alpha p+(\alpha p-p)\alpha=0 \tag{3.46}$$

求解 α 得 $\hat{\alpha}=2$。因此，$\hat{Y}(p)=2p$ 满足 $U'(p)=0$。$\hat{Y}(p)=\hat{\alpha}p$ 意味着 $\hat{Y}(p)/\hat{\alpha}=p$ 或者 $v/\hat{\alpha}=\hat{B}(v)$。因此，至少在一组可逆出价函数内，（唯一）纳什均衡策略出价函数被确定为 $\hat{B}(v)=v/2$。

3.7.2　机制设计

博弈设计者试图考虑所有可能的博弈，并选择最能影响其他参与人策略的博弈。机制设计用来定义博弈规则，以便实现期望的博弈结果。这与博弈分析不同，博弈分析是预先定义博弈规则，然后调查结果。此外，博弈设计者还必须考虑参与人可能撒谎的情况。幸运的是，凭借显示原理，只需要考虑参与人如实反映其私人信息的博弈。在本节中，我们将详细讨论机制设计。

首先，我们有以下机制的基本定义：

- 结果集：Ω。
- 参与人 $i\in\mathcal{I}$，其中$\mathcal{I}$是大小为 $|\mathcal{I}|=N$ 的参与人集，偏好类型为 $\theta_i\in\Theta_i$。
- 效用 $u_i(o,\theta_i)$，基于结果 $o\in\Omega$。
- 机制 $M=(S,g)$，定义了如下内容：

1）策略空间 $S^N=S_1\times\cdots\times S_N$，参与人 i 选择一个策略 $s_i(\theta_i)\in S_i$，同时 s_i：$\Theta_i\to S_i$。

2）输出函数 g：$S^N\to\Omega$，结果 $g(s_i(\theta_1),\cdots,s_N(\theta_N))$是在给定的策略组合 $s=(s_1(\cdot),\cdots,s_N(\cdot))$下实现的。

- 博弈：策略组合 s 中参与人 i 的效用为 $u_i(g(s(\theta)),\theta_i)$，它表示为 $u_i(s,\theta_i)$。

机制 $M=(S,g)$的目标是获得期望的博弈结果$f(\theta)$，对于一个均衡策略（s_1^*，…，s_N^*），使得

$$g(s_1^*(\theta_1),\cdots,s_N^*(\theta_N))=f(\theta),\forall\theta\in\Theta^N \tag{3.47}$$

机制的期望特性可以列举如下：

- 效率：选择能最大限度地提高总效用的结果。
- 公平：选择在效用上达到一定公平准则的结果。
- 收益最大化：选择最大化卖方收益的结果（或更普遍地说，最大化其中一个参与人的效用）。
- 预算平衡：实现能够在参与人之间平衡转移的结果。
- 帕累托最优：对于所有的 $o'\neq o^*$ 仅实施结果 o^*，对于所有的 i 实施结果 $u_i(o';\theta_i)=u_i(o^*;\theta_i)$，或$\exists i\in\mathcal{I}$满足 $u_i(o',\theta_i)<u_i(o^*,\theta_i)$。

下面，我们先来讨论几个设计概念，然后解释相关的原理，最后解释不可能性和可能性。Groves 机制也被作为一个例子来研究。

1. 均衡概念

我们定义三个均衡的概念：纳什实施、贝叶斯纳什实施、占优实施，难度逐渐增大。

定义 50　纳什实施：机制 $M=(S,g)$ 在纳什均衡中实施 $f(\theta)$，如果对于所有的 $\theta\in\Theta$，有 $g(s^*(\theta))=f(\theta)$，其中 $s^*(\theta)$ 是纳什均衡，即

$$u_i(s_i^*(\theta_i),s_{-i}^*(\theta_{-i}),\theta_i)\geqslant u_i(s_i'(\theta_i),s'_{-i}(\theta_{-i}),\theta_i),\forall i,\forall\theta_i,\forall s_i'\neq s_i^* \tag{3.48}$$

定义 51　贝叶斯纳什实施：对于共同先验 $F(\theta)$，机制 $M=(S,g)$ 在贝叶斯纳什均衡中实施 $f(\theta)$，如果对于所有的 $\theta\in\Theta$，有 $g(s^*(\theta))=f(\theta)$，其中 $s^*(\theta)$ 是贝叶斯纳什均衡，即

$$E_{\theta_{-i}}[u_i(s_i^*(\theta_i),s_{-i}^*(\theta_{-i}),\theta_i)]\geqslant E_{\theta_{-i}}[u_i(s_i'(\theta_i),s'_{-i}(\theta_{-i}),\theta_i)],\forall i,\forall\theta_i,\forall s_i'\neq s_i^* \tag{3.49}$$

定义 52　占优实施：机制 $M=(S,g)$ 在占优策略均衡中实施 $f(\theta)$，如果对于所有的 $\theta\in\Theta$，有 $g(s^*(\theta))=f(\theta)$，其中 $s^*(\theta)$ 是占优策略均衡，即

$$u_i(s_i^*(\theta_i),s_{-i}^*(\hat{\theta}_{-i}),\theta_i)\geqslant u_i(s_i'(\theta_i),s'_{-i}(\hat{\theta}_{-i}),\theta_i),\forall i,\forall\theta_i,\forall\hat{\theta}_{-i},\forall s_i'\neq s_i^* \tag{3.50}$$

2. 参与和激励相容

接下来，我们定义三个理性概念：事前个体理性、中期个体理性和事后个体理性，难度逐渐增大。

让 $\overline{u}_i(\theta_i)$ 表示参与人 i 的（预期）效用，同时类型 θ_i 作为其外部选项，并且 $u_i(f(\theta);\theta_i)$ 是机制中的参与人 i 的均衡效用。我们有以下三个关于理性的定义：

- 事前个体理性：参与人在知道自己的类型之前选择参与，

$$E_{\theta\in\Theta}[u_i(f(\theta);\theta_i)]\geqslant E_{\theta_i\in\Theta_i}[\overline{u}_i(\theta_i)] \tag{3.51}$$

- 中期个体理性：一旦知道自己的类型，参与人可以退出，

$$E_{\theta_{-i}\in\Theta_{-i}}[u_i(f(\theta,\theta_{-i});\theta_i)]\geqslant\overline{u}_i(\theta_i) \tag{3.52}$$

- 事后个体理性：参与人在最后可以从机制中退出，

$$u_i(f(\theta);\theta_i)\geqslant\overline{u}_i(\theta_i) \tag{3.53}$$

一种特殊的机制被称为直接显示机制（DRM），其有一个策略空间 $S=\Theta$，并且参与人在满足结果规则 g：$\Theta\to\Omega$ 下只需向机制报告一个类型。对于 DRM，我们关于激励相容和策略防范的机制有如下定义：

定义 53　激励相容：如果真实显示是（贝叶斯）纳什均衡，即对于所有的 $\theta\in\Theta$，有 $s_i^*(\theta_i)=\theta_i$，则 DRM 是（贝叶斯）纳什激励相容的。

定义 54　策略防范：如果真实显示是占优策略均衡，对于所有的 $\theta\in\Theta$，DRM 是策略防范的。

3. 显示原理

显示原理表明，任何贝叶斯纳什均衡对应一个具有相同均衡结果的贝叶斯博弈，但在这个博弈中，参与人会如实报告类型。该原理允许通过假设所有参与人如实报告类型（受激励相容约束）来求解贝叶斯均衡，并且无须考虑任何策略行为或撒谎。因此，不管什么机制，设计者都可以将注意力集中在参与人如实报告类型的均衡上。

定理 8　对于任何机制 M，存在一个直接的激励相容机制，它们产生的结果相同。

证明：考虑一个机制 $M=(S,g)$，在占优策略均衡中实施 $f(\theta)$。换言之，对于所有的 $\theta\in\Theta$，有 $g(s^*(\theta))=f(\theta)$，其中 s^* 是一个占优策略均衡。我们构建了直接机制 $M=(S,g)$。用反证法，我们假设

$$\exists\theta_i'\neq\theta_i,\text{满足 }u_i(f(\theta_i',\theta_{-i}),\theta_i)>u_i(f(\theta_i,\theta_{-i}),\theta_i) \tag{3.54}$$

对于一些 $\theta_i' \neq \theta_i$。但是，因为 $f(\theta)=g(s^*(\theta))$，这意味着

$$u_i(g(s_i^*(\theta_i'),s_{-i}^*(\theta_{-i})),\theta_i) > u_i(g(s_i^*(\theta_i),s_{-i}^*(\theta_{-i})),\theta_i) \tag{3.55}$$

这与机制 M 中 s^* 的策略防范相矛盾。

上述定理的实际影响是显而易见的。首先，激励相容是免费的，即通过机制 M 实施的任何结果都可以通过激励相容机制 M' 来实施。第二，花哨的机制是不必要的，即任何由具有复杂策略空间 S 的机制实施的结果都可以通过 DRM 实施。

4. 预算平衡和效率

在定义预算平衡之前，我们首先介绍转移支付或旁付款。定义结果空间 $\mathcal{O}=\mathcal{K}\times\mathbb{R}^N$，具有规则，$o=(k,t_1,\cdots,t_N)$；给定策略描述 $s\in S$，定义从参与人 i 到机制的选择 $k(s)\in\mathcal{K}$ 和转移 $t_i(s)\in\mathbb{R}$。例如，该效用可写为

$$u_i(o,\theta_i)=v_i(k,\theta_i)-t_i \tag{3.56}$$

式中，$v_i(k,\theta_i)$ 是参与人 i 的价值；t_i 是给拍卖方的支付（转移）。

定义 55 预算平衡介绍了从参与人到机制方面的总转移的约束。让 $s^*(\theta)$ 表示一种机制的均衡策略。我们可以得到：

（1）薄弱的预算平衡

1）事后：$\sum_t t_i(s^*(\theta)) \geqslant 0, \forall\theta$

2）事前：$E_{\theta\in\Theta}[\sum_t t_i(s^*(\theta))] \geqslant 0$

（2）强大的预算平衡

1）事后：$\sum_t t_i(s^*(\theta)) = 0, \forall\theta$

2）事前：$E_{\theta\in\Theta}[\sum_t t_i(s^*(\theta))] = 0$

很显然，强大的预算平衡比薄弱的预算平衡更难，事后比事前更难。

接下来，我们定义效率，并讨论效率与预算平衡之间的权衡。

定义 56 如果对于所有的 $\theta\in\Theta$，$k^*(\theta)$ 能够最大化个体价值函数的总和 $\sum_{k\in\mathcal{K}} v_i(k,\theta_i)$，则选择规则 k^*：$\Theta\to\mathcal{K}$ 是（事后）有效的。

不幸的是，根据 Green - Laffont 不可能定理[112]，如果 Θ 允许从 $\mathcal{K}$ 到 $\mathbb{R}$ 的所有估值函数，那么没有机制可以实施一个有效的且事后预算平衡的占优策略。因此，我们可以如下操作：1）限制预设空间，2）降低预算平衡，3）降低效率，4）降低占优策略。

5. Groves 机制

现在，作为一个例子，我们将讨论一个特殊机制——Groves 机制。

定义 57 Groves 机制 $M=(\Theta,k,t_1,\cdots,t_N)$ 由在下列选择规则来定义：

$$k^*(\hat{\theta}) = \arg\max_{k\in\mathcal{K}} \sum_i v_i(k,\hat{\theta}_i) \tag{3.57}$$

和转移规则，

$$t_i(\hat{\theta}) = h_i(\hat{\theta}_{-i}) - \sum_{j\neq i} v_j(k^*(\hat{\theta}),\hat{\theta}_j) \tag{3.58}$$

式中，$h_i(\cdot)$ 是参与人 i 的一个（任意的）不取决于报告类型 $\hat{\theta}_i$ 的任意函数。

现已证明，Groves 机制是策略防范的并且是有效的[113]。Groves 机制是独一无二的，从某种意义上说，任何实施有效选择 $k^*(\theta)$ 的机制，在真实的占优策略中都必须实施 Groves 转移。

6. 不可能和可能

对迄今所讨论的不同期望特性，一些组合是可能的，而有些则是不可能的。我们通过以下定理列出了一些知名的不可能和可能结果。

定理 9　Gibbard－Satterthwaite 不可能定理[114,115]：如果代理有一般的偏好，并且至少有两个代理，同时在所有代理偏好集合中至少有三个不同的最优结果，那么当且仅当它是独裁时（即一个代理（或多个）将始终接收其最优选的替代方案之一），社会选择函数才是可实施的占优策略。

定理 10　Hurwicz 不可能定理[116]：在具有准线性偏好的简单交换经济[⊖]中，不可能实施有效的、预算平衡的和策略防范的机制。

定理 11　Myerson－Satterthwaite 定理[117]　在贝叶斯纳什激励相容的机制中，即使使用拟线性效用函数，也不可能实现分配效率、预算平衡和（中期）个体理性的。

作为 Groves 机制的一个有趣的扩展，dAGVA（或“预期 Groves”[118,119]）机制表明，在贝叶斯纳什均衡下实现效率和预算平衡是可能的，尽管这在占优策略均衡（Hurwicz 不可能定理）中是不可能的。然而，dAGVA 机制不是个体理性的，这是我们根据 Myerson－Satterthwaite 不可能定理应该预料到的。

3.7.3　VCG 拍卖

Vickrey 拍卖[120]是一种密封投标拍卖的类型，在这种拍卖中投标人在不知道其他人的出价情况下提交书面出价。出价最高的人获胜，但支付的价格是第二高的出价。这种类型的拍卖是由 William Vickrey 提出的。它在策略上类似于英式拍卖，它激励投标人以真实价值出价。

如果只有一个单一的、不可分割的物品正在拍卖，Vickrey 拍卖和第二价格拍卖是等价的，并且它们可以互换使用。当多个相同的单元（或可以分割的物品）正在拍卖，最明显的概括是让所有中标人支付未中标价格中最高的金额。这被称为统一价格拍卖。但是，统一价格拍卖会导致投标人不像他们在第二价格拍卖中表现的那样，不会出价自己的真实估值，除非每个投标人只有一个单元的需求。Vickrey 拍卖概括如下，它激励真实出价，这被称为 Vickrey－Clarke－Groves（VCG）机制[120]。这里的想法是，拍卖中每一个投标人都要支付因他们的存在给所有其他投标人带来的机会成本。接下来，我们正式定义 VCG 拍卖，并解释它的一些属性。

定义 58　VCG 机制实施了一个有效的结果 $k^* = \max_k \sum_j v_j(k,\hat{\theta}_j)$，并计算转移，即

$$t_i(\hat{\theta}) = \sum_{j\neq i} v_j(k^{-i},\hat{\theta}_j) - \sum_{j\neq i} v_j(k^*,\hat{\theta}_j) \tag{3.59}$$

式中，$k^{-i} = \max_k \sum_{j\neq i} v_j(k,\hat{\theta}_j)$。

换句话说，由于包括参与人 i，支付等于所有其他参与人的性能损失。

例如，假设有三个投标人正在竞拍两个苹果。投标人 A 想要一个苹果，并且愿意出价 5 美

⊖ 简单的交换环境指有买方和卖方，销售相同商品的单个单位。

元。投标人B想要一个苹果，并且愿意出价2美元。投标人C想要两个苹果，并且愿意出价6美元，但如果不是两个苹果一起买就不想买了。首先，拍卖的结果通过出价最大化决定：苹果给投标人A和B。接下来，为了决定支付，考虑每个投标人强加给其余投标人的机会成本。目前，B具有2美元的效用。如果投标人A缺席，投标人C会获胜，并具有6美元的效用，因此投标人A支付（6－2）美元=4美元。对于投标人B的支付，目前投标人A具有5美元的效用，并且投标人C的效用为0。如果投标人B缺席，投标人C会获胜，并具有6美元的效用，所以投标人B支付（6－5）美元=1美元。无论投标人C是否参加，结果都是相同的，所以投标人C不需要支付任何费用。

在具有独立私人价值（IPV）的Vickrey拍卖中，每个投标人通过出价（显示）其真实估值来最大化其期望效用。在最一般的情况下，Vickrey拍卖是事后有效的（获胜者是估值最高的投标人）；因此，它提供了一个基线模型，可以与其他类型拍卖的效率特性进行比较。此拍卖也是策略防范的。由于上述优点，VCG拍卖被广泛应用在无线网络中，尤其是在需要防止参与人说谎的情况下。

尽管Vickrey拍卖很有优项，但它也具有以下缺点：

- 它不允许在没采用序贯拍卖的情况下发现价格，也就是说，如果买方不确定自己的估值，就无法发现市场价格。
- 卖方可以使用抬价竞标以增加利润。
- 在迭代Vickrey拍卖中，显示真实估值的策略已不再占主导地位。

VCG机制还有以下的缺点：

- 它易受串通投标的伤害。
- 对于买方，他容易到受到抬价的影响。
- 它不一定会最大化卖方收益；在VCG拍卖中，卖方的收益甚至有可能为零。如果拍卖的目的是为了让卖方利润最大化，而不仅仅是在买方之间分配资源，那么VCG可能是一个糟糕的选择。
- 卖方的收益随着投标人和出价是非单调性变化的。

3.7.4 份额拍卖

份额拍卖[121,122,123]涉及的是在一组投标人之间分配完全可分割的商品。文献中最常用的例子来自金融市场（如国债拍卖）[124,125,126]。其他例子包括排污权[127]的分配和电力销售[128]。份额拍卖有两种基本的定价结构。在统一价格拍卖中，所有的获胜者（通常不止一个）获得部分商品并支付相同的单价。在歧视性（差别）定价拍卖中，中标的价格是投标价。上面提到的参考文献主要研究不同的定价和信息结构如何影响拍卖结果，如最终价格、卖方的收益，以及可分割商品的分配。

与充分研究的单件商品拍卖（其中投标人通常在拍卖中提交一维的出价）相比，一些份额拍卖允许投标人提交价格和数量的多种组合作为出价[124,125,127]。这显著地增加了拍卖设计的复杂性，因为投标人具有较大的策略空间。当使用份额拍卖来分配资源（例如通信网络中的带宽）时，研究人员通常采用在参考文献［129－133］中介绍的简单一维投标规则。分配与投标成比例。一些研究人员一直专注于简单招标博弈中的效率损失边界。Johari 和 Tsitsiklis[129]表明，在统一定价方案下，份额拍卖的纳什均衡（NE）在社会最优解中至少达到总效用的3/4。Yang 和 Hajek[130]，Maheswaran 和 Basar[131]通过展示更复杂的定价函数可以将投标人效用函数在一定条件下的效率损失降到零从进一步推进了结果。Maheswaran 和 Basar 已经考虑了使用份额拍卖的几个网络资源分配博弈，重点是研究联盟的作用[132]或设计分散式谈判方法[133]。

让我们考虑份额拍卖如何在频谱共享中使用。我们考虑网络中存在测量点的情况。由所有用户在测量点产生的累积干扰不应大于阈值 P，即，$\sum_{i=1}^{i} p_i \leqslant P$。这里，$p_i$ 是分配给第 i 个用户的功率。

在份额拍卖中，用户提交 b_i 代表其愿意支付的一维出价，而管理者只是按出价比例分配可用资源 P。用户支付与其性能增益 γ_i 成比例的金额。管理者宣布一个非负竞标底价 β。与此相反，该管理者提交一个竞标底价以从其他投标人[134]那里获得更多收入，这里竞标底价的主要目的是为了保证拍卖具有唯一的期望输出结果。份额拍卖机制可以表述如下。

1）管理者宣布竞标底价 $\beta \geqslant 0$ 和价格 $\pi > 0$。

2）在观察 β 和 π 后，用户 i 提交出价 $b_i \geqslant 0$。

3）资源被分配给每个用户 i，其份额 p_i 与其出价是成比例的，即

$$p_i = \frac{\beta}{\sum_i b_i + \beta} P \tag{3.60}$$

用户 i 最终性能结果是 γ_i。

例如，对于干扰情形，如果 P 是总传输功率，对于用户 i，SINR 结果为

$$\gamma_i(\boldsymbol{p}) = \frac{p_i h_{ii}}{n_0 + \sum_{j \neq i} p_j h_{ji}} \tag{3.61}$$

式中，h_{ij}是从用户 i 到接收者 j 的信道增益；n_0 是噪声。

4）在份额拍卖中，用户 i 支付 $C_i = \pi \gamma_i$。

投标概括是包含用户投标出价 $\boldsymbol{b} = (b_1, \cdots, b_N)$ 的向量。用户 i 的对手的投标概括定义为 $b_{-i} = (b_1, \cdots, b_{i-1}, b_{i+1}, \cdots, b_N)$，这样 $\boldsymbol{b} = (b_i; b_{-i})$。通常，每个用户 i 提交一个出价 b_i 来最大化盈余功能，即

$$S_i(b_i; b_{-i}) = U_i(\gamma_i(b_i; b_{-i})) - C_i$$

在这里，我们忽略对 β 和 π 的依赖。拍卖的 NE 是所有用户最佳反应的固定点。

这些拍卖机制与先前提出基于拍卖的网络资源分配方案（见参考文献［129，131］）有所区别，在后者中投标价与付款是不一样的。取而代之的是，投标价表示支付信号的意愿。因此，管理者可以通过选择 β 和 π 影响 NE。这减轻了 NE 典型的低效率同时在某些情况下使我们能够获得最优解。

在合理选择价格 π 的情况下，份额拍卖可以实现公平（或有效）分配。在公平分配中，在满足一些预定义的公平标准下用户实现其性能。在有效分配中，网络的总效用是最大化的。

3.7.5 双向拍卖

在一个双向拍卖[135]中，有 I 个买家和 N 个卖家。每个买家 i 想要购买 x_i 项物品，而每个卖

家 n 想要出售 y_n 项物品。x_i 和 y_n 信息是公开的。在双向拍卖中，买家 i 报价 $p_i^{(b)}$（即投标价），而卖方 n 报价 $p_n^{(s)}$（即要价）。这些价格是基于每项物品单元的。为不失一般性，我们可以假定 $p_1^{(b)} \geqslant p_2^{(b)} \geqslant \cdots \geqslant p_I^{(b)}$ 和 $p_1^{(s)} \leqslant p_2^{(s)} \leqslant \cdots \leqslant p_N^{(s)}$。需要注意的是，如果两个价格相等，它们的索引是可互换的。此外，每个卖方或买方可以为不同物品设置不同价格，其中，卖方和买方可以分别出售和购买每项物品。

要确定一个双向拍卖交易价格，所有买家的需求量都按价格升序排列。同样地，所有卖家的供应量都按价格降序排列（见图3.3）。在交易点 T^*，累计总需求和总供应相交，因此 K 个卖家将出售 T^* 项物品给 L 个买家。有两种情况来确定的交易价格和交易数量。

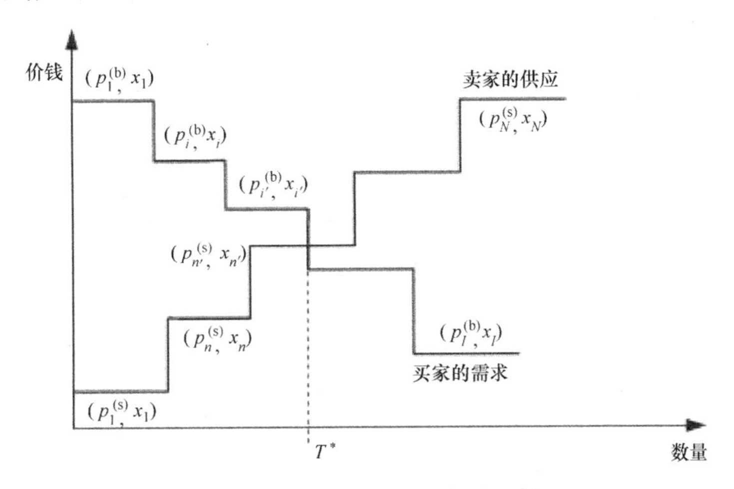

图3.3 双向拍卖中需求和供应的例子

1）案例1：投标价和要价满足条件 $p_{i'}^{(b)} \geqslant p_{n'}^{(s)} \geqslant p_{i'+1}^{(b)}$，总需求和总供应满足 $\sum_{n=1}^{n'-1} y_n \leqslant \sum_{i=1}^{i'} x_i \leqslant \sum_{n=1}^{n'} y_n$。在这种情况下，卖家 $n=\{1,\cdots,n'\}$ 以价格 $p_{n'}^{(s)}$ 卖出所有物品 y_n，买家 $i=\{1,\cdots,i'\}$ 以价格 $p_{i'}^{(b)}$ 购买。每一个买家购买量为 $\lfloor x_i - (\sum_{j=1}^{i'-1} x_j - \sum_{j=1}^{n'-1} y_j)/(i'-1) \rfloor$，其中 $\lfloor x \rfloor$ 表示向下函数。

2）案例2：投标价和要价满足条件 $p_{n'+1}^{(s)} \geqslant p_{i'}^{(b)} \geqslant p_{i'}^{(s)}$，累计总需求和总供应满足 $\sum_{i=1}^{i'-1} x_i \leqslant \sum_{n=1}^{n'} y_n \leqslant \sum_{i=1}^{i'} x_i$。在这种情况下，买家 $i=\{1,\cdots,i'\}$ 以价格 $p_{i'}^{(b)}$ 购买，卖家 $n=\{1,\cdots,n'\}$ 以价格 $p_{n'}^{(s)}$ 出售。每个卖家销售量为 $\lfloor y_n - (\sum_{j=1}^{n'-1} y_j - \sum_{j=1}^{i'-1} x_j)/(n'-1) \rfloor$。

然而，当中央控制器可用于这个双向拍卖时，优化问题可以表示为得到要被交易的物品数量。让每个买家和卖家的底价是固定的，并表示为 $\hat{p}_i^{(b)}$ 和 $\hat{p}_n^{(s)}$。设 $\hat{x}_{i,n}$ 和 $\hat{p}_{i,n}$ 是买家 i 从卖家 n 购买的数量和交易价格条件下的解。一个双向拍卖中买家 i 的效用定义为

$$U_i^{(b)} = \sum_{n=1}^{\hat{n}} (p_i^{(b)} - \hat{p}_{i,n})\hat{x}_{i,n} \tag{3.62}$$

卖家 n 的效用定义为

$$U_n^{(s)} = \sum_{i=1}^{\hat{i}} (\hat{p}_{i,n} - p_n^{(s)})\hat{x}_{i,n} \tag{3.63}$$

以最大化提高卖家和买家的效用为目的，优化问题可以表示为一个线性规划问题，即

$$\max \sum_{i=1}^{\hat{i}} \sum_{n=1}^{\hat{n}} \hat{x}_{i,n}(p_i^{(b)} - p_n^{(s)}) \tag{3.64}$$

满足
$$\sum_{i=1}^{\hat{i}} \hat{x}_{i,n} \leqslant y_n, \forall n, \sum_{n=1}^{\hat{n}} \hat{x}_{i,n} \leqslant x_i, \forall i, \hat{x}_{i,n} \geqslant 0, \forall i,n \tag{3.65}$$

这些约束限制了被交易项目的数量小于卖家和买家分别的供需量。

3.8 契约理论

在经济学中，契约理论研究经济行为如何能够在信息不对称条件下进行构建契约安排[136]。在经济学领域，这个话题的第一个正式解由 Kenneth Arrow 在 20 世纪 60 年代提出。现在它已经吸引了通信相关领域研究人员的更多关注。在认知无线电网络（CRN）领域中，如在参考文献[137－139]中介绍的那样，一些研究人员已经开发了契论理论技术。

通常契约理论可以用来构建雇主和雇员之间的关系模型，如经理雇用工人，农民雇用佃农，或公司老板雇用经理。事实上，除了双方成员，我们也可以注意到，双方之间一个法院，并且在市场经济中有运作良好的法律制度。违反合同的处罚十分严厉，因此合同双方都不会考虑不履行合同的可能性。

在契约理论中存在多种形式的交易。如果交易是一个简单的商品交换或金钱服务，则在模型中需要解决典型问题可能如下。双方商定的单位物品价格是多少？合同中是否注明回扣？对于延迟交付是否有处罚条款？如果是这样，那么采取什么样的形式？该交易甚至可能是不涉及任何商品或服务的交换，如一个保险合同。在这个模型中，我们应该确定在以下条件下条款如何变化，比如潜在风险、各方风险厌恶程度、保险人或被保险人有关于风险的确切信息等条件。

基本上，我们可以通过合同组的数量来对契约理论进行分类。一般来说，我们有双边合同和多边合同问题。双方签约是最常见和最简单的，而多边合同更为复杂。拍卖是一个多边合同问题的一个典型的例子。下面，我们先讨论一些基本概念，然后我们讨论一个双边合同的简单例子。对于契约理论的更全面研究，请参见参考文献［140］。

3.8.1 信息与激励

即使在最好的合同环境下，员工也不太可能得到完全对抗经营风险的保险。如果用人单位也规避风险，这种保险的均衡价格将会太高。因此，员工可能只得到有限的保险，因为我们需要有足够的激励机制使其工作。如果他们的薪酬与工作表现无关并且他们的工作安全性并没有受到他们工作表现的影响，那么他们为什么要付出更多精力到自己的工作中？因此，关键是要找到激励和保险之间的平衡。

要在两者之间找到平衡，我们应该回答以下问题。可以缩减多少员工保险而转化为适当的工作激励？怎么能同时保证工作安全，又尽可能充分调动工作积极性？

观察参与人的活动，可以辨别出两种一般类型的激励问题。第一种是隐藏信息问题，也被称为逆向选择，其中，所述雇员具有关于其不能或不愿意做某些工作的私人信息。另一种是隐蔽动

作问题，也被称为道德风险，如员工的一些相关特性信息，例如他们厌恶某些任务，他们如何努力工作，他们有多么认真，对雇主都是隐藏的。

3.8.2 双边契约

我们先来介绍简单合同形式下契约理论的基本思想：双边契约。我们将通过呈现三个基本实例来讲解一般的双边契约的基本概念。我们从最简单的理想契约开始，然后过渡到不确定性增加的契约，这是一种更一般的情况。

1. 没有不确定性的最优合同

假设一个市场中，用人单位没有得到员工的时间，但有所有的钱；员工都有所有的时间，但自己却没钱进行任何交易。在此初始状态下，雇主和雇员各自获得效用 $\hat{U}=U(0,1)$ 和 $\hat{u}=u(1,0)$。

当双方开始交易时，双方都可以通过交换劳务 l 换取金钱/产出来增加他们的共同收益。因此，雇主和雇员的效用函数可以写为 $U(l,t)$ 和 $u(l,t)$。两者的效用函数是严格递增并且是凹的。

因此，在这个理想情况下，该雇员能够获得的尽可能高的效用为

$$\begin{aligned} &\max \quad u(l_2,t_2) \\ &\text{满足}\ U(1-l_2,1-t_2)\geqslant \hat{U} \end{aligned} \tag{3.66}$$

雇主最高回报为

$$\begin{aligned} &\max \quad U(l_1,t_1) \\ &\text{满足}\quad u(1-l_1,1-t_1)\geqslant \hat{u} \end{aligned} \tag{3.67}$$

2. 不确定性条件下的最优合同

（1）纯保险：在现实中，存在不能用以前的例子进行说明的不确定性。在保险合同中，雇员工被投保来对抗经济衰退。关于这些保险计划的一个问题是多大的风险应当由雇主承担，多少由雇员承担。因此，要通过引入不确定性来丰富前述的例子，我们将分析最优风险分配问题。

让我们考虑两种可能的未来自然状态——θ_L 和 θ_H。θ_L 表示不利的产出冲击或“衰退”。θ_H 表示良好产出实现或“繁荣”。在没有生产的纯保险问题中，我们不考虑时间/产出捆绑（l，t）中的时间禀赋，并通过消费捆绑（t_L，t_H）来代替。自然状态影响对雇主输出价值 $E(t_L,t_H)$ 和对雇员输出价值 $e(t_L,t_H)$。

因此，最优化问题为

$$\max E(t_L,t_H)+e(t_L,t_H) \tag{3.68}$$

鉴于一阶条件，我们可以有 $E_L+e_L=0=E_H+e_H$。因此有

$$E_L/E_H=e_L/e_H \tag{3.69}$$

对双方来说在自然状态 θ_L 与 θ_H 之间边际替代率相等时的联合盈余最大化能够实现。确定的纯交换可以完全移植到不确定的情况下。

（2）冯·诺伊曼－莫根施特恩效用函数：事实上，有两个重要因素隐藏在最优保险合同中，这就是自然状态已经实现了的事后效用以及每个状态正在发生的概率。

对雇主来说，事后效用函数可以定义为 $U(t)$，对雇员来说，其定义为 $u(t)$。$P_j\in(0,1)$ 是自然状态 θ_j 的任何特定状态发生的概率。因此，事前效用函数是事后效用结果条件下的期望，可以写为

$$E(t_{1L},t_{1H})=p_{L}U(t_{1L})+p_{H}U(t_{1H}) \tag{3.70}$$

$$e(t_{2L},t_{2H})=p_{L}u(t_{2L})+p_{H}u(t_{2H}) \tag{3.71}$$

（3）在不确定条件下的最优雇佣合同：在冯·诺依曼－莫根施特恩效用函数的框架下，我们可以将不确定条件下的最优雇佣扩大到两种商品，休闲品 l 和消费品 t 下的最优雇佣合同分析。

首先，我们用（l_{1L}，t_{1L}）和（l_{1H}，t_{1H}）分别代表雇主的两种不同的时间/产出捆绑对。同样，我们使用(l_{2L},t_{2L})和(l_{2H},t_{2H})分别表示雇员的两种不同的时间/产出捆绑对。此外，（l'_{ij}，t'_{ij}）表示初始禀赋，其中 $i=1$，2；$j=$L，H。

雇主的最优合同问题为

$$\max \quad [p_{L}U(l_{1L},t_{1L})+p_{H}U(l_{1H},t_{1H})] \tag{3.72}$$

$$\begin{aligned} \text{满足}\quad & p_{L}u(l_{2L},t_{2L})+p_{H}u(l_{2H},t_{2H})\hat{u} \\ & l_{1j}+l_{2j}l'_{1j}+l'_{2j} \\ & t_{1j}+t_{2j}l'_{1j}+l'_{2j} \end{aligned} \tag{3.73}$$

式中，$\hat{u}=p_{L}u(l'_{2L},l'_{2L})+p_{H}u(l'_{2H},l'_{2H})$。

3.9 不完美信息下贝叶斯博弈

在博弈论中，贝叶斯博弈是其中一种博弈，其中其他参与人（即收益）的特征信息是不完整的。继John C. Harsanyi的框架后，贝叶斯博弈可以在博弈中通过引入自然作为参与人来进行建模。自然分配给每个参与人一个随机变量，这可能需要利用每个参与人的类型取值，以及相关联的概率或这些类型的概率密度函数（在博弈过程中，自然为每个参与人根据概率分布在每个参与人的类型空间随机选择一个类型）。Harsanyi方法以允许不完全信息博弈成为不完美信息（其中博弈的历史不是提供给所有参与人）博弈来模拟贝叶斯博弈。一个参与人的类型决定了参与人的收益函数和与被指定类型的参与人所采用的类型相关联的概率。在贝叶斯博弈中，信息不完整意味着至少有一名参与人不确定另一名参与人的类型（如收益函数）。

因为在博弈中固有的概率分析，这种博弈称为贝叶斯法。参与人有每个参与人类型的初始信念（其中一个信念就是一个参与人的可能类型的概率分布），并且可以根据贝叶斯法则更新自己的信念；也就是说，一个参与人持有另一名参与人的类型的信念在其已经采取动作的基础上可能会改变。参与人所持有的信息缺乏和信念模型意味着这些博弈也被用来分析不完美信息的场景。

在本节中，我们讨论在正常形式下不完美信息的影响，下面内容将讨论广泛形式下不完美信息的影响。

3.9.1 贝叶斯博弈的一般形式

如上节所示，具有完美信息的非贝叶斯博弈的一般形式表示为参与人的策略空间和收益函数的规范。一个参与人策略是一个完备的动作计划，涵盖了博弈的每一种偶然性，即使偶然性永远不会出现。一个参与人的策略空间是参与人可能用到的所有策略集合。收益函数是从策略配置集到收益集（通常是实数集）的函数，其中一个策略配置是为每个参与人指定策略的向量。

在贝叶斯博弈中，有必要指定每一个参与人的策略空间、类型空间、收益函数和信念。参与人的策略是一个详细的动作计划，包括可能出现的每一种类型。策略必须定义为不仅包括根据其类型采取的动作，而且包括如果其是另一种类型其将采取的动作。参与人的类型空间只是参与人所有可能的类型集合。参与人的信念描述为这个参与人关于其他参与人类型的不确定性。信念是在假定参与人的信念类型后，其他参与人具有特定类型的概率（即信念就是在已知参与人自己类型的条件下的其他参与人类型的概率（其他参与人的类型给定了该参与人的类型））。收益函数是策略配置和类型两方面的函数。如果参与人有收益函数 $u(x,y)$，其类型是 t，其收到的收益是 $u(x^*,t)$，其中 x^* 是在博弈中使用的策略。贝叶斯博弈的正式定义如下。

定义 59 一个不完全信息的博弈定义为

1）参与人集合：$i\in\{1,2,\cdots,N\}$。

2）参与人 i 的动作：A_i，$i\in\{1,2,\cdots,N\}$。$a_i\in A_i$ 表示参与人 i 的典型动作。

3）为所有参与人可能类型的集合：T_i，$i\in\{1,2,\cdots,N\}$。$t_i\in T_i$ 表示参与人 i 的典型类型。

4）设 $\boldsymbol{a}=(a_1,\cdots,a_N)$，$\boldsymbol{t}=(t_1,\cdots,t_N)$，$\boldsymbol{a}_{-i}=(a_1,\cdots,a_{i-1},a_{i+1},\cdots,a_N)$，$\boldsymbol{t}_{-i}=(t_1,\cdots,t_{i-1},t_{i+1},\cdots,t_N)$。

5）自然的移动：$\boldsymbol{t}$ 是根据关于 $T=T_1\times\cdots\times T_N$ 的联合概率分布 $p(\boldsymbol{t})$ 来选择的。

6）策略：s_i：$T_i\rightarrow A_i$，$i\in\{1,2,\cdots,N\}$。$s_i(t_i)\in\boldsymbol{A}_i$ 是参与人 i 的类型 t_i 采取的动作。

7）收益：$u_i(a_1,\cdots,a_N;t_1,\cdots,t_N)$。

博弈过程如下。首先，自然按照概率 $P(\boldsymbol{t})$ 选择 t。然后每个参与人 i 观察实现类型 $\hat{t}_i$ 并且更新其信念：每个参与人在条件 $t_i=\hat{t}_i$ 下得出剩余类型的条件概率；用 $p_i(\boldsymbol{t}_{-i}|\hat{t}_i)$ 表示 $\hat{t}_i$ 条件下的 $\boldsymbol{t}_{-i}$ 上的分布。最后，参与人同时采取动作。

预期收益计算如下。给定策略 s_i，参与人 i 的类型 t_i 采取动作 $s_i(t_i)$。对于类型向量 $\boldsymbol{t}=(t_1,\cdots,t_N)$ 和策略 $(s_1,\cdots,s_N)$，实现的动作是 $(s_1(t_1),\cdots,s_N(t_N))$。类型 $\hat{t}_i$ 的参与人 i 有关于其他参与人的信念，通过条件概率分布给出 $p_i(\boldsymbol{t}_{-i}|\hat{t}_i)$。动作 s_i 的预期收益为

$$\sum_{t:t_i=\hat{t}_i}u_i(s_i,\boldsymbol{s}_{-i}(\boldsymbol{t}_{-i}),\boldsymbol{t})p_i(\boldsymbol{t}_{-i}|\hat{t}_i) \tag{3.74}$$

当且仅当所有 $s_i'\in A_i$，参与人 i 的动作 $s_i(\hat{t}_i)$ 是对于 $\boldsymbol{s}_{-i}(\boldsymbol{t}_{-i})$ 的一个最好的响应，即

$$\sum_{t:t_i=\hat{t}_i}u_i(s_i(\hat{t}_i),\boldsymbol{s}_{-i}(\boldsymbol{t}_{-i}),\boldsymbol{t})p_i(\boldsymbol{t}_{-i}|\hat{t}_i)\geqslant\sum_{t:t_i=\hat{t}_i}u_i(s_i',\boldsymbol{s}_{-i}(\boldsymbol{t}_{-i}),\boldsymbol{t})p_i(\boldsymbol{t}_{-i}|\hat{t}_i) \tag{3.75}$$

利用上式，我们引入贝叶斯博弈的解概念，即贝叶斯纳什均衡，如下所述。

定义 60 如果 $s_i(t_i)$ 是 $\boldsymbol{s}_{-i}(\boldsymbol{t}_{-i})$ 在所有的 $t_i\in T_i$ 和所有 i 下都是最好的选择，那么策略组合 $(s_1(t_1),\cdots,s_N(t_N))$ 是贝叶斯纳什均衡。换句话说，通过任何给定参与人的策略指定的动作必须是在给定的所有其他玩家和信念条件下是最佳的。

在非贝叶斯博弈中，如果该组合中每一个策略是在组合中对所有其他策略的最好回应，那么这个策略组合是一个纳什均衡，也就是说，在给定所有其他参与人所采取的策略条件下，没有其他策略能够使得该参与人获得更高的收益。在贝叶斯博弈中（其中参与人被建模为风险中性），根据其对其他参与人的信念（在一般情况下，参与人可能规避风险或爱好风险，假设参与人效用最大化），理性的参与人正在寻求最大化其预期收益。贝叶斯纳什均衡被定义策略配置和信念，其指定每个参与人对其他参与人的类型，最大化每个参与人的预期收益，给出他们对其他

参与人的类型的信念和其他参与人所采取的策略。

接下来，我们给出私有成本下的古诺竞争的例子。假设有两家企业通过同时决定数量 q_1 和 q_2 来竞争。一家企业有一个已知边际成本为2；另一家公司的成本可能高或低：$t_2 = t_H = 3$，其概率为0.5；$t_2 = t_L = 1$，其概率为0.5。该价格作为数量的函数为 $p = 4 - q_1 - q_2$。现在的问题是什么是贝叶斯纳什均衡。假设 q_2^H、q_2^L、q_1 是一个均衡，如果

$$q_2^H = \arg\max_{q_2^H}(4 - q_1 - q_2^H)q_2^H - 3q_2^H \tag{3.76}$$

$$q_2^L = \arg\max_{q_2^L}(4 - q_1 - q_2^L)q_2^L - q_2^L \tag{3.77}$$

$$q_1 = \arg\max_{q_1}\frac{1}{2}[(4 - q_1 - q_2^H)q_1 - 2q_1] + \frac{1}{2}[(4 - q_1 - q_2^L)q_1 - 2q_1] \tag{3.78}$$

使用一阶条件，我们可以得到贝叶斯纳什均衡解 $q_1 = \frac{2}{3}$，$q_2^L = \frac{7}{6}$和 $q_2^H = \frac{1}{6}$。

3.9.2 贝叶斯博弈的扩展形式

当没有对参与人信念进一步限制时，贝叶斯纳什均衡的解概念在动态博弈中产生大量的均衡，这使得贝叶斯纳什均衡作为不完全工具来分析不完全信息的动态博弈。

贝叶斯纳什均衡在动态博弈中产生了一些令人难以置信的均衡，在动态博弈中，参与人轮流进行而不是同时进行。类似地，难以置信的均衡可能以同样的方式出现，就像难以置信的纳什均衡出现在具有完美信息和完整信息的博弈中，比如难以置信的威胁和承诺。在完美信息博弈和完全信息博弈中，这种均衡可以通过应用子博弈完美纳什均衡来消除。然而，在不完全信息博弈中使用这个解的概念并不总是可能的，因为这样的博弈包含非单一信息集。由于子博弈必须包含完整的信息集，有时只有一个子博弈－整个博弈，因此每个纳什均衡都是平凡的子博弈完美。即使一个博弈确实有不止一个子博弈，子博弈完美性无法切割信息集也会导致不会被消除的难以置信的均衡。

为了提炼贝叶斯纳什解概念或子博弈完美性产生的均衡，可以应用完美贝叶斯均衡（PBE）解概念。PBE是子博弈完美性的精神，它要求随后行动是最佳的。然而，决策节点参与人的信念要产生更令人满意地处理非单个信息集合下的行动。

定义61 一个完美贝叶斯均衡是一个策略配置以及每个参与人的信念组合，(s^C，i^C）使得

1）在每个信息集 I_i 中，在给定所有其他参与人动作和参与人 i 的信念条件下，参与人 i 的策略使其收益最大化。

2）当 s^C 出现时，信息集达到正概率，根据 s^C 和必要时贝叶斯法则形成信念。

3）当 s^C 出现时，信息集达到概率为0，信念可以是任意的，但必须根据贝叶斯法则形成。

到目前为止，在我们关于贝叶斯博弈的讨论中，它已被认为信息是完美的（或者，如果不完美，则参与人就是同步的）。但是，在研究动态博弈时，可能有必要建立不完美信息的模型。PBE提供了这种方法：参与人放置信念在其信息组中出现的节点上，这意味着可以通过自然生成信息组（在不完全信息的情况下）或由其他参与人（在不完美信息的情况下）生成。

参与人在贝叶斯博弈中的信念可以在PBE中更严格的接近。信念体系是分配给博弈中的每

个节点的概率，这样任何信息集中的概率总和就是1。参与人的信念是所有信息集中参与人所采取行动的节点的概率（一个参与人的信念可以定义为一个函数，即从他的信息集联盟到［0，1］的映射函数）。信念体系对于一个给定的策略配置是一致的，当且仅当由系统分配给每个节点的概率被计算为给定的策略配置要到达该节点的概率，即通过贝叶斯法则。

序贯理性决定了在PBE中后续博弈活动的最优性。在特定信念系统中设置的特定信息集下，策略配置是序贯理性的，且仅当拥有此信息集（即该参与人在该信息集中采取行动）的参与人的预期收益在其他参与人策略条件下是最大的。如果对于每一个信息集它满足上面的描述，那么对一个特定的信念体系而言，策略是序贯理性的。

然后我们考虑如图3.1所示的例子，因为参与人2行动时不知道参与人1要干什么，所以信息是不完美的。如果两个参与人是理性的，并且都知晓他们是理性的，同时每个参与人都知道对方也知晓（即参与人1知道参与人2知道参与人1是理性的，同理参与人2也是如此），博弈将会根据完美贝叶斯均衡进行下去。

参与人2不能观察参与人1的行动。参与人1想愚弄参与人2，好让参与人2以为其采取的行动是U，但是其实际采取的行动是D；因此参与人2将会采取行动D′，然后参与人1将会收到3。事实上，在第二个博弈中存在完美贝叶斯均衡，其中参与人1执行D，参与人2执行U′，参与人2持有参与人1必定执行D的信念（即如果参与人1执行D，参与人2在这个节点上的概率为1）。在这种均衡中，给定信念条件下每个策略都是合理的，同时每个信念都与执行策略相关。在这种情况下，完美贝叶斯均衡是唯一的纳什均衡。

序贯均衡对于广义博弈的纳什均衡的细化，其由David M. Kreps和Robert Wilson提出[141]。一个序贯均衡不仅指定每个参与人的策略，同时也指定每个参与人的信念。对于属于参与人的每个信息集，信念产生信息集中节点上的概率分布。策略和信念被称为博弈的评估。非正式地说，如果在给定信念条件下策略是合理的以及给定策略条件下信念是合理的，则评估是一个序贯均衡。

对给定信念条件下策略是合理的进行的正式定义是明确的。该策略应尽量简单地在每一个信息集中最大化预期收益。同样，在给定策略下以正概率达到的那些信息集下的合理信念的定义也是明确的。这些信念应该是信息集中所到达节点上的条件概率分布。

在给定策略下，为那些以概率0到达的信息集定义一个合理信念是不简单的。实际上，这是Kreps和Wilson[141]的主要概念贡献。它们的一致性要求如下：在上述简单的定义中，评估应该是一系列完全混合的策略和相关合理信念的极限点。

序贯均衡是子博弈完美均衡，甚至是完美贝叶斯均衡的进一步细化。它本身就是通过广义完美均衡细化。序贯均衡（甚至是广义完美均衡）的策略不一定是可接受的。保证可接受性的序贯均衡的细化是准完美均衡。

3.10 其他典型博弈

在本节中，我们调研了一些广泛用于建模无线网络问题的重要特殊博弈。

3.10.1 零和博弈

首先，我们将讨论广泛出现在日常生活中的零和博弈。在博弈论和经济学理论中，术语“零和”描述的情况是一个参与人的收益或损失与其他参与人的损失或收益的完全平衡。它被如此命名是因为，当参与人的总收益相加，减去总损失，总和为零。围棋是一个零和博弈的例子：双方均获胜是不可能的。零和可以被更一般地认为是恒和，这里所有参与人的利益和损失加起来等于相同价值的金钱、荣誉和尊严的价值。切蛋糕是零和或恒和的，因为拿走一块较大的蛋糕会减少可供给别人的蛋糕的数量。相比之下，非零和描述了一种情况，其中相互作用的各方的总收益和损失要么小于零，要么大于零。

参与人可以一起收益或损失的情形，如一个有过剩香蕉的国家与另一个有过剩苹果的国家进行交易，双方都从交易中受益，这种情况被认为是非零和的。其他非零和博弈是指博弈中参与人收益和损失的总和总是比他们开始时更多或更少。例如，在赌场玩的扑克游戏是一个零和游戏，除非考虑到赌博的乐趣以及运营赌场的成本，此时它变为一个非零和博弈。

这个概念最早是在博弈论中发展起来的，因此零和情形通常被称为零和博弈，虽然这并不意味着这个概念或博弈本身仅适用于通常所说的博弈情况。在纯策略中，每个输出结果是帕累托最优（通常，所有的策略都是帕累托最优的任何博弈叫作冲突博弈）。两个参与人零和博弈的纳什均衡是完全极大极小策略对。

1944 年，冯·诺伊曼和莫根施特恩证明，任何涉及 n 个参与人的零和博弈，其实是两个参与人的零和博弈的推广形式，n 个参与人的任何非零和博弈可降至 $n+1$ 个参与人的零和博弈；$n+1$个参与人代表全部收益或损失。

接下来，我们描述一个零和博弈的例子。考虑两个参与人的零和博弈收益矩阵见表 3.5。博弈过程如下：第一个参与人秘密选择两个动作中的一个，1 或2；第二个参与人，不知道第一个参与人的选择，秘密选择三个动作中的一个，A、B 或 C。然后，选择揭晓并且每个参与人的总分数受这些选择收益的影响。例如参与人 1 选择动作 2，并且参与人 2 选择动作 B。收益分配结果是，参与人 1 收益 20 分，而参与人 2 损失 20 分。

表 3.5 一个零和博弈的例子

	A	B	C
1	30，−30	−10，10	20，−20
2	10，−10	20，−10	−20，20

现在，在这个博弈例子中，两个参与人都知道收益矩阵，并试图最大化他们的分数。他们该怎么办？参与人 1 可以推理如下：“采取动作 2，我可能会损失 20 分，也只可能赢得 20 分，而采取动作 1，我只能损失 10 分，但可能赢得高达 30 分，因此动作 1 看起来好很多。”同样的道理，参与人 2 会选择动作 C。如果两个参与人采取这些动作，参与人 1 赢 20 分。但是，如果参与人 2 预料到参与人 1 的推理和选择是动作 1，并且迂回选择动作 B，从而赢得 10 分，会发生什么？或者，如果参与人 1 反过来预料到这种迂回的技巧，然后采取动作 2，那么将会赢得 20 点？

冯·诺依曼察觉到概率为这一难题提供了解决方法。与决定采取一个明确的动作相反，这两名参与人为各自采取的动作分配概率，然后使用一个随机装置来根据这些概率为他们选择要采取的动作。每个参与人为在独立于对手策略条件下尽量最小化损失分数的最大期望而计算概率。这就导致了对每个参与人有唯一解的线性规划问题。这种极大极小方法可以计算出所有两个参与人零和博弈的可证明的最优策略。

对于上面的例子，事实证明参与人 1 以 4/7 的概率选择动作 1 和以 3/7 的概率选择动作 2，而参与人 2 为三个动作 A、B 和 C 分配的概率分别为 0、4/7 和 3/7。参与人 1 平均每场博弈将赢得 20/7 分。

3.10.2 潜在博弈

如果所有参与人改变自己策略的激励可以表示为一个全局函数，即潜在函数，那么博弈论中的一个博弈被认为是一个潜在博弈。这一概念是由 Dov Monderer 和 Lloyd Shapley 提出的[142]。潜在函数是分析博弈的均衡特性的有用工具，因为所有参与人的激励被映射成一个函数，并且通过简单地定位潜在函数的局部最优可以发现纯纳什均衡集。接下来，我们将潜在博弈正式定义如下：

定义 62　N 表示参与人数量，A 表示每个参与人的动作集合 A_i 的动作描述，u 表示收益函数。然后，博弈 $G=(N,A=A_1\times\cdots\times A_N,u:A\to\mathcal{R}^N)$ 是一个潜在博弈，如果有一个严格的潜在函数 Φ：$A\to\mathcal{R}$使得 $\forall i$ 有

$$\Phi(b_i,a_{-i})-\Phi(a_i,a_{-i})=u_i(b_i,a_{-i})-u_i(a_i,a_{-i}),\forall a_i,b_i\in A_i,\forall a\in A \tag{3.79}$$

一个博弈是一般潜在博弈，如果有一个潜在函数 Φ：$A\to\mathcal{R}$使得

$$\operatorname{sgn}[\Phi(b_i,a_{-i})-\Phi(a_i,a_{-i})]=\operatorname{sgn}[u_i(b_i,a_{-i})-u_i(a_i,a_{-i})],\forall a_i,b_i\in A_i,\forall a\in A \tag{3.80}$$

式中，sgn 表示符号函数。

换句话说，在这个博弈中，对于每个参与人从单独地改变某个人的策略所产生的个体收益的差异具有与潜在函数价值差异相同的价值。在这个博弈中，只有差异标志必须是相同的。

下面，我们介绍一个两个参与人、外部有两个策略博弈的例子。每个参与人的收益通过函数 $u_i(s_i,s_j)=b_is_i+ws_is_j$ 给出，其中 s_i 是参与人 i 的策略，s_j 是对手的策略，w 是选择相同策略的正外部性。策略选择是 +1 和 −1，表 3.6 显示了收益矩阵。这场博弈有一个潜在函数，即

$$P(s_1,s_2)=b_1s_1+b_2s_2+ws_1s_2 \tag{3.81}$$

表 3.6　一个潜在博弈的例子

	+1	−1
+1	$(b_1+w,\ b_2+w)$	$(b_1-w,\ -b_2-w)$
−1	$(-b_1-w,\ b_2-w)$	$(-b_1-w,\ b_2-w)$

如果参与人 1 从 −1 到 +1 移动，收益差距是 $\Delta u_1=u_1(+1,s_2)-u_1(-1,s_2)=2b_1+2ws_2$。潜在的变化是 $\Delta P=P(+1,s_2)-P(-1,s_2)=(b_1+b_2s_2+ws_2)-(-b_1+b_2s_2-ws_2)=2b_1+2ws_2=\Delta u_1$。参与人 2 的解是一样的。

选取数值 $b_1=2$，$b_2=-1$ 和 $w=3$，这转换成一个简单的性别战博弈，见表 3.7。博弈有两个纯纳什均衡，(+1，+1) 和 (−1，−1)。这些也是潜在函数（见表 3.8）的局部最大值。唯

一随机稳定平衡是（+1，+1），这是潜在函数的全局最大值。

表 3.7 性别战博弈（收益）

	+1	-1
+1	(5，2)	(-1，-2)
-1	(-5，-4)	(1，4)

表 3.8 性别战博弈（潜在）

	+1	-1
+1	4	0
-1	-6	2

3.10.3 超模博弈

超模博弈（Super Modular Game）是一类重要的博弈，具有良好的存在性和收敛于纳什均衡的特性。粗略地讲，在超模博弈中，当一个参与人出高价时，其他参与人也跟着如此。这个博弈包含许多应用模型，如功率控制博弈。而且，超模博弈在分析上很有吸引力，具有学习算法的许多性质和理想行为。

首先，我们给出超模博弈的定义如下：

定义 63 假设 A 代表动作，u 代表 N 个参与人博弈的效用。如果所有的 i 满足下面的条件，那么博弈 $G(A_1,\cdots,A_N;u_1,\cdots,u_N)$ 是一个超模博弈。

1）A_i 是 $\mathbb{R}$ 的紧子集。

2）u_i 是（A_i，A_{-i}）中的上半连续集。

3）u_i 在（A_i，A_{-i}）中的差异增大。

超模博弈的主要性质将在下面的定理和性质中解释。

定理 12 假设 $G(A,u)$ 是超模博弈。在迭代严格优势下幸存的策略集具有最大和最小元素，$\bar{A}$ 和 $\underline{A}$，并且 $\bar{A}$ 和 $\underline{A}$ 都是纳什均衡。也就是说，下面的陈述成立。

1）纳什均衡的纯策略存在。

2）与迭代删除、合理化和纳什均衡相兼容的最大和最小策略是一样的。

3）如果超模博弈有唯一的纳什均衡解，那么它是优势可解，同时许多调整规则将收敛于它，如最优反应动态。

命题 1 假设超模博弈以 t 为索引。那么最大以及最小纳什均衡将随着 t 增加。

命题 2 假设具有正溢出的超模博弈（对于所有 i，$u_i(A_i,A_{-i})$ 随着 A_{-i} 增加），那么最大的纳什均衡是帕累托优先。

超模博弈的几个应用例子如下所示。

1）投资博弈：假设 N 家公司同时进行投资 $A_i\in\{0,1\}$，收益为

$$u_i(A_i,A_{-i})=\begin{cases}\pi\left(\sum_i A_i\right)-k, & A_i=1\\ 0, & A_i=0\end{cases} \tag{3.82}$$

式中，π 随着投资总额的增加而增加；k 是一个常数。

2）伯川德竞争：假设 N 家公司同时定价，即

$$D_i(p_i, p_{-i}) = a_i - b_i p_i + \sum_{j \neq i} d_{ij} p_j \tag{3.83}$$

式中，b_i，$d_{ij} > 0$。

3）古诺双寡头垄断：如果 A_1 是公司 1 的数量，并且 A_2 是公司 2 的数量的负数，则为起模。

4）钻石搜索模型：N 个代理人努力寻找贸易伙伴。A_i 表示代理人 i 的努力尝试，$c(A_i)$ 表示为此付出的成本，其中 c 是连续增加的。寻找到一个伙伴的概率为 $A_i \sum_{j \neq i} A_j$。那么

$$u_i(A_i, A_{-i}) = A_i \sum_{j \neq i} A_j - c(A_i) \tag{3.84}$$

（A_i，A_{-i}）中的差异增大。因此它是一个超模。

3.10.4 相关均衡

在本节中，我们研究一种特殊类型的均衡，相关均衡。2005 年，Robert J. Aumann 就因为提出相关均衡概念而获得诺贝尔奖[154,155]。与每个参与人仅考虑自己策略的纳什均衡不同，相关均衡通过容许每个参与人考虑所有参与人动作的联合分布来获得更好的性能。换言之，每个参与人都需要考虑其他参与人的行为，以判断是否存在共同利益。这就说明了相关均衡优于纳什均衡的凸包。

如果参与人在博弈中每一种可能情况下都会遵循一个动作，则该动作被称为纯策略，使用动作 v_l 的概率 $p(r_i^n = v_l)$ 对于所有的 l 只有一个非零值 1。在混合策略下，参与人将遵循不同可能动作的概率分布，如差异率 l。在表 3.9 ~ 表 3.12 中，展现了两个参与人采取不同动作的例子。在表 3.9 中，列出了两个参与人分别采取动作 0 和 1 的效用函数。可以看到，当两个参与人采取动作 0 时，他们有最好的整体收益。可以认为这个动作是一个合作动作，或者在这个例子中，参与人不激进传输。但是，如果任何参与人更加激进地采取动作 1，而其他剩余参与人依旧采取动作 0 时，那么激进参与人将获得更好的效用，而其他参与人将获得较低的效用，从而使得整体效益减少。在这个例子中，激进参与人将获得更高的速率。但是，如果两个参与人均激进地采用动作 1，两个参与人均会获得非常低的效用。在表 3.10 中，我们给出了两个纳什均衡的例子，例子中一个参与人相对于另外一个参与人占主导地位。主导参与人的效用为 6，被主导的参与人的效用为 3，这显然不公平。在表 3.11 中，我们给出了混合纳什均衡的例子，例子中两个参与人采取动作 0 的概率为 0.75，采取动作 1 的概率为 0.25。每个参与人的效用为 4.5。

表 3.9 两人博弈中的奖励表

	0	1
0	(5, 5)	(6, 3)
1	(3, 6)	(0, 0)

在表 3.10 和表 3.11 中，纳什均衡和混合纳什均衡均属于相关均衡的范畴。在表 3.12 中，我们给出了一个相关均衡在纳什均衡凸包之外的例子。注意，联合分布不是两个参与人分布函数的乘积，即两个参与人的动作不是独立的。而且，每个参与人的效用为 4.8，高于混合策略中的值。

表3.10 两人博弈中的纳什均衡

	0	1
0	0	(0或1)
1	(1或0)	0

表3.11 两人博弈中的混合纳什均衡

	0	1
0	9/16	3/16
1	3/16	1/16

表3.12 两人博弈中的相关均衡

	0	1
0	0.6	0.2
1	0.2	0

接下来，我们定义相关均衡，假设$\mathbb{G}=\{K,(\Omega_i)_{i\in K},(u_i)_{i\in K}\}$在策略形式上是一个有限$K$参与人博弈，其中$\Omega_i$是参与人$i$的策略空间，$u_i$是参与人$i$的效用函数。定义$\Omega_{-i}$为参与人$i$对手的策略空间。将参与人$i$的动作以及其对手的动作分别定义为$\boldsymbol{r}_i$和$\boldsymbol{r}_{-i}$。那么，相关均衡定义为

定义64 当且仅当所有$i\in K$，$\boldsymbol{r}_i\in\Omega_i$和$\boldsymbol{r}_{-i}\in\Omega_{-i}$，概率分布函数$p$为博弈$\mathbb{G}$的相关策略，即

$$\sum_{\boldsymbol{r}_{-i}\in\Omega_{-i}} p(\boldsymbol{r}_i,\boldsymbol{r}_{-i})[u_i(\boldsymbol{r}'_i,\boldsymbol{r}_{-i})-u_i(\boldsymbol{r}_i,\boldsymbol{r}_{i-1})]\leqslant 0,\forall \boldsymbol{r}'_i\in\Omega_i \tag{3.85}$$

将式（3.85）中的不等式除以$p(\boldsymbol{r}_i)=\sum_{\boldsymbol{r}_{-i}\in\Omega_{-i}}p(\boldsymbol{r}_i,\boldsymbol{r}_{-i})$，可以得到

$$\sum_{\boldsymbol{r}_{-i}\in\Omega_{-i}} p(\boldsymbol{r}_{-i}|\boldsymbol{r}_i)[u_i(\boldsymbol{r}'_i,\boldsymbol{r}_{-i})-u_i(\boldsymbol{r}_i,\boldsymbol{r}_{-i})]\leqslant 0,\forall \boldsymbol{r}'_i\in\Omega_i \tag{3.86}$$

式（3.86）中的不等式表示，当给参与人i的建议是选择动作$\boldsymbol{r}_i$时，那么选择动作$\boldsymbol{r}'_i$来代替动作$\boldsymbol{r}'_i$，对于参与人i来说不能获得更高的预期收益。

我们注意到相关均衡的集合在每一个有限博弈中是非空的、闭合的，并且是凸的。此外，它还可能包括不在纳什均衡分布的凸包中的分布。事实上，每个纳什均衡都是一个相关均衡，纳什均衡对应于一种特殊情况，即$p(\boldsymbol{r}_i,\boldsymbol{r}_{-i})$是每个参与人对不同动作的概率的乘积，即不同参与人的博弈是独立的[154-156]。相关均衡能够通过线性规划来计算。如果仅有本地信息可用，一些学习算法，如无悔学习能够获得概率为1的相关均衡[156]。

3.10.5 满意均衡

在现实生活中的分布系统中，代理通常没有他们对手的策略信息。在这个背景下，大多博弈论的解的概念是很难适用的。因此，有必要定义不要求完全信息的均衡概念，以及在重复行动的基础上通过学习可获得的概念。

满意形式是一个博弈理论形式，即参与人不是以最大化自己的效用为兴趣点的模型系统，而是要满足自己的约束条件[157]。

我们定义博弈为

$$\mathcal{G}' = (\mathcal{K}, \mathcal{A}^K, \{f_k\}_{k\in\mathcal{K}}) \tag{3.87}$$

式中，$\mathcal{K}$和$\mathcal{A}^K$遵循前述定义，对应f_k: $\mathcal{A}^{(K-1)} \rightarrow \mathcal{A}$，称为满足对应，定义为

$$f_k(\boldsymbol{a}_{-k}) = \left(a_k \in \mathcal{A}: \sum_{\ell\in\mathcal{L}_k} \boldsymbol{1}_{\{\xi\ell(a_k,a_{-k},\geqslant\Gamma\}} = L_k\right) \tag{3.88}$$

基本上式（3.86）是一种对应，即给定其他参与人采取的动作，选择满足个体约束的所有动作。这里，一个参与人能够独立于其他参与人来采取任何动作。对其他参与人动作的依赖仅在确定此参与人是否满意时起作用。

在这个博弈公式中，我们采取的解概念是满意均衡（SE）[157]，定义如下所述。

定义 65 满意均衡，博弈$\mathcal{G}'$的满意均衡是一个动作$\boldsymbol{a}' \in \mathcal{A}^K$，使得$\forall k \in \mathcal{K}$，

$$a'_k \in f_k(\boldsymbol{a}'_{-k}) \tag{3.89}$$

此 SE 是所有参与人都同时满足其约束条件的动作。换言之，因为所有参与人都满意，如果存在至少一个 SE，那么$L^* = L$。但是对于一个给定的博弈，SE 并不是总存在的。例如，如果在以博弈G为模型的网络中，不是所有通信都能以最小要求的 QoS 同时发生，那么 SE 根本不存在。关于在有限博弈中 SE 的存在以及多样性的扩展讨论在参考文献［158］中有所阐述。

1. 有效满意均衡（ESE）

假设参与人k为其每个动作a_k都分配了一个成本，用$c_k(a_k)$表示。对于所有$k \in \mathcal{K}$，成本函数c_k: $\mathcal{A}_k \rightarrow [0,1]$满足如下条件，$\forall (a_k, a'_k) \in \mathcal{A}_k^2$，

$$c_k(a_k) < c_k(a'_k) \tag{3.90}$$

当且仅当参与人k所采取的动作a_k要求的努力比行动a'_k更低。在 QoS 问题上，所付出的努力与实现一个给定的传输/接收配置所要求的传输功率和处理时间相关[159]。因此，考虑个体动作的努力或成本，SE 就是那个能满足最低个体成本的。

定义 66 有效满意均衡，一个动作$\boldsymbol{a}^*$就是成本函数为$\{c_k\}_{k\in\mathcal{K}}$的博弈$G$的一个有效满意均衡（ESE），如果所有$k$满足$k \in \mathcal{K}$，

$$a_k^* \in f_k(\boldsymbol{a}_{-k}^*) \tag{3.91}$$

$$\forall a_k \in f_k(\boldsymbol{a}_{-k}^*), c_k(a_k) \geqslant c_k(a_k^*) \tag{3.92}$$

每个参与人每次动作相关的努力，与其他参与人的选择无关。因此，一个 ESE $\boldsymbol{a}^* \in \mathcal{A}$如果存在，它是一个 SE，在这个 SE 中，参与人k通过采取在$f_k(\boldsymbol{a}_{-k})$中所有动作中需要付出最小努力的动作a_k^*来满足。尽管如此，SE 的存在并不意味着 ESE 的存在。

2. 投入与离开建模

假设一个博弈仅仅是博弈G的一个子集$\mathcal{J} \subset \mathcal{K}$中的参与人参与，将其表示为

$$G(\mathcal{J}) = (\mathcal{J}, \{\mathcal{A}_k\}_{k\in\mathcal{J}}, \{f_k^{(\mathcal{J})}\}_{k\in\mathcal{J}}) \tag{3.93}$$

函数$f_k^{(\mathcal{J})}$: $\mathcal{A}_{\mathcal{J}} \rightarrow 2^{\mathcal{A}_k}$在给定参与人子集$\mathcal{J}$所采取的动作的情况下，不能满足参与人$k$的个体约束的动作集合。在式（3.93）的博弈中，$\mathcal{K} \setminus \mathcal{J}$中的参与人不会在子集$\mathcal{J}$中的参与人采取的决定中起任何作用。更确切地说，式（3.93）中的博弈在集合$\mathcal{K} \setminus \mathcal{J}$中的参与人决定退出原始博弈$G$时获得的[160]。

参与人j通过采取与链路备用状态$A_j^{(0)}$对应的动作来退出博弈G。在博弈G中，对于所有$j \in$

$\mathcal{J}$满足如下条件的动作 $A_j^{(0)}$，有

$$f_k^{(\mathcal{J})}(\boldsymbol{a}_{\mathcal{J}\setminus\{j\}}) = f_k(\boldsymbol{a}_{\mathcal{J}\setminus\{j\}}, \boldsymbol{A}_{\mathcal{K}\setminus\mathcal{J}}^{(0)}) \tag{3.94}$$

式中，动作 $\boldsymbol{A}_{\mathcal{K}\setminus\mathcal{J}}^{(0)}$表示所有参与人 $\boldsymbol{k}\in\mathcal{K}\setminus\mathcal{J}$采取的动作 $\boldsymbol{A}_k^{(0)}$。

式（3.94）中的等式表明，当参与人集合$\mathcal{K}\setminus\mathcal{J}$选择在博弈 G 中采取动作 $\boldsymbol{A}_k^{(0)}$ 时，其对集合$\mathcal{J}$中参与人所采取的动作不起任何作用。

在式（3.93）中，给定集合$\mathcal{J}\subseteq\mathcal{K}$，博弈的相关性源于一个事实，那就是，如果博弈 G 不存在一个 SE，那么集合$\mathcal{J}$就是为了满足最大的参与人群体而选择的。

定义 67 N 人满意点（N - PSP）。假设满意形式 G 的博弈不存在 SE。如果 $|\mathcal{J}| = N$ 和式（3.93）是具有 SE 的最大参与人集的子博弈，那么动作$(\boldsymbol{a}_{\mathcal{J}}^{*}, \boldsymbol{A}_{\mathcal{K}\setminus\mathcal{J}}^{(0)})$被称为 N - PSP。

当一个博弈 G 至少存在一个 SE，任何 SE 都是 K - PSP。也就是说，当所有个体约束同时成立可行，那么 SE 和 K - PSP 是相同的。

第 3 部分　D2D 通信的资源管理、跨层设计和安全性

第 4 章　蜂窝网络中 D2D 通信的模式选择和资源分配

4.1　概述

第 4 代无线蜂窝网络的 LTE – A（Long Term Evolution – Advanced，高级长期演讲）技术标准有两个主要的需求，即提高频谱效率和提高网络吞吐量。D2D 通信技术对于 LTE – A 系统来说是一种很有效的可以满足上述两个需求的技术。D2D 通信技术允许多个用户设备（UE）间通过复用蜂窝资源直接进行通信，而不是使用蜂窝网络的上行或者下行资源来通信（见图 4.1）。D2D 通信可以实现四种类型的增益，即接近增益、跳接增益、复用增益和配对增益。用户设备可以在以下三种传统的工作模式下正常进行 D2D 通信：

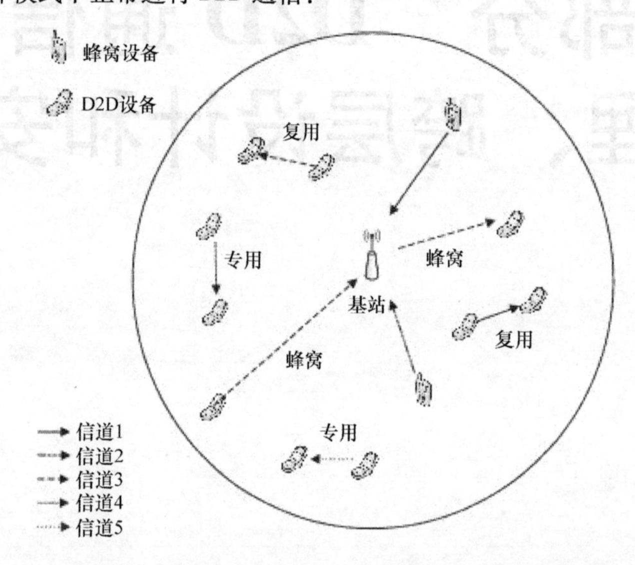

图 4.1　具有多个蜂窝链路和使用不同 D2D 通信模式的端到端链路的单蜂窝小区

• 复用模式：D2D 通信的用户设备可以通过使用蜂窝用户设备正在使用的频率进行数据传输从而提高频谱利用率。

• 专用模式：D2D 通信的用户设备使用特定的频率进行设备间的数据传输从而避免与蜂窝用户设备产生干扰。

• 蜂窝模式：跟蜂窝用户设备一样，D2D 通信的用户设备通过基站来进行数据的中继。

这里有一个很关键的问题，那就是如何给每一组 D2D 通信链路选择一个合适的传输模式。在蜂窝模式中，需要占用比复用模式和专用模式更多的资源（比如，时隙的数量）来传输数据到接收端。但是，这种模式更容易处理来自其他蜂窝用户的干扰。复用模式有比较高的频谱利用率，但是工作在这种模式下的D2D用户很容易和蜂窝用户或者工作在蜂窝模式下的D2D用户产生干扰。相比而言，专用模式因为有一部分资源是专门留给D2D通信的，这就能很好地避免干扰，当然，这种模式的频谱利用率就很低了。一个简单的解决办法是，根据D2D通信链路上接收信号的强度和传输距离来确定工作模式。但是干扰条件和共享蜂窝上行链路和下行链路之间的差异同样会影响网络整体吞吐量。

本章首先简述LTE-A网络，然后讨论D2D通信与网络的整合问题。然后介绍D2D通信目前研究所面临的主要挑战以及该领域的研究现状。随后，我们研究模式选择问题和D2D通信利用联盟博弈理论的协作传输问题，在传输模式选择的过程中会形成一个联盟，联盟中的用户通过用户间的协作来使D2D通信用户获得更大的利益（如降低传输成本）。这种协作意味着联盟中的D2D链路使用正交的信道来传输数据以避免同一联盟中的其他D2D链路的干扰。我们依据传输功率和信道占用成本为每一个用户确定合适的传输成本。因为每一个用户都是理性的，如果这种协作不能降低传输成本，那么它不会与联盟中的其他用户协作，哪怕是这种协作能保证全联盟的传输功率最低。因此，所有的用户使用单一的传输模式从而获得整体最低成本的设想是不现实的。这种类似协作联盟形成过程的稳定解决方案就可以认为是D2D通信的模式选择问题的最优解。稳定的联盟代表系统状态，在这种状态下，任何一个D2D链路为了降低传输成本而改变传输模式时，联盟内其他链路的传输成本必然增加。通过基于马尔可夫链的离散时间分析和分布式算法来计算出这种稳定协作联盟。

最后，我们讨论蜂窝网络中综合考虑上行和下行传输的D2D通信的联盟模式选择问题和资源分配问题。主要目标是最小化传输长度，即最小化传输需要的资源块（Resource Block，RB）的数量。只要传输过程不会产生比较严重的互相干扰，多个D2D链路就可以复用相同的资源块。我们制定了一个混合整数规划来解决最优化问题。由于该问题的不确定度较大，我们提出了一种基于列生成的算法来用较低复杂度有效地解决这个问题。在该算法中，这个问题被分解为一个受限的主问题和一个定价问题。并提出一个启发式算法来有效地解决定价问题。受限主问题与定价问题均需要多次迭代求解，从而获得模式选择问题和资源分配问题的最优解。

4.2　LTE-A网络和D2D通信

4.2.1　LTE-A网络概述

为了应对移动宽带数据流量近乎指数式的增长，3GPP（第三代合作伙伴计划）组织向国际电信联盟（ITU）提出了LTE-A标准作为4G无线蜂窝网络的一种备选方案。LTE-A是下行传输使用正交频分多址接入（OFDMA）技术，上行传输使用单载波频分多址接入（SC-FDMA）技术，以及使用多路输入多路输出（MIMO）和高阶调制技术[162]的LTE系统的演进版本。LTE-A系统有两个主要的需求[163]，首先就是对LTE系统的后向兼容性，即LTE-A系统必须部署在已经被LTE系统占用的频谱上而不对现有的LTE终端产生任何影响。它同样需要满足IMT-Advanced系统对容量、数据速率以及低部署成本的需求。它要求下行链路峰值速率超过1Gbit/s，上行峰值速率达到500Mbit/s。当然，比峰值速率更重要的是，LTE-A系统要能够同时为蜂窝网络大部分用户提供高速率数据传输。

为了满足以上的需求，参考文献［164］的作者描述了LTE和LTE-A的规范与功能特点。

LTE-A在部署几个增强型技术后可以提供更高效率和平滑演进。增强型技术包括载波聚合（CA）、增强下行多天线传输、上行多天线传输、中继转发以及非CA下的异构网络（HetNet）的增强型小区间干扰消除（eICIC）技术。同时在后续版本中，又提出了进一步的增强功能，包括以下几个：

1）极高的网络容量以及显著降低的每比特数据发送成本。

2）更高的频谱利用率和用户体验到的吞吐量。

3）以蜂窝内用户吞吐量为指标的公平性，甚至在蜂窝间、用户间也要保持这种公平性。

4）较低的资本支出（CAPEX）和运维支出（OPEX）。

5）能源效率和保护。

6）不同环境和QoS要求下可优化系统的可扩展性和灵活性。

7）较低的端到端传输时延。

对于以上增强型需求，R11在底层和顶层协议栈均提供了几个功能。几个典型的底层功能包括协作多点传输（CoMP）和接收、增强型CA、eICIC和先进的接收机技术等。顶层功能包括延伸覆盖的中继技术、最小化路测（MDT）增强、多媒体广播/组播业务（MBMS）增强、自优化网络（SON）增强和机器类型通信（MTC）增强等。

考虑到后续版本的技术要求，基于LTE-A网络的D2D通信作为备选功能提供端到端服务，从而使用MTC增强，并同时实现更高的频谱利用率和用户体验到的吞吐量。而且，在D2D通信中，因为跳数由两次（通过中继基站）降为一次（直接通信），所以端到端时延可明显降低。

4.2.2　LTE-A网络中的D2D通信

D2D通信可以在可控的干扰水平下高速接入无线频谱。基于频谱共享，D2D通信可以提高频谱效率并且增加网络吞吐量，而这两个指标对于LTE-A网络来说是非常重要的指标。D2D通信提供四种增益方式[161]。第一种增益是接近增益，这种增益使得应用D2D链路的短距离通信能够获得较高的比特率、低延迟和低功耗。第二种增益是跳接增益，其中D2D传输只使用一跳而不是两跳（即只通过一个基站通信，同时使用上行链路和下行链路的资源）。第三种增益是复用增益，这种增益下D2D链路和蜂窝链路可以同时使用相同的频率资源进行传输。最后一种增益是配对增益，它可以促进新型无线本地业务，同时UE可以选择蜂窝通信或者D2D通信模式。参考文献［165］表明，与所有D2D流量都通过蜂窝通信的情况相比，使用D2D通信可以使整个系统的吞吐量提升至少65%。此外，D2D操作可以完全对用户透明，可以像WLAN或者蓝牙那样，不需要手动配对或接入。蜂窝网络隐藏了用户对D2D连接设置的复杂性。

为了在LTE-A网络中实现D2D通信，参考文献［165，166］提出了两种基于SIP和IP的D2D连接机制。系统架构演进（SAE）的LTE系统采用这些协议在分组域运行。在SAE架构中，移动性管理实体（MME）和分组数据网络（PDN）网关来负责UE上下文，设置SAE承载、IP隧道、UE与服务PDN网关之间的IP连接。D2D会话可以通过服务PDN侦测到潜在D2D流量时初始化，也可以由用户或者通过在目标用户设备（UE）添加类似.direct、.local、.peer或.short

的本地扩展的 URI 地址来初始化。

图 4.2 展示了 D2D 会话建立的两种机制：1）通过侦测 D2D 流量，2）专用的 SAE 信令。

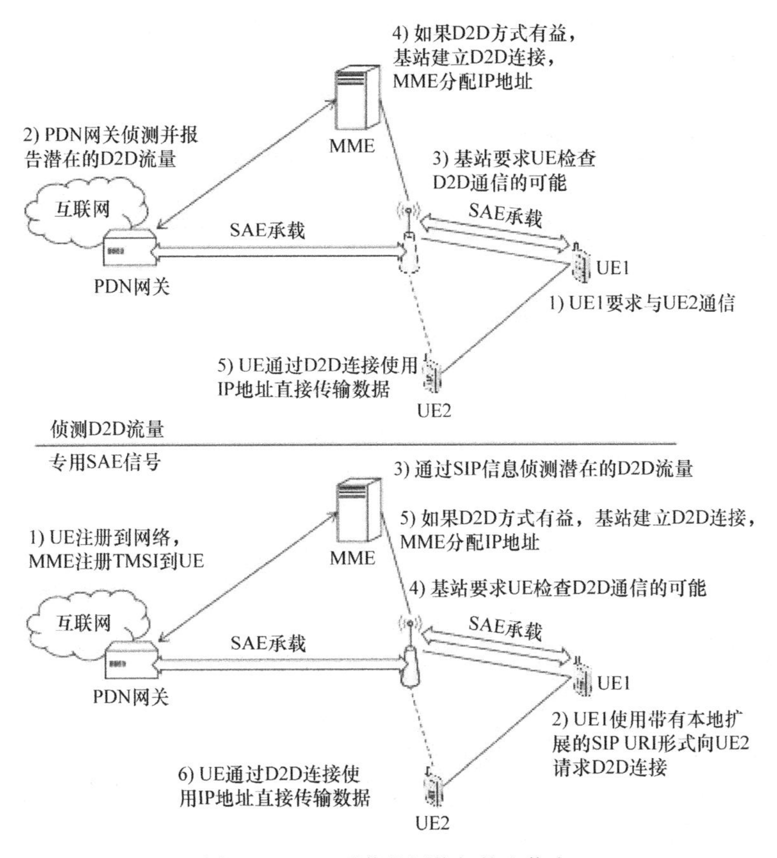

图 4.2　D2D 通信的网络架构和信令

正式机制通过允许服务 PDN 网关去侦测潜在的 D2D 流量来初始化 D2D 会话。网关通过数据包的 IP 头和隧道头了解哪个是正在为用户提供服务的 eNB（演进型 NodeB，相当于一个基站收发台）。然后 eNB 要求 UE 判断收发两端的设备是否处于可通信的范围内以及 D2D 通信能否提供更高的数据吞吐量。如果以上条件都符合，该 eNB 就会在收发端之间建立一个 D2D 承载。此外，eNB 仍旧为蜂窝通信模式的 UE 和网关之间保持 SAE 承载，并且控制蜂窝以及 D2D 通信的无线资源。相反，UE 可以通过 D2D 链接中对端 UE 之间的 IP 地址进行分组传输，而不通过路由相关的 eNB 或 SAE 网关。

后一种机制为会话建立应用了特定的 SAE 信令。UE 或者应用通过选择带有类似 . direct、. local、. peer 和 . short 的本地扩展 SIP URI 地址来初始化 D2D 会话。因为这种方法使用了一种特定的地址格式来区分 D2D SIP 请求和普通的 SIP 请求，它可以避免侦测 D2D 流量的开销，并使用轻 SIP 处理程序增强 MME 以促进会话建立。为了增强 MME 跟踪 UE 的 SIP 地址的功能，MME 在初始接入阶段会给 UE 分配临时移动用户标识（TMSI）。当在相同或者相邻的小区检测到 D2D

UE，并且接收到 D2D 会话的 NAS 消息时，MME 会向服务 eNB 请求建立 D2D 无线承载。然后该基站会要求 D2D UE 检查 D2D 连接的可能性。如果使用 D2D 通信有更大益处，D2D 承载将被建立并由基站向 MME 确认 D2D 建立成功。所有的这些操作，D2D 连接的建立对用户是透明的。并且 D2D 通信对于目前的 LTE 系统是后向兼容的。

4.3 LTE - A 网络中 D2D 通信的研究问题和挑战

本节描述了 LTE - A 网络中 D2D 通信的研究问题和挑战。在下节中，我们将回顾当前的应对这些挑战的研究方法。

4.3.1 模式选择

为了获得最大的吞吐量，D2D 通信必须支持在多个模式下可选择，即复用模式、专用模式以及蜂窝模式。此外，D2D UE 可以工作在静默模式。在静默模式中，当可用的资源不足以支持 D2D 流量，并且由于干扰问题没有办法进行频率复用时，D2D 设备不能传输数据，必须保持静默。

在之前提到过，D2D 通信面临的一个主要问题就是如何选择最优的传输模式来使系统的吞吐量最大化，同时满足通信链路的 QoS 要求。

4.3.2 传输调度

在 LTE - A 网络中，无线资源被分成大小相等的物理资源块（RB）。一个资源块在时域占一个时隙，在频域占 180kHz（如载波间距为 15kHz 的 12 个子载波）[167]。每个资源块的干扰都是时空独立的。共享资源块的智能选择将带来更高的网络吞吐量以及频谱利用率。因此，高效的传输调度是 D2D 通信研究的一个重要问题。

4.3.3 功率控制和功率效率

功率控制是减轻 LTE - A 网络中 D2D 通信用户间干扰的关键机制。此外，发射功率应合理配置以满足网络中用户的 QoS 要求（如信噪比）。在适当的功率分配下，可以让更多的 D2D 用户对来共享同一资源，从而提高频谱利用率。再次，由于蜂窝网络中的移动设备依靠有限的电池能量进行操作，功耗最小化也是 D2D 通信的一个重要问题。因此，功率效率应该考虑节能和可实现的 QoS 之间的权衡。

4.3.4 分布式资源分配

D2D 通信中现有的工作通常依赖于集中式资源分配，即演进型基站（eNB）统一为蜂窝用户与 D2D 用户分配资源。然而，由于其高复杂性，当网络变得很大时，资源集中管理可能并不适合。因此，必须通过分布式的方式来为 D2D 链路分配资源。每个 D2D 链路必须在不对蜂窝用户产生有害干扰的情况下感知网络环境，并自适应地利用资源。分布式方案可以使用完全分布式模型，也可以使用消息传递模型。在前者情况下，每个 D2D 链路在不与任何其他节点通信的情况下基于局部测量来占用频谱。这种模型提供了较少的信令开销，并且分布式程度较高，但该解决方案可能不是最佳的解决方案。在后者的情况下，该节点需要与相邻的节点通信，以确定相对比较好的分配方案。然而，信息交换的高速率和低分布性是该模型的主要问题。因此，分布式资源分配方案需要有效的频谱感知和接入方案，这些方案要综合考虑最优性、分布式实现和复杂性三者之间的平衡。

4.3.5　与异构网络共存

在LTE－A网络中，异构蜂窝结构通过灵活且低成本地部署宏、皮、小蜂窝，以及可重用相同无线资源的中继，可以增强覆盖和提高频谱效率。在干扰管理方面，采用小区间干扰协调（ICIC）技术对干扰基站之间进行协调，以便在时域、频域和空域进行资源划分。在LTE－A网络中，D2D通信将和这些异构网络共享无线资源。对于干扰管理，D2D节点应该能够与其他基站协调。一个简单的方法是允许通过eNB来协调。而且，D2D链路、蜂窝通信和异构网络之间高效的资源分配对于D2D通信与异构网络共存是一个重要问题，三者之间高效的资源分配才能够使系统在干扰可控的条件下实现总网络吞吐量最大化。

4.3.6　协作通信

协作通信是一种很有前途的无线技术，它可以提高D2D通信的性能。D2D终端可以通过合作，高效地利用无线资源进行数据传输，并且能减少网络中的干扰水平，提高D2D覆盖，提高网络的整体吞吐量。协作通信的关键问题是如何实现协作（例如，通过形成用户间的联盟），从而使无线资源被充分利用。

4.3.7　网络编码

网络编码是另一种很有前途的技术，可以提高网络的整体吞吐量，并且减少端到端网络所需的路由信息，以实现接近最优的吞吐量。通过网络编码，发射节点可以在发射前将数据包组合在一起。这种技术可以辅助D2D节点间的协作通信，以增强节点间可能的信息流。在另一个场景中，D2D节点可以帮助蜂窝用户将蜂窝数据中继到目的地。在中继过程中，D2D节点可以通过重用蜂窝资源，并将自己的数据包与蜂窝数据包相结合，然后将数据分别发送到它们各自的目的地。一种简单的网络编码技术是线性编码，这种编码是在有限域上通过乘法和加法来组合多个数据包。

尽管网络编码有许多好处，但在D2D通信中使用网络编码仍有几个难点。首先，接收数据的节点在解码时需要消耗大量的时间和无线资源。其次，当有许多数据包被合并时，很难保证系数的唯一性。再次，由于添加和去除的D2D链路的拓扑结构是动态的，它可能会影响网络编码下的网络性能。

4.3.8　干扰消除和高级接收机

干扰消除是一项重要的技术，可在不改变网络基础设施的情况下提高蜂窝网络的容量。先进的D2D接收机可以采用干扰消除机制减轻干扰。通过对干扰信号的结构进行建模，然后再减去它，可以在接收机中消除干扰。但是，干扰消除技术也面临着一些困难[168]。首先，这项技术在处理复杂调制的信号时有一定的局限性，需要一定的链路余量，以及对多个发送者的鲁棒性。其次，在确定物理层方案和参数（如调制方案）以获得最大程度的信号恢复时也面临一定的挑战。前向纠错（FEC）解码和差错恢复技术是重要的干扰消除技术，分别可以在解码时纠正错误的符号和减少歧义（即减少可能的符号组合），从而提高联合检测的性能。

4.3.9 多天线技术和多入多出机制

D2D的收发器可以使用多天线和多入多出（MIMO）机制在不增加发射功率和带宽的情况下提高数据吞吐量和链路覆盖范围。MIMO技术将发射功率分散在多个传输天线上，以获得更高速率的阵列增益和分集增益来减轻衰落的影响。在D2D通信中使用MIMO技术的主要问题在于如何设计高效的预编码器，即多数据流应该如何在多个天线上独立地发射出去，并且在接收机处适当加权以实现最大链路吞吐量。预编码器的设计应尽量减少发射功率以减少对邻区干扰，同时还要满足QoS要求（如SINR）。在这方面的研究已经集中在具有先进的信号处理技术的接收机上，使用这种接收机可以减少和消除可测干扰。但是，这些方法需要信道信息并且复杂度较高，因此并不适用于D2D通信。

4.3.10 移动性管理和切换

由于D2D通信链路的传输范围是有限的，因此移动性管理和切换是D2D通信的重要问题。参考文献［166］提出D2D通信应专门为相当稳定的链路或流动性有限的节点而设计。在一个蜂窝内，当D2D收发机移动或因干扰太高而不具备D2D通信条件时，就会需要切换。因此，D2D链路可以切换到蜂窝链路，反之亦然。这种情况分别被称为模式选择和垂直切换。相比之下，水平切换（即从一个蜂窝到另一个蜂窝）也是一个待解决的问题。为了通过D2D链路实现无缝通信，需要一个有效的水平切换过程。D2D链路可能能够在从一个蜂窝到另一个蜂窝切换过程中继续保持直接通信，或者可能需要在切换到另一个蜂窝之前调整到蜂窝模式。此外，蜂窝间切换可以是硬切换或软切换。还需要研究蜂窝链路在干扰约束的不同场景下的最大D2D通信范围。

4.3.11 鲁棒资源分配

在无线通信中，系统信息（例如，信道增益、用户数和SINR测量）通常是不准确的、时变的或者不确定的。如果资源分配时不考虑这些不确定性，可能会导致实现后性能较差，甚至方案完全不可行。鲁棒优化技术可以用来解决数据不确定性的优化问题。鲁棒优化在没有不确定性的最优化问题中，寻求一个接近最优化，但在参数扰动条件下仍然是可行的解决方案（即名义问题）。不确定性集可以用椭球体、多面体和D－norm方法[169]建模。在D2D通信中，资源分配算法以及模式的选择应将链路增益固有的随机性质考虑在内。此外，蜂窝与D2D链路的数量会随时间而变化。分配结果也要能很好地应对这种不确定性。

4.4　LTE/LTE－A 网络中的 D2D 通信技术现状

4.4.1　模式选择

最近，参考文献［167，170，171］研究了网络中 D2D 链路和蜂窝用户共享频谱的模式选择问题。简单的模式选择方法只考虑 D2D 链路的接收信号强度或者终端之间的传输距离。但是，共享蜂窝上行链路或者下行链路之间的差异以及干扰情况也会影响网络的整体吞吐量。因此，参考文献［170］提出了一种模式选择算法，该算法考虑 D2D 链路和蜂窝链路的质量，以及每个可能的共享模式的干扰情况。模式选择方案选择的模式能提供最高的总速率，且同时能够使得在单蜂窝和多蜂窝场景下且每个蜂窝包含一个 D2D 用户对和一个蜂窝用户时，均可满足蜂窝网络的 SINR 约束。但是，该算法没有考虑功率控制问题。

参考文献［171］研究了在一个包含一个 D2D 链路和一个蜂窝用户的单蜂窝中，在受频谱效率的限制以及最大发射功率或能量的限制时，功率控制下的模式选择问题。并研究了贪婪总速率最大化问题，其中 D2D 与蜂窝通信都在竞争这项服务。随后，研究了在速率约束的情况下的总速率最大化问题，其中在速率约束情况下，蜂窝用户具有较高优先级，并且保证最小传输速率。除了有最大功率约束的蜂窝模式这种情况，最优化问题可以以封闭形式求解，也可以从有限集合中搜索。为了概括系统模型，参考文献［167］研究了多个蜂窝用户以及多个 D2D 链路的资源分配问题。蜂窝用户的上行链路和下行链路的资源块（RB）全都分配给 D2D 链路，增加了网络的吞吐量。主蜂窝用户和副 D2D 用户的总传输速率最大化问题被归结为蜂窝与 D2D 通信在 SINR 约束下的混合整数非线性规划问题。在此基础上，提出一个贪婪启发式算法来调度上行链路和下行链路的 RB。D2D 链路分配一个被蜂窝用户占用的资源块，使得从 D2D 通信到蜂窝通信之间的信道干扰最小化。值得注意的是，具有更高信道质量的蜂窝用户和将与导致较低干扰的 D2D 链路共享资源。但是，频谱可能不会被有效利用，因为一个资源块最多可以与一个 D2D 链路共享。

4.4.2　功率控制

功率控制是 D2D 通信的一个重要的研究课题[172,173]。参考文献［172］提出了一个简单的功率控制方法，其中降低 D2D 传输功率以防止对蜂窝通信产生过多干扰。参考文献［174］研究了单蜂窝场景下，D2D 用户与蜂窝用户速率受限的非正交共享时最大化总传输速率的功率控制问题。参考文献［175］也为 D2D 链路提出了一种动态功率控制机制，用来降低干扰，并提高蜂窝系统性能。D2D 链路的发射功率由 eNB 定期调整，用来排除覆盖范围外的蜂窝用户和基站。eNB 可以通过使用 D2D 链路和蜂窝用户之间的信道增益来进行功率计算。参考文献［173］提出了一种功率高效机制，在满足用户的 QoS 需求时最小化总下行链路传输功率，并使用启发式算法来联合分配子载波、自适应调制方式和模式选择。

4.4.3　分布式资源分配

为了提高 D2D 通信的可扩展性，参考文献［176］和［161］提出了分布式资源分配方法。

同时参考文献［176］也提出了分布式功率控制算法，SINR 目标是在蜂窝与 D2D 链路共存于相同的上行链路 OFDM 物理资源块（PRB）中的蜂窝与 D2D 混合环境中迭代确定的。目的是在总速率和 SINR 受限的条件下最小化总功耗。并提出了一种两步算法来确定 SINR 和功率设置步骤。增广拉格朗日惩罚函数法（ALPF）是用来获得最佳的 SINR 目标设置，通地针对设置个体 SINR 目标以满足总速率目标条件下的总功率最小化。然后，提出一种迭代的发射功率和功率分配算法来优化配置多个 MIMO 流的发射功率。

参考文献［161］针对多个小区间的联合模式选择、调度和功率控制提出了一个分布式次优算法，其中每个 eNB 选择适当的模式，并且以分布方式为每个移动终端分配 PRB。其目标是最大限度地减少整体发射功率。该问题被转化为一个非合作博弈，在此博弈中每个 eNB 是一个参与人，而收益函数是总发射功率。功率矢量是根据每个 PRB 感知到的干扰来迭代计算的，而所有其他参与人的分配策略保持固定。分配策略是每个 eNB 可以采用的所有可能的模式选择和 PRB 分配的集合。每个 eNB 均参与博弈直到达到纳什均衡。此外，还提出了一种负荷控制策略，其目的是通过减少消耗能量最多、干扰最大、带来更高不稳定性的用户的 SINR 目标来提高稳定性。

4.4.4 干扰消除

干扰消除是一种很有前景的管理干扰的技术。参考文献［177］对先进接收机提出了一种新的干扰管理方案，从而来提升上行链路上 D2D 通信的可靠性，同时又不降低蜂窝 UE 的功率。其对三种接收模式均进行了研究，以获得封闭形式的中断概率。第一种模式解调所需的信号并将干扰视为噪声，而第二种模式首先将干扰信号解调出来并将其消除，然后再解调所需的信号。在第三种模式中，利用基站对干扰重传产生可控的干扰作为强干扰，然后利用干扰消除过程获得期望的信号。建议基于最小理论中断概率的模式来选择算法，如下所示：1）第一种模式为低干扰模式，2）第二种模式为高干扰模式，3）第三种模式为中干扰模式。

4.4.5 基于 MIMO 的 D2D 通信

MIMO 技术的设计和优化在 D2D 通信领域也是一个有趣的话题。参考文献［178］为小区下行传输提出了 MIMO 机制来避免对蜂窝网络中的 D2D 接收机产生干扰。eNB 可以通过设计预期蜂窝下行信道的发射机权重来使用任何 MIMO 传输方案，然后下行链路的预编码矩阵可以通过投影矩阵和所设计的发射机权重的乘积来计算。因此，从 SINR 方面提高了 D2D 链路的通信质量，整体的链路容量也有所提升。

4.5 基于联盟博弈模型的模式选择

4.5.1 系统模型和假设

我们认为 N 个蜂窝链路和 M 个 D2D 链路在共享$\mathcal{L}$个子通道（见图 4.1）。每个蜂窝链路 $i \in \mathcal{N}=\{1,\cdots,N\}$ 是一个用户设备（UE）和基站（eNB）之间的连接，并且其速率要求为 R_i。每个

D2D链路$j \in \mathcal{M}=\{1,\cdots,M\}$是D2D的用户设备接收机与发射机之间的连接，并且二者在同一个蜂窝内，其速率要求为R_j。我们假设所有的子信道具有相同的带宽BHz。蜂窝用户利用相互正交的子信道与基站通信。用k表示一个蜂窝链路或D2D链路，我们定义$g_{kk'}^l$为在信道l上的链路k'发射机和链路k接收机之间的信道功率增益。g_{Bk}^l和g_{kB}^l分别定义为链路k发射机和基站之间的信道功率增益以及基站与链路k接收机之间的信道功率增益。让p_k^l表示在子信道l上将数据从链路k发射机发射到链路k接收机所使用的发射功率，让p_{kB}^l和p_{Bk}^l分别表示子信道l上将数据从链路k发射机发射到eNB以及将数据从eNB发射到链路k接收机的发射功率。接下来，让N_k和N_B分别表示在链路k接收机和eNB的加性高斯白噪声功率，并假设在所有子信道上都是常数。

每个D2D链路试图在满足通信链路QoS要求的前提下，选择相应的通信模式以获得从发射功率和信道占用的角度来说最低的传输成本。我们使用联盟博弈理论的概念来确定每个D2D链路使用哪种通信模式。我们假设基站的协调器知道所有相关链路的信道状态信息。然后，协调器可以将此信息分发给所有链路。在这个联盟博弈中，同一个联盟中的D2D链路互不干扰（如通过协调使用相互正交的子信道），但它们可能会干扰属于不同联盟的链路。特别是，相同的子信道可以同时被多个不同联盟中的链路使用。

4.5.2 联盟博弈模型

在本节中，我们提出了一个不可转移效用（NTU）联盟博弈，在该博弈中，所有的D2D链路都是参与人。联盟里的参与人角色由$\mathcal{S}_\mathrm{c}$、$\mathcal{S}_\mathrm{r}$、$\mathcal{S}_\mathrm{d} \subseteq \mathcal{M}$来表示。$\mathcal{S}_\mathrm{c}$、$\mathcal{S}_\mathrm{r}$和$\mathcal{S}_\mathrm{d}$分别表示一个D2D链路联盟里的蜂窝模式、复用模式和专用模式。因为每个链路在同一时间只能使用一个模式，那么有$\mathcal{S}_\mathrm{c} \cap \mathcal{S}_\mathrm{r} \cap \mathcal{S}_\mathrm{d}=\emptyset$和$\mathcal{S}_\mathrm{c} \cup \mathcal{S}_\mathrm{r} \cup \mathcal{S}_\mathrm{d}=\mathcal{M}$。

1. 链路的传输速率

让$r_j(\mathcal{S}_\mathrm{c})$、$r_j(\mathcal{S}_\mathrm{r})$和$r_j(\mathcal{S}_\mathrm{d})$分别代表D2D链路$j$在这个联盟中使用蜂窝模式、复用模式和专用模式时的速率。我们可以发现不同模式下D2D链路的速率，如下所示：

- 由于在蜂窝模式下，基站（eNB）需要转发链路j由发射机到接收机的数据包，并且该子信道同时被用来进行上下行传输，所以速率$r_j(\mathcal{S}_\mathrm{c})$是链路$j$由发射机到基站的上行速率和由基站到接收机的下行速率二者最小值的一半。也就是说，$r_j(\mathcal{S}_\mathrm{c})$可以由下面的式子得到：

$$r_j(\mathcal{S}_\mathrm{c})=\frac{1}{2}B\sin\left\{\log_2\left(1+\frac{g_{Bj}^l p_{jB}^l}{N_B+g_{Bj'}^l p_{j'}^{l(\mathrm{up})}}\right),\log_2\left(1+\frac{g_{jB}^l p_{Bj}^l}{N_j+g_{jj'}^l p_{j'}^{l(\mathrm{down})}}\right)\right\} \tag{4.1}$$

这里$j \in \mathcal{S}_\mathrm{c}$，$j' \in \mathcal{S}_\mathrm{r}$。并且，由于在每个联盟中一个子信道只能被一个D2D链路占用，因此可能会受到某个工作在复用模式下的D2D链路的干扰。需要记住的是，当一个D2D的链路j在蜂窝模式下由发射机以发射功率p_{jB}^l向基站传输数据时，$p_{j'}^{l(\mathrm{up})}$是链路j'在复用模式下发射机向接收机传输的发射功率。同样的，D2D链路j的接收机在接收由基站以发射功率p_{Bj}^l转发的数据时，$p_{j'}^{l(\mathrm{down})}$是链路$j'$在复用模式下由发射机到接收机传输数据的发射功率。然后，D2D链路j的平均发射功率由下式计算：$p_j^l=\dfrac{1}{2}(p_{jB}^l+p_{Bj}^l)$。

- 在复用模式下，D2D链路j复用一个已经由蜂窝链路或者工作在蜂窝模式下的D2D链路占用的子信道。这时，该蜂窝链路或者工作在蜂窝模式下的D2D链路有可能对复用模式的D2D

链路产生干扰。如果子信道 l 被蜂窝模式的 D2D 链路 j' 占用，D2D 链路 j 的速率是在链路 j' 上行传输中可获得的速率的平均值，即

$$B\log_2\left(1+\frac{g_{jj}^l p_j^{l(\mathrm{up})}}{N_j+g_{jj'}^l p_{j'B}^l}\right)$$

D2D 链路 j' 的下行传输速率，即

$$B\log_2\left(1+\frac{g_{jj}^l p_j^{l(\mathrm{down})}}{N_j+g_{jB}^l p_{Bj'}^l}\right)$$

我们假设 D2D 链路 j 需要调整 $p_j^{l(\mathrm{up})}$ 和 $p_j^{l(\mathrm{down})}$ 来保证速率要求 R_j 是一个定值，如下式如示

$$B\log_2\left(1+\frac{g_{jj}^l p_j^{l(\mathrm{down})}}{N_j+g_{jB}^l p_{Bj'}^l}\right)=B\log_2\left(1+\frac{g_{jj}^l p_j^{l(\mathrm{down})}}{N_j+g_{jB}^l p_{Bj'}^l}\right)=R_j$$

这样，两种情况要求的 SINR 是一样的。并且，当子信道 l 由一个蜂窝模式的 D2D 链路共享时，D2D 链路 j 的平均发射功率可以由式 $p_j^l=\frac{1}{2}(p_j^{l(\mathrm{up})}+p_j^{l(\mathrm{down})})$ 来计算。在联盟 $\mathcal{S}_\mathrm{r}$（即使用复用模式）中的 D2D 链路 j 的速率由下式计算：

$$r_j(\mathcal{S}_\mathrm{r})=\begin{cases}\frac{1}{2}B\left(\log_2\left(1+\frac{g_{jj}^l p_j^{l(\mathrm{up})}}{N_j+g_{jj'}^l p_{j'B}^l}\right)+\log_2\left(1+\frac{g_{jj}^l p_j^{l(\mathrm{down})}}{N_j+g_{jB}^l p_{Bj'}^l}\right)\right),\text{子信道 } l \text{ 被一个使用蜂窝模式的 D2D 链接占用}\\ B\log_2\left(1+\frac{g_{jj}^l p_j^l}{N_j+g_{ji}^l p_i^l}\right),\text{子信道 } l \text{ 被一个蜂窝链接占用}\end{cases}\tag{4.2}$$

式中，$j\in\mathcal{S}_\mathrm{r}$，$j'\in\mathcal{S}_\mathrm{c}$，并且 $i\in\mathcal{N}$。

- 在联盟 $\mathcal{S}_\mathrm{d}$（专用模式下）中 D2D 链路 j 的传输速率为

$$r_j(\mathcal{S}_\mathrm{d})=B\log_2\left(1+\frac{g_{jj}^l p_j^l}{N_j}\right),j\in\mathcal{S}_\mathrm{d}\tag{4.3}$$

由于在专用模式下 D2D 链路 j 使用一个预留的信道，不会受到任何来自其他链路的干扰。每一个由 r_i 定义的蜂窝链路 i 的速率如下所示：

$$r_i=\begin{cases}B\log_2\left(1+\frac{g_{Bi}^l p_{iB}^l}{N_B+g_{Bj'}^l p_{j'}^l}\right),\quad\text{对于下行传输}\\ B\log_2\left(1+\frac{g_{iB}^l p_{Bi}^l}{N_i+g_{ij'}^l p_{j'}^l}\right),\quad\text{对于上行传输}\end{cases}\tag{4.4}$$

式中，$i\in\mathcal{N}$。

4.5.3　D2D 链路的策略

在每个联盟 $\mathcal{S}\in\{\mathcal{S}_\mathrm{c},\mathcal{S}_\mathrm{r},\mathcal{S}_\mathrm{d}\}$ 中，联盟中的成员在满足式（4.5）所示的速率要求下选择子信道以最小化总发射功率，其中 $\mathcal{A}_\mathcal{S}$ 是每个联盟 $\mathcal{S}\in\{\mathcal{S}_\mathrm{c},\mathcal{S}_\mathrm{r},\mathcal{S}_\mathrm{d}\}$ 可用的子信道的集合，分别用 $\mathcal{A}_{\mathcal{S}_\mathrm{c}}$、$\mathcal{A}_{\mathcal{S}_\mathrm{r}}$ 和 $\mathcal{A}_{\mathcal{S}_\mathrm{d}}$ 来定义，p_j^l 是 D2D 链路 j 在子信道 l 上的发射功率，即

$$\min\sum_{l\in\mathcal{A}_\mathcal{S}}\sum_{j\in\mathcal{S}}p_j^l$$

$$\text{满足}\quad r_j \geqslant R_j, \forall j \in \mathcal{S} \tag{4.5}$$

$\mathcal{A}_{\mathcal{N}}$表示由蜂窝链路占用的子信道的集合。然后，蜂窝模式下的 D2D 链路从可用的子信道中选择信道，即$\mathcal{A}_{\mathcal{S}_c} \subseteq \mathcal{L} \setminus \mathcal{A}_{\mathcal{N}}$。随后，复用模式下的 D2D 链路将选择已经被蜂窝链路或者蜂窝模式的 D2D 链路占用的子信道作为信道，即$\mathcal{A}_{\mathcal{S}_r} \subseteq \mathcal{A}_{\mathcal{N}} \cup \mathcal{A}_{\mathcal{S}_c}$，而专用模式下的 D2D 链路将选择没被占用的子信道，这些子信道的集合为$\mathcal{A}_{\mathcal{S}_d} \subseteq \mathcal{L} \setminus (\mathcal{A}_{\mathcal{N}} \cup \mathcal{A}_{\mathcal{S}_c})$。需要指出的是，当子信道被 D2D 链路复用时，其他复用该信道的链路（通常是蜂窝链路或者蜂窝模式下的 D2D 链路）需要调整发射功率以满足传输速率。

在联盟$\mathcal{S}$中，已知的子信道 l 只能被一个 $j \in \mathcal{S}$的 D2D 链路占用。然后，对于其他所有与 j（即 $j \neq j'$）不相同的链路 j'来说，$p_{j'}^l = 0$。R_j 是 D2D 链路 j 在接收机所需的传输速率。

按照式（4.1）~式（4.4）和每个 D2D 链路 j 已知的速率要求 R_j，相应的由 γ_j 定义的 D2D 链路 j 所需的 SINR 要求可以如下计算：

$$\gamma_j = \begin{cases} 2^{(R_j/B)} - 1, & j \in \mathcal{S}_r \text{或} \mathcal{S}_d \\ 2^{(2R_j/B)} - 1, & j \in \mathcal{S}_c \end{cases} \tag{4.6}$$

并且，根据每个蜂窝链路 i 的速率要求 R_i，相应的蜂窝链路 i 的 SINR 要求由 γ_i 定义，可以如下计算：

$$\gamma_i = 2^{(R_i/B)} - 1 \tag{4.7}$$

因此，每个链路 k 的速率要求，不管是蜂窝链路还是 D2D 链路，可以从 SINR 的角度重新描述为

$$\mu_k \geqslant \gamma_k \tag{4.8}$$

式中，μ_k 是可获得的 SINR。

把$\mathcal{H}_l$ 定义为共享相同子信道 l 的所有链路的集合，$\vec{\boldsymbol{p}}$ 定义为列向量，它的元素 P_h 是每个链路 $h \in \mathcal{H}_l$ 的发射功率。我们可以得到所有占用相同信道的链路满足它们要求的 SINR 时的发射功率如下：

$$(\boldsymbol{I} - \boldsymbol{F})\vec{\boldsymbol{p}} = \vec{\boldsymbol{u}} \tag{4.9}$$

这里 $\boldsymbol{I}$ 是单位矩阵，$\vec{\boldsymbol{u}}$ 是可以用下式描述的列向量，即

$$\vec{\boldsymbol{u}} = [\cdots \quad \gamma_h N_h / g_{hh}^l \quad \cdots]^{\mathrm{T}}, \forall h \in \mathcal{H}_l \tag{4.10}$$

式中，T 表示矩阵的转置。$\boldsymbol{F}$ 是一个 $|\mathcal{H}_l| \times |\mathcal{H}_l|$矩阵（$|\mathcal{H}_l|$是共享子信道 l 的链路数量），它的第（h，h'）个元素为

$$F_{h,h'} = \begin{cases} \gamma_k g_{hh'}^l / g_{hh}^l, & h \neq h' \\ 0, & h = h' \end{cases} \tag{4.11}$$

需要注意的是式（4.9）给出的发射功率可以由参考文献［179］提出的功率控制算法计算出来。因为我们一直在考虑发射功率最小化问题，因此对于最大发射功率没有做限制。

1. 成本函数

联盟$\mathcal{S} \in \{\mathcal{S}_c, \mathcal{S}_r, \mathcal{S}_d\}$中的 D2D 链路 j 的传输成本可以定义为发射功率与使用子信道相关的成本的函数，如下所示：

$$u_j(\mathcal{S}, l) = \delta_j p_j^l(\mathcal{S}) + \alpha_j c_j^l(\mathcal{S}) \tag{4.12}$$

式中，$p_j^l(\mathcal{S})$是链路 i 在子信道 l 的发射功率 n（单位是 mV），可以在式（4.5）中的最小化问题

中获得；$c_j^l(\mathcal{S}) \geqslant 0$ 是联盟$\mathcal{S} \in \{\mathcal{S}_c, \mathcal{S}_r, \mathcal{S}_d\}$中的 D2D 链路 j 占用信道 l 的花费。由于占用专用信道 $c_j^l(\mathcal{S}_d)$ 的花费肯定比占用共享信道 $c_j^l(\mathcal{S}_c)$ 和 $c_j^l(\mathcal{S}_r)$ 的花费要高，我们假设 $c_j^l(\mathcal{S}_c)$、$c_j^l(\mathcal{S}_r) \leqslant c_j^l(\mathcal{S}_d)$。在式（4.12）中，$\delta_j$ 和 α_j 分别为发射功率和占用信道花费的正权重常数。由于我们考虑的是一个不可转移效用（NTU）联盟博弈，在计算它的效用时，只考虑每个 D2D 链路 j 的传输成本，它是独立并且不可转移的。这样，每个 D2D 连接的目标就是最小化其传输成本。

4.5.4 联盟形成

每个 D2D 链路或成员 j 都可以决定离开它所属的联盟然后加入其他联盟，当然，前提是在新的联盟中，成员 j 可以降低它的传输成本，并且新联盟中其他所有成员的传输成本不高于它们在原来联盟中的传输成本。即

$$
\begin{aligned}
u_j(\mathcal{S}' \cup \{j\}) &< u_j(\mathcal{S}),\ j \in \mathcal{S} \\
u_{j'}(\mathcal{S}' \cup \{j\}) &\leqslant u_{j'}(\mathcal{S}'),\ \forall j' \in \mathcal{S}'
\end{aligned}
\tag{4.13}
$$

式中，$\mathcal{S}$、$\mathcal{S}' \in \{\mathcal{S}_c, \mathcal{S}_r, \mathcal{S}_d\}$，$\mathcal{S} \neq \mathcal{S}'$，$j \neq j'$。

当某个联盟的结构能够维持内外部的稳定性时可以被视为一个联盟博弈的稳定解[180]。

- 内部稳定性：当联盟$\mathcal{S}$中没有成员可以通过离开该联盟或者独立运行来降低传输成本时，联盟具有内部稳定性。
- 外部稳定性：联盟$\mathcal{S}$中有成员离开该联盟并加入联盟$\mathcal{S}'$后，没有降低$\mathcal{S}$传输成本和$\mathcal{S}'$所有成员的传输成本，联盟具有外部稳定性。

为了找到稳定联盟信息的解决办法并分析稳定联盟的结构，我们可以设置一个离散时间的马尔可夫链（DTMC）。该马尔可夫链的状态空间可以用由$\Upsilon = \{\mathcal{S}_c, \mathcal{S}_r, \mathcal{S}_d\}$定义的所有联盟结构的集合来表述。状态转换由联盟中的成员离开或者新成员加入来决定。已知成员 j 离开它所在的联盟$\mathcal{S}$和加入其他联盟$\mathcal{S}'$的概率，则从状态Υ转换到状态Υ'的转换概率由下式计算，即

$$
\rho_{\Upsilon,\Upsilon} = \begin{cases}
\frac{1}{2}(1/M)\prod_{x \in \mathcal{S}' \cup j} \varphi_x(\Upsilon' | \Upsilon), & \Upsilon \neq \Upsilon' \text{ 和 } \\
 & \Upsilon' = ((\Upsilon \backslash \{\mathcal{S}\}) \backslash \{\mathcal{S}'\}) \cup (\{\mathcal{S}' \cup \{j\}\} \cup \{\mathcal{S} \backslash \{j\}\}) \\
1 - \sum_{\Upsilon' \in \Omega, \Upsilon' \neq \Upsilon} \rho_{\Upsilon,\Upsilon'} & \Upsilon = \Upsilon' \\
0, & \text{其余}
\end{cases}
\tag{4.14}
$$

式中，$1/M$ 是 D2D 链路或者成员 j 被选中决定离开或加入的概率，$\frac{1}{2}$是成员 i 选择剩下两个联盟中一个的概率，即另外两种 D2D 通信模式，$\varphi_x(\Upsilon' | \Upsilon)$是每个成员在新联盟$\mathcal{S}' \cup \{j\}$中会接受把联盟结构由$\Upsilon$变为$\Upsilon'$的概率，即

$$
\varphi_x(\Upsilon' | \Upsilon) = \begin{cases}
1, & u_x(\mathcal{S}' \cup \{j\}) < u_x(\mathcal{S}) \\
0, & \text{其余}
\end{cases}
\tag{4.15}
$$

式中，$\mathcal{S}$、$\mathcal{S}' \in \Upsilon$并且$\mathcal{S} \neq \mathcal{S}'$。稳定联盟符合马尔可夫链（DTMC）的吸收态[180]。

已知元素为$\rho_{\Upsilon,\Upsilon'}$的转移矩阵 $\boldsymbol{Q}$，求解下面的方程即可得到稳定性概率向量 $\vec{\boldsymbol{\pi}}$，

$$\vec{\boldsymbol{\pi}}^{\mathrm{T}}\boldsymbol{Q}=\vec{\boldsymbol{\pi}}^{\mathrm{T}} \tag{4.16}$$

式中，$\vec{\boldsymbol{\pi}}^{\mathrm{T}}\vec{\mathbf{1}}=1$，$\vec{\mathbf{1}}$ 是一个向量，$\vec{\boldsymbol{\pi}}=[\pi\Upsilon_1 \quad \cdots \quad \pi\Upsilon_q \quad \cdots \quad \pi\Upsilon_{3M}]^{\mathrm{T}}$，$\pi\Upsilon_q$ 是联盟结构Υ_q 被形成的概率。

马尔可夫链的解可以由协调器集中计算。我们同样提出一个基于每个 D2D 链路j 独立做出离开或加入联盟决定的分布式算法（见算法 4）来计算它的解。

算法 4　基于每个 D2D 链路个体联合决策的分布式联盟形成算法

1：初始化 $\phi=0$ 和$\Upsilon(\phi)$
2：**loop**
3：　在时刻 ϕ，随机选择 D2D 链路j 做出离开$\mathcal{S}(\phi)$加入其他任意联盟$\mathcal{S}'(\phi)$的决定
4：　D2D 链路j 随机选择$\mathcal{S}'(\phi)$，即两个其他模式中的一个（联盟）
5：　D2D 链路j 发送它的请求到中央协调器来加入$\mathcal{S}'(\phi)$，以及为了解决最小化问题需要交换的信息
6：　所有的 D2D 链路$f'\in\mathcal{S}'(\phi)$计算并发送它们的传输成本 $u_j(\mathcal{S}'(\phi)\cup\{j\})$到中央协调器
7：　D2D 链路j 计算它的传输成本 $u_j(\mathcal{S}'(\phi)\cup\{j\})$
8：　**if** $u_j(\mathcal{S}'(\phi)\cup\{j\})<u_j(\mathcal{S}(\phi))$成立
9：　　**if** $u_{j'}(\mathcal{S}'(\phi)\cup\{j\})<u_{j'}(\mathcal{S}'(\phi)),\forall j'\in\mathcal{S}'(\phi)$成立
10：　　　D2D 链路j 加入$\mathcal{S}'(\phi)$
11：　　　$\Upsilon(\phi+1)=((\Upsilon(\phi)\setminus\{\mathcal{S}(\phi)\})\setminus\{\mathcal{S}'(\phi)\})\cup(\{\mathcal{S}'(\phi)\cup\{j\}\}\cup\{\mathcal{S}(\phi)\setminus\{j\}\})$
12：　　**else**
13：　　　$\Upsilon(\phi+1)=\Upsilon(\phi)$
14：　　**end**
15：　**else**
16：　　$\Upsilon(\phi+1)=\Upsilon(\phi)$
17：　**end**
18：　$\phi=\phi+1$
19：**end loop** 当达到一个稳定的联盟结构Υ^*（即没有 D2D 链路愿意加入其他联盟）

4.5.5　数值计算结果

我们通过 MATLAB 仿真研究了之前提出的模式选择机制的性能。我们模拟了一个 300m × 300m 范围的含有 D2D 通信链路的单蜂窝系统。基站设置在该区域的正中心，共 4 条蜂窝链路。蜂窝链路通过上行传输直接与基站进行通信，终端设备均匀地分布在距基站 50m 内的范围。对于 D2D 通信来说，相当于有 8 个 D2D 用户（即 4 条 D2D 链路）均匀地分布在发送端到接收端最远距离 100m 的范围内。路径损耗可以由 $\mathrm{PL}(k,k')(\mathrm{dB})=\mathrm{PL}(d_0)(\mathrm{dB})+10n_{\mathrm{SF}}\log(d_{k,k'}/d_0)$计算得出，这里 $d_{k,k'}$是链路 k'的发送端到链路 k 的接收端之间的距离。基站与所有 D2D 接收端的噪声功率均为 10^{-10}W。我们设置路径损耗指数为 $n_{\mathrm{SF}}=4$，并且测得距离 $d_0=1$m 处的视距损耗为

$PL(d_0)=37.7\text{dB}$。所有的蜂窝以及 D2D 链路所需的传输速率设置为 128kbit/s。子信道的数量是 10，每个子信道的带宽为 180kHz。发射功率和信道占用代价的正权重常数为 δ_j 和 α_j，分别设为 20 和 10。专用子信道的占用代价 $c_j^l(\mathcal{S}_d)=5$，所有 D2D 链路和子信道的共享信道占用代价 $c_j^l(\mathcal{S}_c)=c_j^l(\mathcal{S}_r)$ 为 0。

图 4.3 展示了之前提出的分布式算法如何获得稳定的联盟结构。通过运行该算法，我们可以得到每一轮运行算出的不同的稳定结构分别为 $\Upsilon^*=\{\mathcal{S}_c,\mathcal{S}_r,\mathcal{S}_d\}=\{\{4\},\{1,2\},\{3\}\},\{\{3\},\{1,4\},\{2\}\},\{\{4\},\{1,3\},\{2\}\}$。通过 DTMC 分析稳定状态（即联盟结构稳定）的平稳概率为 $\Upsilon^*=\{\{4\},\{1,2\},\{3\}\},\{\{3\},\{1,4\},\{2\}\},\{\{4\},\{1,3\},\{2\}\}$，概率分别为 0.109、0.123 和 0.122。图 4.4 展示了子信道被工作在不同模式的 D2D 链路占用的情况。根据式（4.5）的最小化问题，所有子信道均分配给 D2D 链路占用。

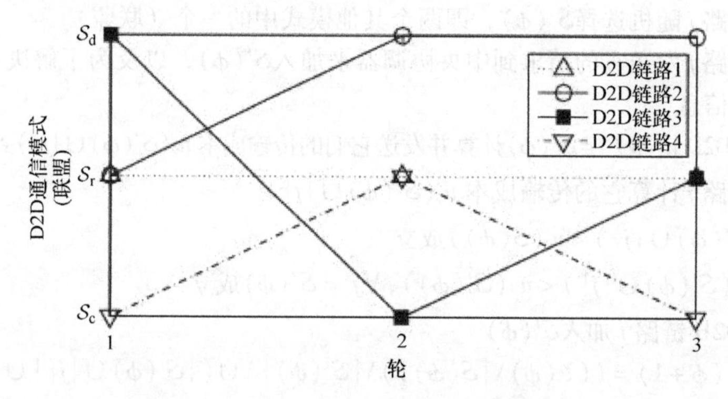

图 4.3　通过分布式算法解出的稳定联盟结构，它由蜂窝模式的联盟 $\mathcal{S}_c$ 中的 D2D 链路、复用模式的联盟 $\mathcal{S}_r$，以及专用模式的联盟 $\mathcal{S}_d$ 里的 D2D 链路构成

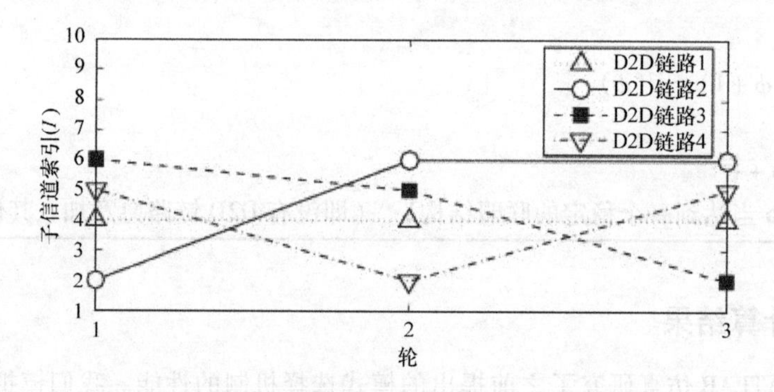

图 4.4　被处于不同联盟的 D2D 链路占用的子信道

表 4.1 表示由以下方程计算的每条 D2D 链路的平均代价和发射功率，即

$$E[u_j]=\sum_{q=1}^{D_M}\pi\Upsilon_q u_j(\mathcal{S}),\quad j\in\mathcal{S}\text{和}\mathcal{S}\in\Upsilon_q \tag{4.17}$$

$$E[p_j]=\sum_{q=1}^{D_M}\pi\Upsilon_q p_j(\mathcal{S}),\quad j\in\mathcal{S}\text{和}\mathcal{S}\in\Upsilon_q \tag{4.18}$$

式中，D_M 是联盟结构的数量；$\pi\Upsilon_q$ 由式（4.16）得出。

表 4.1　每个 D2D 链路的平均发射代价（$E[u_j]$）以及发射功率（$E[p_j]$）

D2D 链路	评价代价	平均发射功率/mW
1	6.84	9.6
2	17.53	162.0
3	10.77	18.1
4	9.39	106.7

4.6　D2D 通信的联合模式选择和资源分配

D2D 通信允许终端（UE）间通过复用蜂窝网络中的频谱资源直接传输数据。如果两个用户彼此在可通信距离之内（即称为 D2D 链路），该链路可以选择一个直接传输或者中继传输（即跟传统方式一样，通过蜂窝网络基站传输）的传输模式。并且，网络需要分配合适的时域以及频域资源，并且蜂窝链路和 D2D 链路的发射功率也必须合理以避免有害干扰。在本节中，我们讨论 LTE－A 网络中 D2D 通信的联合模式选择和资源分配问题。主要目标是最小化传输长度（以时隙来计算），也相当于按照链路的业务需求确定的那一帧中传输所需 RB 数量的最小化。我们提出了一种基于列生成的高效算法，用低复杂度来获得接近最优解的方案。计算结果表明该算法得出的解与理想的最优解相差不到 10%。

4.6.1　网络模型

我们假设一个蜂窝网络包含一系列蜂窝链路的集合$\mathcal{K}$，记为 $k=1,2,\cdots|\mathcal{K}|$，同时还含有一系列 D2D 链路$\mathcal{L}$，记为 $l=1,2,\cdots,|\mathcal{L}|$。每一个蜂窝链路包含一个 UE，用于与 BS 之间的上行链路或者下行链路的传输，同时 D2D 链路包含一个发射机和一个对应的接收机。标记为$\mathcal{K}=\mathcal{K}^{\mathrm{up}}\cup\mathcal{K}^{\mathrm{down}}$，其中$\mathcal{K}^{\mathrm{up}}$和$\mathcal{K}^{\mathrm{down}}$分别表示蜂窝上行链路集合和下行链路集合。D2D 链路之间支持直接通信，同时也支持通过基站中继的通信。每个链路需要占用一帧（即传输需要）u_i 中一定量的激活时隙，这里 $i\in\mathcal{K}\cup\mathcal{L}$。我们考虑四种传输模式（$\mathcal{M}$），并分别命名为蜂窝链路的蜂窝模式（$m=1$），D2D 链路的直传模式（$m=2$），D2D 链路上行方向的中继模式（$m=3$），D2D 链路下行方向的中继模式（$m=4$）。蜂窝链路和 D2D 链路可以共享一系列的 RB，每个 RB 包含时域的一个时隙和频域中 12 个子载波的 180kHz 带宽[167]。为了避免基站处的小区内干扰，每个 RB 只能被一个蜂窝链路或者中继模式的 D2D 链路占用。因此，一个蜂窝链路或者一个中继模式的 D2D 链路可以和直传模式的 D2D 链路同时占用一个 RB。接收机的 SINR 高于某一临界值（γ_i）时接收机可以成功译码，此时称为物理干扰模型。

4.6.2　可行的接入模式

可行的链路集是能在一个 RB（即一个时隙中某一个子信道）上同时传输数据以获得频谱空间复用的链路子集。可行的接入模式即一组可行链路的集合，对于所有的 RB，一个可行的接入

模式包含$|\mathcal{C}|\times T$个RB。因此，一个可行的接入模式包含$|\mathcal{C}|\times T$个可行链路集，这里$\mathcal{C}$是所有子信道的集合，T是时隙的数量。每个可接入模式需要两个时隙来进行上行和下行传输（即$T=2$）。我们用集合$\mathcal{S}$，索引为$s=1, 2, \cdots, |\mathcal{S}|$来表示所有的可接入模式的集合。

定义$o_{i,s,m,t,f}$为二进制变量，其中如果链路i在可行的接入模式$\mathcal{S}(s)$中使用m模式在时隙t子信道f上传输，那么$o_{i,s,m,t,f}$为1，否则为0。f在一个包含所有子信道的集合$\mathcal{C}$中，用$f=1, 2, \cdots, |\mathcal{C}|$来索引。并且$t$取自集合$\{1, 2\}$，其中1代表上行时隙，2代表下行时隙。$\mathrm{Tx}_{i,m}$和$\mathrm{Rx}_{i,m}$表示链路$i$在$m$模式的发射机和接收机。$g(\mathrm{Rx}_{i,m},\mathrm{Tx}_{j,m})$表示$\mathrm{Tx}_{j,m}$和$\mathrm{Rx}_{i,m}$之间的链路增益。一个可行的链路集满足以下两个重要的限制条件：

1）最小SINR要求：在一个可行的接入模式中，所有链路接收机$\mathrm{Rx}_{i,m}(\mu_{i,s,m,t,f})$的SINR必须大于SINR门限值（$\gamma_i$），其中

$$\mu_{i,s,m,t,f}=\frac{g(\mathrm{Rx}_{i,m},\mathrm{Tx}_{i,m})o_{i,s,m,t,f}p_{i,s,m,t,f}}{\left\{\sum_{\mathcal{S}(s),j\neq i}g(\mathrm{Rx}_{i,m},\mathrm{Tx}_{i,m})o_{j,s,m,t,f}p_{j,s,m,t,f}+n_{\mathrm{Rx}_{i,m}}\right\}} \tag{4.19}$$

式中，$n_{\mathrm{Rx}_{i,m}}$是接收端$\mathrm{Rx}_{i,m}$的热噪声，$p_{i,s,m,t,f}$是可行的接入模式$\mathcal{S}(s)$在时隙t子信道f中使用m模式的链路i的发射功率。

2）最大发射功率约束：发射功率$p_{i,s,m,t,f}$必须小于最大发射功率$p_{i,m}^{\max}$。

4.6.3 可行的接入模式的约束条件

二元矩阵$\boldsymbol{Q}$代表可行的接入模式中各个链路用来传输的RB的数量。矩阵$\boldsymbol{Q}$的元素为

$$q_{i,s}=\sum_{m\in\{1,2\}}\sum_{t\in\{1,2\}}\sum_{f\in\mathcal{C}}o_{i,s,m,t,f}+\frac{1}{2}\sum_{m\in\{3,4\}}\sum_{t\in\{1,2\}}\sum_{f\in\mathcal{C}}o_{i,s,m,t,f}$$

由于接入模式需要两个时隙，我们用常向量$\vec{\boldsymbol{a}}$来表示每个接入模式的时隙数量，它的元素$a_s=2, \mathcal{S}(s)\in\mathcal{S}$。可行的接入模式的约束条件用下列的式子表示：

$$u_{i,s,m,t,f}\geqslant\gamma_i o_{i,s,m,t,f},\quad \forall f\in\mathcal{C},\forall t\in\{1,2\},\forall i\in\mathcal{S}(s),\forall s\in\mathcal{S} \tag{4.20}$$

$$0\leqslant p_{i,s,m,t,f}\leqslant p_{i,m}^{\max},\forall f\in\mathcal{C},\forall t\in\{1,2\},\forall i\in\mathcal{S}(s),\forall s\in\mathcal{S} \tag{4.21}$$

$$\begin{aligned}q_{i,s}=&\sum_{m\in\{1,2\}}\sum_{t\in\{1,2\}}\sum_{f\in\mathcal{C}}o_{i,s,m,t,f}\\&+\frac{1}{2}\sum_{m\in\{3,4\}}\sum_{t\in\{1,2\}}\sum_{f\in\mathcal{C}}o_{i,s,m,t,f},\ \forall s\in\mathcal{S}\end{aligned} \tag{4.22}$$

$$\sum_{m\in\mathcal{M}}\sum_{f\in\mathcal{C}}o_{i,s,m,t,f}\leqslant 1,\quad \forall i\in\mathcal{K}\cup\mathcal{L},\forall s\in\mathcal{S},\forall t\in\{1,2\} \tag{4.23}$$

$$\sum_{m=\{2,3,4\}}\sum_{t\in\{1,2\}}\sum_{f\in\mathcal{C}}o_{i,s,m,t,f}=0,\quad \forall i\in\mathcal{K},\forall s\in\mathcal{S} \tag{4.24}$$

$$\sum_{t\in\{1,2\}}\sum_{f\in\mathcal{C}}o_{i,s,1,t,f}=0,\quad \forall i\in\mathcal{L},\forall s\in\mathcal{S} \tag{4.25}$$

$$o_{i,s,3,1,f}=o_{i,s,4,2,f},\quad \forall i\in\mathcal{L},\forall s\in\mathcal{S},\forall f\in\mathcal{C} \tag{4.26}$$

$$\sum_{f\in\mathcal{C}}o_{i,s,1,2,f}\leqslant 0,\quad \forall i\in\mathcal{K}^{\mathrm{up}},\forall s\in\mathcal{S} \tag{4.27}$$

$$\sum_{f\in\mathcal{C}}o_{i,s,1,1,f}\leqslant 0,\quad \forall i\in\mathcal{K}^{\mathrm{down}},\forall s\in\mathcal{S} \tag{4.28}$$

$$\sum_{f\in\mathcal{C}} o_{i,s,3,2,f} \leqslant 0, \quad \forall i \in \mathcal{L}, \forall s \in \mathcal{S} \tag{4.29}$$

$$\sum_{f\in\mathcal{C}} o_{i,s,4,1,f} \leqslant 0, \quad \forall i \in \mathcal{L}, \forall s \in \mathcal{S} \tag{4.30}$$

$$\sum_{i\in\mathcal{K}\cup\mathcal{L}} \sum_{m\in\{1,3,4\}} o_{i,s,m,t,f} \leqslant 1, \quad \forall s \in \mathcal{S}, \forall t \in \{1,2\}, \forall f \in \mathcal{C} \tag{4.31}$$

$$o_{i,s,m,t,f} = \{0,1\}, \ \forall i \in \mathcal{K}\cup\mathcal{L}, \forall s \in \mathcal{S}, \forall m \in \mathcal{M}, \forall t \in \{1,2\}, \forall f \in \mathcal{C} \tag{4.32}$$

式（4.20）和式（4.21）中的约束条件均为可行链路集的约束条件。式（4.22）中的约束条件表示了可获得带宽$\boldsymbol{Q}$和时序变量$\boldsymbol{O}$之间的关系。式（4.23）中的约束条件则保证在一个可行的接入模式中一个链路在一个时隙内的一个信道上至多用一种模式下传输。式（4.24）的约束条件决定了蜂窝链路不能在D2D链路的工作模式（模式2、3、4）下操作。式（4.25）的约束条件则决定了D2D链路不能在蜂窝链路的模式（模式1）下工作。为了在一个可行的接入模式中完成D2D传输，式（4.26）的约束条件保证了中继模式下D2D链路的上行传输和下行传输的数量相等。式（4.27）~式（4.30）中的条件保证了接入模式中第一个时隙没有下行传输，第二个时隙没有上行传输。式（4.31）中的条件表明为了避免蜂窝内干扰，同一时间内同一个信道只能有一个链路与基站进行数据传输。最后，式（4.32）中的条件保证$\boldsymbol{O}$是一个二进制变量矩阵。

4.6.4　联合模式选择和资源分配的列生成算法

1. 问题陈述

我们认为蜂窝网络中的所有链路的传输长度最小化问题被所有链路的流量需求和可行的接入模式的约束条件所限制。我们用决策变量向量$\vec{\boldsymbol{y}}$来表示，它的元素y_s代表可行的接入模式$\mathcal{S}(s)$每一帧调度的时隙数量。考虑到所有链路$\vec{\boldsymbol{u}}$（元素记为u_i）的流量需求和可行的接入模式的限制条件，我们可以将最优化问题表示为混合整数规划（MIP），如下所示：

$$\min_{\vec{y},\boldsymbol{Q}} \sum_{s\in\mathcal{S}} a_s y_s \tag{4.33}$$

$$\text{满足} \sum_{s\in\mathcal{S}} q_{i,s} y_s \geqslant u_i, \quad \forall i \in \mathcal{K}\cup\mathcal{L} \tag{4.34}$$

$$y_s \geqslant 0 \text{ 和 } y_s \in \mathbb{Z}, \quad \forall s \in \mathcal{S} \tag{4.35}$$

式（4.34）中的条件表示每个链路的流量需求，式（4.35）中的条件保证y_s是一个大于0的整数。这里，矩阵$\boldsymbol{O}$和$\boldsymbol{Q}$是这个问题的关键所在。但是仅通过式（4.20）~式（4.32）中的条件很难得出所有可行的接入模式以及相应的发射功率向量。在这个问题的复杂度方面，我们有如下结论：

命题3：蜂窝网络下的D2D通信的联合模式选择和资源分配问题是一个NP-hard问题。

证明：正如参考文献［161］中所说的，蜂窝系统中上行传输的联合最优化模式选择、资源分配和功率分配问题（JOMSRAP）都是NP-hard问题。由于该问题是同时考虑了上行和下行蜂窝系统的问题的特例，所以，后者也是一个NP-hard问题。

该命题表明：当无法解决NP-hard问题时，联合模式选择和资源分配问题不能被解决。对于找到所有的可行的接入模式$\mathcal{S}$，矩阵$\boldsymbol{O}$的完全稀疏也很难确定。并且$\mathcal{S}$的大小会随着链路数量的增加而呈指数增长。因此，我们提出一种基于列生成的低复杂度的算法。下面我们将对该算法进行详细的讨论。

2. 基于列生成的算法

列生成算法[181]的核心思想是只生成可以改进目标函数的潜在变量。这个问题被分解为一个受限主问题和一个定价问题。受限主问题与源问题相似，只是它只考虑了潜在变量，而不是所有变量。因此，该方法生成一个所有可行的接入模式（$\overline{\mathcal{S}}$）的子集，其中$\overline{\mathcal{S}}\subseteq\mathcal{S}$，并且相应地用获得的带宽矩阵 $\overline{\boldsymbol{Q}}$ 代替 $\boldsymbol{Q}$。联合模式选择和资源分配的受限主问题可以由下式表示：

$$\min_{\vec{y}} \sum_{s\in\mathcal{S}} \overline{a}_s y_s \tag{4.36}$$

$$满足 \sum_{s\in\mathcal{S}} \overline{q}_{i,s} y_s \geqslant u_i, \quad \forall i \in \mathcal{K}\cup\mathcal{L} \tag{4.37}$$

$$y_s \geqslant 0 \text{ 和 } y_s \in \mathbb{Z}, \quad \forall s \in \mathcal{S} \tag{4.38}$$

注意式（4.20）~式（4.32）中的约束条件将在定价问题中考虑。求解受限主问题以找到解决定价问题的最小传输长度，从而求出附加在受限主问题上的新潜在变量 $\overline{\boldsymbol{q}}_s$（一列新的变量）。定价问题中的降低定价函数可以用 $\overline{a}_s-\boldsymbol{\zeta}'\overline{\boldsymbol{q}}_s$ 来表示，其中 $\boldsymbol{\zeta}'$是式（4.37）中的约束条件对偶变量的行向量。对偶变量也被称为阴影定价，表示强化约束的边际成本。如果 ζ_i 值较高，表明用户 i 占用的 RB 某个单元的改变会对目标值造成较大的影响。因此，定价问题的目标函数是按照式（4.20）~式（4.32）的约束条件最小化降低定价函数，该条件可以表示为

$$\min_{O,P} \quad \overline{a}_s-\boldsymbol{\zeta}'\overline{\boldsymbol{q}}_s$$
$$满足 \quad 式(4.20)\sim式(4.32)的约束条件 \tag{4.39}$$

在这个方法中，受限主问题通过迭代的计算来得出对偶变量。这些变量会传递给定价问题，以根据新的可行的接入模式生成获得的带宽列向量。如果定价问题的目标值是负数，新的列变量将附加给矩阵 $\overline{\boldsymbol{Q}}$。该受限主问题被反复计算，并生成新的列变量，直到降低定价变量没有负值。然后，这时受限主问题的解便是最优解。基于列生成的算法见算法 5。

算法 5 基于列生成的算法

1：通过发现任何可行的接入模式来初始化矩阵 $\overline{\boldsymbol{Q}}$
2：**repeat**
3：　在矩阵 $\overline{\boldsymbol{Q}}$ 中增加新的列变量
4：　解决式（4.36）~式（4.38）中的对偶问题得到特殊的 $\boldsymbol{\zeta}$
5：　解决式（4.39）中的定价问题来得到 $\overline{\boldsymbol{Q}}$、$\overline{\boldsymbol{O}}$ 和 $\overline{\boldsymbol{P}}$
6：**until** $a_s-\boldsymbol{\zeta}^{*'}\overline{\boldsymbol{q}}_s\geqslant 0$ 或者迭代次数达到一个选择的极限
7：解决优化问题在相应可行的接入模式和功率分配下获得最小传输长度

3. 解决定价问题的启发式算法

尽管列生成可以通过只生成潜在变量来降低问题的复杂度，但是生成新的潜在变量的定价问题仍然是 NP - hard 问题。要知道定价问题是 MIP 的，同样也是 NP - hard 问题。因此，列生成方法的复杂度主要取决于定价问题。由于定价问题是用来找到新的能提供最小的降低价格的可行的接入模式的，它足以找到提供任何降低价格的可行的接入模式。我们提出了一种基于贪婪算法的启发式算法来找到新的可行的接入模式。由于可行的接入模式受到的约束条件，定价问

题可以视为联盟接纳与功率控制问题。为了最小化式（4.39）中的降低价格，$\boldsymbol{\zeta}'\overline{\boldsymbol{q}}_s$ 需要最大化。因此，该启发式算法的关键是在满足可行的接入模式的约束的前提下，最大化具有高 ζ_i 值的活跃的链路数量。这些链路可以添加到可行链路的集合中，并且根据它们的权重降序排列。我们用 $\boldsymbol{\zeta}$ 的值和测得干扰来定义链路的权重。

我们用 $\boldsymbol{D}$ 表示$\mathcal{K}$和$\mathcal{L}$的所有链路之间的相对信道增益矩阵。该矩阵的秩为$(|\mathcal{K}|+|\mathcal{L}|)\times(|\mathcal{K}|+|\mathcal{L}|)$。要记住当 D2D 链路在直接传输模式下我们才考虑它的信道增益，因为 D2D 链路期望使用这种模式（复用蜂窝网络的资源）以获得较高的频谱利用率。矩阵 $\boldsymbol{D}$ 中的元素由下式定义：

$$d_{i,j}=\begin{cases}\gamma_i g^{(\mathrm{Rx}_i,\mathrm{Tx}_j)}/g^{(\mathrm{Rx}_i,\mathrm{Tx}_i)}, & i\neq j\\ 0, & \text{其余}\end{cases}\tag{4.40}$$

链路的可测干扰可以由下式获得：

$$\omega_i=\max\{\sum_j d_{i,j},\sum_k d_{k,i}\}\tag{4.41}$$

这些可测干扰表示不管是链路 i 发射由其他链路接收，还是其他链路发射由链路 i 接收的最大相关干扰的强度。如果链路 i 的可测干扰很高，该链路 i 会对其他链路产生较大的干扰，或者链路 i 的干扰容限较低，那就比较难满足 SINR 的要求。我们用 ρ_i 来表示次级链路 i 的权重，如下：

$$\rho_i=\zeta_i+\frac{\omega_i}{\max(\omega)}\tag{4.42}$$

式中，$\max(\omega)$是所有链路的相关干扰最大值。这个权重值表示 $\boldsymbol{\zeta}_i$ 的值和链路 i 的相关干扰水平。因此，该启发式算法首先要试着找到可行的接入模式，包括有较高 $\boldsymbol{\zeta}$ 值以及具有较高相关干扰水平的链路。由于高相关干扰的链路找到频谱接入的机会是很难的，我们首先要考虑这些链路以提高它们在接入模式中的活跃概率。因此，接入模式（$\boldsymbol{\zeta}'\overline{\boldsymbol{q}}_s$）中活跃链路的数量得以最大化。启发式算法见算法 6。

算法 6　解决定价问题的启发式算法

1：初始化：$o_{i,s,m,t,f}=0$，　$\forall i\in\mathcal{K}\cup\mathcal{L}$，$\forall m\in\mathcal{M}$，$\forall f\in\mathcal{C}$
2：初始化使用的时隙数目：$TS=2$，$t=1$
3：**repeat**
4：　以它们的权重递减的顺序考虑链路 i
5：　**repeat**
6：　　$Allocate=0$ 并且 $f=1$
7：　　**if** 链路 $i\in\mathcal{K}$ **then**
8：　　　运行**算法 7**
9：　　**else**
10：　　　运行**算法 8**
11：　　**end if**
12：　　$t=t+1$
13：　**until** $t>TS$

14： $t=1$
15：**until** 所有链路都被考虑到
16：得到 $\boldsymbol{q}_s$ 和 a_s，并且返回 $\boldsymbol{O}$、$\boldsymbol{q}_s$ 和 a_s

最初，可行的接入模式里并没有链路。所有的链路被按照权重降序排列逐个考虑，权重值可以在式（4.42）中得到。算法 7 用于蜂窝网络以联合分配 RB 和资源，算法 8 则用于 D2D 链路。该过程被多次重复直到所有链路都被考虑用于资源分配。

算法 7　蜂窝链路的资源分配算法

考虑子信道干扰水平升序排列下的子信道 f
repeat
　if 链路 $i \in \mathcal{K}^{\text{down}}$ **then**
　　$t=t+1$
　end if
　if BS 中有一条链路使用子信道 f 传输
　　$f=f+1$
　else
　　$o_{i,s,1,t,f}=1$，并且计算新的传输功率向量
　　if 新的传输功率向量 $>\boldsymbol{p}^{\max}$ **then**
　　　$o_{i,s,1,t,f}=0$ 并且 $f=f+1$
　　else
　　　Allocate $=1$
　　end if
　end if
until $f>|\mathcal{C}|$或者 *Allocate* $=1$
if 链路 $i \in \mathcal{K}^{\text{up}}$ **then**
　$t=t+1$
end if
返回 $\boldsymbol{O}$ 和传输功率向量

算法 8　D2D 链路的资源分配算法

考虑子信道 $m=2$ 干扰水平升序排列下的子信道 f
repeat
　repeat
　　if $m=3$，并且有一个链路使用信道 f 与基站进行传输 **then**
　　　$f=f+1$

```
        else
          o_{i,s,1,t,f} = 1，并且计算新的传输功率向量
          if 新的传输功率向量 > p^max then
            o_{i,s,m,t,f} = 0 并且 f = f + 1
          else
            if m = 2 then
              Allocate = 1
            else
              o_{i,s,4,2,f} = 1
              if 下行链路传输是不可行的 then
                o_{i,s,3,t,f} = o_{i,s,4,2,f} = 0 并且 f = f + 1
              else
                Allocate = 1 并且设定 t = t + 1
              end if
            end if
          end if
        end if
      until f > |C|或者 Allcoate = 1
      if Allocate = 0 并且 t = 1 then
        m = m + 1
      else
        m = 4
      end if
    until m > 3 或者 Allocate = 1
    返回 O 和传输功率向量
```

对于算法7的资源分配问题来说，蜂窝模式只能在模式 $m=1$ 下工作。要记住的是下行传输只能在第二个时隙中，而上行传输只能在第一个时隙中。首先，我们通过一个类似式（4.40）中的方程对所有的子信道 f 在任意时刻 t 中不断更新相对信道增益（$U_{i,j,t,f}$）。记住只有在时刻 t 子信道 f 上的链路 i 和链路 j 的元素是大于0的。否则，它们等于0。然后，链路 i 的子信道都按照 $\alpha_{t,f}$ 的值进行降序排列，这里 $\alpha_{t,f}=\max\{\sum_j u_{i,j,t,f}, \sum_k u_{k,i,t,f}\}$。在时刻 t 子信道 f 没有链路与基站通信，并且蜂窝链路 i 之后新的发射功率不大于最大发射功率（$\boldsymbol{P}^{\max}$）时，蜂窝链路 i 可以在时刻 t 子信道 f 上传输。新的传输功率可以由 $\vec{\boldsymbol{p}}_{t,f}=(\boldsymbol{I}-\boldsymbol{U}_{t,f})^{-1}\vec{\boldsymbol{v}}_{t,f}$[182] 计算出来，这里 $\boldsymbol{I}$ 是单位矩阵，$\vec{\boldsymbol{p}}_{t,f}$ 是时刻 t 子信道 f 上的发射功率向量，$\vec{\boldsymbol{v}}_{t,f}$ 是标准噪声功率的向量。当链路 i 在时刻 t 子信道 f 上是活跃时，$\vec{\boldsymbol{v}}_{t,f}$ 的元素是 $v_{i,t,f}=\gamma_i n\mathrm{Rx}_i/g\ (\mathrm{Rx}_i,\ \mathrm{Tx}_i)$，否则 $v_{i,t,f}=0$。如果链路 i 在时刻 t

（例如，接入尝试时在不可行的接入模式下）接入子信道 f 失败，那么另外一个子信道可以用于链路 i 接入。这个过程被不断重复直到所有的子信道都被占用或者链路 i 成功地占用一个子信道。

在算法 8 中，除了 D2D 链路可以工作在模式 $m=2$，3，4 下以外，D2D 链路的接入过程与算法 7 中的过程相似。对于直接通信模式（$m=2$），只要新的发射功率向量小于或者等于 $\boldsymbol{P}^{\max}$，那么 D2D 链路 i 可以复用任何子信道。但是，如果该 D2D 链路不能通过直接通信模式找到一个频谱接入机会时，它们可以使用中继模式（$m=3$，4）。为了给中继模式在时刻 t 子信道 f 上找到可行的接入的机会，D2D 链路可以使用与蜂窝用户相同的条件，即在时刻 t 子信道 f 没有链路与基站通信，并且 D2D 链路 i 之后新的发射功率不大于最大发射功率（$\boldsymbol{P}^{\max}$）时。该 D2D 链路 i 首先在时隙（$t=1$）中为上行链路（$m=3$）寻找接入机会。如果可以为上行链路成功接入子信道 f，则该子信道 f 将作为链路 i 第二个时隙（$t=2$）下行链路传输（$m=4$）的信道。这将造成 D2D 链路之间的竞争，要记住的是第二个时隙不允许用于传输模式 $m=3$。

4.7 数值计算结果

我们对前文提出的基于列生成的算法进行了仿真。假设在一个 500m×500m 的正方形区域内布置一个蜂窝网络。该区域的中心放置一个基站，一个蜂窝用户随机布置在离基站 55m 的范围内。D2D 链路同样随机地布置在这个范围内。每个 D2D 链路之间的距离在 76m 范围内随机选择。使用下面的传播损耗模型：$\mathrm{PL}(\mathrm{Rx}_i,\mathrm{Tx}_j)(\mathrm{dB})=\mathrm{PL}(d_0)(\mathrm{dB})+10n_{\mathrm{SF}}\log(d_{i,j}/d_0)$。$\mathrm{PL}(d_0)$ 是 $d_0=1\mathrm{m}$ 处测得的视距（LOS）路径损耗，n_{SF} 是受阻路径损耗指数，$d_{i,j}$ 是发射机 Tx_j 到接收机 Rx_i 之间的距离。链路（Rx_i，Tx_j）的链路增益定为 $g(\mathrm{Rx}_i,\mathrm{Tx}_j)=10^{-\mathrm{PL}(\mathrm{Rx}_i,\mathrm{Tx}_j)/10}$。设置 $\mathrm{PL}(d_0)=37.7\mathrm{dB}$，$n_{\mathrm{SF}}=4$。发射机的最大发射功率为 $p_i^{\max}=100\mathrm{mW}$。接收机的噪声功率设置为 $n_{\mathrm{Rx}_i}=100\mathrm{dB}$。每一个蜂窝链路和 D2D 链路的目标 SINR$\gamma_k=\gamma_i=7\mathrm{dB}$。仿真结果通过使用 MATLAB 进行 100 次仿真得出。

首先，我们比较了最优解和我们提出的算法的性能。最优解的结果通过穷举搜索获得。我们设计了一个小型蜂窝网络场景，该网络中有两个上行链路，两个下行链路以及共享一个子信道的两个 D2D 链路。我们提出的算法与最优解得出的传输长度（在 95% 置信区间内）的对比见图 4.5。尽管每个链路的带宽需求增加了，该算法的传输长度也与最优解接近。最优性差距大约为 9.5%。但是穷举搜索的复杂度会随着链路数的增加呈指数增长。相反，我们提出的算法的复杂度随着链路数量的增加呈线性增长。因此，我们提出的算法可以在更低的复杂度情况下得到近似最优解。

图 4.6 展示了网络中上行链路、下行链路以及 D2D 链路数量变化时的传输长度（在 95% 置信区间内）。在一种类型的链路数量变化时，其他链路的数量固定为 10。设置子信道数量为 5。上行链路和下行链路的数量主要影响传输长度，因为这些链路不能复用相同的 RB 以避免蜂窝内干扰。下行链路数量的增加会导致传输长度的大幅度改变，因为下行链路很容易被其他链路干扰。相反 D2D 链路增加时，传输长度只有很小的变化。因为 D2D 链路的频率复用可以提升频谱的利用率，传输长度只需小幅增加，蜂窝网络便可以容纳更多的 D2D 链路。

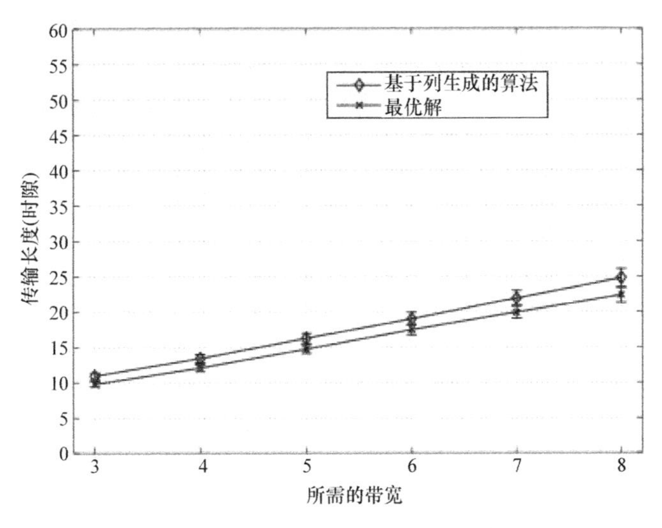

图 4.5　最优解与基于列生成的算法的传输长度

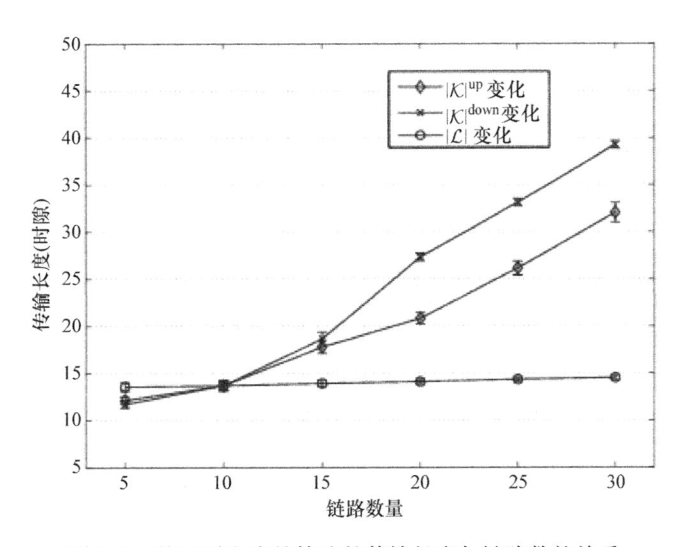

图 4.6　基于列生成的算法的传输长度与链路数的关系

4.8　小结

对于 D2D 通信，我们提出了一个模式选择的框架，通过一个联盟博弈来操作。以形成联盟和减少单独链路传输成本为目的的 D2D 链路是合理的。首先，我们研究了 D2D 链路在使用不同的 D2D 通信模式（即蜂窝模式、复用模式和专用模式）时能够获得的传输速率。D2D 链路使用相同的传输模式则被认为是在同一个联盟中。在满足它们的速率要求的同时，同一个联盟的 D2D 链路协作选择子信道从而使得总发射功率最小化。然后，通过建立一个联盟博弈模型来模拟D2D链路的决策过程，也就是说它们是否加入这个联盟取决于它们产生的传输成本。基于马尔可夫链的分析和分布式算法被用于寻找稳定的联盟结构。稳定的联盟结构，即采用不同的D2D通信模式的三组稳定的D2D链路，一直被视为是模式选择问题的解决方案。

为此，我们提出了一种基于蜂窝网络的D2D通信的联合模式选择和网络资源分配的框架。特别是阐述了网络中传输长度最小化问题的优化解决方法。我们还提出了一种基于列生成的算法来解决这个问题。对于定价问题，我们又进一步提出了一种有效的启发式算法。启发式算法和列生成方法相结合，提供了一个具有低复杂度的近似最优解。

第5章　D2D通信的干扰协调

由于共享频谱资源，D2D通信可能对原本蜂窝中的手机用户造成干扰。本章重点介绍底层蜂窝网络中D2D通信的干扰协调。

5.1　干扰分析

D2D通信不仅为用户处所提供了信号覆盖，而且还会向周边的手机用户辐射，因此引入了干扰。鉴于此，并且考虑到D2D通信通常发生在现有宏/微蜂窝的覆盖区域内，因此它会使得蜂窝网络的性能严重恶化。此外，新的D2D网络的出现也可能扰乱已存在的D2D通信的正常运行。因此，为了减少蜂窝网络内的盲区现象，并成功建立D2D局域网，就必须应用干扰规避、随机化以及消除等技术。

以下，假定D2D用户与蜂窝网络以及与其他D2D用户是同步的。因此，考虑到网络定义两个独立的层（D2D和蜂窝层），干扰可按如下分类：

1）跨层干扰：在这种情况下，攻击者（例如D2D用户）和干扰的受害者（例如蜂窝用户）属于不同的网络层。

2）同层干扰：在这种情况下，攻击者（例如D2D用户）和干扰的受害者（例如相邻的D2D用户）属于同一网络层。

5.2　干扰规避

为了克服干扰的不利影响，消除技术已经被提出，但它们往往由于在消除过程中的错误而被忽视[183]。多天线波束赋形在手机上的使用，也被认为是一种通过减少干扰源数量，从而降低干扰的方法。相比之下，基于干扰规避的策略也是有效的替代方案（如功率和子信道管理）。

功率控制算法和无线资源管理是蜂窝系统中常用于减少干扰的工具。如果不加以应用，那么位置远离基站的用户将被靠近基站的用户拥塞。这些技术基于同样的原因，在D2D通信中也是必要的，另外还需进一步考虑跨层干扰的问题。

5.3　功率控制

本节将提出D2D通信的功率控制算法。其中第5.3.1节将提出一个简单的功率控制方案，并将在第5.3.2节研究联合波束赋形和功率控制机制，以避免蜂窝与D2D链路之间的干扰，从而最大限度地提高系统吞吐量。

5.3.1 受网络控制的功率控制

D2D通信的主要好处之一是eNB可以参与到控制过程中，并且本节将提出一个基于阈值的D2D链路功率控制方案，这个方案可以提高D2D底层系统的性能。在这个方案中，干扰管理和功率两者将都被考虑。

图5.1中显示了D2D系统与蜂窝链路的无线资源共享。可以看出，同信道干扰不能被忽略。上行链路（UL）资源复用在D2D信道速率和可操作性方面，比下行链路（DL）资源复用具有更好的性能。然而，为了有效地共享上行的频谱资源，有必要减轻D2D发射机对eNB的干扰。此外，同时尽可能地为D2D用户省电，以满足可靠的性能水平，并将提高系统的整体效率。

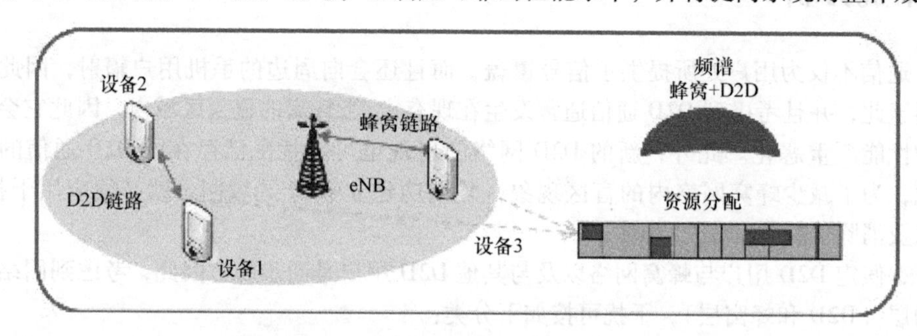

图5.1 D2D与蜂窝链路之间资源复用的场景

图5.2显示了上行链路资源共享的干扰情况。可以看出，D2D发射机UE1对eNB产生了干扰，而蜂窝用户UE3对D2D接收机UE2造成了干扰。参考文献［1，3，10］提出了一些D2D传输的功率控制方案。参考文献［1］采用eNB控制D2D发射机的最大传输功率，从而达到限制同信道干扰的目的。参考文献［3］中，D2D的功率由eNB根据统计结果进行控制。参考文献［10］基于全信道状态信息（CSI）可得的假设前提，提出了一种贪婪总速率最大化的优化方法。然而，这些方案没有考虑实际通信的限制和详细的机制设计。参考文献［184］中，D2D发射功率根据eNB给蜂窝UE的HARQ反馈进行调整，这种方法通过HARQ监测来判断干扰状况是不可靠的。

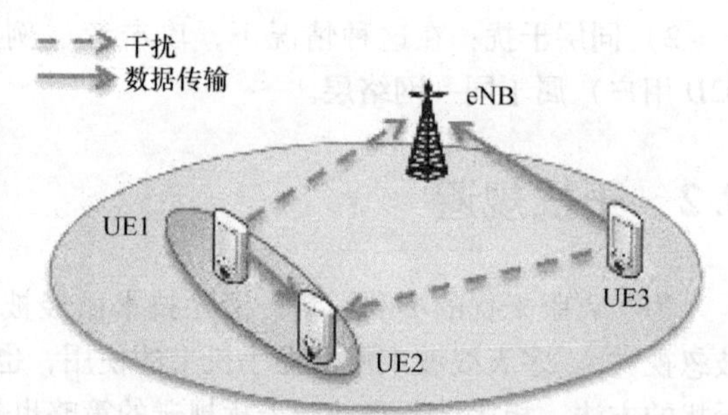

图5.2 上行链路资源共享条件下，D2D与蜂窝链路的干扰场景

参考文献［185］涉及以下方案：eNB测量D2D发射机对蜂窝链路的干扰，计算出适当的补偿或增加值，并向D2D发射机发送一条功率控制命令。虽然这个方案可以比较有效地控制干扰，但D2D链路质量在系统中并没考虑，因此可能会导致性能损失。此外，它需要集中式的调度，因为eNB为了进行干扰测量，需要同时控制D2D和蜂窝通信，从而导致系统开销大。鉴于上述情况，考虑蜂窝与D2D链路的性能，本节提出了一种功率控制的方法，即在上行链路资源共享

情况下，可以利用分布式调度。

该方案的核心思想如下：

1）eNB 对 D2D 链路没有直接控制，但会通知 D2D 发射机干扰余量阈值。

2）eNB 反馈 D2D 发射机上行链路信道的 CSI（TDD 系统不需要，因为 CSI 可以通过信道对称性获得。）

3）D2D 发射机根据其具有的 CSI 知识和干扰余量阈值，自己计算出发射功率。

4）D2D 发射机可以根据允许的传输功率和 D2D 链路状态自由决定是否发射。

上述方案的主要优点是：系统满足 D2D 链路质量的同时保证蜂窝链路不受破坏性干扰的影响，从而进一步提高了系统的性能。此外，该方案具有分布式特性，因此有更好的可扩展性。它既能抑制干扰，也保证了 D2D 连接的可行性。

信令交互的一个简化流程如图 5.3 所示，图 5.4 列出了所提到的 D2D 功率控制的实现过程。

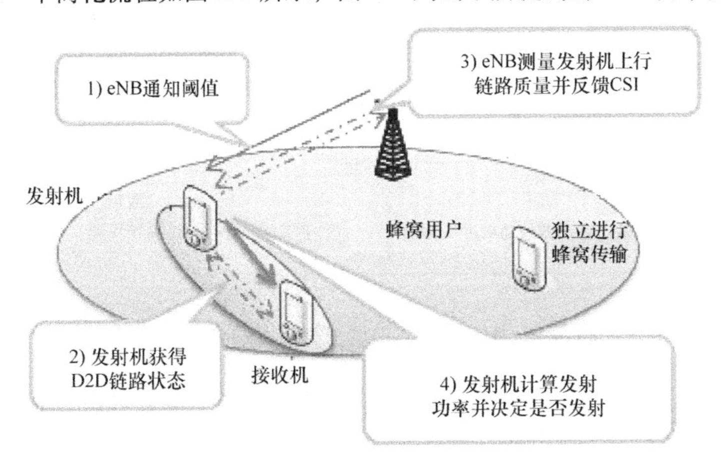

图 5.3　基于阈值的功率控制方案的信令交互

本节提出了一个分布式的基于阈值的功率控制方案，它保证了 D2D 连接的可行性，同时限制了蜂窝的 SINR 恶化。eNB 没有直接控制 D2D 链路，而是向 D2D 发射机通知干扰余量阈值，并且这个值可以被调整到符合相应的 SINR 要求。发射功率由 D2D 发射机本身计算获得，这使得操作灵活方便，提高了系统的效率。

5.3.2　采用 MIMO 的功率控制

相同的频率 - 时间资源可以由蜂窝与 D2D 链路共享，以提高系统容量，但存在同信道干扰。在下行链路中，D2D 链路会接收到更多的来自 eNB 的干扰。为了优化系统性能，干扰管理是必要的。一方面，我们希望蜂窝与 D2D 用户两者都达到可靠的性能水平。另一方面，最大限度地提高系统吞吐量也是我们的目标。在本节中，我们将研究一种联合波束赋形和功率控制方法，以减少干扰和进一步提高系统性能。

在这个方案中，只考虑一个单蜂窝的情况，模型中，只有一个蜂窝用户和一个 D2D 用户对。假定 eNB 配备有多个天线，而 UE 各只有一个单天线。图 5.5 给出了系统模型，其中的实线表示

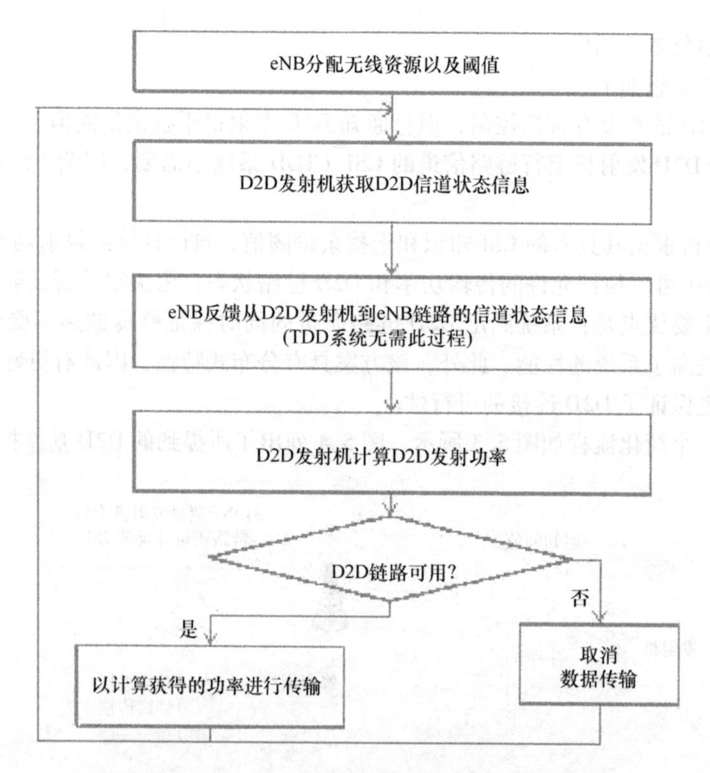

图 5.4　基于阈值的功率控制方案的实现过程

数据发射，虚线表示干扰链路。此外，假设 eNB 已知信道响应，并且蜂窝与 D2D 用户的 SINR 最小阈值已由 eNB 设定。

图 5.6 给出了 eNB 配备两天线波束赋形的一个例子。信道响应矩阵可以表示为

$$\boldsymbol{H}=\begin{pmatrix} h_{11} & h_{12} \\ h_{21} & h_{22} \end{pmatrix} \tag{5.1}$$

式中，h_{11} 和 h_{12} 是蜂窝链路的数据信道响应；h_{21} 和 h_{22} 是 D2D 链路的干扰信道响应。eNB 的发射信号可由下式得到：

$$\vec{x}=\boldsymbol{WA}\vec{s} \tag{5.2}$$

式中，$\boldsymbol{W}$ 是波束赋形矩阵；$\boldsymbol{A}$ 是功率归一化矩阵；$\vec{s}$ 是数据向量。因此，蜂窝用户 UE_c^1 和 D2D 接收机 UE_d^2 的接收信号可以共同写为

$$\vec{y}=\boldsymbol{HWA}\vec{s}+\vec{n} \tag{5.3}$$

在这个模型中，eNB 是一个控制中心，同时进行着波束赋形和功率控制。

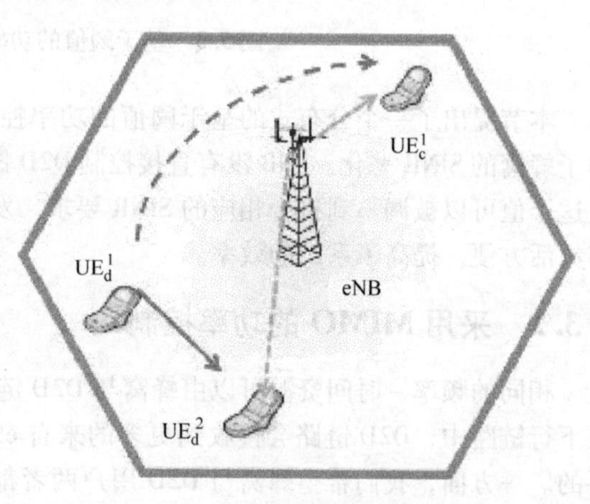

图 5.5　下行资源共享的蜂窝网络 D2D 通信系统模型

该方案的核心思想如下：

1）eNB进行波束赋形避免D2D从eNB接收过度的干扰。

2）D2D接收机和蜂窝用户向eNB反馈下行CSI。

3）eNB计算发射功率，以最大化系统总速率，总速率取决于蜂窝和D2D链路的SINR阈值。

该述方案的主要好处是，在下行链路资源共享时，系统能较好地适应D2D链路质量。总的来说，能保证蜂窝和D2D链路两者的性能，并能最大限度地提高系统的吞吐量，是这个方案的主要特点。

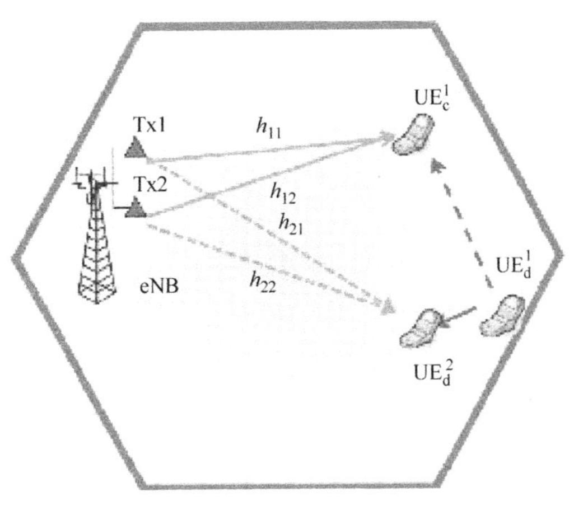

图5.6 eNB配备两天线波束赋形的示例

信令交互过程的简化表达形式如图5.7所示，图5.8列出了所提出的联合波束赋形和功率控制方案的实现过程。

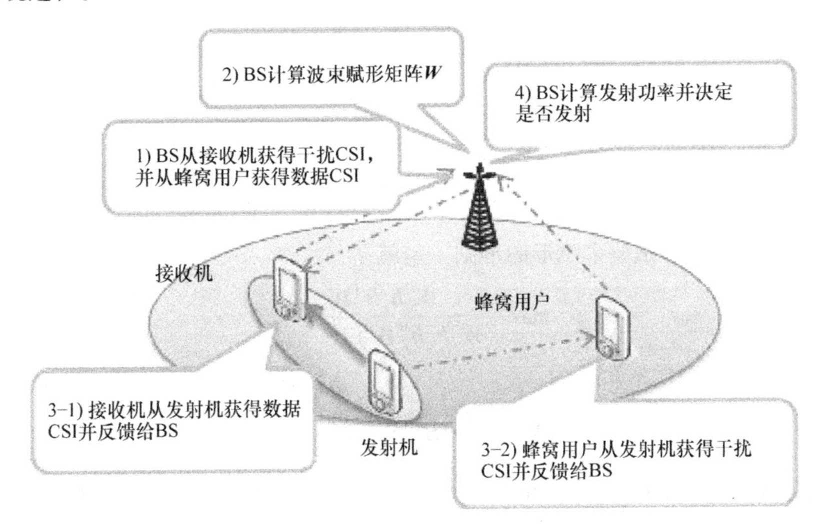

图5.7 联合波束赋形与功率控制方案的信令交互

eNB根据蜂窝与D2D用户反馈的CSI计算波束赋形矩阵。蜂窝用户和D2D接收机接收到的信号可以表示为

$$y_c = \boldsymbol{h}_c^{\mathrm{H}} \boldsymbol{W} \sqrt{p_B} s_c + h_{dc} \sqrt{p_d} s_d + n \tag{5.4}$$

$$y_d = h_{dd} \sqrt{p_d} s_d + \boldsymbol{h}_d^{\mathrm{H}} \boldsymbol{W} \sqrt{p_B} s_c + n \tag{5.5}$$

式中，$\boldsymbol{h}_c = [h_{11} \quad h_{21}]^{\mathrm{T}}$是蜂窝用户的信号信道响应；$\boldsymbol{h}_d = [h_{12} \quad h_{22}]^{\mathrm{T}}$是D2D接收机的干扰信道响应；$\boldsymbol{W} = [w_1 \quad w_2]^{\mathrm{T}}$是满足$\boldsymbol{W}^{\mathrm{H}}\boldsymbol{W} = 1$的波束赋形矩阵；$s_c$和$s_d$分别代表来自eNB和D2D发射机的发射信号。$p_B$和$p_d$分别表示来自eNB和D2D发射机的发射功率；$n$是热噪声，其方差为

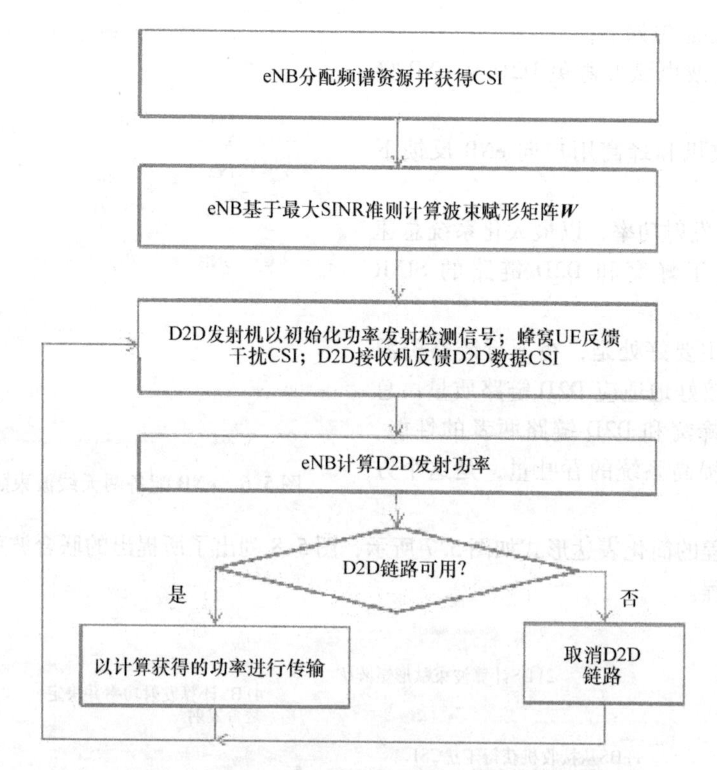

图5.8　联合波束赋形与功率控制方案的实现过程

σ^2。最大限度地提升SINR是波束赋形的准则。也就是

$$\max \frac{\boldsymbol{W}^{\mathrm{H}}\boldsymbol{h}_{\mathrm{c}}\boldsymbol{h}_{\mathrm{c}}^{\mathrm{H}}\boldsymbol{W}}{\boldsymbol{W}^{\mathrm{H}}\boldsymbol{h}_{\mathrm{d}}\boldsymbol{h}_{\mathrm{d}}^{\mathrm{H}}\boldsymbol{W}+\sigma^2/p_{\mathrm{B}}} \tag{5.6}$$

因此，可以得到波束赋形矩阵为

$$\boldsymbol{W}=\frac{1}{\rho}\left(\boldsymbol{H}\boldsymbol{H}^{\mathrm{H}}+\frac{\sigma^2}{p_{\mathrm{B}}}\boldsymbol{I}\right)^{-1}\boldsymbol{h}_{\mathrm{c}} \tag{5.7}$$

式中，$\boldsymbol{H}=(\boldsymbol{h}_{\mathrm{c}}\quad\boldsymbol{h}_{\mathrm{d}})$是从eNB到用户的信道响应；$\rho=\|(\boldsymbol{H}\boldsymbol{H}^{\mathrm{H}}+(\sigma^2/p_{\mathrm{B}})\boldsymbol{I})^{-1}\boldsymbol{h}_{\mathrm{c}}\|$是归一化因子，以使$\boldsymbol{W}^{\mathrm{H}}\boldsymbol{W}=1$。

在这个方案中，我们的目标是最大限度地提高系统的总速率，表示如下：

$$R=\log_2(1+\gamma_{\mathrm{c}})+\log_2(1+\gamma_{\mathrm{d}}) \tag{5.8}$$

此外，D2D发射功率p_{d}也必须满足蜂窝与D2D链路的SINR阈值，即

$$\gamma_{\mathrm{c}}=\frac{p_{\mathrm{B}}\|\boldsymbol{h}_{\mathrm{c}}^{\mathrm{H}}\boldsymbol{W}\|^2}{p_{\mathrm{d}}h_{\mathrm{dc}}^2+\sigma^2}\geqslant\beta_{\mathrm{c}} \tag{5.9}$$

$$\gamma_{\mathrm{d}}=\frac{p_{\mathrm{d}}h_{\mathrm{dd}}^2}{p_{\mathrm{B}}\|\boldsymbol{h}_{\mathrm{d}}^{\mathrm{H}}\boldsymbol{W}\|^2+\sigma^2}\geqslant\beta_{\mathrm{d}} \tag{5.10}$$

式中，β_{c}和β_{d}分别是蜂窝用户和D2D接收机的SINR最小阈值。因此，目标函数可以表示如下：

$$\max R=\log_2\left(1+\frac{p_{\mathrm{B}}\|\boldsymbol{h}_{\mathrm{c}}^{\mathrm{H}}\boldsymbol{W}\|^2}{p_{\mathrm{d}}h_{\mathrm{dc}}^2+\sigma^2}\right)+\log_2\left(1+\frac{p_{\mathrm{d}}h_{\mathrm{dd}}^2}{p_{\mathrm{B}}\|\boldsymbol{h}_{\mathrm{d}}^{\mathrm{H}}\boldsymbol{W}\|^2+\sigma^2}\right) \tag{5.11}$$

$$\text{满足}(p_{\mathrm{B}}\|\boldsymbol{h}_{\mathrm{d}}^{\mathrm{H}}\boldsymbol{W}\|^2+\sigma^2)\beta_{\mathrm{d}}h_{\mathrm{dd}}^{-2}\leqslant p_{\mathrm{d}}\leqslant\min((p_{\mathrm{B}}\|\boldsymbol{h}_{\mathrm{c}}^{\mathrm{H}}\boldsymbol{W}\|^2\beta_{\mathrm{c}}^{-1}-\sigma^2)h_{\mathrm{dc}}^{-2},p_{\max}) \tag{5.12}$$

式中，$p_{\max}$是UE可以使用的最大发射功率。

接着，给出了仿真结果及相关分析。手机用户的吞吐量、D2D用户和整个系统的吞吐量是我们主要关注的性能衡量指标。从系统性能方面考虑，对比一些不同的干扰管理方案，主要包括以下内容：

1）推荐的功率控制（PC）和波束赋形（BF）：联合波束赋形和功率控制。

2）无功率控制（PC）、有波束赋形（BF）：只有波束赋形，功率是固定的。

3）有功率控制（PC）、无波束赋形（BF）：适用于仅有功率控制。

4）无功率控制（PC）、无波束赋形（BF）：适用于既无功率控制，也无波束赋形。

仿真参数见表5.1。

表5.1　主要仿真参数

参数	值
蜂窝	独立的蜂窝，单扇区
系统区域	用户设备分布在一个半径为600m的六角形蜂窝内
噪声谱密度	-174dBm/Hz
系统带宽	20MHz
子载波带宽	15kHz
每个用户的子载波数	64
簇半径（D2D用户离散分布）	50m
最小SINR	5dB（适用于蜂窝和D2D）
蜂窝用户数（信道数）	1
D2D用户对数	1/1:4
设备发射功率上限	23dBm
eNB的总发射功率	46dBm
信道模型	WINNER II

图5.9显示了不同方案的系统吞吐量分布。显然，联合波束赋形和功率控制方案提高了系统的性能。图5.10和图5.11显示了D2D系统与蜂窝用户的吞吐量分布。一方面，波束赋形使得D2D通信的性能更优，因为在一定程度内，SINR标准约束了eNB对D2D接收机的干扰；另一方面，功率控制使蜂窝通信获得更好的性能，因为在一定程度内，其限制了D2D用户对蜂窝用户的干扰。

对于多个D2D用户对，为了简化，目标函数可认为与一个单一的用户对是一致的。图5.12显示了不同数量D2D用户对的系统的吞吐量结果。可以看出，该方案给出的最佳性能。

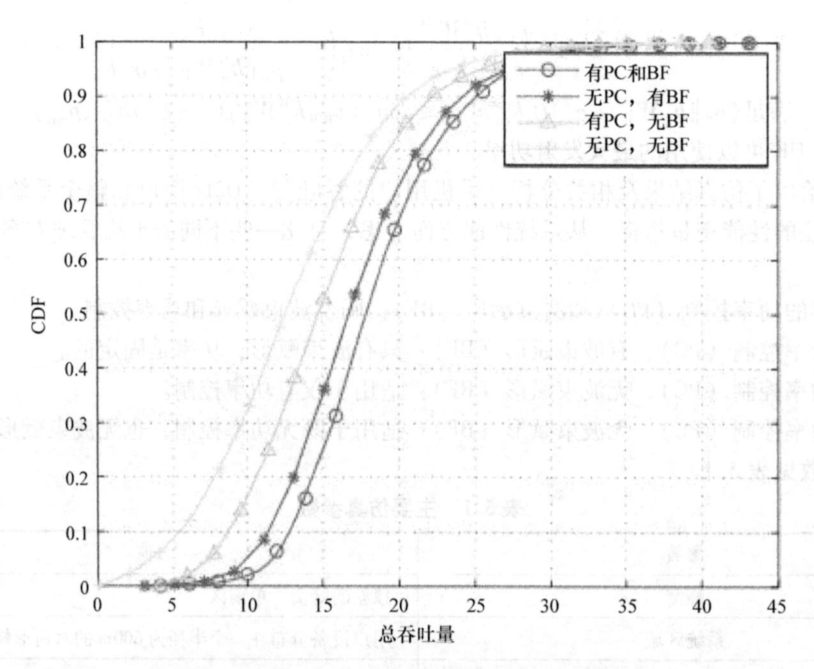

图 5.9 不同的干扰管理方案的系统吞吐量分布（CDF—累积分布函数）

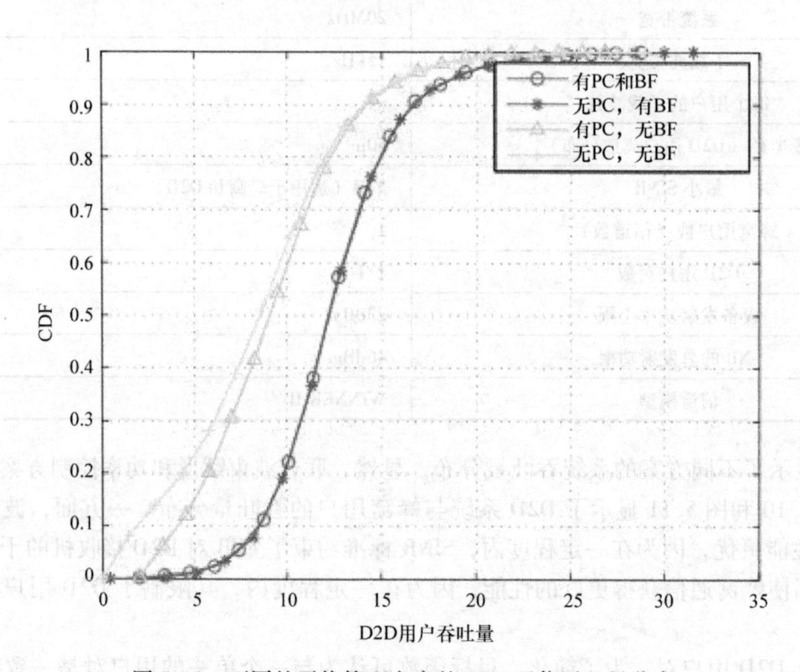

图 5.10 不同的干扰管理方案的 D2D 通信吞吐量分布

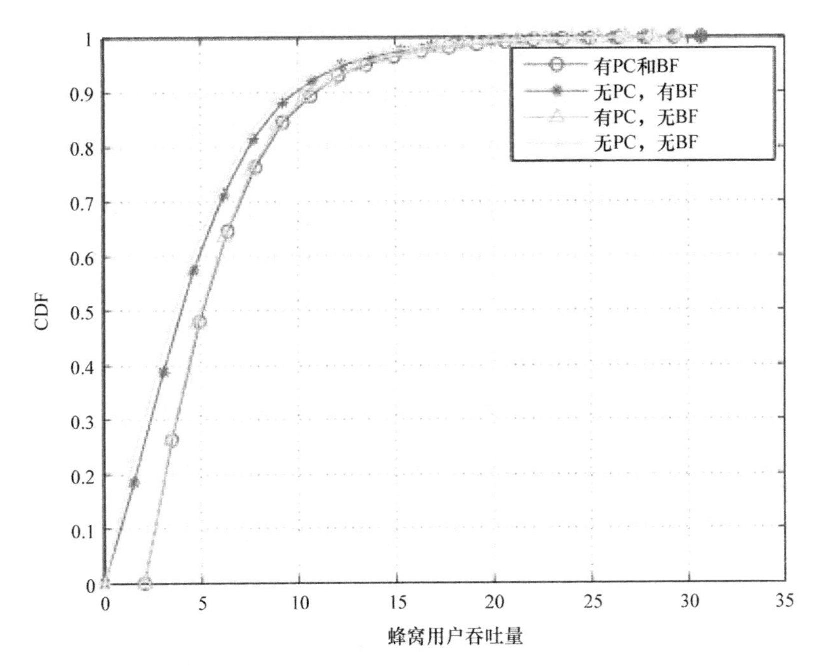

图 5.11　不同干扰管理方案的蜂窝通信吞吐量分布

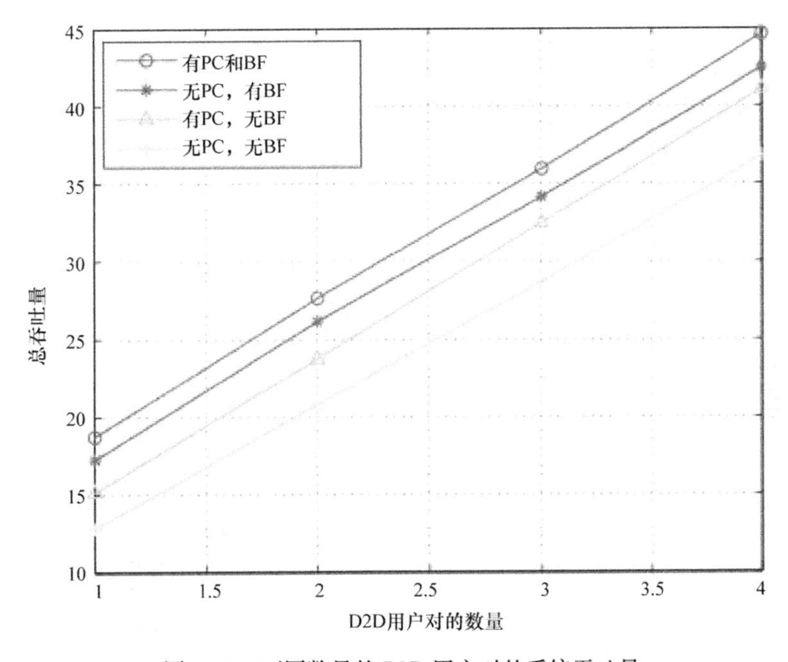

图 5.12　不同数量的 D2D 用户对的系统吞吐量

图 5.13 给出了不同蜂窝半径的系统吞吐量。当半径小时，波束赋形可有效防止 eNB 对 D2D

的干扰，使性能提升明显。当半径增大时，蜂窝用户的接收信号功率减小。此时，功率控制就成为防止来自 D2D 干扰的非常重要的手段。

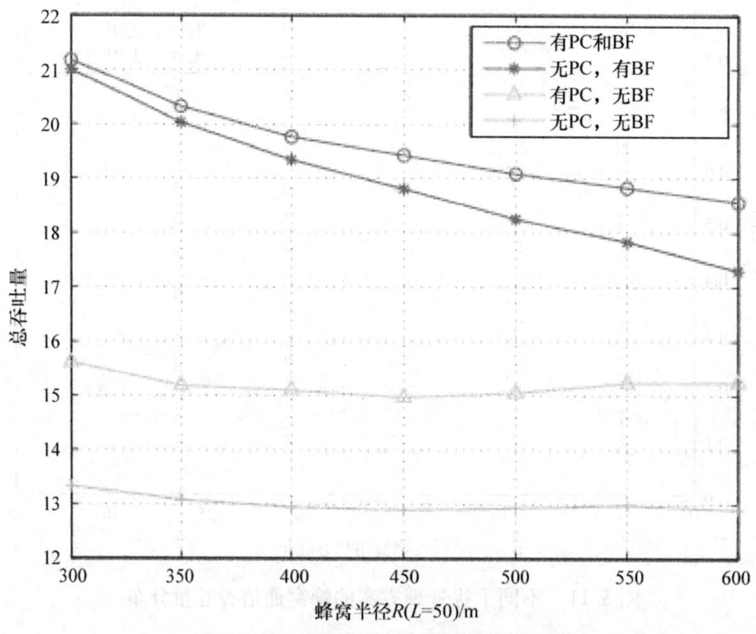

图 5.13 不同蜂窝半径的系统吞吐量

图 5.14 显示了不同的蜂窝半径下 D2D 用户的吞吐量。功率控制，包含了保证一种 D2D 用户

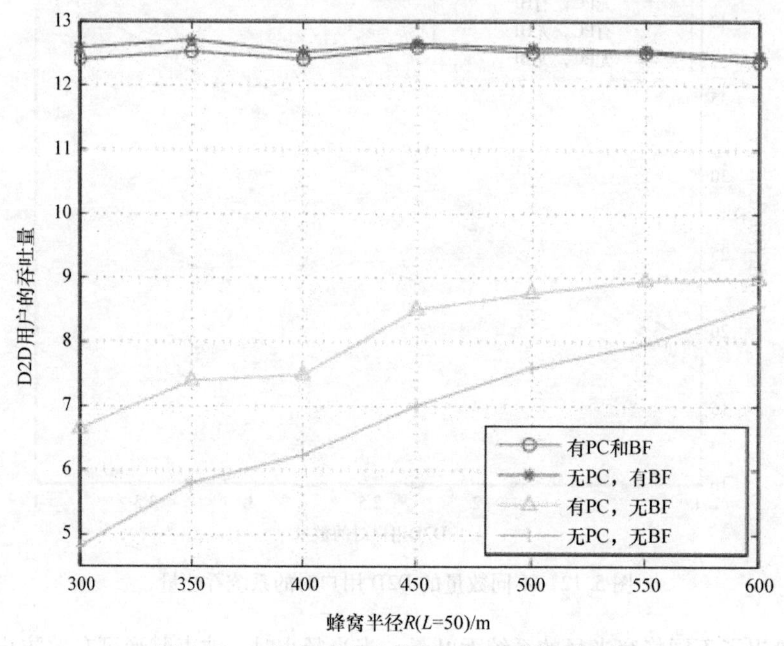

图 5.14 不同的蜂窝半径的 D2D 通信的吞吐量

的SINR高于阈值的机制，并且功率控制的目标函数即是系统的吞吐量。关注上面的两条线，可以发现，当蜂窝半径小的时候，提出的方案与另一种存在比较明显的差距。因为半径小的时候，蜂窝通信占主导地位，由于减少了D2D功率，系统的吞吐量得以改善。因此，D2D链路的衰落变得明显。

本节提出了一种联合波束赋形和功率控制方案，旨在最大限度地提高系统总速率，保证蜂窝和D2D连接的性能。eNB设置D2D和蜂窝链路的SINR阈值，并且值可以进行调整，以满足相应的性能要求。eNB进行波束赋形，可以避免对D2D过度干扰。D2D发射功率由eNB计算而得，以最大化系统总速率。此外，eNB根据蜂窝和D2D链路的SINR阈值，来决定计算得到的D2D传输功率。

5.4 小结

频谱共享导致D2D和蜂窝链路之间存在严重的干扰，而且不同的D2D链路复用同一子信道。不良的干扰会导致整个系统的性能损失。在本章中，我们专注于D2D通信的干扰协调。干扰分为两种类型：D2D发射机对蜂窝接收机的跨层干扰，以及D2D发射机对邻近的另一个D2D接收机的同层干扰。不同的干扰规避方法包括：功率控制、频谱资源分配、多天线波束赋形，以及其他技术。它们的目标都是减少同信道干扰。最后，我们提出了一种网络辅助的功率控制方案，它主要基于干扰余量的阈值，并同时考虑了减少干扰和省电的因素。我们又进一步研究了一种联合波束赋形和功率控制机制，其目的是最大限度地提高系统的总速率，在同一时间，使得蜂窝与D2D用户两者都能获得可靠的性能水平。仿真结果表明，这种联合波束赋形和功率控制方案，提高了整体的系统性能。

第 6 章　D2D 通信的子信道分配和时域调度

由于蜂窝与 D2D 链路之间的同信道干扰引起的性能退化，资源管理是蜂窝网络 D2D 通信的必要基础。本章将介绍子信道分配和时域调度方案，它们有效提升了系统性能。

6.1　子信道分配

需要注意的是，关于底层的方法，为了减少跨层和同层干扰，将有一个中央实体负责智能地告知每个蜂窝该使用哪个子信道。该实体需要从 D2D 用户那里收集信息，并用它在短时间内找到一个最佳的或者至少是一个好的解决方案。由于存在大量 D2D 用户，以及考虑到多个 D2D 用户与手机用户并存的情况，使得优化问题过于复杂。此外，当在整个回程中试图推动 femto 蜂巢基地和中央子信道代理的通信时，会出现延迟问题。因此，在这种情况下（即自组织），更适合采用分布式方式来减少跨层和同层干扰，通过此方法，D2D 用户可以管理自己的子信道。在非合作方法（即自组织方法）中，每个 D2D 用户将规划其子信道，从而可以最大化用户吞吐量和 QoS。此外，这种分配所产生的效果可能会独立地作用于同信道 D2D 和蜂窝用户，即使这意味着更大的干扰。对于子信道的访问，则变为机会。有可能该方法衰减为贪心法。与此相反，在合作的解决方案（网络辅助的方法）中，D2D 用户可以收集有关子信道的使用状况的部分信息，并且可以在考虑对同信道的邻居的影响的情况下执行子信道的分配。以这种方式，基站和 D2D 用户的平均吞吐量和 QoS，以及它们的整体性能，可以局部最优化。

6.1.1　集中式（运营商管理）子信道分配

一个创新的资源分配方案被提出以改进移动点对点网络（即 D2D 通信）的性能。为了优化 D2D 和蜂窝模式的资源共享上的系统总速率，引入了反向迭代组合拍卖作为分配机制。在拍卖中，当成对的 D2D 的封装包作为物品进行拍卖时候，所有的频谱资源被认为是一组资源单位，其作为投标人竞争，以获得业务。首先，配置每个资源单位的估值，作为拟议拍卖的基础。然后，根据 D2D 的信道增益和系统成本的效用函数，详细解释了基于效用函数的非单调降价拍卖算法。此外，证明了所提出的基于拍卖的方案是防欺骗的，并且在有限的迭代回合中收敛。同时解释了价格更新过程中的非单调性，并表明该方法的复杂度低于传统的组合分配方法。仿真结果表明，该算法有效地提升了系统总速率的良好性能。

图 6.1 所示，考虑了有多个 UE 的单个基站的模型，相互之间有数据信号的 UE 处于 D2D 通信模式，而与 eNB 传输数据信号的 UE 保持在传统的蜂窝模式下工作。每个 UE 配备有单个全向天线。蜂窝用户和 D2D 对的位置被随机地设置并遍历整个蜂窝。在不失一般性的情况下，采用均匀分布来描述参考文献［186］中建议用于系统模拟的用户位置。请注意，根据具有泊松分布的随机几何，当用户的数量是已知的，则用户位置也是均匀的。为了简单明了，图 6.1 显示了涉

及三个 UE(UE_c、$UE_{d,1}$和 $UE_{d,2}$)的同信道干扰场景，同时省略了其他的干扰和控制信号。UE_c 是在蜂窝内均匀分布的传统蜂窝用户。$UE_{d,1}$和 $UE_{d,2}$足够接近，并满足 D2D 通信的最大距离的限制，同时，它们也有数据通信的需求。D2D 对中的一个成员 $UE_{d,1}$均匀分布在蜂窝内，另一个成员 $UE_{d,2}$位置在离 $UE_{d,1}$的距离小于 L 的区域内遵循均匀分布。

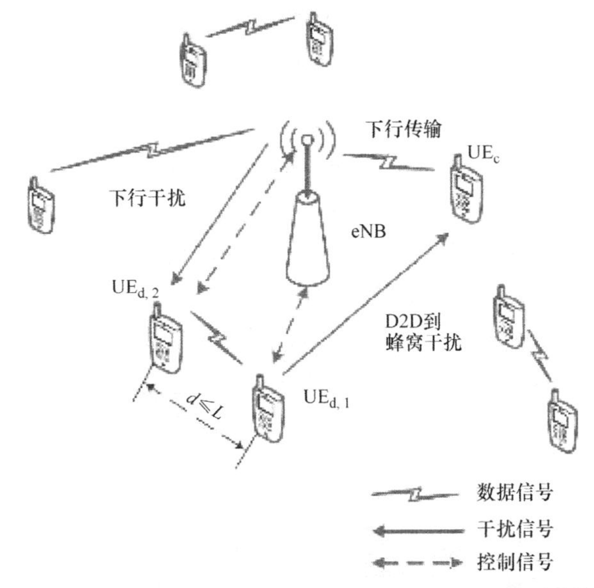

图 6.1　具有下行资源共享的蜂窝网络下的 D2D 通信系统模型

现有工作证实[16,17]，在功率控制或资源调度机制下，蜂窝间干扰可以被有效地管理。因此，这项工作的地方重点放在由 D2D 和蜂窝通信的资源共享造成的蜂窝内干扰。一般来说，D2D 通信的会话建立需要以下步骤[1]。

1）通信请求是由一个 UE 对发起的。

2）系统检测来自同一子网和去往同一子网的 UE 的流量。

3）如果流量符合一定标准（如数据速率），则系统将该流量视为潜在的 D2D 流量。

4）eNB 检查 D2D 模式是否提供更高的吞吐量。

5）如果两个 UE 都支持 D2D，且 D2D 模式提供更高的吞吐量，则 eNB 可以建立 D2D 承载。

资源控制的跨层方法可包含在上述的步骤中，并且通常总结如下。发射机（蜂窝和 D2D 用户）发送信号检测，然后 CSI 将会由相应的接收机获得，并反馈给控制中心（如 eNB）。根据一定原则，进行功率控制和频谱分配。最后，根据分配的结果，eNB 将控制信号发送到用户。即使 D2D 连接设置成功，eNB 仍然维护检测过程，以防用户切换回蜂窝通信模式。此外，eNB 为蜂窝和 D2D 通信维持无线电资源控制。基于这些通信功能，本章主要侧重于 D2D 通信的蜂窝资源分配。

这里，如图 6.1 所示的关于蜂窝网络的共享 DL 资源的场景已被考虑。$UE_{d,1}$是与 eNB 共享相同的子信道的 D2D 对的发射机，因此，$UE_{d,2}$作为 D2D 接收机会受到来自 eNB 的干扰。另外，蜂窝接收机 UE_c暴露在 $UE_{d,1}$的干扰中。此外，当 eNB 发送控制信号到 D2D 对时，D2D 用户向 eNB 反馈 CSI。以这样的方式，该系统实现了 D2D 功率控制和资源分配。

在蜂窝系统的下行链路周期中，蜂窝和D2D用户都会受到干扰，因为它们共享相同的子信道。这里，任何蜂窝用户的资源块（RB）都可以与多个D2D对共享，每对可使用多个用户的RB来传输。需要注意的是，在模型中蜂窝用户和D2D对的数字分别是C和D。在下行链路周期中，eNB发送信号x_i到第i个（$i=1, 2, \cdots, C$）蜂窝用户，第j个（$d=1, 2, \cdots, D$）D2D对使用相同的频谱资源发送信号x_j。在UE i和D2D接收机j中的接收信号被写为

$$y_i = \sqrt{p_B} h_{Bi} x_i + \sum_j \beta_{ij} \sqrt{p_j} h_{ji} x_j + n_i \tag{6.1}$$

$$y_j = \sqrt{p_j} h_{jj} x_j + \sqrt{p_B} h_{Bj} x_i + \sum_{j'} \beta_{jj'} \sqrt{p_{j'}} h_{j'j} x_{j'} + n_j \tag{6.2}$$

式中，p_B、p_j和$p_{j'}$分别是eNB、D2D发射机j和j'的发射功率；h_{ij}是$i-j$的链路（即从设备i到j）的信道响应；n_i和n_j是具有单边功率谱密度（PSD）σ^2的接收机处的加性高斯白噪声（AWGN）；β_{ij}表示当UE i的RB分配给UE j时，存在满足$\beta_{ij}=1$的干扰，否则$\beta_{ij}=0$。因为蜂窝用户可以与多个D2D对共享资源，它也满足$0 \leqslant \sum_j \beta_{ij} \leqslant D$。同样地，$\beta_{jj'}$表示为D2D对中的$j$和$j'$之间存在的干扰。

信道被建模为瑞利衰落信道，从而所述信道响应遵循独立相同复高斯分布。使用自由空间传播路径损耗模型$p=p_0 \cdot (d/d_0)^{-\alpha}$，式中$p_0$和$p$分别代表到发射器$d_0$和$d$距离处测得的信号功率。$\alpha$是路径损耗指数，因此，每个链路的接收功率可如下所示：

$$p_{r,ij} = p_i h_{ij}^2 = p_i (d_{ij})^{-\alpha} h_0^2 \tag{6.3}$$

式中，$p_{r,ij}$和d_{ij}分别表示接收功率和$i-j$链路的距离；p_i表示的设备i的发射功率；h_0是服从分布$\mathcal{CN}(0,1)$的复高斯信道系数。该模型通过假设在$d_0=1$处的接收功率等于发射功率进行简化。

为了最大限度地提高网络的容量，SINR应被视为一个重要指标。用户j的SINR是

$$\gamma_j = \frac{p_i h_{ij}^2}{P_{\text{int},j} + \sigma^2} \tag{6.4}$$

式中，$p_{\text{int},j}$表示用户j接收到的干扰信号功率，σ^2表示接收机的终端噪声。

通过香农容量公式确定，可以计算对应于蜂窝和D2D用户的SINR的信道速率。随着蜂窝用户受到共享同一频谱资源的D2D通信的干扰，蜂窝用户i的干扰功率是

$$p_{\text{int},i} = \sum_j \beta_{ij} p_j h_{ji}^2 \tag{6.5}$$

D2D接收机j中的干扰是来自具有相同的资源分配的eNB和D2D用户，用户j的干扰功率可以表示为

$$p_{\text{int},j} = p_B h_{Bj}^2 + \sum_{j'} \beta_{jj'} p_{j'} h_{j'j}^2 \tag{6.6}$$

利用式（6.4）~式（6.6），可分别得到蜂窝用户i和D2D接收机j中的信道速率为

$$R_i = \log_2\left(1 + \frac{p_B h_{Bi}^2}{\sum_j \beta_{ij} p_j h_{ji}^2 + \sigma^2}\right) \tag{6.7}$$

$$R_j = \log_2\left(1 + \frac{p_j h_{jj}^2}{p_B h_{Bj}^2 + \sum_{j'} \beta_{jj'} P_{j'} h_{j'j}^2 + \sigma^2}\right) \tag{6.8}$$

式中，$j \neq j'$，所以$\sum_{j'} \beta_{jj'} p_{j'} h_{j'j}^2$表示来自和对$j$共享频谱资源的另一个D2D对的干扰。下行链路系统总速率可以定义为

$$\mathfrak{R} = \sum_{i=1}^{C}\left(R_i + \sum_{j=1}^{D}\beta_{ij}R_j\right) \tag{6.9}$$

因此，对于每个 D2D 对设计 β_{ij} 的问题被认为是最大化 $\mathfrak{R}$ 的优化问题。

由于在同一时隙中，D2D 模式与蜂窝通信共享相同的频谱资源，同信道干扰应尽可能多地被限制，以优化系统性能。无线电信号经历不同程度的衰落，因此干扰量取决于发射功率和空间距离。因此，本章的重点是将由蜂窝用户占用的资源块（RB）适当分配给 D2D 对来最大限度地减少干扰，从而实现更高的系统速率。接下来，建立分配结果和共享信道的速率之间的关系，其可以被定义为一个以信道速率为目标值的值函数。

$\mathcal{D}$ 定义为一个变量包，表示共享相同资源的 D2D 对的索引，这些对的总和可以形成 N 个这样的包。因此，如果第 k 个（$k=1,2,\cdots,N$）D2D 用户包的成员与蜂窝用户 i 共享资源，则 UE i 和 D2D 对 j（$j\in\mathcal{D}_k$）的信道速率可以写为

$$R_i^k = \log_2\left(1 + \frac{p_{\mathrm{B}}h_{\mathrm{B}i}^2}{\sum_{j\in\mathcal{D}_k} p_j h_{ji}^2 + \sigma^2}\right) \tag{6.10}$$

$$R_j^k = \log_2\left(1 + \frac{p_j h_{jj}^2}{p_{\mathrm{B}}h_{\mathrm{B}j}^2 + \sum_{j'\in\mathcal{D}_k-\{j\}} p_{j'} h_{j'j}^2 + \sigma^2}\right) \tag{6.11}$$

由 UE i 和 D2D 对 $(i\in\mathcal{D}_k)$ 共享的工作信道率是

$$R_{ik} = R_i^k + \sum_{j\in\mathcal{D}_k} R_j^k \tag{6.12}$$

根据式（6.10）~式（6.12），将用户 i 的资源分配给 D2D 对的第 k 个包时，信道速率由下式给出：

$$V_i(k) = \log_2\left(1 + \frac{p_{\mathrm{B}}h_{\mathrm{B}i}^2}{\sum_{j\in\mathcal{D}_k} p_j h_{ji}^2 + \sigma^2}\right) + \sum_{j\in\mathcal{D}_k}\log_2\left(1 + \frac{p_j h_{jj}^2}{p_{\mathrm{B}}h_{\mathrm{B}j}^2 + \sum_{j'\in\mathcal{D}_k-\{j\}} p_{j'} h_{j'j}^2 + \sigma^2}\right) \tag{6.13}$$

在该机制中，蜂窝用户 i 所占用的频谱资源单位被视为投标竞争 D2D 对的包最大化信道速率的竞标者之一。很明显，只要来自 D2D 对的数据信号的贡献比干扰信号的大，那么 D2D 通信就会带来信道速率的增益。考虑到正值的约束，性能增益被定义为

$$v_i(k) = \max(V_i(k) - V_i, 0) \tag{6.14}$$

这是投标人 i 的 D2D 对 $\mathcal{D}_k$ 的包的私有价值。式中，V_i 表示无同信道干扰的 UE i 的信道速率，由下式给出：

$$V_i = \log_2\left(1 + \frac{p_{\mathrm{B}}h_{\mathrm{B}i}^2}{\sigma^2}\right) \tag{6.15}$$

这样，我们有了如下的定义。

定义 68　估值模型 $\mathcal{V}=\{v_i(k)\}$ 是一个所有投标人 $i\in\{1,2,\cdots,C\}$ 对所有包 $\mathcal{D}_k\subseteq\{1,2,\cdots,D\}$ $(k\in\{1,2,\cdots,N\})$ 的私有估值的集合。

在拍卖中，用 i 表示的蜂窝资源通过获得 D2D 通信包而获得增益。然而，在访问过程中存在一定的成本，如控制信号的传输和信息的反馈。成本被定义为一个付价。

定义 69　由投标人 i 对于包 $\mathcal{D}_k$ 所付出的价格称为付价，并记为 $\mathcal{P}_i(k)$。项目 $j(\forall A, j\in\mathcal{D}_k)$ 的单价记为 $P_i(j)$

这里考虑线性匿名价格[188]，这意味着如果一个包的价格等于其项目的价格的总和，则价格

是线性的；如果同一个包的价格对不同投标人是相等的，则价格是匿名的。因此，投标人的付款为

$$\mathcal{P}_i(k) = \sum_{j\in\mathcal{D}_k} P_i(j) = \sum_{j\in\mathcal{D}_k} P(j),\ \forall i = 1,2,\cdots,C \tag{6.16}$$

其由单价$P(j)$和投标包$\mathcal{D}_k$的大小来确定。

定义70　投标人效用或者投标人收益，$U_i(k)$表示投标人i通过包$\mathcal{D}_k$累计获得的满足感。投标人效用可以如下定义：

$$U_i(k) = v_i(k) - \mathcal{P}_i(k) \tag{6.17}$$

通过式（6.14）、式（6.16）、式（6.17）、式（6.13）中的$V_i(k)$和式（6.15）中的V_i，投标人i的效用可以如下定义：

$$U_i(k) = \log_2\left(1 + \frac{p_B h_{Bi}^2}{\sum_{j\in\mathcal{D}_k} p_j h_{ji}^2 + \sigma^2}\right) + \sum_{j\in\mathcal{D}_k}\log_2\left(1 + \frac{p_j h_{jj}^2}{p_B h_{Bj}^2 + \sum_{j'\in\mathcal{D}_k-\{j\}} p_{j'} h_{j'j}^2 + \sigma^2}\right)$$
$$- \log_2\left(1 + \frac{p_B h_{Bi}^2}{\sigma^2}\right) - \sum_{j\in\mathcal{D}_k} P(j) \tag{6.18}$$

为了直观地描述分配的结果，下面的定义是有帮助的。

定义71　拍卖的结果是由$\chi = (X_1, X_2, \cdots, X_C)$表示的频谱分配，它为每个投标人分配一个相应的包。分配的包可能不相交（$\forall i,\ j,\ X_i \cap X_j = \emptyset$）。

考虑一组二进制变量$\{x_i(k)\}$，将分配重新定义为

$$x_i(k) = \begin{cases} 1, & X_i = \mathcal{D}_k \\ 0, & \text{其余} \end{cases} \tag{6.19}$$

据文献报道，两个最流行的投标语言是异或（XOR）和添加或（Additive OR），前者允许一个投标人提交多个投标，但最多只有一个出价可以获胜，而后者允许一个投标人提交多个投标，并且任何非交叉组合出价都可以获胜。在这里，考虑XOR情况，对于$\forall i = 1,\ 2,\ \cdots,\ C$，式（6.19）满足$\sum_{k=1}^{N} x_i(k) \leqslant 1$以及$\sum_{k=1}^{N} x_i(k) = 0 \Rightarrow X_i = \emptyset$。如果给出一个分配$\mathcal{X}$，所有投标人的投标总效用可表示为$U_{\text{all}}(\mathcal{X}) = \sum_{i=1}^{C}\sum_{k=1}^{N} x_i(k) U_i(k)$。进一步地，拍卖的收入可表示为$\mathcal{A}(\mathcal{X}) = \sum_{i=1}^{C}\sum_{k=1}^{N} x_i(k)\mathcal{P}_i(k)$，这个经常被认为是拍卖的增益。

正如前面所提到的，假设总的频谱资源划分为C个单元，而每一个都已经向一个蜂窝用户提供了通信服务。通过拍卖博弈，频谱单元被分配到N个用户包$\{\mathcal{D}_1,\ \mathcal{D}_2,\ \cdots,\ \mathcal{D}_N\}$中，每个包至少由一个D2D对组成。换言之，频谱单元竞争以获得D2D通信，从而改善信道速率。

在迭代组合拍卖（ICA）博弈中，拍卖人宣布每件物品的初始价格，然后按当前价格投标人提交出价。只要需求超过供给，或相反，供给超过需求，拍卖人更新（提高或降低）相应的价格，之后拍卖进入下一轮。

显然，整体增益（包括拍卖人和所有投标人的总增益）不依赖于付价，而是等于所分配的包的估值总和，也就是说

$$\mathcal{A}(\mathcal{X}) + U_{\text{all}}(\mathcal{X}) = \sum_{i=1}^{C}\sum_{k=1}^{N} x_i(k)\mathcal{P}_i(k) + \sum_{i=1}^{C}\sum_{k=1}^{N} x_i(k) U_i(k)$$
$$= \sum_{i=1}^{C}\sum_{k=1}^{N} x_i(k)\mathcal{P}_i(k) + \sum_{i=1}^{C}\sum_{k=1}^{N} x_i(k)[(v_i(k) - \mathcal{P}_i(k))]$$

$$= \sum_{i=1}^{C} \sum_{k=1}^{N} x_i(k) v_i(k) \tag{6.20}$$

正如最初的想法，我们采用 ICA 来获得频谱资源的有效分配。

定义 72　表示为$\widetilde{\mathcal{X}} = (\widetilde{X}_1, \widetilde{X}_2, \cdots, \widetilde{X}_C) = \{\widetilde{x}_i(k)\}$的有效分配是最大化总增益的分配。给定式（6.14）中所有可能包的私人投标人估值，一个高效的分配可以通过求解组合分配问题（CAP）来获得。

定义 73　组合分配问题（CAP），有时也称为胜者决定问题（WDP），带来整体获得最大化的有效配置，即

$$\max_{\mathcal{D}_k = X_i \in \mathcal{X} \in \mathscr{X}} \sum_{i=1}^{C} v_i(k)$$

式中，$\mathscr{X}$表示所有可能分配的集合。

对 CAP 使用二进制决策变量$\{x_i(k)\}$的整数线性规划由下式构成：

$$\max \sum_{i=1}^{C} \sum_{k=1}^{N} x_i(k) v_i(k)$$

$$\text{满足} \sum_{k=1}^{N} x_i(k) \leqslant 1, \forall i \in \{1,2,\cdots,C\}$$

$$\sum_{\mathcal{D}_k : j \in \mathcal{D}_k} \sum_{i=1}^{C} x_i(k) \leqslant 1, \forall j \in \{1,2,\cdots,D\} \tag{6.21}$$

目标函数使总增益最大化，而且约束保证每个投标人最多分配一个包，而且每个项目最多只能被分配一次。

事实上，具有相同目标函数的 CAP 可能存在多个最优解。从拍卖人的角度来看，打破僵局的规则是需要确定选择哪个最优的解决方案。在真正的拍卖中，拍卖人不知道投标人的私人估值，也不能解决 NP - hard 问题。为了解决 CAP，拍卖人基于每一轮提交的出价选择获胜者。因此，在异或投标语言的情况下，WDP 的制定类似于 CAP，唯一的区别是目标函数，即

$$\max \sum_{i=1}^{C} \sum_{k=1}^{N} x_i(k) \mathcal{P}_i^t(k) \tag{6.22}$$

式中，$\mathcal{P}_i^t(k)$表示在 t 轮中，投标人 i 对于包$\mathcal{D}_k$ 的付价。

就定义 5 而言，CA 的结果并不总是有效的。这里，采用分配效率作为拍卖的主要衡量指标。

定义 74　CA 的配置效率可以表示为最终分配的总增益与有效分配之例[188]，

$$\varepsilon(\mathcal{X}) = \frac{\mathcal{A}(\mathcal{X}) + U_{\text{all}}(\mathcal{X})}{\mathcal{A}(\widetilde{\mathcal{X}}) + U_{\text{all}}(\widetilde{\mathcal{X}})} \tag{6.23}$$

式中，$\varepsilon(\mathcal{X}) \in [0,1]$。

许多 ICA 设计，尤其是对集中式 ICA 设计，是基于询价的。基于价格的 ICA 设计因定价机制和价格更新规则而有差别。在所提出的算法中，使用线性价格，因为它们很容易为投标人所理解，并且方便在每一轮拍卖进行沟通。因为 D2D 链路的干扰，在允许 D2D 访问之前，蜂窝信道应保证蜂窝系统的性能。因此，在算法中应该考虑降价标准。价格是由贪婪模式更新的，即一旦投标人提交项目或包的投标，相应的价格就固定了。否则，价格降低。

分配开始时，eNB 收集所有的 D2D 对的位置信息。此外，还设置了轮次指数 $t=0$，每个物品（D2D 对）j 的初始要价 $P^0(j)$，以及固定降价值 $\Delta > 0$。

当向所有投标人（即通过蜂窝 UE 所占用的频谱资源）宣布最初价格后，每个投标人提交包括其所需的包和相应付价的投标。

我们的计划中不允许跳跃投标（即投标人出价高于价格），因此投标人出价总是为目前的价格。根据 CAP 和对 WDP 的分析，最大化的总增益的问题可以简化为收集最高付价的过程。其结果是，只要 $U_i(k)\geqslant 0$，投标人 i 就会为包$\mathcal{D}_k$ 竞标。结合式（6.16）和式（6.17）得

$$v_i(k) \geqslant \mathcal{P}_i^t(k) = \sum_{j\in\mathcal{D}_k} P^t(j) \tag{6.24}$$

式中，轮次指数 $t\geqslant 0$。在这种情况下，$b_i^t(k)=\{\mathcal{D}_k,\mathcal{P}_i^t(k)\}$ 表示在第 t 轮结束时提交的投标，$\mathcal{B}^t=\{b_i^t(k)\}$ 表示所有的投标。当不满足式（6.24）时，投标 $b_i^t(k)=\{\varnothing,0\}$。如果 $\exists j\in\mathcal{D}_k$ 满足 $\forall b_i^t(k)\in\mathcal{B}^t$，$\mathcal{D}_k\notin b_i^t(k)$，这表明，供应超过需求。然后 eNB 令 $t=t+1$，$P^{t+1}(j)=P^t(j)-\Delta$，其中 j 是供过于求的物品，拍卖继续下一轮。

在正常情况下，只要包的价格低于投标人对该包的估值，投标人就会提交投标。eNB 分配包给投标人，并确定相应的物品的价格。同时，受制于 XOR 投标语言，投标人不允许参与下面的拍卖。随着每轮要价离散地降低，因此可能这种情况，即不止一个投标人同时对包含相同物品的包进行投标。eNB 检测所有投标人的投标，以评估它是否认为：①$b_{i_1}^t(k)=b_{i_2}^t(k)\neq\{\varnothing,0\}(i_1\neq i_2,k\in\{1,2,\cdots,N\})$；② $b_{i_1}^t(k_1)=\{\mathcal{D}_{k_1},\mathcal{P}_{i_1}^t(k_1)\}$；③ $b_{i_2}^t(k_2)=\{\mathcal{D}_{k_2},\mathcal{P}_{i_2}^t(k_2)\}(k_1\neq k_2,i_1、i_2\in\{1,2,\cdots,C\})$，以满足$\mathcal{D}_{k_1}\cap\mathcal{D}_{k_2}\neq\varnothing$。

如果满足上述条件的任何一个，总需求超过供应。然后，eNB 设置微调 $P^t(j)=P^t(j)+\delta$，其中 j 是暂时过度需求的物品，可以设置 $\delta=\Delta/n$，其中 n 是影响收敛速度的整数因素。该分配可以通过多次迭代来确定。

拍卖继续进行，直到所有的 D2D 链接被拍卖或每个信道获得一个包。该算法在表 6.1 中详述。

表 6.1 资源分配算法

*** 初始状态：**

eNB 收集所有的 D2D 对的位置信息。对于包 k 中第 i 个资源单元的估值是 $v_i(k),i=1,2,\cdots,C,k=1,2,\cdots,N$，由式（6.14）给出。设置好轮次指数 $t=0$，初始价格 $P^0(d)$，固定降价值 $\Delta>0$

*** 资源分配算法：**

（1）根据其效用，竞标人 i 提交出价。

★ 只要 $U_i(k)\geqslant 0$，投标人投标包 D_k，由式（6.24）表示。

★ 如果 $U_i(k)<0$，投标人 i 提交 $\{\varnothing,0\}$。

（2）如果 $\exists j\in\mathcal{D}_k$ 满足 $\forall b_i^t(k)\in\mathcal{B}^t,\mathcal{D}_k\notin b_i^t(k)$，eNB 设置 $t=t+1$，$P^{t+1}(j)=P^t(j)-\Delta$，其中 j 是过度供给的物品，拍卖进入下一轮，回到（1）。

（3）该 eNB 检测所有投标人的投标：

1）存在 $b_{i_1}^t(k)=b_{i_2}^t(k)\neq\{\varnothing,0\}(i_1\neq i_2,k\in\{1,2,\cdots,N\})$。

2）存在 $b_{i_1}^t(k_1)=\{\mathcal{D}_{k_1},\mathcal{P}_{i_1}^t(k_1)\}$，$b_{i_2}^t(k_2)=\{\mathcal{D}_{k_2},P_{i_2}^t(k_2)\}(k_1\neq k_2,i_1、i_2\in\{1,2,\cdots,C\})$ 满足$\mathcal{D}_{k_1}\cap\mathcal{D}_{k_2}\neq\varnothing$。

（4）如果不满足（3）中任何一个条件，继续（5），否则，至少一个物品总需求超过供给。eNB 设置 $P^t(j)=P^t(j)+\delta$，δ 可由 $\delta=\Delta/i$ 得到（其中，i 是一个整数因子），回到（1）。

（5）该分配可以通过重复上述步骤来确定。拍卖继续进行，直到所有的 D2D 链路已经拍卖或者每个蜂窝信道获得了包。

接下来，分析所提出的基于拍卖的资源分配机制的重要特性。

由于一般的定义，对于每个投标人，防欺骗意味着在每一轮拍卖报告真实需求是一个最好的回应。

命题 4　基于反向 ICA 的资源分配算法能防欺骗。

证明　根据式（6.18），投标人的效用取决于对投标包的估值和物品的单价。特别是，主要影响效用的是干扰（蜂窝和 D2D 通信之间）。鉴于表达极其复杂，考虑这样一种情况，只有一个物品构成的包，但又不失一般性。投标人 i 的效用可以再次写为

$$U_i(j) = \log_2\left(1+\frac{p_{\mathrm{B}}h_{\mathrm{B}j}^2}{p_j h_{ji}^2+\sigma^2}\right)+\log_2\left(1+\frac{p_j h_{jj}^2}{p_{\mathrm{B}}h_{\mathrm{B}j}^2+\sigma^2}\right) - \log_2\left(1+\frac{p_{\mathrm{B}}h_{\mathrm{B}i}^2}{\sigma^2}\right)-P^t(j) \tag{6.25}$$

关于 h_{ji} 和 $h_{\mathrm{B}j}$ 的效用的微分表达式分别为

$$\frac{\partial U_i(j)}{\partial h_{ji}} = \frac{-2p_j h_{ji} p_{\mathrm{B}} h_{\mathrm{B}i}^2}{(\ln 2)(p_j h_{ji}^2+p_{\mathrm{B}}h_{\mathrm{B}i}^2+\sigma^2)(p_j h_{ji}^2+\sigma^2)} < 0 \tag{6.26}$$

$$\frac{\partial U_i(j)}{\partial h_{\mathrm{B}j}} = \frac{-2p_{\mathrm{B}} h_{\mathrm{B}j} p_j h_{jj}^2}{(\ln 2)(p_{\mathrm{B}} h_{\mathrm{B}j}^2+p_j h_{jj}^2+\sigma^2)(p_{\mathrm{B}} h_{\mathrm{B}j}^2+\sigma^2)} < 0 \tag{6.27}$$

因此，该效用 $U_i(j)$ 是一个关于 h_{ji} 和 $h_{\mathrm{B}j}$ 的单调递减函数。因此，最优的策略是与蜂窝发射机和接收机投标具有较低信道增益的 D2D 链路。

在降价拍卖中，物品开始的时候总是太贵买不起。随着迭代 t 的数量增加，物品的价格下降。在 t 轮中给定一个包 $\mathcal{D}_k$，投标人 i 拥有提交投标 $\{\mathcal{D}_k,\mathcal{P}_i^t(k)\}$ 或者 $\{\emptyset, 0\}$ 的权利。鉴于所有其他投标人根据式（6.24）提交自己的真实需求，考虑在两种情况下的投标人 i 的策略：①当真实估值 $\mathcal{D}_k$ 满足 $U_i(k)\geqslant 0$，如果投标人 i 投标 $\{\emptyset, 0\}$，它会退出该轮并且损失了最大化信道速率的包；②当真实估值 $\mathcal{D}_k$ 满足 $U_i(k)<0$，如果投标人 i 投标 $\{\mathcal{D}_k,\mathcal{P}_i^t(k)\}$，并且最终获得了这个包，显然它会得到一个不想要的负盈余。

从上述分析中可以得出，在每一轮中，蜂窝信道 i 的最优策略是提交其真正的需求，否则由于任何欺骗行为都会导致其效用损失。也就是说，所提出的资源分配算法是防欺骗的。

命题 5　基于反向 ICA 的资源分配算法具有收敛性（即迭代次数是有限的）。

证明　根据定理 1，在每轮拍卖中，所有投标人提交真实需求以获得中标的效用。从式（6.18）可以得出

$$U_i^{t+1} - U_i^t = \Delta > 0 \tag{6.28}$$

式中，U_i^t 表示投标人 i 在 t 轮的效用。根据算法，如果 $U_i^t<0$，投标人 i 没有投标并得到零效用，如果 $U_i^t\geqslant 0$，投标人 i 会投标 $\{\mathcal{D}_k,\mathcal{P}_i^t(k)\}$，并得到一个正效用。因此，在最开始，投标人在玩一个等待博弈，一旦 $U_i^t(k)\geqslant 0$，它会以 $\mathcal{D}_k$ 进行投标。只要它是唯一一个投标的，那么它会得到包。用足够大的 t 和 $\Delta>0$，它最终会得到 $x_i(k)=1$。同样地，如果不止一个投标人对同一个物品进行投标，算法随增量大小 $\delta<\Delta$，通过提升价格执行分配。受限于式（6.21）中的 $\sum_{\mathcal{D}_k:j\in\mathcal{D}_k}\sum_{i=1}^{C} x_i(k) \leqslant 1$，包不能再被分配。因此，对于有限数量的包 N，迭代的数量是有限的。也

就是说，提出的方案将达到收敛。

此外，价格增量 Δ 的值直接影响方案的收敛速度。当 Δ 很大时，方案收敛快，而当 Δ 很小时，方案慢慢收敛。微调 δ 也有相同的性质，但对收敛的影响较小。

在 ICA 博弈中，有几种方法更新价格，即通过单调递增、单调递减和非单调模式。在这里，我们专注于价格非单调性提出反向 ICA 算法。

命题 6 在提出降价的拍卖中，为了反映竞争形势，一轮提高物品的价格可能是必要的。此外，它带来了效率的提高。

证明 通过表 6.1 提出的算法，存在这样一种情况，当价格降低到某些特定值时，不止一个投标人为了相同的包或者相交的不同的包进行投标。然而，拍卖不允许一个包被不同的投标人获得，正如式（6.21）中的第二个约束条件所示。在这种情况下，通过相应的微调 $\delta=\Delta/n$ 来提高价格使投标人重新审视其效用函数。一旦有投标人发现自己的效用为负，它就会退出竞标。通过有限数量的迭代，收敛到一个投标人为获胜者。由于升价过程会最大化拍卖收入（见式（6.22）），在这种情况下，分配效率高于随机分配的效率。

正如前面提到的，传统的 CAP 事实上就是一个 NP－hard 问题，通常的解决方案就是集中式穷举搜索。假设要分配的物品数是 m，投标人数是 n。对于穷举最优算法，一个物品有 n 种可能分配结果，所以，所有的项目有 n^m 个可能结果，算法复杂度为 $\mathcal{O}(n^m)$。在提出的反向 ICA 方案中，投标人表明其整个效用函数。特别是，其计算所有可能包的估值，$\mathcal{C}_m^1+\mathcal{C}_m^2+\cdots+\mathcal{C}_m^m=2^m-1$。如果总的迭代次数是 t，则基于拍卖算法的复杂度为 $\mathcal{O}(n(2^m-1)+t)$。在提出的算法中，已经有 $P^t(j)=P^0(j)-\Delta \quad t\geqslant 0$。最差的情况是 $t=P^0(j)/\Delta$。很明显，对于足够大的 m 和 n，一般的 $P^0(j)$ 和 Δ 的值，反向 ICA 方法会得到较低的复杂度。即 $\mathcal{O}(n^m)>\mathcal{O}(n(2^m-1)+P^0(j)/\Delta)$。如果约束 D2D 对共享同一信道，则复杂度降低为 $\mathcal{O}(nm+P^0(j)/\Delta)$，这就是方案在仿真中的情况。

在 D2D 的系统中，eNB 仍然是资源分配的控制中心，并且对于所提出的方案，CSI 确实在 eNB 中可用。除了 CSI 检测、反馈和控制信号传输功能外，与现有的资源调度方案，如最大载波干涉（max C/I）和比例公平（PF）相比，反向 ICA 并不需要额外信号。所不同的是，由于 D2D 和蜂窝网络之间的干扰，反向 ICA 方案需要更复杂的 CSI。

在分配的开始，发射机需要发送一些包含检测信号的包。然后，在每个终端获得的 CSI（D2D 或蜂窝接收机）将被反馈给 eNB。之后，eNB 进行迭代过程，除了转发控制信号，信号网络节点之间没有需要交换的信号。

类似 CSI 反馈压缩和信号泛洪等方法有助于减少开销。另外，未来 D2D 通信可以考虑一些工作机制，以限制共享同一信道的 D2D 对的数量。显然约束距离将有助于减少开销。然而，本章的目标是获得最接近最优的解，所以不考虑简化。

表 6.2 列出了主要仿真参数。如图 6.1 所示，仿真在单个蜂窝中进行。对于蜂窝和 D2D 链路，都要考虑路径损耗模型和阴影衰落。无线传播是根据 WINNER Ⅱ 信道模型[18] 建模的，D2D 信道是基于办公室/室内场景的，而蜂窝信道是基于城市微蜂窝场景的。

表 6.2　主要仿真参数

参数	值
蜂窝单元布局	孤立的蜂窝，单扇区
系统区域	蜂窝单元的半径为 500m
噪声谱密度	-174dBm/Hz
子信道带宽	15kHz
噪声系数	在设备中为 9dB
天线增益	eNB：14dBi；设备：0dBi
D2D 最大距离	5m
发射功率	eNB：46dBm；设备：23dBm

使用拍卖算法，不同数量的 D2D 对和不同数量的资源单元的系统总速率如图 6.2～图 6.4 所示。总速率可以从式（6.9）获得。

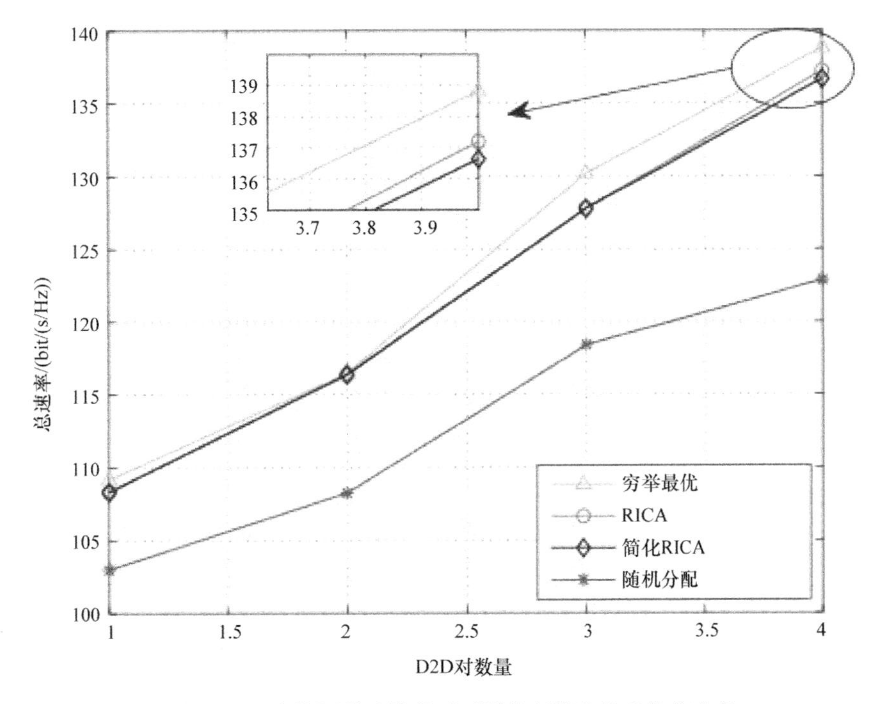

图 6.2　8 个资源单元情况下不同分配算法的系统总速率

从图 6.2 和图 6.4 可以看出，系统总速率随着 D2D 对数与资源单元数的增加而增加。一方面，当资源总数固定时，更多的 D2D 用户会带来更高的系统总速率。另一方面，当资源总数增加时，每个 D2D 链路分配到更小干扰的资源的概率提高了，同样可以提高总速率。这种现象就和多用户分集的作用一样。当然，蜂窝用户对性能也有贡献。

从另一个角度，图 6.2 和图 6.4 呈现了不同分配算法的系统总速率。图中标注为穷举最优的

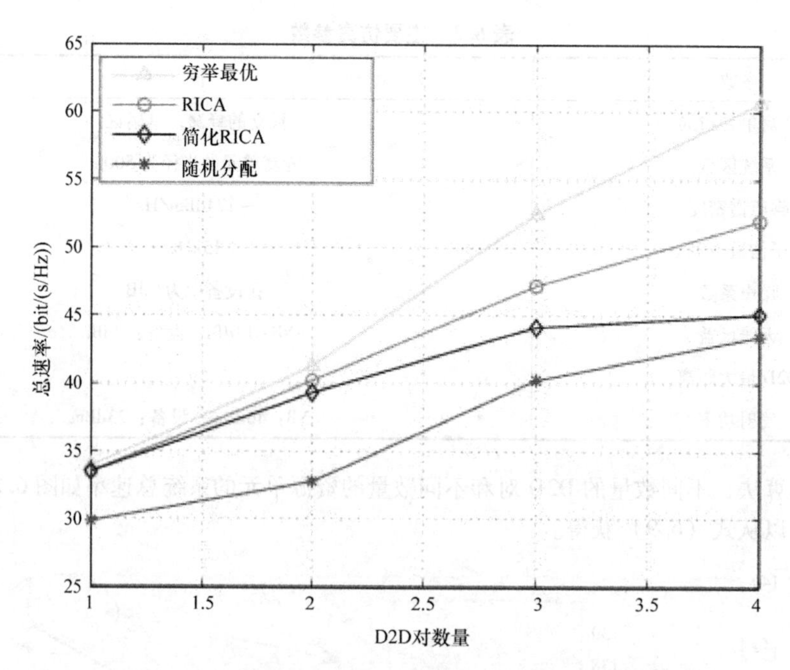

图6.3 2个资源单元情况下不同分配算法的系统和速率

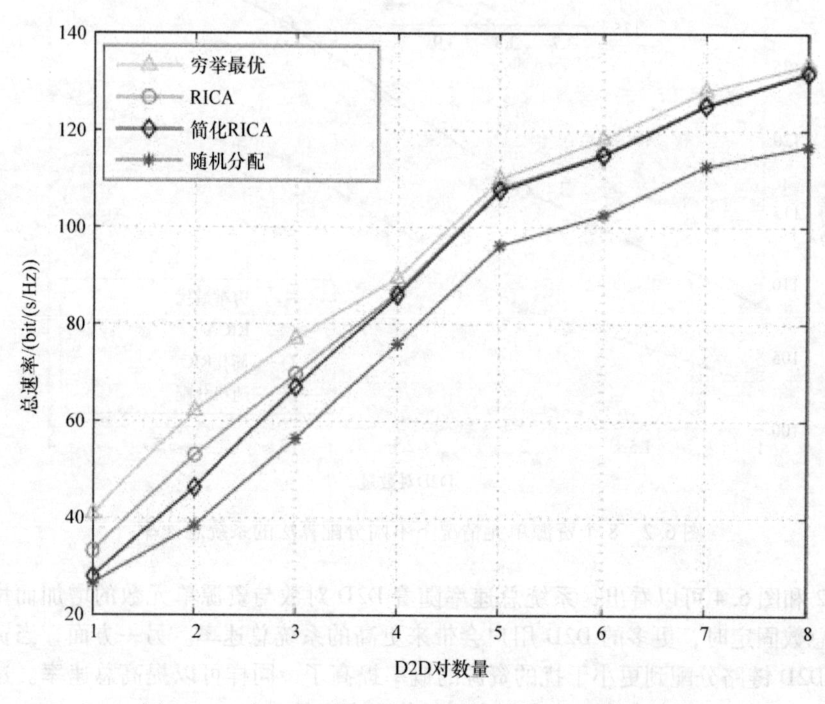

图6.4 4个D2D对情况下不同分配算法的系统总速率

曲线是由穷举搜索方法模拟的，该方法确定了系统总速率的上限。图中标注为简化 RICA 的曲线是简化的反向 ICA 方案的结果，共享相同蜂窝资源的 D2D 对数量被限制为一个。图中标注为 RICA的曲线代表反向 ICA 算法的性能，最后一条曲线是通过随机分配频谱资源得到的仿真结果。首先，所提出的拍卖算法比随机分配好很多。其次，最优分配有最高的系统总速率，但是与 RICA相比优势比较小，尤其是当蜂窝资源单元数增加时，如图 6.4 所示。另外，简化 RICA 的性能在8 个资源单元的情况下接近 RICA 方案的性能，但在2 个资源单元的情况下，性能明显不同，如图 6.3 所示。原因是当资源单元的数量小于 D2D 对的数量时，简化 RICA 的约束限制了 D2D 对对网络的访问。结果会导致大的容量损失。

定义系统效率为 $\eta = \mathcal{R}/\mathcal{R}_{\text{opt}}$，$\mathcal{R}_{\text{opt}}$代表穷举最优总速率。图 6.5 展示了不同 D2D 对数和不同资源单元数下的系统效率。仿真结果表明，提出的算法提供了较高的系统效率（η 最低值约为 0.7）。另外，在不同的用户和资源参数下，效率是稳定的。

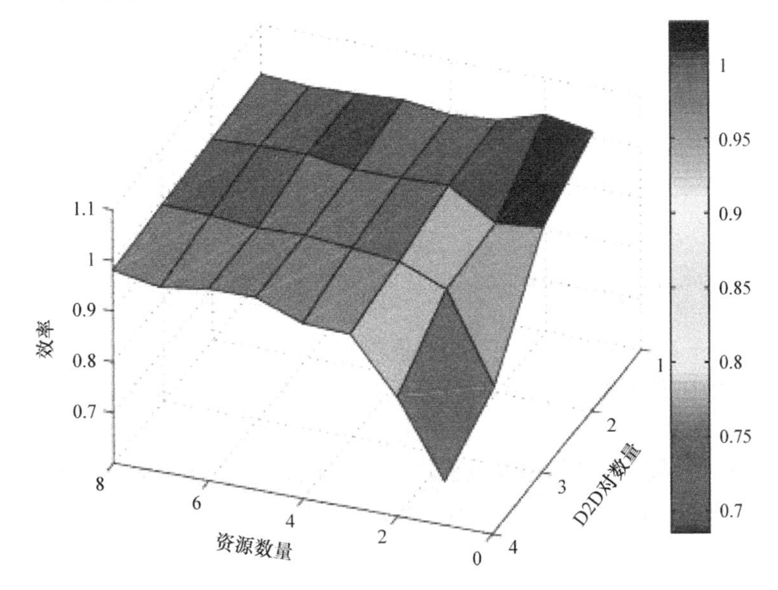

图 6.5　不同 D2D 对数和不同资源单元数下的系统效率 η

对于效率约为 0.7 的点，资源单元数和 D2D 对数都很少。线性价格规则可防止投标人投标最大估值包，相反其被限制投标具有最大平均单位估值的包。因此，效率略有下降。

对于其他点，效率稳定在 0.9 以上，表明提出的算法与穷举搜索方案只有很小的差距。事实上，降价规则决定了对目前物品出价最高的投标人将获得相应的包，从而使当前总增益最大化。但是，这个差距无法避免，因为该算法原理上遵循一个局部的，或者近似全局的最优原则。

图 6.6 显示了反向 ICA 方案中价格非单调性的例子。4 条曲线代表 4 个 D2D 对的单元价格。从放大的细节来看，$D2D_2$的蜂窝单元价格在拍卖周期是上升的。由于 δ 比 Δ 要小得多，因此价格上升的现象难以观察。当该物品已被分配，它们的价格被固定为销售价值。从图中可以看出，$D2D_2$是最后一个被分配的。

在本节中，我们研究了如何减少 D2D 和蜂窝用户之间的干扰，以提高系统的总速率。反向

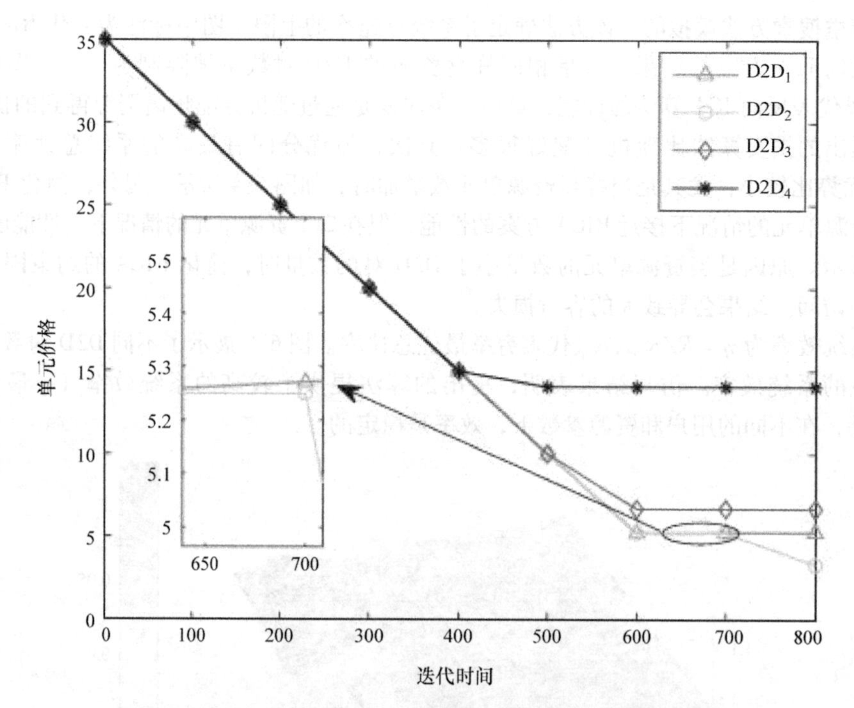

图6.6 价格单调性：反向ICA方案中价格非单调性的一个例子

ICA已被提出作为用于具有多个用户对的D2D通信进行分配频谱资源的机制。我们已经为每个资源单位制定了每个D2D对的估值，然后根据效用函数说明详细竞拍算法。非单调降价迭代过程已被建模和分析，以防止作弊，在有限的轮次内收敛，并且具有低复杂度。仿真结果表明，该系统和速率随D2D对的数量和资源单元数量的增加而增加。提出的拍卖算法大大优于随机分配，并且提供高的系统效率，对于不同参数的用户和资源都具有稳定性。

6.2 时域调度

D2D通信作为蜂窝网络的底层，能够优化蜂窝系统的系统吞吐量和能源效率。然而，因为D2D UE可能对蜂窝UE产生干扰，所以D2D通信的信道资源和功率的调度与分配需要精心协调。因此，本节考虑到这两个系统的吞吐量和平衡性，对联合时域调度和频谱分配方案进行了研究。

6.2.1 Stackelberg博弈在时域的调度

我们开发了一个Stackelberg博弈框架，在此框架中对蜂窝UE和D2D UE进行分组，形成了一个领导者-追随者对。该蜂窝UE是领导者，从领导者那获得信道资源的D2D UE是追随者。我们分析了博弈的均衡，并为联合调度和资源分配提出了一种算法。

我们仍然考虑单小区场景，其中多个UE和一个eNB位于小区的中心。UE和eNB两者都配备有单个全向天线。该系统包括两种类型的 UE，即 D2D UE 和蜂窝 UE。D2D UE 是成对的，每对由一个发射机和一个接收机组成。考虑在一个致密的 D2D 环境中，蜂窝 UE 和 D2D UE 的数目分别为 K 和 $D(D>K)$。蜂窝 UE 和 D2D 对的集合分别记为$\mathcal{K}$和$\mathcal{D}$。有 K 个正交信道被相应的蜂窝 UE 占用。分配给蜂窝 UE 的信道是固定的，D2D UE 与蜂窝 UE 共享信道。一个信道只允许被一个蜂窝 UE 和一个 D2D UE 使用。在 LTE 中，调度发生在每个传送时间间隔（TTI）[183]，每个传送时间间隔由两个时隙组成。信道根据对应的优先级被分配给 D2D UE。在每个 TTI 中，K 个 D2D 对被选择为与蜂窝 UE 共享 K 个通道，而其他的 D2D UE 则等待传输。

图 6.7 展示了上行链路资源共享情景，其中包括一个蜂窝 UE（UE_1）和两个 D2D 对（UE_2 和 UE_3、UE_4 和 UE_5）。UE_2 和 UE_4 是发射机，而 UE_3 和 UE_5 是接收机。两对 D2D UE 足够接近，以满足 D2D 通信的最大距离限制来保证 D2D 服务的质量。D2D 对 1 被选择与 UE_1 共享信道资源，而 D2D 对 2 不能传播。在蜂窝网上行链路阶段，UE_1 将数据发送到 eNB，而 eNB 受到了来自 UE_2 的干扰 。此外，在 D2D 对 1 通信时，UE_3 也受到了 UE_1 的干扰。

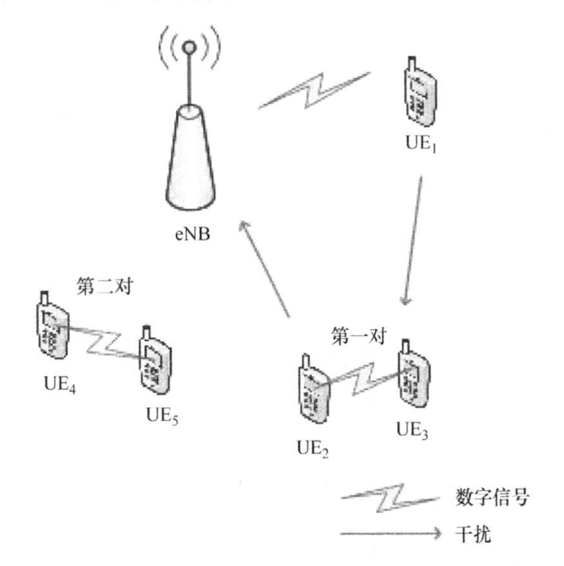

图 6.7　D2D 通信底层的系统模型与上行链路资源共享。UE_1 是蜂窝用户，UE_2 和 UE_3、UE_4 和 UE_5 是 D2D UE 对

在下行链路期间，蜂窝 UE 接收到从 eNB 传来的数据和共享相同信道的 D2D 发射机传来的干扰，D2D 接收机受到来自 eNB 的干扰。eNB 的发射功率过大，对 D2D 的 UE 造成严重干扰，并因此难以保证 D2D 服务的质量。因此，我们把重点放在网络的上行帧上。

定义一组二进制变量$\{x_{ik}\}(i\in\mathcal{D},k\in\mathcal{K})$来表示当前 D2D 对的通信。如果第 i 个 D2D 对被选择使用信道 k，则 $x_{ik}=1$；除此以外，$x_{ik}=0$。从上面的分析得知，在上行链路阶段，第 k 个蜂窝 UE 发送 s_k 到 eNB，第 i 个 D2D 发射机发射 s_i。eNB 与 D2D 接收机 i 所接收的信号如下：

$$y_k^{\mathrm{c}} = \sqrt{p_k g_{ke}}s_k + \sum_{i=1}^{D} x_{ik}\sqrt{p_i g_{ie}}s_i + n_k \tag{6.29}$$

$$y_i^{\mathrm{d}} = \sqrt{p_i g_{ii}}s_i + \sum_{k=1}^{K} x_{ik}\sqrt{p_k g_{ki}}s_k + n_i \tag{6.30}$$

式中，p_k 和 p_i 分别是第 k 个蜂窝 UE 和第 i 个 D2D 发射机的发射功率；g_{ki}表示第 k 个蜂窝 UE 和第 i D2D 接收机之间的信道增益；g_{ii}表示第 i 个 D2D 发射机与第 i 个 D2D 接收机之间的信道增益；g_{ke}是第 k 个蜂窝 UE 与基站之间的信道增益；g_{ie}是第 i 个 D2D 发射机和 eNB 之间的信道增益；n_k 和 n_i 表示加性高斯白噪声（AWGN）。为不失一般性，我们假设所有 UE 遵循相同的噪声功率 σ^2。

在第 i 个 D2D 接收机中的接收 SINR 可表示为如下：

$$\gamma_i^{\mathrm{d}} = \frac{p_i g_{ii}}{\sum_k x_{ik} p_k g_{ki} + \sigma^2} \tag{6.31}$$

第 k 个蜂窝 UE 对应 eNB 的 SINR 是

$$\gamma_k^{\mathrm{c}} = \frac{p_k g_{k\mathrm{e}}}{\sum_i x_{ik} p_i g_{i\mathrm{e}} + \sigma^2} \tag{6.32}$$

蜂窝 UE 的信道速率由下式给出：

$$r = \log_2(1 + \gamma) \tag{6.33}$$

因为 D2D 通信是基于底层蜂窝网络工作的，在假定蜂窝 UE 的发射功率和信道固定的情况下，我们重点研究 D2D UE 的功率控制和调度。D2D 通信可以利用 UE 之间的近似度，提高了系统的吞吐量性能。在此期间，应限制从 D2D 网络到蜂窝网络的干扰。因此，应适当控制 D2D UE 的发射功率。另一个目标是保证调度时 D2D UE 之间的公平性。

私有蜂窝网络和与其共享信道的 D2D UE 之间的相互作用可以模拟为一个非合作博弈。当 UE 自主选择战略，没有任何协调时，通常会导致低效的结果。如果我们将 D2D 方案简化为非合作博弈，D2D UE 会选择使用最大发射功率来最大化自己的收益，而不管其他 UE，而蜂窝 UE 将选择不与 D2D UE 共享信道资源。这最终会导致干扰太强或 D2D 无法访问网络。

因此，可以用 Stackelberg 博弈来协调调度，其中蜂窝 UE 是领导者，而 D2D UE 是追随者。领导者拥有信道资源，它可以对 D2D UE 开放信道并收取一定费用。该费用是为了协调系统所定义的虚拟货币。因此，如果蜂窝 UE 是盈利的且有决定价格的权利，它就有动机来与 D2D UE 分享信道。而 D2D UE 在指定的价格下，可以选择最佳功率来最大化其收益。基于这种方式即可达到平衡。

接着，分析领导者 - 追随者的行为，其中蜂窝 UE k 作为领导者，D2D 对 i 为追随者。领导者的效用可以定义为它自己的吞吐量性能，再加上它从追随者处取得的收入增益。费用应由领导者自身考虑决定。因此，我们应基于领导者受到的干扰来设置收费比例。领导者的效用函数可以表示如下：

$$u_k(\alpha_k, p_i) = \log_2\left(1 + \frac{p_k g_{k\mathrm{e}}}{p_i g_{i\mathrm{e}} + \sigma^2}\right) + \alpha_k \beta p_i g_{i\mathrm{e}} \tag{6.34}$$

式中，α_k 是收费价格（$\alpha_k > 0$）；β 是比例因子，表示领导者增益和追随者付费的比率（$\beta > 0$）。β 是影响这场博弈的输出（系统性能）的关键参数。对于领导者来说，最需要考虑的问题就是如何设置一个合适的收费标准来达到效用最大化，即

$$\max u_k(\alpha_k, p_i), \quad \alpha_k > 0 \tag{6.35}$$

对于追随者来说，效用是其吞吐量减去其用于支付使用信道的费用，可以表示为

$$u_i(\alpha_k, p_i) = \log_2\left(1 + \frac{p_i g_{ii}}{p_k g_{ki} + \sigma^2}\right) - \alpha_k p_i g_{i\mathrm{e}} \tag{6.36}$$

追随者需要考虑的问题是设置适当的发射功率，以使其效用最大化，即

$$\max u_i(\alpha_k, p_i), \quad p_{\min} \leqslant p_i \leqslant p_{\max} \tag{6.37}$$

在 Stackelberg 博弈中，领导者制定第一价格，而追随者在此价格的基础上选择其最佳的发射功率。由于领导者事先知道追随者的动作，所以这场博弈可以用逆向归纳法来取得最优解。

α_k 由领导者来决定，当 p_i 接近 0，效用也同时趋近于 0。如 p_i 增加，u_i 也随之增加。如果 p_i 增加过大，则 u_i 将会开始减小，因为对数函数的增长慢于成本。追随者希望通过选择合适的发射功率，以最大限度地发挥其效用。可以通过推倒来求解：

$$\frac{\partial u_i}{\partial p_i} = \frac{1}{\ln 2} \frac{g_{ii}}{p_i g_{ii} + p_k g_{ki} + \sigma^2} - \alpha_k g_{ie} = 0 \tag{6.38}$$

得出

$$\hat{p}_i = \frac{1}{\alpha_k g_{ie} \ln 2} - \frac{p_k g_{ki} + \sigma^2}{g_{ii}} \tag{6.39}$$

二阶导数是

$$\frac{\partial^2 u_i}{\partial p_i^2} = -\frac{1}{\ln 2}\left(\frac{g_{ii}}{p_i g_{ii} + p_k g_{ki} + \sigma^2}\right)^2 < 0 \tag{6.40}$$

因此，p_i 在式（6.39）中的解是一个最大点。

从式（6.39）可以看出，功率是随 α_k 单调递减的，这意味着当价格较高时，功率的购买量较小。注意 $p_{\min} \leqslant p_i \leqslant p_{\max}$，因此，最优解应该在 $\{p_{\min}, p_{\max}, \hat{p}_i\}$ 中寻找。

领导者事前知道追随者会通过在 $\{p_{\min}, p_{\max}, \hat{p}_i\}$ 中进行调整来应对其设定的价格。如果领导者制定的价格太低，追随者将会购买 $p_{\max}$，所以如果领导者提高价格，其将会赚取更多。然而，若领导者无限提高价格，那么收益率又会降低。因此，领导者的价格将设置在 $p_{\min} \leqslant \hat{p}_i \leqslant p_{\max}$。在解不等式时有

$$\alpha_{k\min} = \frac{g_{ii}}{(g_{ii} p_{\max} + p_k g_{ki} + \sigma^2) g_{ie} \ln 2} \tag{6.41}$$

$$\alpha_{k\max} = \frac{g_{ii}}{(g_{ii} p_{\min} + p_k g_{ki} + \sigma^2) g_{ie} \ln 2} \tag{6.42}$$

同时，$\alpha_{k\min} \leqslant \alpha \leqslant \alpha_{k\max}$。

在将追随者的策略（式（6.39））带入到领导者的效用函数后，得到

$$\begin{aligned} u_k(\alpha_k) = {} & \frac{\beta}{\ln 2} - \alpha_k \beta g_{ie} \frac{p_k g_{ki} + \sigma^2}{g_{ii}} \\ & + \log_2\left[1 + p_k g_{ke}\left(\frac{1}{\alpha_k \ln 2} - g_{ie}\frac{p_k g_{ki} + \sigma^2}{g_{ii}} + \sigma^2\right)^{-1}\right] \end{aligned} \tag{6.43}$$

在领导者自身得到的收益和其从追随者身上得到的收益之间存在一个均衡。当领导者提高了价格，根据式（6.43），其将从追随者那里得到更少的收益，然而由于追随者降低了购买量，领导者的通信速率得以提高。因此，对于领导者来说存在一个最大收益的最优价格。

使 $A = p_k g_{ke}$，$B = 1/\ln 2$ 和 $C = -g_{ie}(p_k g_{ki} + \sigma^2)/g_{ii} + \sigma^2$，则有

$$u_k(\alpha_k) = \log_2\left(1 + \frac{A\alpha_k}{C\alpha_k + B}\right) + (C - \sigma^2)\beta\alpha_k + B\beta \tag{6.44}$$

为了获得最佳价格，取一阶导数得到

$$\frac{\mathrm{d}u_k}{\mathrm{d}\alpha_k} = \frac{AB^2}{(C\alpha_k + B)[(A + C)\alpha_k + B]} + (C - \sigma^2)\beta \tag{6.45}$$

考虑下面的情况。

1） $C=0$。一阶条件是

$$\frac{\mathrm{d}u_k}{\mathrm{d}\alpha_k}=\frac{AB}{A\alpha_k+B}-\sigma^2\beta=0 \tag{6.46}$$

得

$$\hat{\alpha}_k=\frac{B}{\sigma^2\beta}-\frac{B}{A} \tag{6.47}$$

二阶导数是

$$\frac{\mathrm{d}^2u_k}{\mathrm{d}\alpha_k^2}=-B\left(\frac{A}{A\alpha_k+B}\right)^2<0 \tag{6.48}$$

注意，$\alpha_{k\min}=B/(p_{\max}g_{ie}+\sigma^2-C)$ 和 $\alpha_{k\max}=B/(p_{\min}g_{ie}+\sigma^2-C)$。因此，最优 α_k 在 $\{\hat{\alpha}_k, \alpha_{k\min}, \alpha_{k\max}\}$ 之间。

2） $A+C=0$。最优价格 α_k 可以采用类似方法求解。该解在区间 $\{B/A-B/[(A+\sigma^2)\beta], \alpha_{k\min}, \alpha_{k\max}\}$ 内。如果 $C\neq0$ 和 $A+C\neq0$，则有 α_k 的二次函数 $f(\alpha_k)=(C\alpha_k+B)[(A+C)\alpha_k+B]$。可以得到，$f(\alpha_k)$ 的根是 $\alpha_{k1}=-B/C$ 和 $\alpha_{k2}=-B/(A+C)$ 。因为 $\alpha_k\leqslant\alpha_{k\max}$，有 $(C-\sigma^2)\alpha_k+B\geqslant0$。因此，$C\alpha_k+B>0$ 和 $(A+C)\alpha_k+B>0$。分下列三种情况从 C 和 $A+C$ 的角度进行了讨论。

3） $C>0$。有 $\alpha_k\geqslant\alpha_{k\min}>0>\alpha_{k2}>\alpha_{k1}$。$f(\alpha_k)$ 是随 α_k 单调递增的，并且 $\alpha_k>\alpha_{k\min}$，使得 $f(\alpha_k)>0$。因此，其一阶导数 $u'_k(\alpha_k)$ 是随 α_k 单调递减的，并满足：

$$\lim_{\alpha_k\to\infty}u'_k(\alpha_k)=(C-\sigma^2)\beta<0$$

如果 $u'_k(\alpha_{k\min})\leqslant0$，则其满足条件 $u'_k(\alpha_k)\leqslant0$，$\alpha_k\in[\alpha_{k\min},\alpha_{k\max}]$，最优价格取 $\alpha_{k\min}$。否则，如果 $u'_k(\alpha_{k\min})>0$，则存在一个特殊点使 $u'_k(\alpha_k)=0$。求解 $u'_k(\alpha_k)=0$，得

$$\alpha_k=\frac{-B(A+2C)\pm\sqrt{\Delta}}{2C(A+C)} \tag{6.49}$$

式中，$\Delta=AB^2[A+4C(A+C)/[(\sigma^2-C)\beta]]$。最大值点必须是函数的最大根或在 α 的作用域边界取得。

4） $C<0$ 且 $A+C>0$。有 $\alpha_{k2}<0<\alpha_{k\min}\leqslant\alpha_k<\alpha_{k1}$，$f(\alpha_k)>0$。如果 $\min u'_k(\alpha_k)\leqslant0$，$\alpha_k\in[\alpha_{k\min},\alpha_{k\max}]$，则随着 α_k 递增，$u'_0(\alpha_k)$ 是先增再递减再递增的。因此，最大值点取在作用域边界或 $u'_k(\alpha_k)=0$ 的最小根，即

$$\alpha_k=\frac{-B(A+2C)+\sqrt{\Delta}}{2C(A+C)} \tag{6.50}$$

除此情况下，$u_k(\alpha_k)$ 随 α_k 递增，最大值点是 $\alpha_{k\max}$。

5） $A+C<0$。有 $0<\alpha_k<\alpha_{k1}<\alpha_{k2}$，$f(\alpha_k)>0$，并且 $u'_k(\alpha_k)$ 随 α_k 单调递增。因此，作用域端点不存在最大值点。通过类似分析，推导得出价格最优点存在于作用域的边界上。

从上面的讨论中，最优解 α_k 可以被唯一确定。博弈的领导者和追随者建立了一个 Stackelberg 均衡策略，定义如下：

定义 75 如果策略不存在偏向于领导者或追随者的单边偏差，则一对策略（α_k，p_i）是一个 Stackelberg 均衡，即

$$u_i(\alpha_k, p_i) \geqslant u_i(\alpha_k, p'_i) \tag{6.51}$$

$$u_k(\alpha_k, p_i(\alpha_k)) \geqslant u_k(\alpha'_k, p_i(\alpha'_k)) \tag{6.52}$$

均衡是 Stackelberg 博弈里的领导者和追随者通过自我优化竞争达到的一个稳定值，没有参与者愿意偏离这个值。上面对于领导者和追随者的分析表明，Stackelberg 均衡具有存在性和唯一性。

6.2.2　联合频域时域调度

该调度过程在每个 TTI（传输时间间隔）中进行。D2D UE 在每个信道构成了优先队列。在每个 TTI 中，eNB 依次为每个信道选择 K 个具有最高优先级的 D2D UE，其他 D2D UE 则需要等待。

在 Stackelberg 博弈框架中，优先级是基于追随者的效用决定的，其量化了追随者的满意程度。在调度方案的设计中，公平性被作为一个很重要的目标考虑。该方案应该将之前的 TTI 结果考虑进去。这种公平性可以通过调整信道的使用价格来实现。如果追随者已在先前的 TTI 中被选中，这将导致优先级的减少，则其在 TTI t 中不得不为信道的使用支付额外的费用。额外的费用是由追随者的累积效用决定的。追随者 i 在 TTI t 中的优先级可以被定义为

$$P_{ik}(t) = u_i(\alpha_k^*(t), p_i^*(t)) - c_i(t) \tag{6.53}$$

式中，$\alpha_k^*(t)$ 和 $p_t^*(t)$ 是 Stackelberg 均衡在 TTI t 下的最优策略对。$c_i(t)$ 是额外的费用，可以被定义如下：

$$c_i(t) = \sum_{\tau=0}^{t-1} \sum_{k=1}^{K} \delta x_{ik}(\tau) u_i(\alpha_k^*(\tau), p_i^*(\tau)) \tag{6.54}$$

式中，$\delta > 0$ 为公平系数。对于 δ 较大的情况，累计效用对优先级的影响较大。如果 $\delta = 0$，则调度方案不将公平性考虑在内。

从上面的讨论可知，每个 TTI 期间，每一个蜂窝 UE 和 D2D UE 将形成一个领导者 - 追随者对，并进行 Stackelberg 博弈。每对的最优价格和功率都可以被确定。每对的优先级可以被计算，并且形成一个优先级队列。然后，eNB 根据 D2D 对在队列中的顺序来调度它们。如果出现平局，比如一个信道已被分配给另一个 D2D 对，或一个 D2D 对被指定到另一个信道，则这一个 D2D 对被跳过。当每个信道已被分配了一个 D2D 对时，eNB 记录结果并完成调度。该算法总结见算法 9。

算法 9　联合调度和资源分配算法

1：给定 CSI，TTI t，缩放因子 β，公平系数 δ 和额外开销 $C_i(t)$，$\forall i$

2：初始化 $x_{ik} = 0$，$\forall i$，k

3：在公式中寻找最优化参数 α_{ik}^*，$\forall i$，k

$$\left\{\frac{B}{p_{\max} g_{ie} + \sigma^2 - C}, \frac{B}{p_{\min} g_{ie} + \sigma^2 - C}\right\} 和 \left\{\frac{B}{\sigma^2 \beta} - \frac{B}{A}, \frac{B}{A} - \frac{B}{(A+\sigma^2)\beta}, \frac{-B(A+2C)+\sqrt{\Delta}}{2C(A+C)}\right\}$$

4：计算最优功率

$$p_{ik}^* = \frac{1}{\alpha_{ik}^* g_{ie} \ln 2} - \frac{p_k g_{ki} + \sigma^2}{g_{ii}}, \forall i, k$$

5：计算优先级

$$P_{ik} = \log_2\left(1 + \frac{p_{ik}^* g_{ii}}{p_k g_{ki} + \sigma^2}\right) - \alpha_{ik}^* g_{ie} p_{ik}^* - c_i(t), \forall i,k$$

6：将 P_{ik}降序排列，形成优先级队列

7：**while** $\sum_i x_{ik} = 0, \exists k$ **do**

8：　选择队列首的一对（i^*，k^*）

9：　**if** $\sum_i x_{ik^*} = 0$, **and** $\sum_k x_{i^*k} = 0$, **then**

10：　　调度（i^*，k^*）

11：　　设置 $x_{i^*k^*} = 1$ 和 $c_{i^*}(t+1) = c_{i^*}(t) + \delta u_{i^*k^*}$

12：　**end if**

13：　删除队首

14：**end while**

该算法具有低复杂度，因为每个领导者 - 追随者对的最优策略都是在具有恒定数量元素的集合中寻找的。要形成长度为 $K \times D$ 的优先级序列，算法的复杂度是 $O(KD)$。

为了评估该算法的性能，我们做了几次模拟。考虑一个单一圆形小区环境。蜂窝 UE 和 D2D 对被均匀地分布在蜂窝中。D2D 对中的两个 D2D UE 足够接近以满足 D2D 通信的最大距离约束。接收信号功率是 $p_i = p_j d_{ij}^{-2} |h_{ij}|^2$，其中，$p_i$ 和 p_j 分别是接收功率和发射功率，d_{ij}是发射机和接收机之间的距离，h_{ij}表示复杂的高斯信道系数，其满足 $h_{ij} \sim \mathcal{CN}(0,1)$。调度在每个 TTI 中发生。模拟参数总结见表 6.3。

表 6.3　仿真参数和值

参数	值
单元布局	单一、孤立的环形
小区半径	500m
蜂窝 UE 数量	5
D2D 对数	10
最大 D2D 通信距离	50m
蜂窝 UE 发射功率	23dBm
D2D UE 发射功率	0 ~ 23dBm
热噪声功率密度	-174dBm/Hz
带宽	180kHz
传输时间间隔	1ms

在图 6.8 中，对公平性系数 δ 的影响进行了研究，绘制出 UE 速率的累积分布函数（CDF）。δ 对蜂窝 UE 的性能影响不大。对于一个小的 δ，D2D UE 速率分布在一个大的范围内，并且有倾

向收敛于一个更大的 δ。因此，设置较大的 δ 可以达到更好的公平性。如果 δ 设置过大，则调度算法的行为类似于轮询调度，其中，先前的效用是决定因素，而当前 TTI 内的效用影响不大。如果不考虑 D2D 调度，则仅有 C 个 D2D 对可以访问网络，会导致部分 $1-C/D$ 的 D2D UE 不能实现任何数据传输。

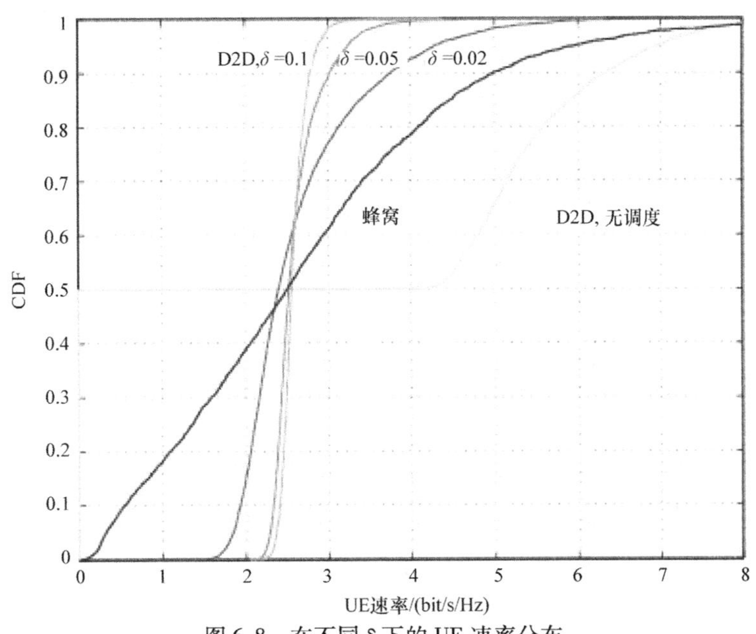

图 6.8　在不同 δ 下的 UE 速率分布

在图 6.9 和图 6.10 中描绘了 UE 发射功率的 CDF 和不同比例因子 β 下的 UE 速率。β 是领导

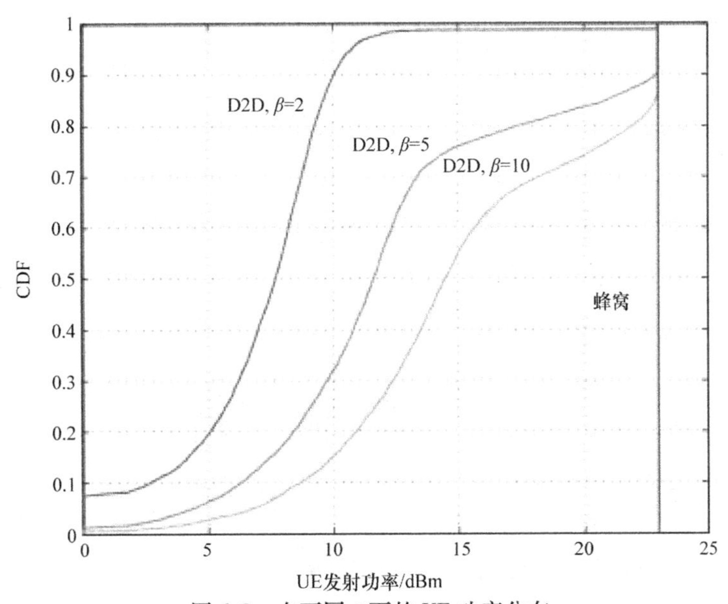

图 6.9　在不同 β 下的 UE 功率分布

者的增益和追随者支出的比率。对于较大的β，追随者的支出相对较低，因此，追随者会选择一个较大的发射功率，如图 6.9 所示。随着 D2D UE 的发射功率增大，D2D UE 的速率随之增大。在此期间，D2D UE 对蜂窝 UE 造成更多干扰，从而导致蜂窝 UE 速率的降低，如图 6.10 所示。同时从图 6.10 中也可以得出，D2D UE 比蜂窝 UE 具有更小的发射功率。

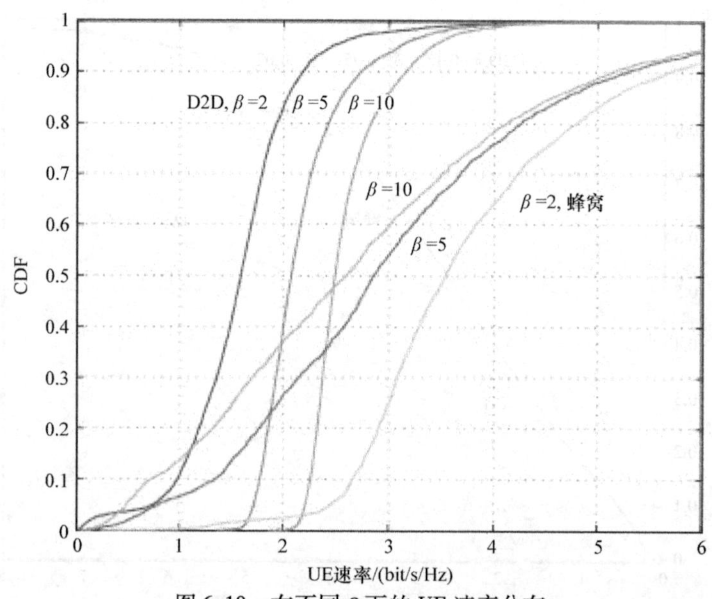

图 6.10　在不同β下的 UE 速率分布

在图 6.11 和图 6.12 中绘制了 UE 的平均速率和不同数量的蜂窝 UE 下的系统总速率。图 6.11 展

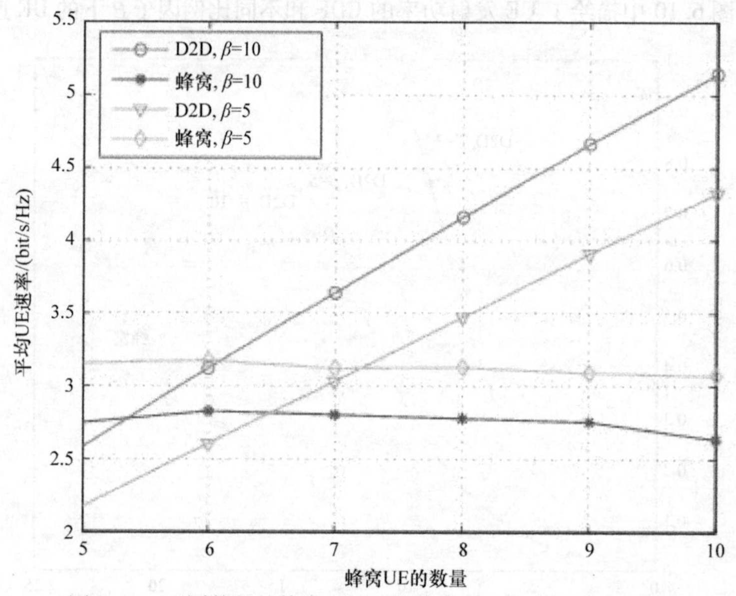

图 6.11　不同数量的蜂窝 UE 下的蜂窝和 D2D 平均 UE 速率

示了，当蜂窝 UE 的数目增加时，D2D UE 的速率也提升了。这是由于 D2D UE 拥有了更多的可利用资源。观察可知，当 $C=10$ 时，D2D UE 的速率性能比蜂窝 UE 的好得多。在这两个图中可以清晰地看出比例因子 β 和公平性系数 δ 的影响，干扰被适当地管理，蜂窝 UE 实现了合理的速率性能。此外，由于有 C 个资源和 D 个 D2D UE，D2D UE 的平均传输时间是该蜂窝 UE 的 D/C。从图 6.11 中可以观察到，D2D UE 比蜂窝 UE 具有相等或更高的速率。D2D 通信显然具有更高的效率。

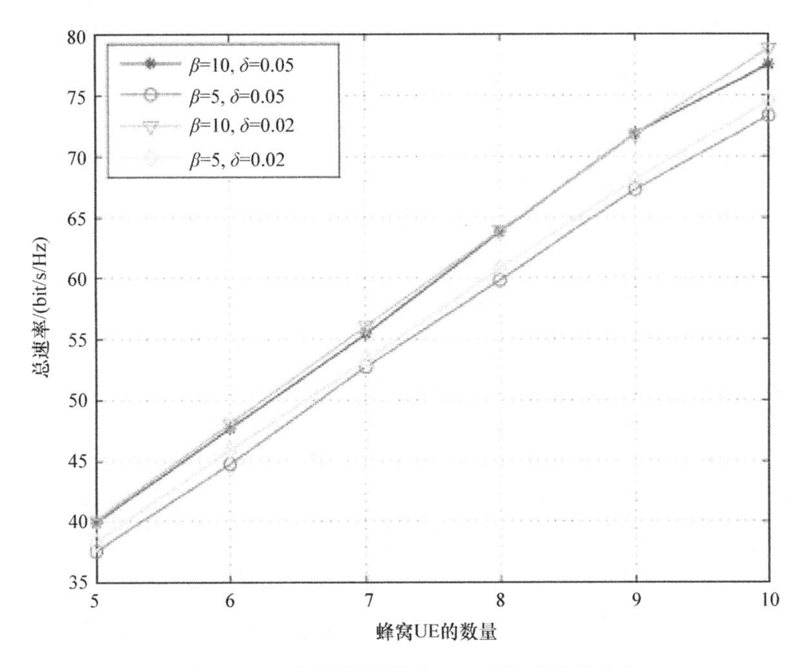

图 6.12　不同数量的蜂窝 UE 下的系统总速率

在本节中，我们为联合功率控制、信道分配和 D2D 通信的调度制定了 Stackelberg 博弈框架。在对该博弈的最佳策略进行分析后，我们提出了一种算法来分配资源和调度 D2D UE。系统的吞吐量、干扰管理和公平性也被考虑在内。仿真结果表明，该算法对于蜂窝和 D2D UE 都可以实现良好的吞吐量性能。比例因子 β 和公平性系数 δ 对算法的性能有重要影响。研究表明，D2D 通信可以提高系统的吞吐量。

6.3　D2D 局域网卸载能力

对于 D2D 直接通信，其主要功能是通过对资源的合理分配，从而卸载来自 eNB 的数据。在本节中，我们研究了一个基于合作博弈理论的卸载能力的模型。

在合作博弈中，参与者能够签订强制执行的合同。参与者通过合作可以最大限度地实现联盟的共同目标。在这种情况下，参与者可以协调策略并且商定参与者之间如何分配总收益。纳什讨价还价解和联盟博弈是合作博弈的两大类型。

由于篇幅所限，本节仅解释了联盟形成博弈，这是一个涉及一组寻找合作小组（即联盟）的参与者的联盟博弈。联盟代表了参与者为了作为一个单一实体而达成的协议，可以由参与者组成以获得更高的收益（即效用），而这个联盟的价值被称为联盟价值。联盟博弈的两种常见形式是战略形式与分割形式。在前一种情况下，联盟价值仅依赖于联盟的成员。在后一种情况下，联盟价值很大程度依赖于联盟外的其他参与者的结构。联盟博弈模型可以采用可转移效用（TU）或不可转移效用（NTU）进行开发。在 TU 联盟博弈中，效用像钱一样可以分配给不同的参与者。在 NTU 联盟博弈中，不同的参与者对效用有不同的解释，效用不可以被任意分配给参与者。

对于战略形式的联盟博弈，典型的算法是合并 - 分割算法。仅有的两步操作如下：

1）合并：每当合并形式是优选的时候，一组联盟就会合并成一个单一联盟。

2）分割：每当分割形式是优选的时候，联盟就会被分割。

在比较联盟集合方面，可以定义两类偏好关系。对于 TU 博弈，联盟价值规则通常被定义。例如功利规则，其指出当且仅当社会总福利严格增加时，一种新形式的集合是优选。对于 NTU 博弈，单独价值规则通常被定义。例如帕累托规则，其指出当且仅当每个参与者的个人收益不减少，并且至少有一个参与者的个人收益是严格增加的时候，一个新形式的集合是优选的。应该注意的是，无论收益是否可以转让，单独价值规则是合适的。已经证明了合并 - 分割算法总是收敛到一个稳定的分区，没有参与一组参与者对于合并或分割操作拥有权限。在商业利益的驱使下，流行内容的分发，作为体育馆网络或演唱会网络等许多热点的关键服务之一，近年来受到了广泛关注。接着，考虑最有代表性的情况之一，即群组通信。给出了一个简单但是基础的方案，该方案通过传统蜂窝网络分发内容到 D2D 局域网，并介绍了使用联盟博弈进行高效内容分发，如图 6.13 所示。在这种情况下，N 个 UE 恰好想要网上的相同文件，而只有 K 个“种子”已经下载了它。不同于使用更多的 RB 去从 eNB 上直接下载文件，其余的 $N-K$ 个“正常”的 UE 可以要求种子使用 D2D 通信发送文件。这种方法的性能取决于选择哪些子信道以及它们与哪些 D2D 链接共享频谱[189]。

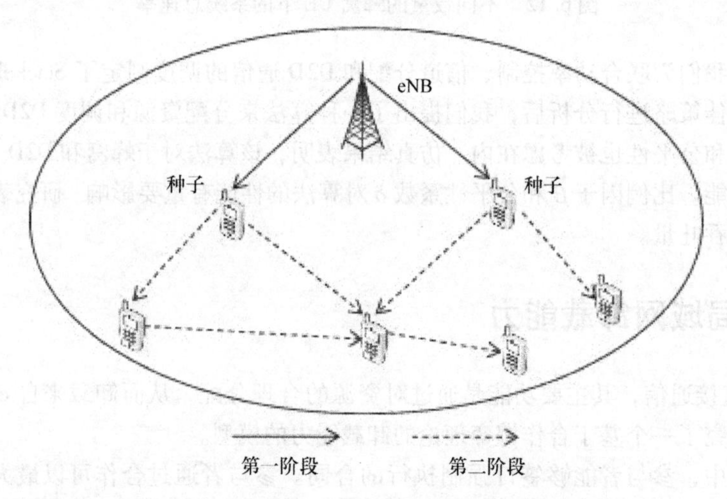

图 6.13　在热点区域的流行内容下载，如演唱会和体育馆网络

联盟形成博弈可以在这种情况下使用，它由以下几部分组成。

1）参与者：N 个 D2D UE 及 M 个蜂窝 UE。

2）联盟：每个联盟包含且仅包含一个蜂窝 UE。其余的成员是使用相同子信道的 D2D UE。

3）联盟价值：在特定的联盟中，种子和正常 UE 在它们之间形成 D2D 链路。联盟价值是所有 D2D 链接和蜂窝链路的总速率。

由于不同的联盟使用不同的子信道，不同联盟的链路不会相互干扰，该联盟形成博弈具有战略形式。这个博弈的算法可以基于“切换”操作，这意味着如果两个联盟的总价值是严格增加的，那么一个参与者可以离开当前的联盟，并加入一个新的联盟。切换操作可以简单地看作是使用功利规则的分割和合并的组合。由于每一次的切换操作都会使得整个系统的总价值严格增加，我们期望一个稳定的分区，其中没有切换操作是首选。请注意，以前稳定的分区可能无法稳定，由于 D2D 传输将正常的 UE 转换为种子，从而导致进一步切换操作可能是首选的，直到所有的 UE 都转换为种子。

图 6.14 显示了提出的联盟博弈方法和非合作方法的累计服务曲线。可以看出联盟博弈方法的性能比非合作方法好得多。在非合作方法中，每个用户制订单独的决策，这可能导致严重的数据冲突。然而，在所提出的方法中，用户可以相互配合以实现效用函数的最大化，这高度依赖于当前时隙的网络的吞吐量。因此，所提出的方法在服务率方面实现了更好的性能。

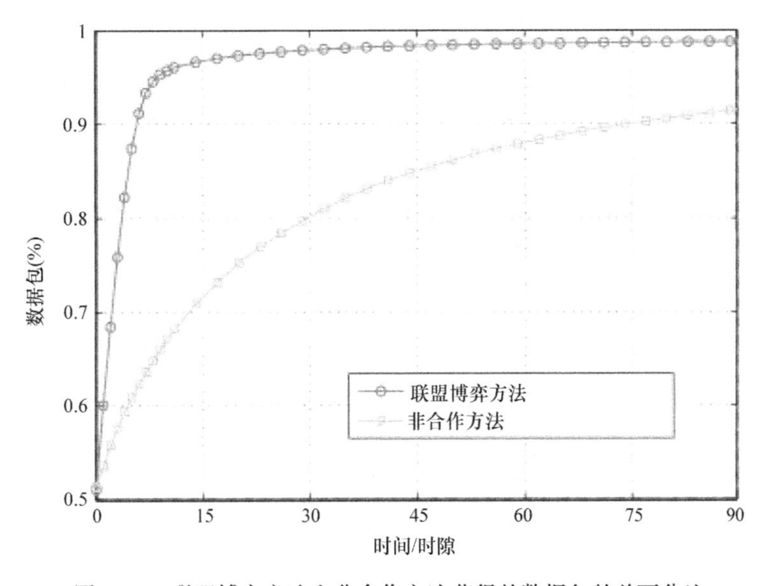

图 6.14　联盟博弈方法和非合作方法获得的数据包的总百分比

6.4　小结

在本章中，我们分析了 D2D 通信的频谱共享模式，即底层模式（非正交信道共享）和叠加模式（正交信道共享）。我们提出在 D2D 底层网络中引入集中式子信道分配方案，该方案有效地减少了同信道干扰，从而提高了系统的整体性能。反向迭代组合拍卖算法已被用于多个用户对D2D通信的频谱资源分配。仿真结果表明，该算法性能远远优于随机分配，并提供了较高的系统效率。

此外，我们还研究了在D2D通信中的时域调度问题。在我们已经开发的Stackelberg框架中，蜂窝用户（领导者）和D2D用户（追随者）分组以形成领导者-追随者对。在这个框架的基础上，我们提出了一种联合功率控制的时域调度算法，用于D2D通信频谱资源分配。在算法里，考虑了吞吐量、干扰管理和系统公平性。仿真结果表明，该算法可以实现蜂窝与D2D用户良好的吞吐性能。

D2D通信可以在蜂窝中卸载数据。对于D2D直接通信，主要功能是通过合理的资源分配帮助基站卸载数据。我们提出了一种运用合作博弈理论的容量卸载方案。仿真结果表明，该方法比非合作方法更好。

第 7 章　D2D 通信的跨层设计

传统通信系统采用分层结构来构建，在相邻层提供定义良好但有限的接口。分层结构的模块化设计，将每个协议的细节隐藏起来，以促进通信协议的互操作性。尽管该协议的细节（例如状态和内部功能）被封装在每一层，但这种结构阻止了协议的共享、访问和控制其他协议的操作，而这些可能是高效数据传输所必需的。因此，引入了跨层设计的概念，以允许更紧密地集成不同的协议。跨层设计的好处在于它提高了协议实现的灵活性和网络性能。很多无线系统中采用了跨层设计和优化设计。文献中有一些关于跨层设计的调查内容[190,191,192,193]。

跨层设计已被用于 D2D 通信优化。在本章中，我们首先通过介绍跨层设计的定义和不同方法，对跨层设计进行概述。然后，提出了一个最常用的跨层设计模型，即协调模型，它包含不同的功能，如服务质量、移动性和无线链路自适应。接着再进一步介绍跨层设计的实施和挑战。

我们首先列出了跨层优化问题的几个例子，包括机会调度、OFDM 系统的资源分配和拥塞控制，由此引入跨层设计中的跨层优化。接着讲解了为 D2D 通信而提出的跨层设计框架，即信息相关路由、传感器网络中的路由和视频应用的流量调度。最后，列出了跨层设计和 D2D 通信的研究方向。

7.1　跨层设计概述

本节首先介绍基本概念，包括跨层设计的定义和方法。接着讨论协调模型，其将其他的性能（即安全性、服务质量、移动性和无线链路自适应）融入协议之中。

7.1.1　定义和方法

通信系统的设计通常是基于分层的体系结构，即七层开放系统互连（OSI）模型。在这种体系结构中，网络操作被划分为具有不同功能组的层。不同层由相邻层之间相互作用的接口组织成一个分层结构。此外，层与层之间的交互不能跨层，只能通过预定义的接口进行交互。在分层结构的基础上，可以开发通信协议。具体而言，高层中的协议可以通过低层接口提供服务，反之亦然。一层中的协议不需要关注其他层的协议的机制和实施细节。因此，不同层的协议之间通过预先定义好的接口进行交互，这降低了协议实现的复杂性。如果一个协议存在问题和错误，它将会被接口限制，而并不会影响到其他协议，这提高了协议的可靠性。更重要的是，一个协议本身能工作，也可以修改，甚至可以以最小的影响被另一个协议所取代，这增强了它的互操作性。

相比之下，与基于层的协议结构有所不同，跨层设计允许协议跨层访问服务和接口。例如，在网络层中的路由协议可以访问物理层中的信道质量信息。此外，也允许协议访问其他层协议中的数据和功能。例如，传输协议（如 TCP）可以获得丢包原因，即是否是由于 MAC 层的拥塞或物理层的传输错误[194]。因此，参考文献[195]将跨层设计定义如下："关于分层体系结构的跨层设计是违反分层通信体系结构而设计的协议”。跨层设计的终极目标是打破以层为基础的协议结构的经典规则，它采用以下方法[195]来提高网络性能。

• 解决无线链路所带来的独特问题：由于其规模大，复杂度高，移动和无线应用、网络高度复杂，有些问题不能使用传统协议的结构标准来有效地解决。正如前边所提到，当 TCP 用于在无线链路上传输数据时，如果不能访问其他层协议的信息，那么协议就无法区分数据包丢失是由于网络拥塞、传输碰撞，还是物理传输误差而引起的。

• 无线链路的通信：不同类型的分集（例如空间分集、用户分集和时间分集）可以用来改善无线网络中的多用户传输。分集信息通常位于一个层（如在物理层），因此，跨层设计方法可以实现信息在不同层的共享。例如，一个路由算法可以利用干扰信息优化其数据包的转发策略。

• 新的通信模式：新的数据传输方案可在跨层设计的基础上得以实现。例如，路由协议可以利用网络编码技术进行优化，这需要 MAC 层中的信息 。图 7.1 显示了典型的跨层设计方法。

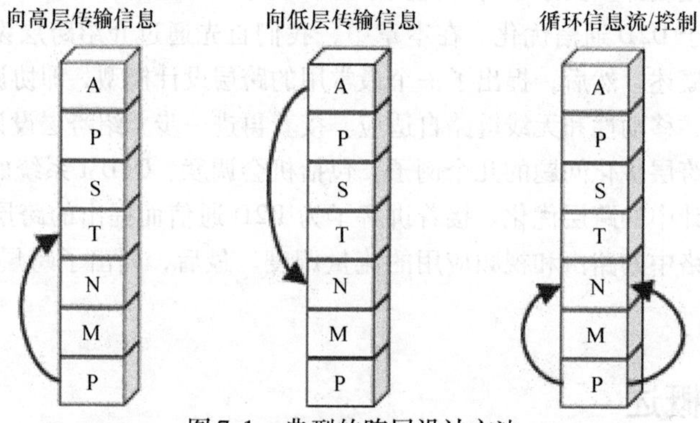

图 7.1 典型的跨层设计方法

• 向上的信息流：这是指较高层的协议访问较低层的协议中的信息。例如，传输层协议可以观察数据包丢失是由无线传输错误还是其他原因引起的。

• 向下的信息流：这是指较低层的协议访问较高层的协议中的信息。例如，路由协议可以通过访问数据包中的应用信息来优化数据包转发策略。

• 循环的信息流：这种方法可以实现各层之间的信息共享。例如，在无线网状网络中，路由协议可以与信道分配和功率控制一起实现最优化。

然而，也存在其他方法。例如，相邻层的协议可以合并，以实现更加紧密的集成功能。目前提出了三种方法来有效地实现跨层设计[195]（见图 7.2）。

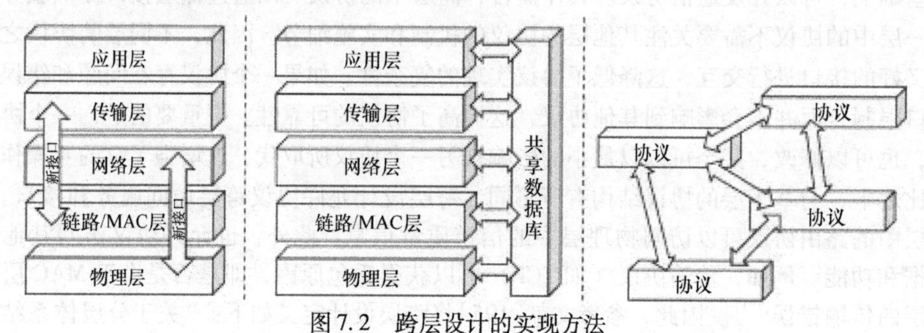

图 7.2 跨层设计的实现方法

● 各层之间的直接通信：这是实现跨层设计的最简单形式。各层间的协议允许交互。可以定义新接口，并用于不同的层。例如，物理层协议可以提供两套接口，一个用于 MAC 层的协议，另外一个用于路由协议。这种方法改善了协议设计和操作的灵活性，但由于接口结构的混乱，使得协议的维护效率降低且复杂化。

● 跨层的共享数据库：不允许各层协议之间直接进行通信，可以建立一个中央共享数据库，作为不同层协议之间的代理接口。该层的协议服务可以通过数据库被其他层协议所用。与上述直接通信机制相比，该方法优化了协议的维护过程。此外，共享数据库实现了特殊的逻辑和功能，并且提高了整个系统的性能。

● 新概念：不再依靠协议和层次化结构，协议视为可以彼此交互的模块图。这种基于模块化设计的方法提供了最高的灵活性，但降低了互操作性。此外，协议的维护将更加复杂。

7.1.2　跨层协调模型

参考文献[197]介绍了一个跨层协调模型，它包含了典型七层 OSI 协议栈中没有指定的必要功能。将其表示为分层结构的协调平面和垂直连接，如图 7.3 所示。

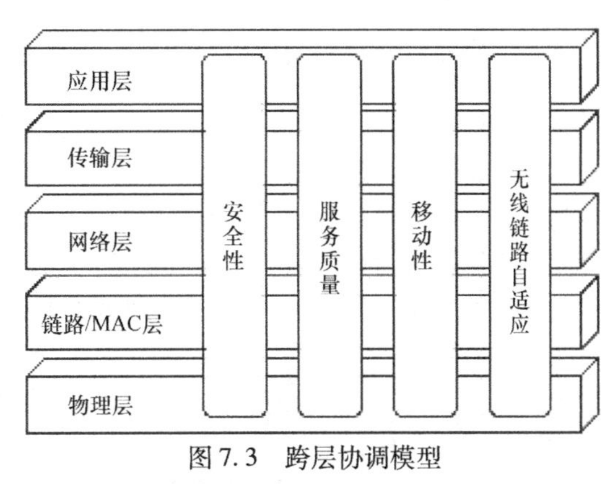

图 7.3　跨层协调模型

● 安全：安全协议提供了各层协议之间的不同功能，包括加密、数字签名、认证和授权机制，以及密钥管理。例如，安全套接字层（SSL）和安全外壳（SSH）可以在传输层和应用层提供加密功能，而 IPSec 则在网络层提供相似功能服务。类似地，对于无线网络，IEEE 802.11x 在 MAC 层提供各种安全功能。这些协议的独立操作可能是冗余的。因此，具有协调平面有助于结合不同层的不同安全功能。

● 服务质量（QoS）：不同层的协议均支持 QoS。例如，端到端的延迟与传输层和网络层相关，而单跳延迟与 MAC 层和物理层相关。在传输层，有实时协议（RTP）来实现与应用层之间的交互。在网络层中，有路由协议的网络服务质量。对于无线传输，IEEE 802.11e 标准支持 MAC 层的 QoS 功能（如服务的差异化）。

● 移动性：移动性支持移动用户的切换机制以提供无缝连接。在网络层中，有移动 IP，它支持移动节点的重新定位和寻址。在 MAC 层和物理层，可以根据信号强度实现切换算法。切换分垂直切换和水平切换。当用户从一种类型的网络移动到另一种不同类型的网络（如从蜂窝网络到无线局域网）时，便会发生垂直切换。相比之下，当用户在同一个网络或同一类型的蜂窝中发生移动时，会发生水平切换。此外，切换可能是软切换或硬切换。如果用户连接单一信道，则会发生硬切换。而在软切换中，用户可以在两个或多个信道上保持连接，以保证运动的平稳过渡。

● 无线链路的自适应：由于无线信道是时变的，为了实现最佳性能，各层协议可以根据环境和信道质量信息自适应地调整数据传输来优化业务。信道质量信息包括信号干扰噪声比

(SINR)、误码率（BER)、信道衰落以及延迟。例如，传输层的TCP可以通报物理层和MAC层丢包原因，以便相应地调整拥塞窗口。数据链路层的自动重传请求（ARQ）可以根据误码率调整数据的重传策略。

要实现跨层设计和协调模型，必须支持组件和实体以优化网络性能。参考文献[192]将跨层设计的实体分为不同类型。首先，实体可以根据它们是移动设备和基站的内部还是外部进行分类。如果实体是内部的，它们可以分为层内或层间。相反，如果这些实体是外部的，它们可以被分为集中式或分散式。

• 内部层间实体：这些实体位于同一设备中。两个重要的实体是层间跨层管理器和优化器。管理器负责不同层中的协议之间的协调和信息交换，同时优化器实现协议的优化，以确定协议最佳的操作参数。管理器接收发生在协议层中的事件的通知，并将它们发送到适当的协议。管理器可以跟踪每个协议的状态和信息。优化器使用该通知，并通过协议状态和信息来优化给定目标函数和约束集的最佳操作。例如，在切换管理中，管理器可以分别通过MAC层和物理层协议通知相关蜂窝和信道质量的变化。然后，优化器检索状态和其他信息，以确定最佳的切换决策(如要移动到的信道)，从而最大限度地提高给定干扰约束下的数据传输速率。

• 内部层内实体：实体是协议的一部分，提供与其他层协议的直接接口。这些实体的例子是层内的跨层优化器和调度器。优化器被设计用于实现协议的优化，并确定协议的最佳操作。优化器进行交互，以收集和访问其他协议的状态和信息，并使用它们提供最佳策略。调度器执行的功能稍有不同，分为业务调度和资源分配。调度通常在MAC层和物理层实现。调度器确定要传输的数据包的数量，并与队列/缓冲管理机制集成在一起。资源分配将确定数据包传输信道和参数（如传输功率)。

• 外部集中式实体：跨层实体可以部署在设备外部。外部集中式跨层优化器可以位于基站，并通过移动设备优化数据传输。集中式优化器能够收集网络的状态和信息（如其他设备的信道质量)，并使用这些信息对协议操作进行全局优化。例如，在应用层中，用户上下文信息可以由基站收集。基站利用上下文信息来匹配和优化内容分发。要使用的信道和数据传输方式（如D2D通信）可以分别根据应用层和物理层中的上下文信息和信道质量进行选择。通常情况下，外部集中式实体适用于单一控制器的单跳网络。

• 外部分散式实体：相比之下，外部跨层实体可以是分散式的。优化器可以放在不同的位置（如基站、网关和设备）来优化协议。外部分散式优化器适合于无须集中式控制器的多跳网络。例如，一个分散的路由协议可以采用优化器收集和了解网络中不同跳数的干扰。优化器可以进一步使用干扰信息来选择最佳的数据传输路由。在优化器的帮助下，路由协议也可以优化传输功率，以避免对网络中其他节点的严重干扰。

7.1.3 跨层实现

实现跨层设计最重要的是收集与分析通信和协议需求。需求可以分为以下两种类型：

• 应用需求：这些需求涉及终端应用的功能。例如，实时交互式应用（如多媒体）需要QoS支持。延迟容忍网络（DTN）需要考虑设备的流动性来确定最佳的包转发策略。车载网络需要集成各层的功能以支持安全性和传输效率的应用。

• 性能需求：这些需求定义了一组需要满足的性能标准（如，吞吐量、延迟和损失）。有些性能可以由层的具体要求来定义（如MAC层的碰撞概率或路由协议中的跳数），有些性能应由系统的要求来定义（如应用处理、路由选择、信道争用和传输延迟引起的总延迟）。

指定了一系列的需求和属性后，将定义跨层设计的目标和约束。例如，协议可以优化以便最大限度地提高吞吐量，而约束则可以最大限度地维持其他用户的延迟和干扰。在目标和约束被定义后，将确定需要修改或开发的层和协议。这些协议取决于需求。例如，如果目标是在单跳网络（如蜂窝网络）中最大限度地提高吞吐量，那么就应该关注物理层和MAC层。然而，如果约束是多跳网络中的端到端延迟，那么就应该考虑网络层和传输层。此外，如果需求与应用相关（如视频），那么就应该关注应用层。

除此之外，也必须考虑实现的成本和设计的复杂性。很多情况下，当涉及多层的跨层设计时，就可以从多方面来改善性能，而实现的成本和复杂性也会相应增加。因此，必须认真评估和选择用于实现的权衡和算法。跨层设计的实现策略可以基于协调模型来选择（如向上、向下或循环的信息流）。

必须对现有协议的变化和集成的水平进行分析和说明。虽然开放和修改协议的许多细节可以提高性能和降低复杂性，但各层间的紧密结合可能导致可扩展性受到不利影响。相比之下，定义明确的接口将涉及简单的数据结构和交换，这使得协议具有可扩展性，并与系统中的其他协议和实体进行互操作。因此，性能、实现成本、复杂性，以及可扩展性之间的权衡，必须进行调查和优化。

7.1.4　跨层设计的思考和挑战

跨层设计带来了很多好处，尤其是其提高了传输性能的能力，但在应用跨层设计理念方面仍存在思考和挑战[193]。

• 共存和信令：当要在设备或网络中实现跨层设计时，必须在系统中部署更多可共存的组件和实体。实现设计目标的关键是要实现不同协议以高效和无缝的方式进行集成。另外，必须精心设计协议之间进行信息交换的信令。第一，设计和实现必须确保协议的功能没有冲突。第二，跨层实体必须有适当的控制和访问协议的功能。第三，必须有一定的预防机制，以避免在一个协议中的问题传播到其他协议。

• 开销：在现有的协议和系统中添加组件和实体可能会产生更多的计算和通信开销。跨层设计必须以避免和减少开销的方式实现。

• 缺乏通用框架：跨层设计可以在任何一个不明确的结构上实施。其结果是，放松了严格的接口控制，进而可能影响功能和信息的封装。解决方案之一是引入一个通用的框架来实现跨层设计。然而，通用框架要求协议开发者和制造商同意并遵循指导方针，这是一个复杂的任务。最重要的是要采用一些验证方法，以确保所有的协议和跨层实体可以有效工作。

• 意外的结果：参考文献［198］强调，跨层设计可能会导致性能的意外恶化。这可能是各协议层的折中设计。速率自适应MAC协议和最小跳数路由就是一个实例。速率自适应MAC协议使得数据传输速率可以依据信道质量进行调整。如果信道质量良好（如附近的节点），传输速率可以增加。相比之下，如果信道质量较差（如远端的节点），传输速率会减小。这就保证了最小的损失概率。而对于最小跳数路由，源节点会选择最小中继节点数（如尽量减少能源消耗和无线资源的使用）的路由转发数据包。只能从上游传输节点的传输范围内的一组节点中选择下游中继节点。当跨层速率自适应的协议使用最小跳数路由时，就会看到意想不到的性能下降。也就是说，为了尽量减少跳数，路由协议会选择最远的中继节点。然而，速率自适应的协议将使用非常低的传输速率。事实证明：由于信号的衰减，长途传输的信道质量通常是优的，而端到端的吞吐量会受到不利影响。因此，当实现跨层设计时，所有协议也必须整体随之优化。

7.2 跨层优化

通常情况下，跨层设计方法的本质在于跨层的优化。优化的目的是找到一组最佳的协议参数，从而在给定一组资源和性能约束的情况下实现目标。各种跨层优化方案和技术已经被开发和应用来解决最优跨层设计。参考文献[199]提供了用于无线网络的跨层设计中的应用优化技术（如凸优化）的综合教程。

7.2.1 机会调度

参考文献[200]提出的跨层优化为集中式蜂窝网络中的机会调度。该系统被假定为时隙，并且用户被规定在任何特定时隙中发送一个数据包。由于信道质量具有时变性，因此会随机地给用户分配传输时隙。换句话说，调度算法根据所有用户在被调度传输时可以接收的性能或效用来确定哪个用户可以在一个时隙中传输数据包。在无线网络中，该效用通常用于量化一个用户在数据传输中的满意度。用 U_i 表示用户 i 在特定时隙传输中的接收效用。该效用可以提高信道质量（如传输速率）。调度策略 π 表示一个时隙中的发送分组由效用矢量$\vec{u}$到特定用户的映射。所有用户的效用矢量被定义为$\vec{u}=[U_1(x_1) \quad \cdots \quad U_N(x_N)]^{\mathrm{T}}$，其中 N 表示用户的总数，x_i 表示信道质量。

简单的调度策略可以定义如下：

$$\pi^* = \arg\max_i U_i(x_i) \tag{7.1}$$

换句话说，其传输产生最大效用的用户将被安排传输数据包。归根结底，调度算法有利于信道质量高的用户，因此，调度策略使得系统的吞吐量得以最大化。例如，现有用户 1 和用户 2，它们的信道质量或好或坏。如果用户 1、2 的信道质量是良好的概率分别是 0.8 和 0.1，那么安排它们发送数据包的概率分别是 0.85 和 0.15。这是基于这么一个假设：如果两个用户的信道质量均为好或坏，它们会被随机等概率地安排传输，用户被安排传输的概率可以计算如下。用户具有良好的信道质量的概率为 0.8×0.1=0.08，每个用户均以 0.04 的概率传输。用户 1 的信道质量良好，用户 2 的信道质量差的概率是 0.8×0.9=0.72，这种情况下，用户 1 将被始终安排传输。用户 1 的信道质量差、用户 2 的信道质量良好的概率是 0.2×0.1=0.02，这种情况下，用户 2 将被始终安排传输。同样地，用户 1、2 的信道质量均为差的概率是 0.2×0.9=0.18，那么每个用户均以 0.09 的概率被安排传输。显然，这种调度策略的公平性不好，因为用户 2 传输数据包的机会太小。因此，优化问题可以扩展到包括最小传输需求的约束如下：

$$\max_{\pi} \sum_{i=1}^{N} \mathbb{E}[U_i(x_i)], \tag{7.2}$$

满足
$$P(\pi(\vec{\boldsymbol{u}})=i) \geqslant r_i, \quad i=1,\cdots,N$$

式中，$P(\pi(\vec{\boldsymbol{u}})=i)$表示调度用户 i 传输数据包的概率；r_i 表示调度用户 i 传输数据包的时隙的最小比例。在这个优化问题中，考虑了时间分配的公平性。另外，公平性可以被定义为系统效用的比率。相应的优化问题定义如下：

$$\max_{\pi} \sum_{i=1}^{N} \mathbb{E}[U_{\pi(\vec{u})}] = \sum_{i=1}^{N} \mathbb{E}[U_i \boldsymbol{l}_{\pi(\vec{u})=i}], \tag{7.3}$$
$$\text{满足}\ \mathbb{E}[U_i \boldsymbol{l}_{\pi(\vec{u})=i}] \geqslant w_i \mathbb{E}[U_{\pi(\vec{u})}],\ i=1,\cdots,N$$

式中，如果条件 $\pi(\vec{u})=i$ 为真（即调度用户 i 用于传输），则 $\boldsymbol{l}_{\pi(\vec{u})=i}$的值为 1，否则为 0。$w_i$ 表示用户 i 能够接收的系统效用的比率。在这种情况下，w_i 需要满足 $w_i \geqslant 0$，并且 $\sum_{i=1}^{N} w_i \leqslant 1$。在式（7.3）中定义的优化问题是：在所有用户都必须达到系统效用的最小比例的情况下，如何实现系统效用的最大化。另外，比例公平性准则[201]可应用于目标函数，以确定最佳调度策略。在这种情况下，优化问题为

$$\max_{\pi} \sum_{i=1}^{N} \log(\mathbb{E}(x_i)) \tag{7.4}$$

比例公平性的解释是，如果一个用户的平均吞吐量增加了 $y\%$，那么所有其他用户的平均吞吐量将至少下降 $y\%$。

参考文献[200]讨论了上述用于机会调度的跨层优化问题的最优调度策略的求解方法和性质。

7.2.2 OFDMA 无线网络

参考文献［202，203］提出了在物理层和 MAC 层联合提供 OFDM 无线网络跨层优化的理论和实现框架。此外，还需权衡效率和公平性。具体来说，跨层优化分为两个问题：动态子载波分配问题和自适应功率分配问题。

1. 理论框架

在此理论框架下，假设网络是具有无穷多个正交的子载波，每个子载波的带宽是无穷小的。$\mathcal{B}$表示总带宽的集合，$\mathcal{D}_i$ 表示分配给用户 i 的带宽。带宽需全部分配给一个或多个用户，即 $\bigcup_{i=1}^{N} \mathcal{D}_i = \mathcal{B}$。此外，各用户之间的带宽不能重叠，即$\mathcal{D}_i \cap \mathcal{D}_j = \varnothing$，其中 $i \neq j$。鉴于此假设，用户的传输吞吐量可表示如下：

$$r_i = \int_{\mathcal{D}_i} \log_2(1+\beta p(f)\rho_i(f))\,\mathrm{d}f \tag{7.5}$$

式中，$\beta = -1.5/\ln(5\mathrm{BER})$；$p(f)$表示 f 频率下的传输功率密度；$\rho_i(f)$表示信道增益和噪声的比值。

传输吞吐量是基于物理层的性能，因此，MAC 层用户的满意度可以由效用函数来量化。对于尽力而为服务，效用函数为

$$U(r) = 0.16 + 0.8\ln(r-0.3) \tag{7.6}$$

式中，r 是传输速率，单位为 bit/s。其功能和参数可以在参考文献[204]中的调查获得。这样的

话，跨层优化问题可以表示为

$$\max \frac{1}{N}\sum_{i=1}^{N} U_i(r_i) \tag{7.7}$$

满足

$$\bigcup_{i=1}^{N} \mathcal{D}_i \subseteq \mathcal{B} \tag{7.8}$$

$$\mathcal{D}_i \cap \mathcal{D}_j = \varnothing, i \neq j,\ i,j = 1,\cdots,N \tag{7.9}$$

对于动态子载波分配，我们应在用户间的传输速率来分配子载波。对于两个用户的情况（用户 1 和用户 2），如果 $c_2(f)/c_1(f) < \alpha$，f 频率均会分配给用户 1，其中 $c_i(f) = \log_2(1+\beta\rho_i(f))$，$\alpha$ 是决定了用户的子载波分配偏好的常量。$c_i(f)$ 是用户 i 在子载波 f 上可实现的传输效率（数据速率/Hz）。然而，如果 $c_2(f)/c_1(f) > \alpha$，频率将被分配给用户 2。图 7.4 显示了子载波分配的示例。

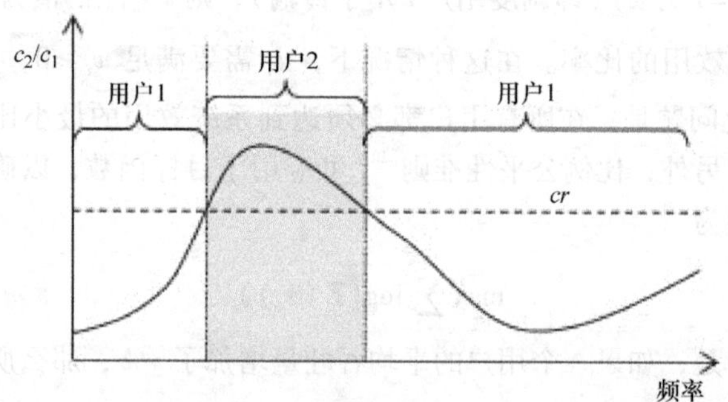

图 7.4　基于传输速率 $c_2(f)/c_1(f) < \alpha$ 的动态子载波分配

最优 α^* 表示如下：

$$\alpha^* = \frac{U'_1(r_1^*)}{U'_2(r_2^*)} \tag{7.10}$$

式中，$U'_i(r) = \mathrm{d}U_i(r)/\mathrm{d}r$，显然，$\alpha$ 的值可以用来在效率和公平性之间进行权衡。虽然在 α^* 时可以实现最佳性能（即最高的效率），但用户之间的公平性可以通过偏离 α^*，并向性能较差的用户提供更多的子载波来提高。

因此，通过自适应功率分配进行固定子载波的分配。优化问题表示如下：

$$\max_{p(f)} \frac{1}{N}\sum_{i=1}^{N} U_i\left(\int_{\mathcal{D}_i} \log_2(1+\beta p(f)\rho_i(f))\,\mathrm{d}f\right) \tag{7.11}$$

满足

$$\frac{1}{|\mathcal{B}|}\int_{\mathcal{B}} p(f)\,\mathrm{d}f \leqslant 1 \tag{7.12}$$

$$p(f) \geqslant 0 \tag{7.13}$$

式中，$|\mathcal{B}|$ 是子载波总量的大小。使用注水算法可获取最优功率分配：

$$p^*(f) = \left[\frac{U'_i(r_i^*)}{\lambda} - \frac{1}{\beta\rho_i(f)}\right]^+ \tag{7.14}$$

式中，$\lambda > 0$，$f \in \mathcal{D}_i$。λ 是用于标准化最佳功率密度的常量。如果 $x \geqslant 0$，则 $[x]^+ = x$，否则 $[x]^+ = 0$。需要注意的是，不同于传统的注水方法，注水算法用以获取 $p^*(f)$，因为它的目标在于最大限度地提高平均效用，而不是系统容量。然而，$U'_i(r_i^*)/\lambda$ 随着用户的不同发生变化。此外，限制在于总的传输功率，而不是个别传输功率。

因此，可以配置用于跨层优化的联合动态子载波分配和自适应功率分配。参考文献[202]创建了全局最优解的必要条件。首先，鉴于子载波分配是固定的，任何功率分配的变化都不会增加总效用。其次，考虑到功率分配是固定的，任何子载波分配的变化也不会增加总效用。最佳的解决方案定义如下：

$$\mathcal{D}_i^* = \{f \in \mathcal{B};\rho_i(f) = \max_{i'}\rho_{i'}(f)\} \tag{7.15}$$

$$p^*(f) = \left[\frac{U_i'(r_i^*)}{\lambda} - \frac{1}{\beta\max_{i'}\rho_{i'}(f)}\right]^+ \tag{7.16}$$

$$1 = \frac{1}{|\mathcal{B}|}\int_{\mathcal{B}} p^*(f)\,\mathrm{d}f \tag{7.17}$$

经证明，如果效用函数是凹的，那么局部最优解也是全局最优解。

2. 实现框架

然而上述优化是无法实现的。这是因为假设了一个无限的子载波集合，并且假设每个子载波为无限小。在实际的 OFDM 系统中，子载波是有限的，并且子载波也有具体大小。因此参考文献［203］拓展了理论框架，引入了跨层动态子载波分配和自适应功率分配问题的实现框架。动态子载波问题被表述成非线性整数规划问题，其公式如下：

$$\max_{x_{i,k}} \sum_{i=1}^{N} U_i\left(\Delta f\sum_{k=1}^{K} c_i^{\vec{p}}[k]x_{i,k}\right) \tag{7.18}$$

$$\text{满足} \sum_{i=1}^{N} x_{i,k} = 1,\quad k \in \{1,\cdots,K\} \tag{7.19}$$

$$x_{i,k} \in \{0,1\},\quad i \in \{1,\cdots,N\},\ k \in \{1,\cdots,K\} \tag{7.20}$$

式中，Δf 是一子载波的带宽，所有这些子载波都被认为是相同的大小；K 是子载波的总数；$c_i^{\vec{p}}[k]$ 是子载波 k 上的用户 i 可获得的传输效率（在给定固定的功率分配矢量 $\vec{\boldsymbol{p}}$ 的条件下）；$x_{i,k}$ 是一个二进制变量用来表明子载波 k 是否被分配给用户 i。

$\vec{\boldsymbol{x}}$ 表示 $x_{i,k}$ 的矢量。$\vec{\boldsymbol{x}}^*$ 的最优解决方案将满足下面的条件：

$$\nabla_{\vec{\boldsymbol{x}}} U(\vec{\boldsymbol{x}}^*)^{\mathrm{T}}(\vec{\boldsymbol{x}}^* - \vec{\boldsymbol{x}}) \geqslant 0 \tag{7.21}$$

对于所有的 $\vec{\boldsymbol{x}}$，有

$$U(\vec{\boldsymbol{x}}^*) = \sum_{i=1}^{N} U_i\left(\Delta f\sum_{k=1}^{K} c_i^{\vec{p}}[k]x_{i,k}\right) \tag{7.22}$$

$U(\vec{\boldsymbol{x}})$ 的梯度为

$$\nabla_{\vec{\boldsymbol{x}}} U(\vec{\boldsymbol{x}}) = \begin{bmatrix} U_1'(r_1)c_1^{\vec{p}}[1]\Delta f \\ \vdots \\ U_1'(r_1)c_1^{\vec{p}}[K]\Delta f \\ \vdots \\ U_N'(r_N)c_N^{\vec{p}}[1]\Delta f \\ \vdots \\ U_N'(r_N)c_N^{\vec{p}}[K]\Delta f \end{bmatrix} \tag{7.23}$$

因此有

$$U'_i(r_i^*)c_i^{\vec{p}}[k] \geqslant U'_{i'}(r_{i'}^*)c_{i'}^{\vec{p}}[k] \tag{7.24}$$

对于所有的 $i' \neq i$，有

$$r_i^* = \sum_{k=1}^{K} c_i^{\vec{p}}[k]\Delta f x_{i,k}^* \tag{7.25}$$

为了获得子载波分配$\vec{\boldsymbol{x}}^*$的最优解决方案，我们使用了排序搜索算法。考虑两个用户、三个子载波的情况。我们可以计算两个用户的传输效率之比。假设 $c_2^{\vec{p}}[1]/c_1^{\vec{p}}[1] \leqslant c_2^{\vec{p}}[2]/c_1^{\vec{p}}[2] \leqslant c_2^{\vec{p}}[3]/c_1^{\vec{p}}[3]$，因此有四种可能的分配，$\mathcal{D}_1 = \varnothing, \mathcal{D}_1 = \{1\}, \mathcal{D}_1 = \{1,2\}, \mathcal{D}_1 = \{1,2,3\}$ 和 $\mathcal{D}_2 = \{1,2,3\} \setminus \mathcal{D}_1$。算法有个阈值 α，如果 $c_2^{\vec{p}}[k]/c_1^{\vec{p}}[k] > \alpha$，那么子载波 k 将被分配给用户 2，其他省下的子载波将被分配给用户 1。因此阈值 α 应该接近 $U'_1(r_1)/U'_2(r_2)$。同样的概念适用于任何数量的用户和子载波，这里二进制搜索被确定为是一种获得阈值的有效算法。

对于自适应功率分配，如果子载波分配是固定的，那么最优问题就变为

$$\max_{\vec{p}} \sum_{i=1}^{N} U_i(r_i) \tag{7.26}$$

$$\text{满足} \sum_{k=1}^{K} p[k] \leqslant \overline{P} \tag{7.27}$$

$$p[k] \geqslant 0 \tag{7.28}$$

$\lambda > 0$ 时，理论框架下功率分配问题表示为

$$p^*[k] = \left[\frac{U'_i(r_i^*)}{\lambda} - \frac{1}{\beta\rho_i[k]}\right]^+ \tag{7.29}$$

为了获得最优解决方案，序列线性近似注水算法被引入。该算法用于连续速率的自适应调整，例如传输效率基于对数函数。然而，在实际的系统中使用的是离散速率。因此，要获得最佳的解决方案，使用的是基于总效用最大化的贪婪功率分配。在这个贪婪算法中，比特和功率的分配是迭代的。在每次迭代中，比特和功率的分配使得它们获得的（边际）效用最大化。

最后，我们提出了联合动态子载波分配和自适应功率分配。算法 10 中给出了最优解的算法，其中 t 表示迭代指数，ϕ 表示更新步长。

算法 10　对于连续速率自适应调整的联合动态子载波分配和自适应功率调度算法

1：**repeat**
2：　**for** $k = 1, \cdots, K$ **do**
3：　　从$\hat{i}(k) \leftarrow \arg\max_{i \in \{1,\cdots,N\}} \gamma_i[t] c_i^{\vec{p}}[k]$获得新的子载波分配，$\hat{i}(k)$是子载波 k 上的用户
4：　　更新分配的子载波，例如$\mathcal{D}_{\hat{i}} \leftarrow \mathcal{D}_{\hat{i}} \cup \{k\}$
5：　**end for**
6：　**for** $k = 1, \cdots, K$ **do**
7：　　从 $p[k] \leftarrow [\gamma_{i(k)}[k]/\lambda - 1/(\beta\rho_{\hat{i}(k)}[k])]^+$ 获得新的功率分配
8：　**end for**

9：　**for** $i=1, \cdots, N$ **do**
10：　　从 $r_i[t+1] \leftarrow \sum_{k\in\mathcal{D}_i} \log_2(1+\beta p[k]\rho_i[k])\Delta f$ 中获得数据速率
11：　**end for**
12：　**for** $i=1, \cdots, N$ **do**
13：　　更新 $\gamma_i[t+1] \leftarrow (1-\phi)\gamma_i[t] + \phi U'_i(r_i[t+1])$
14：　**end for**
15：**until** $\sum_{i=1}^{N} U'_i(r_i[t]) \,|r_i[t+1] - r_i[t]| \leqslant \epsilon$

7.2.3　跨层拥塞控制和调度

传输层协议（如 TCP）控制了源节点的传输速率来避免网络拥塞。在无线网络中，传输层的拥塞控制可能会导致性能不佳，因为该协议不能确定数据包丢失是由于拥塞还是无线传输错误。如果数据包丢失是由于无线错误，那么降低传输速率会不必要地减少端到端吞吐量。此外，无线网络通常带宽有限。在同一网络中，必须小心地控制传输速率，不仅需要避免拥塞，还要避免由于多个节点同时传输而造成的碰撞。跨层优化可以制定并且确定适当的速率区域（即给每个节点的传输速率分配）以实现最佳的端到端性能，这样的流量调度可以支持多址接入。

参考文献[205]研究了多跳环境下的无线网络拥塞控制与 D2D 通信流量控制很相似。具体而言，跨层设计涉及传输层的传输速率控制和物理层的调度。在所考虑的系统模型中，多跳网络被建模为拥有 N 个节点的图。(i, j) 表示一对可以相互通信的节点 i 和 j 之间的链接。$\mathcal{L}$表示一组这样的链接。$r_{i,j}$表示为链接之间的速率，速率的大小取决于功率 $p_{i,j}$，$p_{i,j}$是节点 i 传输数据给节点 j 时的功率，传输功率 $p_{i,j}$可能与 $p_{i,j'}$不同，这里的 $j \neq j'$，目的是使得节点 j'获得不同的传输速率。使用 CDMA 的多址接入可以被采用。传输功率矢量和速率被表示为$\vec{\boldsymbol{p}}$和$\vec{\boldsymbol{r}}$。在考虑干扰的情况下，我们可以把速率矢量表示为所有节点的传输功率函数，例如$\vec{\boldsymbol{r}} = c(\vec{\boldsymbol{p}})$ $c(\cdot)$是速率－功率函数，这些函数通常是非凸的。任何节点 i 的总传输功率都受到最大功率的限制，例如 $\sum_j p_{i,j} \leqslant p_{i,\max}$。

在网络中，源节点和目的节点分别用 s 和 d 表示。x_s 是源节点 s 和目的节点 d 之间多跳的端到端速率。用户对速率的满意度可以用效用函数 $U_s(x_s)$ 量化。这个函数被假定为严格凹，非递减和连续可微。调度的目的是实现分配传输功率（即传输功率矢量$\vec{\boldsymbol{p}}$），功率最终可以被转换成速率矢量$\vec{\boldsymbol{r}}$。调度还可以选择在每条路径上传输的数据。跨层优化问题不仅解决调度问题，还解决拥塞控制问题。具体而言，拥塞控制决定了所有用户的端到端传输速率，使所有用户的效用总和最大化，如 $\sum_s U_s(x_s)$，这里假设系统是稳定的（即每个节点的队列长度是有限的）。调度决定了在拥塞控制过程中每个节点最终获得的传输速率（单跳）。

图片 7.5 显示了一个有 7 个节点和 2 个源的网络。源节点 1 和 2 分别传输数据到目的节点 6 和 7。拥塞控制决定了节点 1 和 2 的端到端传输速率 x_{s1} 和 x_{s2}。调度算法通过调整传输功率来决定

1 跳的速率 $r_{1,3}$、$r_{2,3}$、$r_{1,5}$、$r_{3,4}$、$r_{3,5}$、$r_{5,4}$、$r_{5,7}$、$r_{4,6}$和 $r_{4,7}$。

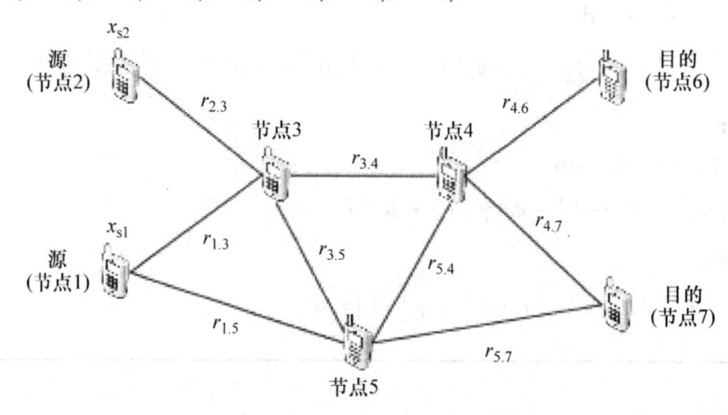

图 7.5 拥塞控制和调度的示例场景

拥塞控制的联合跨层优化可以表示如下：

$$\max_{x_s} \sum_{s \in \mathcal{S}} U_s(x_s) \tag{7.30}$$

$$\text{满足} \quad x_s \leqslant x_{s,\max} \tag{7.31}$$

$$\vec{x} \in \Lambda \tag{7.32}$$

式中，Λ 表示系统的容量区域；$\mathcal{S}$是网络中的一组源节点；$x_{s,\max}$是源节点 s 的最大传输速率。容量区域 Λ 可以通过估算每个目的节点 d 的可行速率分配来获得。$\vec{r}^{\,d}$ 表示元素为 $r_{i,j}^d$ 的目的节点 d 的矢量速率。$r_{i,j}^d$ 表示前往最终目的节点 d 的流量从节点 i 到节点 j 的传输速率。传输速率的条件（对于任何不是目的的节点 i）必须满足按照以下式定义的容量区域，即

$$\underbrace{\sum_j r_{i,j}^d}_{\text{传出速率}} \geqslant \underbrace{\sum_{j'} r_{j',i}^d}_{\text{传入速率}} + \underbrace{x_{si}}_{\text{源时速率}} \tag{7.33}$$

这个约束适用于所有的目的节点。x_{si} 是节点 i 作为源时的传输速率。图 7.6 显示了一个流量平衡的示意图。

然而，由于传输速率的非凸性（如由于干扰的原因），解决问题并获得最优的解决方案变得更加复杂。因此，提出的速率 - 功率函数必须是封闭和有界的，如$\mathcal{R} = \{c(\vec{\boldsymbol{p}})\}$[199]。在这样的假设下，跨层优化问题有一个没有任何对偶间歇的对偶。μ_i^d 表示式（7.33）中每个约束的拉格朗日乘子。

节点 j' 节点 j 节点 i 生成 x_{si}

图 7.6 流量平衡

源节点的传输速率为

$$x_s^* = \arg\max_{x_s} (U_s(x_s) - x_s \mu_s^d) \tag{7.34}$$

这里目的节点 d 与源节点 s 相关联。这基本上就是拥塞控制问题的解决方案。然后调度的解决方案为

$$\vec{r}^{\,*} = \arg\max_{\vec{r} \in \mathcal{R}} r_{i,j} \max_d (\mu_i^d - \mu_j^d) \tag{7.35}$$

每条链路上合适的速率和相应功率（如 $r_{i,j}$ 和 $p_{i,j}$ 分别为矢量 $\vec{\boldsymbol{r}}$ 和 $\vec{\boldsymbol{p}}$ 的元素）会被选中。这些用于目的节点 $\vec{\boldsymbol{r}}^d$ 的速率矢量的元素由下式获得：

$$r_{i,j}^d = \begin{cases} r_{i,j}, & d = \arg\max_d(\mu_i^d - \mu_j^d) \\ 0, & 其余 \end{cases} \tag{7.36}$$

最后拉格朗日乘子按照下式进行更新：

$$\mu_i^d = [\mu_i^d - \phi(\sum_j r_{i,j}^d - \sum_{j'} r_{j',i}^d - x_{si})]^+ \tag{7.37}$$

式中，ϕ 表示更新步长。更新被证明是收敛的，$\phi \to 0$。

7.3　车载自组织网络的跨层设计

车载自组织网络（VANET）可以看作是一种 D2D 通信，借助这种设备（即车辆节点）可以进行通信和交换用于智能交通系统（ITS）的各种数据。关于智能交通系统和车辆自组织网络的更多细节（尤其是从 D2D 通信的角度来说），我们会在第 9 章给出。本节将概述车载自组织网络的跨层设计。此外，关于这个主题的，参考文献[206]也将提供全面的调查报告。

车载自组织网络与那些典型的移动自组织网络（MONET）有不同的特定特征。主要的差异就是车辆的移动性，不断变换的拓扑结构，以及为安全应用严格要求的 QoS。参考文献[206]根据层间的相互作用将用于车载自组织网络的跨层设计进行分类，如下文所述。

7.3.1　物理层和 MAC 层

车辆的移动性（如尾随和远去）会显著影响物理层的信道质量。因此，几种方案分别集中在物理层和 MAC 层的信道适应和竞争的整合上，如下所示：

1）传输速率自适应：调制模式可以基于包丢失或信噪比（SNR）的改变[207]进行自适应调整。丢包触发方案是基于发射机的。如果发射机没有接收对于其传输的分组的确认，则发射机将降低调制方式，以达到更好的可靠性（即较低的 BER）。与此相反，SNR 触发方案是基于接收机的方法，其中接收机评估请求发送（RTS）消息的信道质量。然后，接收机选择最佳的调制方式，并通过允许发送（CTS）消息通知发射机。当传输速率在物理层中被调整的同时，RTS 和 CTS 消息被用在 MAC 层中，这就构成了跨层设计的概念。

2）切换管理和信道选择：车载自组织网络应具有基于混合拓扑，结合多跳传输和车辆到基础设施（V2I）通信的能力。在这样的设置下，车辆节点必须选择是否直接与路边单元（即基站）通信，还是通过访问中继节点将数据转发到路边单元[208]。由于以上多跳网络和路边单元的通信可能使用不同的连接（如 IEEE 802.11 或 802.16 等），车辆节点在合适的连通性的基础上必须选择一个传输信道。参考文献[208]引入了一种车辆用快速切换方案，其能够利用信道和位置信息，在直接传输与中继传输之间进行切换。例如，一个车辆节点可以选择在相同的方向且具有良好的信道质量的中继节点把数据转发到路边单元。

3）传输距离自适应：通过调整传输功率，可以控制一个车辆节点的传输距离。远传输距离可以帮助车辆尽快到达目的节点。然而，这将增加网络中的干扰和争用。图 7.7 表明了这种情况。显然，在远传输距离时，干涉区域比近传输距离时要大得多。然而，近传输距离需要中继传输，这会带来更大的延迟。因此，为了实现最佳端到端性能的一个解决方案是调整传输距离以适应车辆密度。当车辆密度较低时，传输距离可以增大。车辆密度可以从 MAC 层协议（如争用率）中提取。使用该 MAC 层信息，传输距离可以在物理层进行调整。

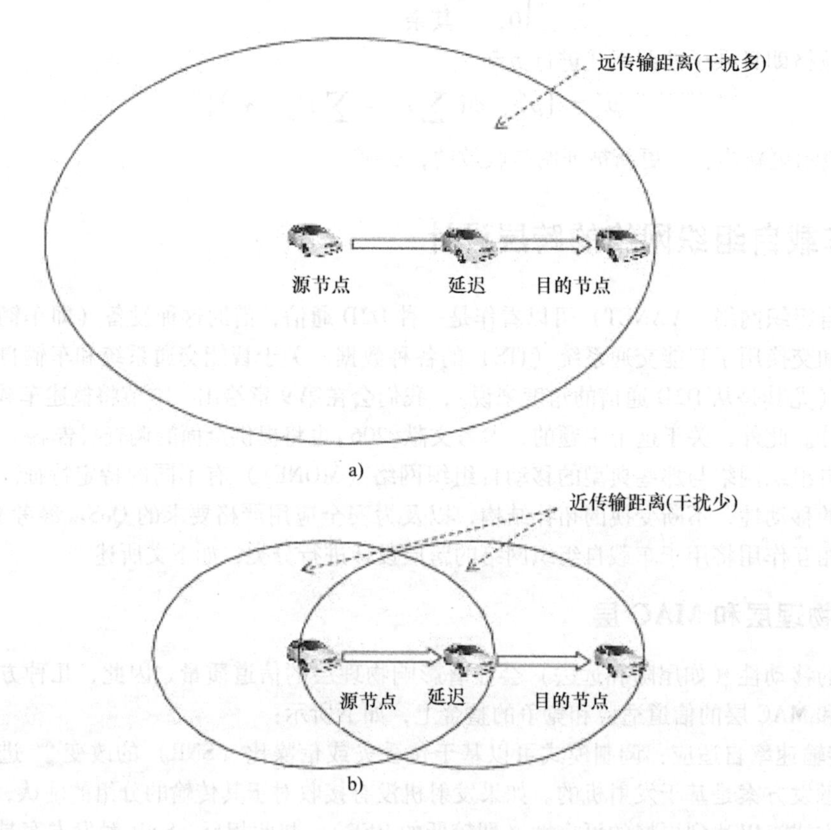

图 7.7　一个远传输距离（a）和两个近传输距离（b）的传输距离自适应

7.3.2　物理层和网络层

在车载自组织网络中，路由必须频繁更新，以维持最新的网络拓扑的信息。但是，更新路由信息是额外的开销，这可能导致数据传输中断。因此，路由信息更新必须适当地执行最小化开销，同时还要保持准确的网络路由信息。参考文献[209]介绍了链路剩余时间（LRT）指标。链路剩余时间是根据从物理层测量的接收功率强度来计算的。通过使用链路剩余时间来评估信号强度的变化，可以判断连接的剩余时间。更高层的协议可以使用该信息来相应地进行路由调整、调度和切换。同样，参考文献[210]为优化链路状态路由（OLSR）协议引入了基于信号强度评估的路由选择。在这个协议中，中继节点根据最强信号强度来执行路由和拓扑信息的广播选择。

7.3.3 网络层和 MAC 层

路由协议可以利用 MAC 层中的地理信息来优化数据包传输。

1）竞争感知路由选择：路由协议可以利用 MAC 层的竞争信息（如碰撞概率）来优化路由选择，以达到最佳的端至端性能。例如，该协议应避免选择竞争严重的路由，即使该路由可能是最短路径。高度拥塞的路由可能导致高碰撞概率和长时间的延迟，因为需要许多的重传。图 7.8 显示了这样一个场景。

2）链路预测：移动性信息（如全球定位系统（GPS）中的当前位置、速度和方向）可以被用来预测新的位置，并因此可用于路由的链路。参考文献[211]介绍了基于运动预测的路由（MOPR）协议。该协议利用从 MAC 层获取的车辆运动信息，包括位置、速度和方向，与拓扑信息一起来预测可用的中继节点。通过联合使用地理和网络信息，MOPR 协议可以确定一条稳定的路由，提供一种可靠的和更有效的路由机制。

3）基于簇的路由：作为让任何车辆节点直接按路由传输数据包的代替方案，簇的概念被采纳，进而引出分层车载自组织网络。具体而言，网络被划分成集群（即组）。每个簇都有一个簇头和一群簇成员。簇成员首先传输其数据到簇头。然后，簇头经由中继把数据包传输到其他簇的簇头，直到到达目的簇。网络层中基于簇的路由可避免 MAC 层中的碰撞。参考文献[212]提出了一种基于段的路由架构。路径划分成段。每个段对应于一组车辆的簇。传输可分为簇内和簇间的组件。调度可以在簇头控制簇内和簇间传输，以避免冲突。

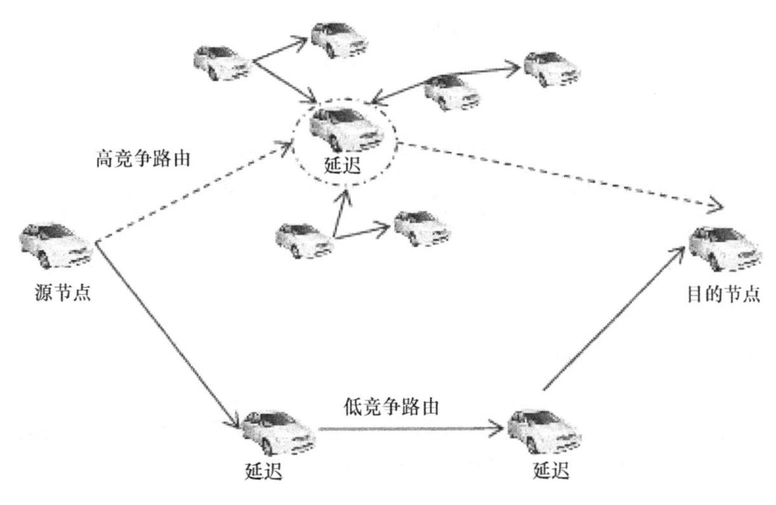

图 7.8 避开高度拥塞的路由

7.3.4 传输层、网络层和 MAC 层

TCP 是最常用的传输协议。在车载自组织网络的跨层设计中使用 TCP 的目的是对由于拥塞（即缓冲区溢出）、MAC 碰撞和无线传输错误引起的丢包事件进行区分。

1）车用传输协议（VTP）：VTP 将传输层协议与基于位置的路由集成在一起，通过允许网络中的节点，将丢包的类型反馈给源节点[213]。该协议有两种状态，即连接和中断。只要接收到确认消息，该协议就会处于连接状态。然而，如果不能接收到确认消息，该协议将利用源和接收机之间的距离和过去的传输记录（如中继节点是否接收到一个确认消息）来计算预期的连接持续时间。如果该持续时间小于预定的阈值，则状态切换为中断状态。在源节点使用来自其他中继节点的数据包反馈来估计状态和数据速率。然后该协议使用计算出的数据速率来估计控制数据包传输，以避免拥塞。

2）联合最优控制（JOC）：参考文献[214]提出了一个跨层设计，其目的是通过在传输层控制流量使路径效用最大化。分别针对 MAC 层、网络层和传输层的链路容量、路由以及网络流量控制，提出了 JOC 算法。网络中的中继节点将上报链路持久概率给源节点。源节点使用该信息在所有可能的路径中计算合适的流速。然后，选择最佳路径用于数据传输。

3）车载自组织网络的分布式速率控制（DRCV）：参考文献[215]提出了一个用于道路安全应用的传输速率控制算法。其目标是提高安全信息的可靠性，同时实现了小的延迟。每个节点监控信道的本地活动进而估算邻居的数量、信道空闲时间和单位时间的信标数。根据监控的数据，DRCV 估计交通负荷，并确定在传输层中的用于非安全应用的周期性消息的传输速率。如果紧急消息亟须传输，周期性消息传输速率将会降低，以给予紧急消息更大优先权。

4）功率分配：参考文献[216，217]研究了一个使用 TCP 的传输功率控制问题。我们发现，当车辆交通密度减小，到达目的节点所需的跳数增加，进而吞吐量减少（由于中继节点的选择减少）。然而，在交通密度大的情况下，干扰和拥塞很容易发生。此外，邻近路边单元的车辆节点可以有更高的传输速率，并且节点不需要使用高功率，可有效避免高碰撞概率。根据这些观察，车辆节点的传输功率应当根据交通密度和道路情况进行调整。

跨层设计，也可用于车辆到基础设施（V2I）通信。参考文献[218]介绍了 Cabernet，这是一个为了减少 V2I 通信连接时间的协议。Cabernet 传输协议（CTP）是通过使用探测机制来监测丢包是由于信道错误还是拥塞引起的，从而使传输层中的传输速率可以得到适当的控制。CTP 还采用了动态寻址机制。通过使用代理，即使 IP 地址发生变化（如由于切换），CTP 仍可保持连接会话。

7.4 D2D 通信中的跨层设计

本节，对特别是那些适用于 D2D 通信的跨层设计进行了讲解。首先，我们提出了 D2D 网络中基于信息相关性的路由方案。其次，我们提出了 D2D 传感器网络的跨层路由方案。进而，提出了跨层视频传输方案。

7.4.1 信息相关性的路由

参考文献[219]介绍了一种分析内容信息，并利用这些信息来优化多跳 D2D 通信的内容分发的新思路。这是一个与上下文感知通信类似的想法。例如，如果用户的 GPS 数据是可用的，那么与用户的位置相关联的信息可以被传输。此外，服务提供商可以根据用户的兴趣和喜好向他们推荐一些服务（如文件下载）。此外，上下文信息可用于优化数据传输的性能。例如，视频数据包应该在网络数据包之前转发给用户。然而，在传统的 D2D 通信中，上下文信息没有被用来分配无线资源（用于点对点通信和可能的多跳通信）。参考文献[219]通过提出考虑 D2D 用户间信息需求的一种新的路由算法来弥补这一差距。

为了实现内容转发和中继的良好性能，参考文献[219]介绍了内容和用户上下文之间的信息相关性的概念。这种相关性定量地测量了存储在内容中的信息和存储在用户上下文中的需求之间的相似性。换言之，相关性提供了内容中信息的价值。有了这个信息，基站可以适当地分配无线资源给不同的设备。例如，基站可以检测到有一些设备包含许多其他附近的设备所需的内容。因此，基站允许这些设备建立一组 D2D 链路，以便它们可以直接下载内容，而不用让这些设备连接到基站然后再下载内容。图 7.9 显示了这样的场景。为了提高性能，基站可以给拥有所需内容的设备分配更多的无线资源。此外，物理层的信道质量可以用于这个无线资源分配。例如，基站可以只分配少数具有良好信道质量的源设备来向其他设备提供内容，从而减少 D2D 链路组中的干扰和拥塞。

参考文献[219]特别考虑一组 D2D 链路的路由问题。基于应用层的跨层路由算法由如下引出。图 7.10 显示 D2D 组——设备 D1、…、D5 的。设备 D1 有设备 D3 和 D5 需要的内容。设备 D3 和 D5 通知基站它们的需求。因为基站知道该组中的信道质量和连通性，基站指示设备 D1 选择通过设备 D4 的路由，而不是通过 D2 的。

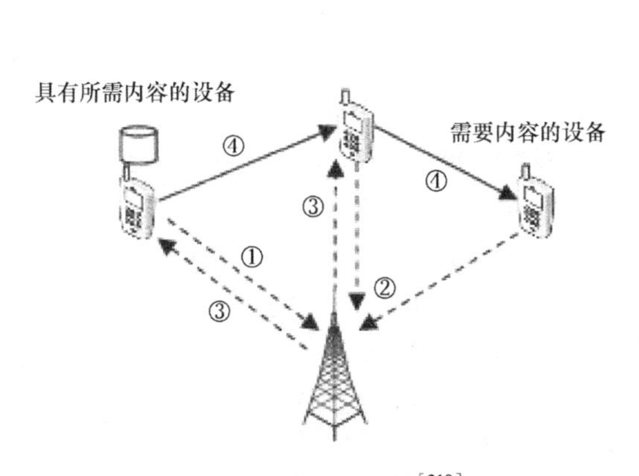

图 7.9　典型的场景[219]

①—具有内容的设备通知基站

②—其他设备通知基站它们所需的内容

③—基站组织 D2D 链路组，并相应地分配无线资源

④—使用从基站分配的无线资源传输内容

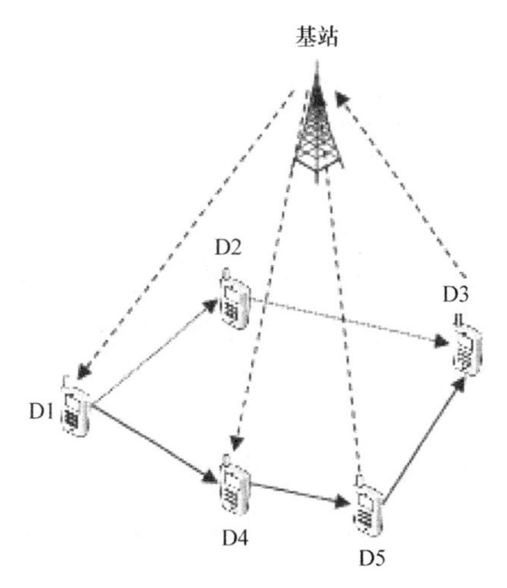

图 7.10　一个基于应用层的跨层路由算法的示例场景

信息相关性是确定给定内容和用户上下文信息（需求）之间相关性的参数。如果相关性高，则有较大的可能性用户需要该内容，并且用户会更愿意获取并转发该内容。用 C_j 表示用户 j 需要的特定内容，用 S_i 表示基站选择要传输给用户 i 的内容。具体来说，C_j 和 S_i 分别表示需求和供

应。这里 C_j 可以解释为表示用户 j 需求的上下文信息。内容 S_i 给定的上下文信息 C_j 的条件概率可以表示为 $P(C_j|S_i)$。互信息可以认为是内容的有效性。一般情况下，$P(C_j|S_i)\leqslant 1$。熵和互信息分别定义为 $H(C_j|S_i)$ 和 $I(C_j|S_i)$ 且 $I(C_j|S_i)\leqslant H(C_j)$。如果 $I(C_j|S_i)/H(C_i)$ 的值很大，则内容 S_i 可以减少用户 j 上下文的很多不确定性（即内容 S_i 对用户 j 有用）。如果上下文 C_j 和内容 S_i 相同，我们可以得到 $P(C_j|S_i)=1$，$H(C_j|S_i)=0$，并且 $I(C_j|S_i)=H(C_j)$，这种情况下，内容 S_i 彻底消除了用户 j 上下文的不确定性。在此，信息相关性是根据以下互信息定义的：

$$\sigma_{j,i}=\frac{I(C_j;S_i)}{H(C_j)} \tag{7.38}$$

换句话说，信息相关性是内容 S_i 满足用户 j 所需信息的比值。

让我们考虑一个科学文章传递的特定应用。一个用户可能需要下载一篇特定的科学文章。然而，该用户只有那篇文章的摘要。这个摘要就认为是用户 j 的上下文 C_j。如果用户 i 有完整的文章表示为 S_i，则下列情况下可能会发生。

1）如果该文章和用户 j 的摘要涉及的是不同的研究领域，则它们之间的互信息很小（如 S_i 是关于医学的文章，但是 C_j 是一篇关于电气工程的文章的摘要）。

2）如果该文章和用户 j 的摘要涉及的是相同的研究领域，则它们之间的互信息很大（如 S_i 是关于无线通信的文章，C_j 是一篇关于 D2D 通信的文章的摘要）。

3）如果用户 j 的摘要出自用户 i 所具有的文章，则它们之间的互信息最大（即 $I(C_j|S_i)=H(C_j)$）。

用户发送一条包含用户需要的内容上下文以及用户已经拥有内容的指示消息。基站收集网络中所有用户的指示消息，并构建一个包含上下文信息的上下文表。然后基站构建另一张表来存储从需求到提供内容的用户和候选路径的映射。该基站会再次计算相关性，用于将两张表链接在一起。当基站接收到对内容的请求时，它使用计算得到的信息相关性，来确定最佳的内容提供者，将以网络中所有用户的总互信息最大化的方式确定最优路由。

$$i^*=\arg\max_i \sigma_{j,i} \tag{7.39}$$

基站可以根据用户的优先级将无线资源分配给不同的用户。具有较高信息相关性的链路将获得较高的优先级。优先级 $\rho_{j,i}$ 可以由信息相关性简单地确定，即 $\rho_{j,i}=\sigma_{j,i}$。然而，一些信息相关性低的用户可能会遇到优先级低的问题。因此，修改后的优先级分配定义如下：

$$\rho_{j,i}=\sigma_{j,i}(1+\beta d_j) \tag{7.40}$$

式中，d_j 是用户 j 上一次送达用户的时延；β 是时延的权值。

有两个主要的性能指标用来评估基于应用层的跨层路由算法。该系统的有效性的定义如下：

$$\eta=\sum_{m=1}^{M}\frac{\sum_{k=1}^{K}V_m\sigma_{m,k}\delta_{m,k}}{\sum_{k=1}^{K}B_m\delta_{m,k}} \tag{7.41}$$

式中，M 和 K 分别是系统中内容的总数和用户数；V_m 和 B_m 分别是用于传送内容 m 的大小和带宽；$\sigma_{m,k}$ 是指示信息，如果内容 m 通过用户 k 传输，则 $\sigma_{m,k}=1$，否则 $\sigma_{m,k}=0$。

基本上，系统有效性指的是每单位带宽传送的内容量。用户 k 的满意度是另一个重要的指标，其定义如下：

$$u_k = \frac{\sum_{m=1}^{M} \sigma_{m,k}\delta_{m,k}}{\sum_{m=1}^{M} \delta_{m,k}} \tag{7.42}$$

式中，u_k 表示用户接收到所需的内容量和所需内容总量之间的比值。用户的平均满意度可以从公式$\bar{u} = (1/K) \sum_{k=1}^{K} u_k$ 求得。

对一个 LTE 系统进行系统级仿真，以评估所提出的针对 D2D 用户的跨层路由算法的性能。结果表明，所提出的跨层路由算法相比轮询调度可以实现更高的有效吞吐量（即用于传输用户所需的内容的吞吐量）。因此，有限的无线资源可以更有效地用于有用的信息传输。模拟结果还显示，如果在分配内容传输优先级时用来加权延迟的 β 值增加时，系统吞吐量将会降低。然而，信道质量差的用户有更大的可能接收所需的内容。

7.4.2　无线传感器网络中的跨层路由

参考文献[220]介绍了一种用于机器对机器（M2M）通信的无线传感器网络的跨层路由算法，来支持灾害监测应用。跨层路由算法与功率控制和链路调度相结合，以保证干扰感知和对延迟敏感的数据传输的高可行性。

参考文献[220]中的 M2M 网络由随机部署在目标区域内的传感器构成的。传感器可通过控制其传输功率来调整其传输范围。具体地说，传感器从$\{p_0, p_1, \cdots, p_{\max}\}$中选择传输功率。每个传输功率对应于$\{r_0, r_1, \cdots, r_{\max}\}$的传输范围。传感器产生的数据必须在延迟期限 $T_{\max}$ 内传递到目的节点。传感器的传输是基于时隙的，其中所有的传感器可以认为是完美同步的。图 7.11 展示了跨层路由算法采用的帧结构。一帧被划分为三个段，即控制段、调度段和 ACK 段。

1）控制段：这个段的主要目的是为网络中的传感器提供同步，以及交换分配的时隙以实现传感器之间的数据传输。时隙交换用于避免一个或两跳之外的传感器间的干扰。此外，可能的干扰区域（PIA）是一个干扰区域的估计值（即两个传输可以同时进行而不会碰撞的最小间隔），交换也在这个阶段。信息交换是通过基于争用的协议的传感器来执行，其中，碰撞假定是可以忽略的。

2）调度段：在控制段交换给定的信息（如 PIA），传感器执行本地干扰感知链路的时隙分配。具体地说，传感器根据传输的需求选择可用的时隙，并分配时隙以在不同的链路上传输数据（即链路调度）。

3）ACK 段：传感器观测传输期间的干扰（如从目的节点的反馈）。传感器确认所分配的时隙。有两种情况，如果没有干扰，传感器接下来可以再次使用该时隙。否则，传感器将标记这个时隙为干扰时隙，在下一帧尽量选用其他可用时隙。

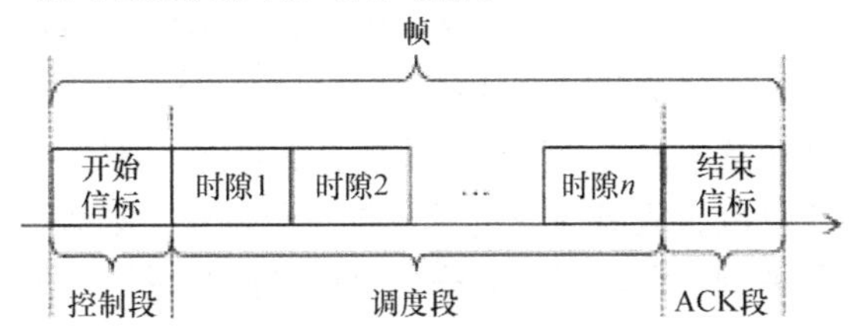

图 7.11　无线传感器网络中的跨层路由算法的帧结构

利用这三个段，传感器可以跟踪帧的长度和时隙的分配信息。此外，该传感器通过控制段的消息交换来维护 PIA。

该帧根据传输数据的高优先级和正常级分成两种类型。通过区分不同类型的数据，提出的路由协议可以优化功率控制（通过选择传输功率电平）和链路调度，以满足数据的延迟时限。协议的主要步骤如下。

1）传感器搜索具有最小端到端功率分配的路由。

2）该路由的所有链路必须是无干扰的，这可以通过时隙分配来实现。

3）路由的端到端延迟必须小于或等于阈值 T_{max}。

4）高优先级的数据可以利用两个传输帧的时隙来满足延迟要求。否则，另一帧将用于传送正常级的数据。

该协议形式上分为两部分，即带准入控制的路由和动态链路调度。对于带准入控制的路由，传感器选择下一跳用于数据转发以使数据最接近目的节点，给出满足的延迟时限估计值。该传感器逐渐增加传输功率，以找到最佳的下一跳。传感器在路由中执行准入控制，以保证在给定可用时隙的情况下，该数据的延迟满足时限要求。否则，传感器将不会接收及转发数据。换句话说，如果传感器接收并转发了延迟不能满足的数据，则传感器将浪费能量和无线资源，因为数据是无用的。对于动态链路调度，如果高优先级的数据在截止时限之前无法到达目的节点，传感器将尝试多次传输数据。特别是，传感器将帧大小扩展一倍。传感器承载扩展帧的请求和邻居的帧交换信息，并向控制段发出这条消息。如果邻居同意扩展帧的大小，为了同步，它们将更新帧的大小并在 ACK 段向请求的传感器发送确认消息。有两个帧用于传输高优先级数据将确保数据有更高机会更早到达目的节点，因为没有干扰和传输碰撞的中断。

通过与实时鲁棒路由（RTRR）[221]和实时功率感知路由（RPAR）[222]协议比较，对性能进行模拟评估。考虑恒定比特率（CBR）传感器，模拟结果清楚地表明，与 RTRR 和 RPAR 协议相比，提出的跨层路由协议可以在延迟期限内提高数据传输成功率。这是由于功率控制、准入控制、路由和链路调度的跨层适配，可以联合优化。

7.4.3 P2P 视频流的跨层分布式调度

参考文献[223]介绍了针对 P2P 网络视频流媒体服务的跨层分布式调度算法。该跨层框架聚焦于应用层的视频失真评估、P2P 覆盖层的分组调度、MAC 层的分组和分片，以及物理层的自适应调制编码（AMC）。这种设计的分布式框架使得不同的设备可以独立地彼此交互，以达到性能目标。

图 7.12 展示了用于 P2P 视频流服务的跨层设计框架。跨层设计的主要部分是收集协议信息（如包括 SNR 和队列长度的链路信息）的控制器，其通过控制协议参数来优化网络性能。这些参数是应用层中的视频量化步长和预测模式、MAC 层中的数据包大小，以及物理层中的调制和编码参数。该框架可以灵活地调整给定反馈信息的几个协议参数。例如，量化步长和预测模式可以在权衡增加编码视频的大小以改善视频质量的基础上进行调整。如果数据包较大时，延迟会较低，因为一次可以传输大量数据，但由于误码率，错误可能会更高。另外，如果 SNR 较低，该设备可以减少调制模式和编码速率来实现较低的传输误差，从而实现可靠的传输。所有这些参

数应共同优化以达到最佳的应用性能和用户满意度。

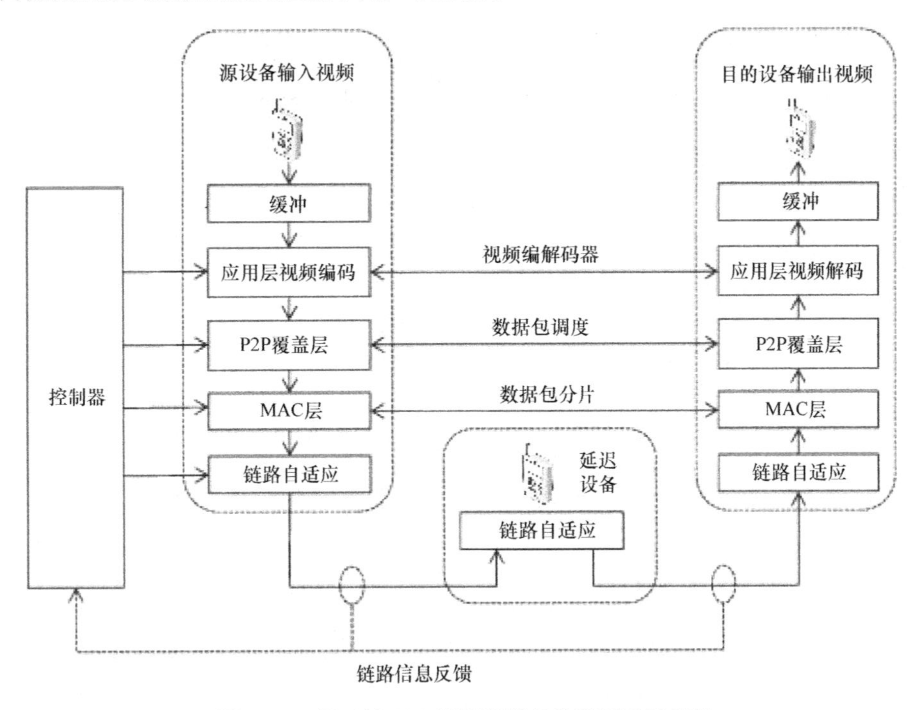

图 7.12 用于对 P2P 视频流服务的跨层设计框架

当设备检测到丢包时，所提出的调度算法工作。然后，该设备将发送请求给它的同伴（即在相同覆盖网络中的设备）。同伴将执行调度算法的跨层优化，以确定协议的一系列最优参数（如量化步长、预测模式、数据包大小、调制模式和编码速率），用于重传丢失的数据包。接下来，同伴用估计的视频失真回复给设备。该设备收到同伴的答复之后，它会选择预期视频失真最小的同伴，以获得丢失的数据包。被选择的同伴将使用优化的协议参数来传输丢失的数据包。视频失真定义如下：

$$\mathbb{E}[D] = \sum_{f=1}^{F}\sum_{i=1}^{I}\sum_{j=1}^{J}\mathbb{E}[D_{j,i,f}] \tag{7.43}$$

式中，F 是视频帧的总数；I 是一个视频帧的数据包的总数；J 是一个数据包中的像素总数。$d_{j,i,f}$ 表示信源帧 f 中数据包 i 里像素 j 的初始值，并且 $\widetilde{d}_{j,i,f}$ 表示目的节点的重构像素。失真可以通过下式计算：

$$\mathbb{E}[D_{j,i,f}] = (d_{j,i,f} - \widetilde{d}_{j,i,f})^2 \tag{7.44}$$

其遵循均方差（MSE）的概念。在这种情况下，优化问题可以表示如下：

$$\min_{q_{f,i},p_{f,i},l_{f,i},a_{f,i},c_{f,i}} \sum_{f=1}^{F}\sum_{i=1}^{I}\sum_{j=1}^{J}\mathbb{E}[D_{j,i,f}]$$
$$t_{f,i} \leqslant T_{f,i} \tag{7.45}$$

式中，$q_{f,i}$ 是量化步长；$p_{f,i}$ 是预测模式；$l_{f,i}$ 是数据包大小；$a_{f,i}$ 和 $c_{f,i}$ 分别为调制模式和编码速率。

这些变量由视频帧 f 的数据包 i 决定。$T_{f,i}$ 是帧 f 中数据包 i 的视频截止时限。$t_{f,i}$ 是传输丢失的帧 f 中数据包 i 的延迟，如下式表示：

$$t_{f,i} = \sum_{z=1}^{Z} \sum_{h=1}^{H} \left(\frac{l_{f,i,z}(\vec{\boldsymbol{\epsilon}}, \vec{\boldsymbol{q}}, \vec{\boldsymbol{p}})}{R_h(a_h, c_h) b_h} + T_h + Q_h \right) \tag{7.46}$$

式中，Z 和 H 分别是 MAC 数据包的数量和距选定同伴（负责传输所丢失的数据包）的跳数。$l_{f,i,z}$ 是视频帧 f 中数据包 i 的比特数。$l_{f,i,z}$ 取决于包丢失率 $\vec{\boldsymbol{\epsilon}}$、量化步长 $\vec{\boldsymbol{q}}$ 和预测模式 $\vec{\boldsymbol{p}}$ 的参数矢量。$R_h(a_h, c_h)$ 是给定的调制模式 a_h 和编码速率 c_h 的传输速率，b_h 是在跳 h 处的带宽。T_h 和 Q_h 分别是跳 h 处的传播延迟和排队延迟。其中传播延迟是固定的，排队延迟可从下式得到：

$$Q_h = \frac{R_h(a_h, c_h) b_h}{R_{h+1}(a_{h+1}, c_{h+1}) b_{h+1} (R_{h+1}(a_{h+1}, c_{h+1}) b_{h+1} - R_h(a_h, c_h) b_h)} \tag{7.47}$$

其遵循 M/M/1 队列时延模型。图 7.13 给出了该排队延迟的示意图。

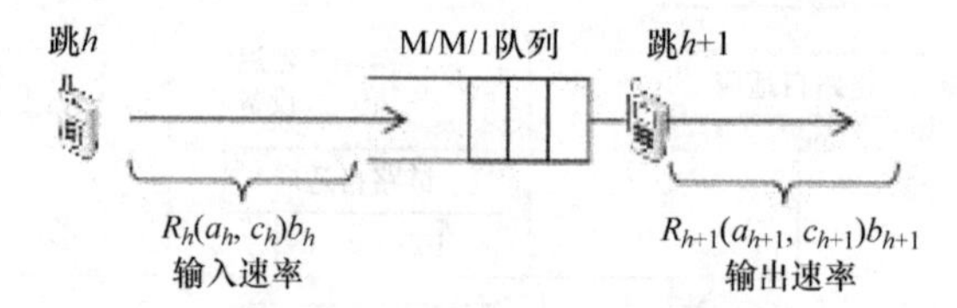

图 7.13 排队延迟的示意图

为了获得结果，式（7.45）中优化问题被转换为有向无环图（DAG），并应用动态规划算法。首先，数据包 i 的最小总视频失真函数被定义为 $G_i(v_{i-x}, v_{i-x+1}, \cdots, v_i)$，$v_{i'}$ 是数据包 i' 的协议参数的复合变量，如 $v_{i'} = (q_{f,i'}, p_{f,i'}, l_{f,i'}, a_{f,i'}, c_{f,i'})$。这里使用了视频解码器的隐藏策略（即当前的视频帧的质量取决于 x 数据包的前一帧的质量）的数据包。因此，式（7.45）定义的整个视频剪辑最小总失真可以改写为

$$\min_{v_{S-x}, \cdots, v_S} G_S(v_{S-x}, v_{S-x+1}, \cdots, v_S) \tag{7.48}$$

$S = F \times I$ 是视频序列的数据包总数。可以发现变量 v_i 的选择是独立于以前的变量 v_{i-x-1}，v_{i-x-2}，$\cdots$，v_1 的选择。因此，这种关系可以用有向无环图来表示，它可以使用动态规划算法来解决。

这里所提出的跨层调度算法的性能评估是基于 NS2 仿真的。首先，数据包回放的截止时限是不同的。它表明跨层调度算法中的数据包的调度故障率随着截止时限的增大而减小。此外，提出的跨层调度算法实现了比传统协议更低的故障率，该算法的峰值信噪比（PSNR）也更高。

7.5 小结

跨层协议设计已经成为基于层协议结构的一种替代方案。允许不同层的参数和函数在协议之间的共享可以提高数据通信的性能。在本章中，我们讲解了跨层设计，给出了定义，并提出了不同方法来实现高效的跨层设计。又介绍了跨层协调模型，该模型将协议的安全性、服务质量、移动性和无线链路自适应功能集成在一起。最后，我们讨论了采用跨层设计概念开发新协议的

实现方法和一些挑战。

作为跨层设计的一部分，跨层优化在实现最佳数据通信和网络性能方面发挥着重要作用。我们已经给出了机会调度、OFDM 资源分配和拥塞控制的跨层优化的示例。本章也简要介绍了 D2D 通信的跨层设计和优化方面的一些相关工作，包括车载自组织网络（VANET）、传感器网络路由和 P2P 视频业务流量调度。

D2D 通信跨层设计和优化的研究方向如下。

1）能源效率：虽然大多数现有的跨层设计框架侧重于数据通信和网络性能，但是能源效率也是一个关键问题。D2D 通信中使用的不同层的协议必须进行优化以减少能源消耗。虽然节能算法可以在不同层上实现，但是它们的整体集成可以提供更好的性能。例如，在无线传感器网络中，路由协议可以确定具有最大能量供应以及最小碰撞量的路由。可以修改跨层协调模型，将能量效率作为其平面之一。

2）通过基站进行协调：在 D2D 通信中，基站可以控制 D2D 设备的频谱接入和数据传输。可以应用不同级别的控制（如设备可以通过允许 D2D 设备使用特定的通道进行松散控制，或者通过调整所有传输的所有参数进行严格控制）。跨层设计可以在 D2D 设备和基站上实现。然而，必须创造信息和控制信令来最大化传输性能和减少开销。

3）应用特定的跨层设计：D2D 通信可以用于广泛的应用。跨层设计必须定制以满足应用特定的需求。例如，在移动社交网络中，跨层设计不仅涉及不同层的系统参数，而且还涉及从用户的应用程序和移动性中提取的社会度量。跨层优化可以利用这些信息来实现最优的网络性能和用户满意度。

第8章 D2D通信的安全性

D2D 通信通常存在潜在的安全问题，例如，D2D 手机需要知道附近是否有其他设备以便互。如果位置信息被伪造，错误配对的 D2D 用户造成的干扰将显著降低系统的性能。此外，相邻节点间的 D2D 通信通过使用信道统计的方法来提供替代的安全方法（物理层安全）。在本章，我们将详细研究以下两个安全问题。

1）位置（定位）安全性：D2D 网络需要 D2D 用户的位置信息以便用户使用本地可用的频谱。这就为 GPS 欺诈攻击提供了一个严重漏洞，攻击者攻击 D2D 设备接收到的 GPS 信号，从而使 D2D 设备因为错误的位置信息获得了错误的可用频谱信息。此安全漏洞将导致移动 D2D 网络的大规模故障。

2）数据传输安全性：D2D 通信的安全性采用类似其他无线通信系统加密的传统手段来实现。此外，物理层安全性提供了由信道统计来提供的额外的安全性，这非常适合 D2D 通信场景。我们将 D2D 通信的物理层安全性视作为一个带有窃听者的蜂窝网络底层。受益于潜在的频谱复用，D2D 用户为系统的安全容量做出了贡献，但同时 D2D 用户也有可能干扰蜂窝用户，降低其安全容量。

8.1 位置（定位）安全性

8.1.1 问题概述

因为动态频谱接入（DSA）技术与当前的静态频谱分配方法相比，能够更好地利用频谱资源，所以其受到了业界和学术界的广泛关注。传统上，频谱分配是静态的，FCC 指定授权团体使用特定的频段，诸如 AM、FM、短波、民用频带、VHF 和 UHF 电视频道，以及众多的不为人所知的服务于手机、无绳电话、GPS 追踪器、空中交通管制雷达、安全报警，以及无线控制的玩具等的频段。某些频段由于其用户的增长已超载，而某些频段又几乎没被使用。这种频段资源利用不均衡的情况促进了 DSA 的发展，以便充分利用这些空白（闲置）的频段。这种创新的动态频谱管理方法可以大大提高频谱资源利用率，并且它也成为美国国家宽带计划[225]的主要技术之一，为数以百计的美国居民提供宽带服务。

DSA 技术可用于 D2D 通信的资源分配。用于 D2D 通信的 DSA 操作必须要求 D2D 不影响普通用户。为了实现这个要求，D2D 用户需要附近节点的位置信息。地理位置信息存储在数据库中，从中 D2D 配对等资源分配被确定。然而，上述基于数据库的方法有一个严重的安全漏洞，可能导致 D2D 网络的大规模故障。这个漏洞是这样引起的，一个 D2D 用户通过 GPS 来计算自己的位置，然后通过位置查询数据库来实现资源分配，但是不幸的是，GPS 是一个不安全的系统。作为一个窄带技术，它依赖于拥有较差的认证机制的微弱卫星信号，这个 GPS 信号可以在较大范围内以较小的发射功率进行干扰、延迟或模仿。软件无线电的可用性和相对低廉的成本导致了制造一个GPS欺诈设备相当容易[226,227]。最近有不少关于GPS欺诈攻击的事件被报道[228,229]。GPS系统的弱点意味着攻击者可以轻易发动一次GPS欺诈攻击，会导致D2D移动设备的错误位置计算。这个错误的位置计算会导致错误的频段查询结果，从而导致该D2D用户给其他移动用户造成严重的干扰。例如，FCC正在大力推动3.5GHz的雷达频段中DSA技术的使用[230]。目前许多军事设施正在使用该频段。在正常的DSA网络中，假如设备位于这些军事设施的附近，设备应当被位置数据库告知在当前位置该雷达频段不可用。然而，恐怖分子有可能在附近发动GPS欺诈攻击，导致设备认为自己在一个可以使用该雷达频段的地方。然后设备开始在该雷达频段操作，最终导致了对附近军事设施的严重干扰。随着DSA D2D技术进入一个更加成熟的阶段，并在不久的将来得到更加密集的部署，GPS欺诈攻击的威胁也随之增多。

8.1.2 文献资料

无线定位一直是一个长期的研究课题，近年来基于位置的服务（LBS）极大地促进了定位技术的快速发展。根据用于位置估计的机制，现有的定位方案可以大致分为4类：基于距离、基于指纹、基于连通性和混合定位。

在基于距离的定位系统中，距离信息可以从接收信号强度（RSS）和到达时间（TOA）来获得。对于RSS方案，发射机到接收机的距离通过使用无线电信号传播和衰减模型来估计[231-233]。同样，对于TOA方案，距离通过信号传播时延来估计[234-236]。有了这些估计的距离，定位结果通过三边测量来获得。除了三边测量，另一个基于距离的机制是三角测量，其中无线信号的到达角度（AOA）由配有天线阵列的接收机测量[237,238]。使用三角测量进行定位的原理是，对于一个三角形，如果顶点位置已知，那么给出从一个在三角形内部的点到各个顶点的角度，则该点可被确定位置。

基于指纹的方案遵循一个通用的两阶段框架结构进行估计，尽管它们可能使用不同的信号测量方法。在定位系统可以操作之前，离线阶段是必需的，它是为了收集具有位置相关特性的传感数据并建立指纹数据库。在上线阶段，无线通信装置的位置由基于指纹数据库的分类算法来估计。无线LAN信号的RSS是基于指纹的方案中使用最广泛的测量方法[239-244]。此外，在参考文献[245]中，调频（FM）广播信号被用于室内指纹系统，因为它不易受人类活动、多径效应和衰落的影响。参考文献[246]通过将移动电话传感器捕捉到的光学、声学和运动属性相结合，建立了一个指纹系统。

顾名思义，基于连通性的算法仅仅使用连通性信息来估计无线设备的位置。在参考文献[247]中，节点通过估算其邻近参考点的质心，以使用简单的连通性度量来获取自己的位置。参考文献[248]提出了一种近似三角形内点测试（APIT）的定位方案。在参考文献[249，250]中介绍了一种多维度定位算法。

近年来，智能手机的定位引起了人们极大的兴趣，智能手机的各种传感器使得新的混合定位方案成为现实，它使用多感知的模式来实现更好的定位，并且独立于基础设施。Constandache等人发明了一种叫“war-driving free-human”的定位系统，它通过使用智能手机的加速计和罗盘来获取用户的运动轨迹[251,252]。参考文献[253]提出了一种叫“EV-Loc”的技术，它整合了电子信号和视觉信号以提高无线定位精度。在参考文献[254]中，手机间的声学测距用来辅助基于 Wi - Fi 定位的系统以便提高定位精度。其他基于各类传感器的定位方案可以参阅参考文献[255 - 257]。

由于无线网络的开放性，导致了无线定位十分容易受到恶意攻击。在参考文献[258]中，实验表明，减弱或增强 RSS 锚点读数，定位系统可能会得出错误的定位结果。Bauer 等人除了介绍几种标志性的定位错误，还发现攻击者可以通过自己的意愿改变定位天线[259]的偏差。成功的 GPS 欺诈的要求在参考文献[260]中有所分析。

针对这些恶意攻击，一些具有鲁棒性的定位方案已被提出。它们有的解决方案需要额外基础设施的支持，例如定向天线[261,262]和固定定位器[263 - 265]。有的解决方案依赖于时间和信号畸变的分析[258,266 - 273]。但如果攻击者知道了分析算法中使用的类别，则该系统有可能会受到攻击者攻击。Bao 和 Liang 提出一种新的算法，它采用了门限的思想，通过传感器节点判决以提高无线传感器网络节点定位的安全性能[274]。Secure Walking GPS 系统[275]通过运动传感器跟踪人的移动，如果不是步行的人，则系统将不会运作。

8.2　数据传输的安全性

为了提供安全的通信，物理层安全性的概念被提出来描述无线信道的物理特性[276]。为了量化传输的安全性，安全容量在参考文献[277]中被宽泛定义为在有监听者的威胁下从发射机到接收机的可信信息的最大传输速率。在参考文献[278]中，计算了无干扰网络的平均安全性。参考文献[279]研究了干扰对认知无线电网络安全容量的影响。因此，D2D 通信如何能影响物理层安全性的问题值得研究。然而，据我们所知，只有少数人在研究这个问题。

在本节，我们将探究蜂窝网络在 D2D 环境下的安全容量，并提出在 D2D 通信帮助下如何提高蜂窝网络的安全容量。具体来说，我们考虑一个单蜂窝 OFDMA 网络，其包含一些蜂窝用户（CU）和 D2D 用户，以及一个能监听所有用户的监听者。我们假设每个 CU 只能与一个配对的 D2D 用户分享信道，因为 D2D 对的信号传输有可能导致冲突，从而影响 CU 的信道性能。除此之外，我们还假设每个 D2D 对只能占用一个信道。

首先，我们介绍在 D2D 底层蜂窝网络中的安全容量的概念，并提供安全容量的相应表达式。当 D2D 对接入 CU 的频段时，它会对相应 CU 产生干扰，降低安全容量。然而，当涉及系统的安全容量时，D2D 底层通信可能是有益的，并且能够提高系统的安全容量。这表明的安全容量可以被 D2D 底层通信的充分利用而大幅提高。

其次，我们通过使用一个图模型来考虑无线资源分配问题，并将其表述为加权二部图中的匹配问题。在这个加权二部图中，顶点代表 CU 和 D2D 对，加权的边代表当 CU 共享它们的信道给 D2D 用户时增加的安全容量。最大化安全容量等同于最大化构造图的总权重，即上述二部图的最大权重匹配。在 KM（Kuhn - Munkres）算法的帮助下，该问题可通过解决多项式时间问题来最大化蜂窝用户和 D2D 用户的安全容量总和。除此之外，我们也提供了其他几种信道分配的方法，如随机算法和贪婪算法，以与我们提出的算法进行比较。

在下文中，将对系统模型进行说明，然后，无线资源分配问题将作为一个优化问题。然后，我们将无线资源分配问题建模为一个加权二部图的匹配问题，并介绍KM算法以便获得多项式时间的最优解。最后，给出仿真结果。

8.2.1 系统模型和问题描述

1. 系统模型

如图8.1所示，我们考虑上行链路方案的蜂窝网络中有 N 个CU分别在 N 个正交信道中，M 个D2D用户对以底层模式匹配接入该蜂窝网络，然后有一个恶意窃听者可以窃听所有信道上的信息。我们分别用 $\mathcal{U}=\{u_1,u_2,\cdots,u_N\}$，$\mathcal{D}=\{d_i=(d_{\mathrm{T}}^i,d_{\mathrm{R}}^i)\mid d_1,d_2,\cdots,d_M\}$ 和E表示蜂窝用户组、D2D用户对组和窃听者，d_{T}^i 和 d_{R}^i 表示分别表示D2D用户对 d_j 的发射机和接收机。P_{c} 和 P_{d} 分别表示CU和D2D的传输功率。我们假设每个CU把它的信道最多共享给一个D2D用户对，并且每个D2D用户对最多接入一个蜂窝信道。此外，假定所有用户都能获取信道占用信息。

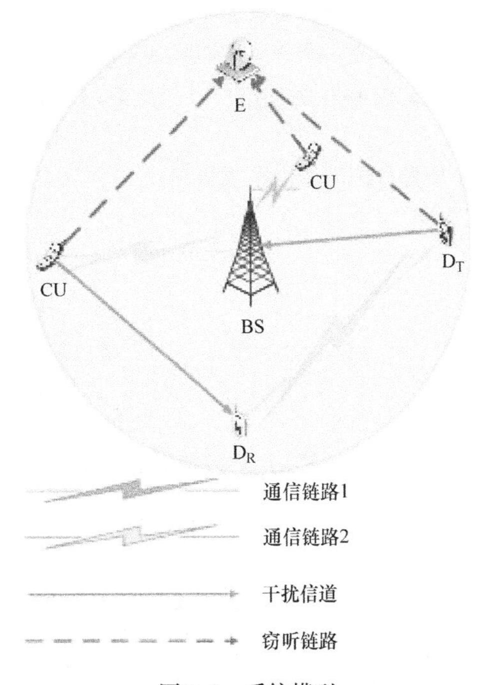

图8.1 系统模型

当CU用户 u_i 将信道共享给D2D用户对 d_j 时，基站、窃听者和D2D接收机 d_{R}^j 接收到的信号分别如下：

$$y_{\mathrm{b}}^{i,j}=\sqrt{P_{\mathrm{c}}}h_{\mathrm{c}}^i x_{\mathrm{c}}^i+\sqrt{P_{\mathrm{d}}}h_{\mathrm{d,b}}^j x_{\mathrm{d}}^j+n_{\mathrm{b}} \tag{8.1}$$

$$y_{\mathrm{d}}^{i,j}=\sqrt{P_{\mathrm{c}}}h_{\mathrm{c,d}}^{i,j} x_{\mathrm{c}}^i+\sqrt{P_{\mathrm{d}}}h_{\mathrm{d}}^j x_{\mathrm{d}}^j+n_{\mathrm{d}}^j \tag{8.2}$$

$$y_{\mathrm{e}}^{i,j}=\vec{\boldsymbol{h}}_{i,j}\vec{\boldsymbol{x}}_{i,j}+n_{\mathrm{e}} \tag{8.3}$$

式中，$\vec{\boldsymbol{h}}_{i,j}=[\sqrt{P_{\mathrm{c}}}h_{\mathrm{c,e}}^i\sqrt{P_{\mathrm{d}}}h_{\mathrm{d,e}}^j]^{\mathrm{T}}$；$\vec{\boldsymbol{x}}_{i,j}=[x_{\mathrm{c}}^i\quad x_{\mathrm{d}}^j]^{\mathrm{T}}$；$h_{\mathrm{d,e}}^j$、$h_{\mathrm{d}}^j$ 和 $h_{\mathrm{d,b}}^j$ 分别表示D2D发射机 d_{T}^j 到窃听者E、D2D接收机 d_{R}^j 和基站的直接信道增益。$h_{\mathrm{c,e}}^i$、h_{c}^i 和 $h_{\mathrm{c,d}}^{i,j}$ 分别表示CU用户 u_i 到窃听者E、基站、D2D接收端 d_{R}^j 的直接信道增益。n_{b}、n_{e} 和 n_{d}^j 是均值为0，方差为 σ^2 的高斯噪声。

对于共享信道的CU用户 u_i 和D2D用户对 d_j 而言，它们的信道总容量为

$$C(u_i,d_j)=\log_2\left(1+\frac{|h_{\mathrm{c}}^i|^2P_{\mathrm{c}}}{\sigma^2+\gamma|h_{\mathrm{d,b}}^j|^2P_{\mathrm{d}}}\right)+\log_2\left(1+\frac{|h_{\mathrm{d}}^j|^2P_{\mathrm{d}}}{\sigma^2+\gamma|h_{\mathrm{c,d}}^{i,j}|^2P_{\mathrm{c}}}\right) \tag{8.4}$$

式中，$\gamma(0\leqslant\gamma\leqslant1)$ 与解码方式相关联的比例因子。当 γ 为0时，它表示CU和D2D接收机可以完全解码出各自的信息并且无干扰。

当窃听者窃听CU用户 u_i 和D2D用户对 d_j 时，窃听信道的容量为

$$C_{\mathrm{e}}(u_i,d_j)=\log\left(1+\frac{\vec{\boldsymbol{h}}_{i,j}\vec{\boldsymbol{h}}_{i,j}^{\mathrm{T}}}{\sigma^2}\right) \tag{8.5}$$

因此，CU用户 u_i 和D2D用户对 d_j 总的安全容量为[277]

$$C_{\mathrm{s}}(u_i,d_j)=[C(u_i,d_j)-C_{\mathrm{e}}(u_i,d_j)]^+ \tag{8.6}$$

式中，$[\cdot]^{+} \triangleq \max(\cdot,0)$。

对于 CU 用户 u_i 而言，如果它不共享信道给 D2D 用户对，那么它的安全容量为

$$C_s(u_i) = \left[\log\left(1+\frac{|h_c^i|P_c}{\sigma^2}\right)-\log\left(1+\frac{|h_{c,e}^i|^2 P_c}{\sigma^2}\right)\right]^{+} \tag{8.7}$$

2. 问题描述

我们定义一个 $N\times M$ 矩阵 $\boldsymbol{A}=[\alpha_{i,j}]$，$1\leqslant i\leqslant N$，$1\leqslant j\leqslant M$，其中 $\alpha_{i,j}=0$ 或 1，表示 CU 用户是否共享其信道给 D2D 用户对。如果 CU 用户 u_i 共享了信道给 D2D 用户对 d_i，则 $\alpha_{i,j}$ 为 1，否则 $\alpha_{i,j}$ 为 0。

资源分配问题由下式得出：

$$\max_{A}\sum_{i=1}^{N} C_s^i \tag{8.8}$$

$$\text{满足}\begin{cases}\sum_{j=1}^{M}\alpha_{i,j}\leqslant 1, 1\leqslant i\leqslant N\\ \sum_{i=1}^{N}\alpha_{i,j}\leqslant 1, 1\leqslant j\leqslant M\end{cases} \tag{8.9}$$

式中，C_s^i 表示与 CU 用户的信道相对应的实际安全容量，由下式得出：

$$C_s^i \triangleq \begin{cases}C_s(u_i), & \nexists\, \alpha_{i,j}=1, 1\leqslant j\leqslant M\\ C_s(u_i,d_j), & \exists\, \alpha_{i,j}=1, 1\leqslant j\leqslant M\end{cases} \tag{8.10}$$

第一个约束条件，$\sum_{j=1}^{M}\alpha_{i,j}\leqslant 1$，是因为每个 CU 用户至多共享其信道给一个 D2D 用户对。第二个约束条件，$\sum_{i=1}^{N}\alpha_{i,j}\leqslant 1$，是因为每个 D2D 用户对最多只能接入一个蜂窝信道。

8.2.2　基于图的资源分配

在本节中，我们将上述无线资源分配问题化为一个加权二部图中的匹配问题。然后，引入 KM 算法，以获得多项式时间的最优解。

1. 图构建

第一步是将场景建模为二部图 $G=(\mathcal{V},\mathcal{E})$，其中$\mathcal{V}$表示顶点集，并划分为两个不相交的集合 U 和 D，$\mathcal{E}\subseteq U\times D$ 表示图中的边集。子集 U 中的顶点 v_U^i 表示 CUu_i，子集 D 中的顶点 v_D^j 表示 D2D 用户对 d_j。对于每一个 CUu_i 和 D2D 用户对 d_j，我们获得边缘 $e_{i,j}=(\nu_U^i,\nu_D^j)$ 并定义其权重 $W_{i,j}$ 为

$$W_{i,j} = C_s(u_i,d_j) - C_s(u_i) \tag{8.11}$$

上式代表 CUu_i 与 D2D 用户对 d_j 共享其信道时，总安全容量的增加。图的说明性示例见图 8.2。请注意 $W_{i,j}\leqslant 0$，这意味着如果它与 D2D 用户对 d_j 共享其信道，那么 CUu_i 不能得到任何增益。在这种情况下，我们令 $W_{i,j}=0$。

定义 76　无向图 $G=(\mathcal{V},\varepsilon)$ 的匹配定义为满足以下条件的非空边集。

1）边集$\mathcal{M}$是边集 ε 的子集，$\mathcal{M}\subseteq\varepsilon$。

2）对于所有的顶点 $v\in\mathcal{V}$，最多只有一个边 $e\in\mathcal{M}$与顶点 v 连接。

我们定义映射f: $\boldsymbol{A}\to\mathcal{A}$，其中$\mathcal{A}$是定义的边集，它完全依赖于矩阵$\boldsymbol{A}$

$$\begin{cases}\alpha_{i,j}=1,(v_U^i,v_D^j)\in\mathcal{A}\\ \alpha_{i,j}=0,(u_U^i,v_D^j)\notin\mathcal{A}\end{cases}\tag{8.12}$$

引理1 边集$\mathcal{A}$是图$G=(\mathcal{V},\varepsilon)$的匹配，只要$\mathcal{A}=\varnothing$。

证明：对于每一个顶点$v\in\mathcal{V}$，函数$d(v)$被定义来表示顶点v的度数。在一个新的图$G'=(\mathcal{V},\mathcal{A})$中，对于所有的顶点$v_U^i\in U(1\leqslant i\leqslant N)$，函数$d(v_U^i)$满足关系如下：

$$d(v_U^i)=\sum_{j=1}^{M}\alpha_{i,j}\leqslant 1\tag{8.13}$$

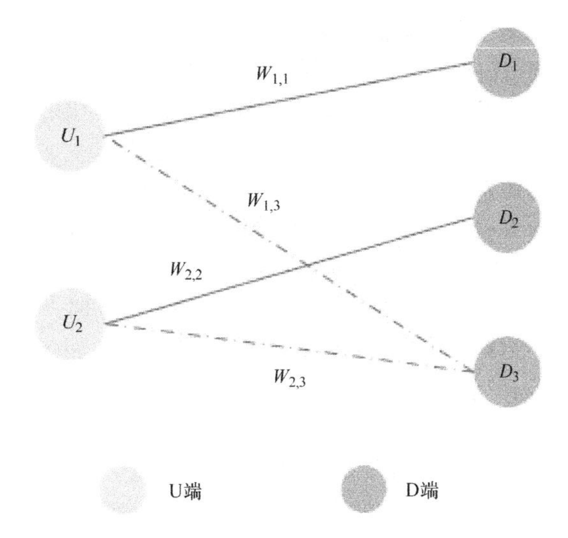

图8.2 图的说明性示例

这意味着，对于子集U的任意顶点v，在$\mathcal{A}$中最多只有一个边与其连接。相似的，对于任意顶点$v_D^i\in D$，函数$d(v_D^j)$满足关系如下：

$$d(v_D^j)=\sum_{i=1}^{N}\alpha_{i,j}\leqslant 1\tag{8.14}$$

这表明在$\mathcal{A}$中最多只有一个边连接到顶点v_D^j。由于集合$\mathcal{V}=U\cup D$，边集$\mathcal{A}$是边集ε的一个子集，只要边集$\mathcal{A}$非空，则$\mathcal{A}$是图$G=(\mathcal{V},\varepsilon)$的匹配。

请注意在蜂窝网络中的系统的安全容量$\sum_{i=1}^{N}C_s^i$可以被分为两个部分，$\sum^{\text{alone}}+\sum^{\text{coop}}$，如下：

$$\sum{}^{\text{alone}}=\sum_{i=1}^{N}C_s(u_i)\tag{8.15}$$

$$\sum{}^{\text{coop}}=\sum_{i=1}^{N}C_s^i-\sum{}^{\text{alone}}\tag{8.16}$$

式中，$\sum^{\text{alone}}$表示当没有CU与其他D2D对共享其信道时的总安全容量；$\sum^{\text{coop}}$表示一些CU与D2D对共享其信道时所带来安全容量的增加。由于$\sum^{\text{alone}}$是连续的，只要$\sum^{\text{coop}}$最大化，那么总安全容量就会最大化。请注意$\sum^{\text{coop}}$也可以写为

$$\sum{}^{\text{coop}}=\sum_{i=1}^{N}\sum_{j=1}^{M}I_{[(v_U^i,v_D^j)\in\mathcal{A}]}W_{i,j}\tag{8.17}$$

式中，函数$I\{(v_U^i,v_D^j)\in\mathcal{A}\}$被定义为

$$I_{[(v_U^i,v_D^j)\in\mathcal{A}]}\triangleq\begin{cases}1, & (v_U^i,v_D^j)\in\mathcal{A}\\0, & (u_U^i,v_D^j)\notin\mathcal{A}\end{cases}\tag{8.18}$$

因此，最大化$\sum^{\text{coop}}$就是寻找图G的最大加权二部匹配$\mathcal{A}$。

2. 基于图的资源共享算法

利用构建的图，我们提出应用 KM 算法，以获得图 G 的最大加权二部匹配$\mathcal{A}$。

定义 77 边集$\mathcal{M}$是图 $G=(\mathcal{V},\varepsilon)$的匹配。如果边 $e=(u,v)\in\mathcal{M}$，则顶点 u，$v\in\mathcal{V}$通过匹配覆盖。

定义 78 在加权二部图 $G=(\mathcal{V},\varepsilon)$中，我们定义一个函数顶点标记 l：$\mathcal{V}\to R$。如果关系 $l(v_U^i)+l(v_D^j)\geqslant W_{i,j},\forall v_U^i\in U,v_D^j\in D$ 成立，则顶点标记 l 是可行的标记。

定义 79 如果对于任何的$(v_U^j,v_D^j)\in\varepsilon_l$，$v_U^i\in U$，$v_D^j\in D$，关系 $l(v_U^i)+l(v_D^j)=W_{i,j}$都成立，那么一个加权二部图 $G=(\mathcal{V},\varepsilon_l)$就是一个平等的图。

定义 80 边集$\mathcal{M}$是图 $G=(\mathcal{V},\varepsilon)$的匹配。如果路径（$v_1$，$v_2$，…，$v_k$）满足以下条件，则其被称为增广路径：

1）它的起点和终点并未被匹配 M 所覆盖。

2）在匹配 M 中，其边缘交替进出匹配$\mathcal{M}$。

不失一般性，我们假设 $N\leqslant M$。为了获得最大权重匹配 $\mathcal{M}$，第一步是在集$\mathcal{V}$中定义一个可行顶点标记为顶点，即

$$\begin{aligned} l(v_U^i) &= \max \quad W_{i,j} v_U^i \in U \\ l(v_D^j) &= 0,\ v_D^j \in D \end{aligned} \tag{8.19}$$

利用上述顶点标记，我们构建了一个集合 $\varepsilon_l=\{(v_U^i,v_D^j): l(v_U^i)+l(v_D^j)=W_{i,j}\}$，并在一个平等的图 $G^e=(\mathcal{V},\varepsilon_l)$中创建一个初始匹配$\mathcal{M}$。

引理 2 如果匹配$\mathcal{M}$覆盖了集合$\mathcal{V}$中的所有顶点，那么图 $G=(\mathcal{V},\varepsilon_l)$的匹配$\mathcal{M}$使得总权重最大化。

证明：设一个任意匹配$\mathcal{M}'$，由于定义的顶点标记是可行的，那么对于所有的边 $e_{i,j}=(v_U^i,v_D^j)$，下式的关系是成立的，即

$$\sum_{e_{i,j}\in\mathcal{M}'} W_{i,j} \leqslant \sum_{e_{i,j}\in\mathcal{M}'} (l(v_U^i)+l(v_D^j)) \leqslant \sum_{v\in\mathcal{V}} l(v) \tag{8.20}$$

由于匹配$\mathcal{M}$属于集合 ε_l，并且覆盖了$\mathcal{V}$中的所有顶点，可以得到如下关系，即

$$\begin{aligned} \sum_{e_{i,j}\in\mathcal{M}} W_{i,j} &= \sum_{e_{i,j}\in\mathcal{M}} [l(v_U^i)+l(v_D^j)] \\ &= \sum_{v\in\mathcal{V}} l(v) \geqslant \sum_{e_{i,j}\in\mathcal{M}'} W_{i,j} \end{aligned} \tag{8.21}$$

由于匹配$\mathcal{M}'$是任意选择的，我们证明了如果$\mathcal{M}$覆盖了集合$\mathcal{V}$中的所有顶点，那么图 $G=(\mathcal{V},\varepsilon_l)$的匹配$\mathcal{M}$最大化了总权重。

因此，如果初始匹配$\mathcal{M}$覆盖了$\mathcal{V}$中的所有顶点，则总权重最大化并且算法可以停止。否则，需要采用可以覆盖$\mathcal{V}$中更多顶点的方法。

引理 3 对于集合$\mathcal{S}\subseteq U$，它的邻集 $N_l(\mathcal{S})$定义为 $N_l(\mathcal{S})=\{v_D^j\in D \mid v_U^i\in\mathcal{S},(v_U^i,v_D^j)\in\varepsilon_l\}$。如果集合 $N_l(\mathcal{S})\neq D$，在$\mathcal{V}=U\cup D$ 中更多的顶点可以通过调整顶点标记来被 ε_l 所覆盖。

证明：设数 $\beta_{\min}$ 为

$$\beta_{\min} = \min_{v_U^i\in\mathcal{S},v_D^j\notin N_l(\mathcal{S})} \{l(v_U^i)+l(v_D^j)-W_{i,j}\} \tag{8.22}$$

然后$\mathcal{S}$和 $N_l(\mathcal{S})$ 的顶点标记可以通过如下规则调整：

$$\begin{cases} l'(v_U^i) = l(v_U^i) - \beta_{\min}, v_U^i \in \mathcal{S} \\ l'(v_D^j) = l(v_D^j) + \beta_{\min}, v_D^j \in N_l(\mathcal{S}) \end{cases} \tag{8.23}$$

很容易验证调整过的新的顶点标记 l'仍然是可行的。此外，更多的顶点可以被 ε_l 所覆盖，

1）如果边缘（v_U^i，v_D^j）$\in \varepsilon_l$ 是最初的，经过调整，边（v_U^j，v_D^j）仍然在边集 ε_l 中。

2）如果边$(v_U^i, v_D^j) \notin \varepsilon_l$，$v_U^i \in \mathcal{S}$，$v_D^j \notin N_l$（$\mathcal{S}$）是最初的，由于 $l'(v_U^i) + l'(v_D^j)$降低，经过调整，它可以加入至边集 ε_l 中。

因此，匹配 ε_l 可能覆盖图$\mathcal{G}$中的更多的顶点，并且总权重 $\sum_{e_{i,j} \in \varepsilon_l} W_{i,j} = \sum_{e_{i,j} \in \varepsilon_l} [l(v_U^i) + l(v_D^j)]$ 增加。

根据上述引理，第二步从未覆盖顶点 $u_i \in U$ 的迭代开始。我们定义集合$\mathcal{S}$为 $\{u_i\}$ 并定义集合 T 的最初状态为 Ø。如果 $N_l(\mathcal{S}) \neq \mathcal{T}$，我们跳过第三步直接执行第四步，否则我们继续执行第三步以覆盖更多的顶点。

第三步主要是利用式（8.23）来调整顶点标签。调整之后，一些新的边有可能加入集合 $N_l(\mathcal{S})$，从而导致 $N_l(\mathcal{S}) \neq \mathcal{T}$，然后执行下一步。

只要 $N_l(\mathcal{S}) \neq \mathcal{T}$，那么就可以执行第四步。如果 $N_l(\mathcal{S}) \neq \mathcal{T}$，我们可以找到一个顶点 $d_j \in N_l(\mathcal{S}) - \mathcal{T}$。如果顶点 d_j 与另一个顶点 z 相匹配，那么用$\mathcal{S} \cup \{z\}$和$\mathcal{T} \cup \{d_j\}$分别来替代集合 S 和集合 T。由于更多的顶点加入了集合 S 和集合 T 中，继续执行第三步来调整顶点标签从而使得更多的边加入到 ε_l。如果顶点 d_j 是不匹配的，那么说明我们可以找到一个增广路径$\mathcal{P} = (u_i, \cdots, d_j)$。然后用$\mathcal{M}' = \mathcal{M} \cup \mathcal{P} - \mathcal{M} \cap \mathcal{P}$替代$\mathcal{M}$。如此，顶点 d_j 被一个新的匹配$\mathcal{M}'$所覆盖，导致了总权重的增加。在此之后，重新启动第二步并在$\mathcal{V}$中匹配更多未覆盖的顶点。

3. 复杂性分析

如果我们用枚举法找到最大总权重，该算法的计算复杂度$\mathcal{C}_{\text{enum}}$为

$$\mathcal{C}_{\text{enum}} = \mathcal{O}((\max\{M,N\})!) \tag{8.24}$$

该算法的计算复杂度降低到多项式时间。因为找到一个增广路径的计算复杂度为$\mathcal{O}(N)$，改变所述增广路径顶点的顶部指数的计算复杂度为$\mathcal{O}(M)$，调整可行顶点标签的计算复杂度为$\mathcal{O}(M)$，该算法的总计算复杂度$\mathcal{C}_{\text{prop}}$为

$$\mathcal{C}_{\text{prop}} = \mathcal{O}(NM)^2 \tag{8.25}$$

算法 11 可以解决多项式时间的问题。

算法 11　分布式合并和分割联盟形成算法

步骤 1：原始状态

计算每两个 CU 和每个 D2D 用户对之间的权重 $W_{i,j}$。利用上述信息构造二部图 $G = (\mathcal{V}, \varepsilon_l)$，并初始化可行的顶点标记使得 $l(v_U^i) = \max W_{i,j}, v_U^i \in U, l(v_D^j) = 0, v_D^j \in D$。

步骤 2：共享方案

* 初始：在平等的图 $G = (\mathcal{V}, \varepsilon_l)$ 中构造第一个匹配$\mathcal{M}$。

* 重复

（1）找到一个未被覆盖的顶点 $u_i \in U$。设置初始集合$\mathcal{S}$和$\mathcal{T}$分别为$\mathcal{S}=\{u_i\}$和$\mathcal{T}=\varnothing$，集合$N_l(\mathcal{S})$定义为$N_l(\mathcal{S})=\{v_D^j \in D \mid v_U^i \in \mathcal{S},(v_U^i,v_D^j) \in \varepsilon_l\}$。

（2）如果$N_l(\mathcal{S})=\mathcal{T}$，利用下面的方法调整顶点标记：

$$\beta_{\min} = \min_{v_U^i \in \mathcal{S}, v_D^j \notin N_l(\mathcal{S})} \{l(v_U^i) + l(v_D^j) - W_{i,j}\}$$

$$\text{满足}\begin{cases} l'(v_U^i) = l(v_U^i) - \beta_{\min}, v_U^i \in \mathcal{S} \\ l'(v_D^j) = l(v_D^j) + \beta_{\min}, v_D^j \in N_l(\mathcal{S}) \end{cases}$$

（3）如果$N_l(\mathcal{S}) \neq \mathcal{T}$，则寻找一个顶点$d_j \in N_l(\mathcal{S}) - \mathcal{T}$。

1）如果顶点d_j是不匹配的，则寻找一个增广路径$\mathcal{P}=(u_i,\cdots,d_j)$，用一个新的匹配$\mathcal{M}'=\mathcal{M} \cup \mathcal{P} - \mathcal{M} \cap \mathcal{P}$来替代匹配$\mathcal{M}$，然后进行步骤（1）。

2）如果顶点d_j同另一个顶点是匹配的，则用$\mathcal{S} \cup \{z\}$来替代$\mathcal{S}$，用$\mathcal{T} \cup \{d_j\}$来替代$\mathcal{T}$，然后进行步骤（2）来调整顶点标记。

* 直到集合$\mathcal{U}$中的每一个顶点都被匹配$\mathcal{M}$所覆盖。

步骤 3：安全传输

在所有的 CU 选择了合作的 D2D 用户对伙伴之后，在蜂窝模式中它们会共享信道并传输各自的信息。

8.2.3 仿真结果

将蜂窝网络建模为 1000m × 1000m 的方形区域。基站和窃听者之间的距离被设定为 50m 左右。

蜂窝用户和 D2D 对均匀分散在方形区域。D2D 发射机和其相应的接收机之间的最大距离被设定为 20m。我们只考虑没有小尺度衰落的路径损耗。

CU 和 D2D 发射机的传输功率被设置为 10dBm，噪声功率是 −70dBm，传播损耗因子被设定为 3。与解码方法相关联的比例因子 γ 被设定为 1，这意味着一个用户不能解码其他用户的信号，并会将它们视为干扰。所有这些参数见表 8.1。

表 8.1 模拟参数

参数	值
方形区域边长	1000m
基站和窃听者之间的距离	50m
最大 D2D 对分离距离	20m
蜂窝用户的传输功率 P_c	10dBm
D2D 对的传输功率 P_d	10dBm
噪声功率	−70dBm
传播损耗因子	3
解码因子 γ	1

在图 8.3 中，我们研究了系统的安全容量和 CU 的数量之间的关系。在这种情况下，D2D 对

的数量被固定为30。当没有允许D2D对访问频谱时，系统的安全容量同CU数量的增加而呈现线性增加。这是因为越来越多的CU意味着有更多的信道，因此系统的安全容量增加。当D2D底层通信被引入到网络中，该系统的安全容量也会增加。在随机方案中，D2D对随机接入信道。在贪婪方案中，D2D对依次加入蜂窝网络，并在当前状态的基础上做出决策。在该方案中，D2D对在该算法的结果的基础上加入该频谱。该曲线表明，采用此算法，系统的安全容量达到最高的增益。这个事实验证了该算法的有效性。此外，我们发现一旦CU的数目超过D2D对的数目，系统的安全容量的增长趋势就会变得缓慢。这是因为当CU的数量超过D2D对的数量时，一些CU无法从D2D对获得任何帮助来提高系统的安全容量，从而导致安全容量增长缓慢。

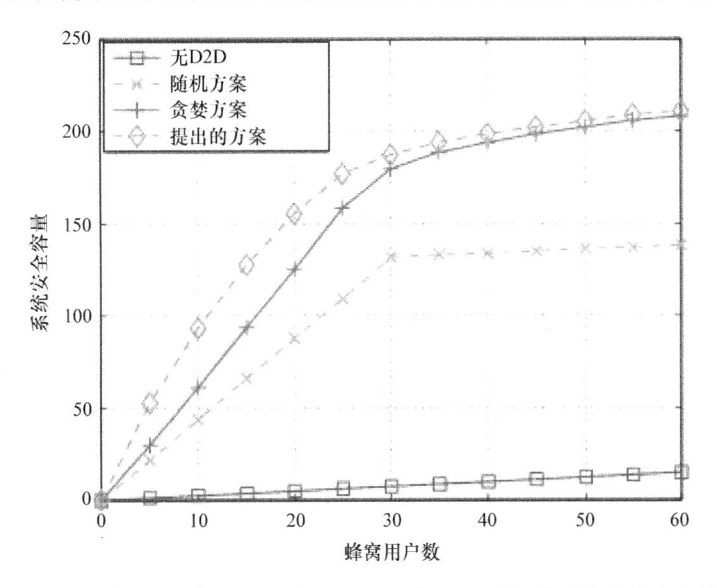

图8.3　有N个蜂窝用户（对于$M=30$个D2D对）的系统的安全容量

在图8.4中，我们研究了网络中的系统安全容量和D2D对的数目之间的联系。在这种情况下，蜂窝网络中的CU的数量被固定为30。图8.4中的曲线表明，系统安全容量随着D2D对的增加而增加。定义函数$f(n,m)$来表示平均总权重，当网络中有n个D2D用户对和m个CU时，使得

$$f(n,m) = \lim_{N\to\infty}\frac{1}{N}\sum_{i=1}^{N}|\mathcal{M}(\vec{X},\vec{Y})| \tag{8.26}$$

式中，$\mathcal{M}(\vec{X},\vec{Y})$表示可以最大限度增加系统安全容量的加权二部图的匹配；$\vec{X}=(\vec{x}_1,\vec{x}_2,\cdots,\vec{x}_n)$表示在网络中D2D用户对的位置；$\vec{Y}=(\vec{y}_1,\vec{y}_2,\cdots,\vec{y}_m)$表示网络中CU的位置。这一事实可通过调用以下两个属性来解释。

因此，我们证明了当有更多的D2D对在蜂窝网络中时，系统的安全容量可以增加。同时，我们注意到相较于其他两个方案，我们提出的算法可以使系统的安全容量达到一个更高的值。这一结果也验证了该算法的正确性和有效性。

在图8.5中，我们研究了系统安全容量的累积分布函数（CDF）。图8.5的曲线表明了当更

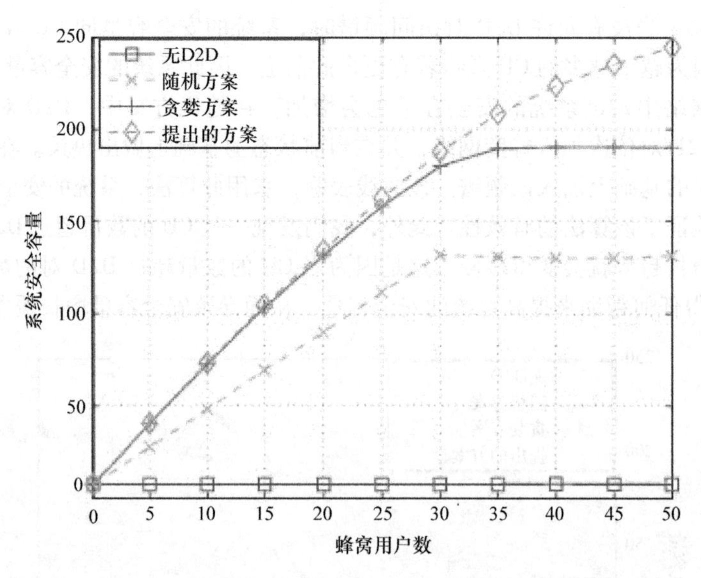

图 8.4 有 M 个 D2D 对（对于 $N=30$ 个 CU）的系统的安全容量

多的 CU 和 D2D 对加入到蜂窝网络中时，系统的安全容量会增加。这个结果可以被如下内容所解释。由于 CU 的数量增加，蜂窝网络中的信道就会增多。由于每个信道的安全容量是非负的，信道的增加就意味着系统安全容量的增加。与 CU 的情况不同，D2D 对数量的增加提供了更多潜在的匹配，并可以提高系统安全容量的平均值。此外，该曲线表明 D2D 对数量的增加对系统安全容量的增加有着更有效的影响。这一事实证明，我们可以通过引入 D2D 底层通信到蜂窝网络中来有效地增加系统的安全容量。

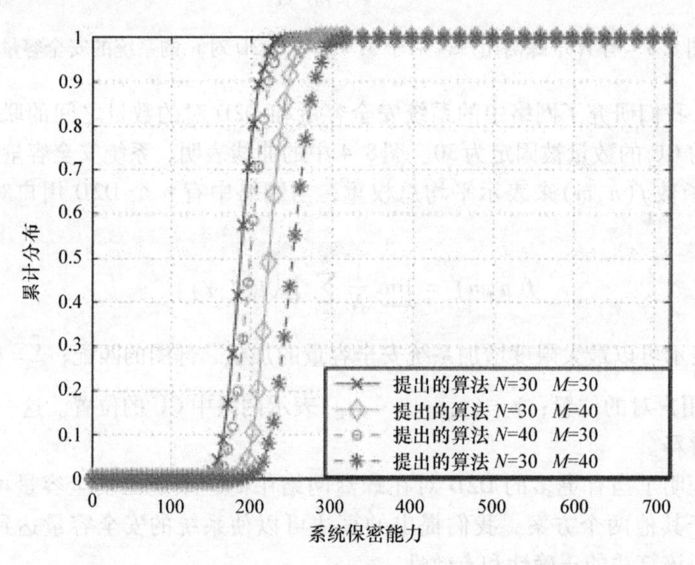

图 8.5 有 M 个 D2D 对，且 $N=30$ 个 CU 的累积分布

8.3　小结

我们研究了在 D2D 通信两个阶段中的潜在安全性问题：邻居发现和数据传输。在邻居发现中，我们通过提供问题的概况和文献调查来研究位置安全。在数据传输中，为了提高安全性，我们利用物理层安全性作为替代，以保证安全传输。通过将无线资源分配问题表述为加权二部图的匹配问题，我们介绍了 KM（Kuhn – Munkres）算法，以获得最优解，其可用多项式时间求解。模拟结果表明，系统的安全容量随着蜂窝网络中 CU 和 D2D 对的数量增加而增加。特别是 D2D 对数量的增加比 CU 数量的增加可以更有效地提高系统安全容量。我们所提出的基于图的算法可以比采用随机和贪婪共享频谱的算法提供更好的性能。

还有许多其他方向可进一步进行研究。例如，对于一个 D2D 局域网，拒绝服务（DoS）攻击必须被阻止。用户身份对于 D2D 网络安全性也是重要的，所以，需要一种新的方法来生成和验证用户身份。

第 4 部分　D2D 通信的应用

第 9 章　车载自组织网络

9.1　概述

车载网络在数据通信和智能交通应用中起着重要的作用。许多与车辆、道路交通、驾驶人、乘客、行人等相关的智能交通应用，对服务质量（QoS）有着不同的要求，这些都需要车载网络来提供[280]。车载网络可以是基于车辆到基础设施（V2I）的通信，即数据在网络基础设施（如基站或路边单元）和车载节点（如汽车上的车载单元（OBU）之间传输，因此，V2I 通信需要一张通过蜂窝网或者宽带无线接入的集中式控制网络。然而，V2I 通信对某些智能交通应用也有限制。因为是通过路边单元进行中继，所以 V2I 通信中的传输时延会比较大。相比之下，车载网络也可以是基于车辆到车辆（V2V）的通信，即数据从一个车载节点直接传输到另一个车载节点，可以明显降低传输时延。因此，V2V 通信适用于众多实时的智能交通应用（如汽车防撞）。V2V 通信本质上是 D2D 通信，无需任何网络设施，车载节点可以直接建立本地传输（如路边单元）。在车载网络中，D2D 通信具有以下独特之处，使其不同于其他典型的 D2D 应用场景。

1）高速移动性：车载网络中，网络节点主要是车辆。因此，车载节点的移动性具有独有的特征。首先，节点一般移动速度比较快（如在高速公路上 100km/h 或者在市区 30km/h），其次，节点沿着道路结构移动（如在高速公路上直线移动，但驾驶人可能在路口转弯）。其结果是，车载网络的拓扑结构可以迅速改变，由于连接是间歇性的，使得无线数据传输和路由面临挑战。

2）能源限制：在汽油动力汽车和电动汽车中，车载无线收发信机（如 OBU）可以分别从发动机或者电池获得丰富的能源供应，与绝大多数仅靠小型电池运行的移动设备和传感器不同。

3）高计算能力：与能源供给的例子相似，OBU 可以是基于小型或大型的计算机，提供足够的计算能力和内存空间来运行不同的算法，包括数据包路由和无线资源管理。

4）绝对定位能力：目前绝大多数车辆都配备有定位装置，如全球定位系统（GPS）。因此，可以获得具有一定精度的车载节点的绝对地理位置，此信息可有效地用于数据传输和路由。位置信息的可用性还引入了一种新的数据传输，如 geocast。在 geocast 中，数据可以传输到指定地理区域的车载节点。

由于这些差异，在车载网络中很多 D2D 通信问题需要进行不同的处理。

在本章中，我们重点分析使用 V2V 通信的车载自组织网络（VANET）的 D2D 问题。从应用、网络架构和车载网络协议问题入手，我们先回顾几个车载网络中的 D2D 通信问题。考虑三个具体问题：簇内中继传输、基于 BitTorrent 的信息传输和动态信道接入。此外，将简要介绍部分研究方向。

9.2　车载网络

本节首先介绍智能交通系统（ITS）的典型应用，这些应用定义了车载网络的需求。

9.2.1　ITS 应用

ITS 应用可以分为如下三大类：

1）道路安全：道路安全类应用的主要目的是减少道路交通事故、车辆损坏，以及司机、乘客和行人因车辆碰撞事故造成的伤害损失。因此，要求车载网络传输相关的信息和协助驾驶人，来帮助他们避免碰撞。在这类应用中，车辆和基础设施之间可以交换有关车辆位置和速度以及环境的信息，并提供必要的协助和警告（如对超速的车辆和附近的行人）。一些道路安全应用集合了多种功能，包括碰撞警告、车道变化辅助、相关车辆超速警告、正面碰撞警告和后端碰撞警告。

2）交通管理：道路交通管理类应用的目标是提高交通效率。通过向驾驶人提供完整的道路、地图和交通信息，可以有效提升车流、交通协调和交通援助效率。道路交通管理应用的两个主要途径是速度管理和协同导航。速度管理将辅助驾驶人以最佳的速度来避免不必要的停车。协同导航将以更好的路由向驾驶人提供导航信息。

3）娱乐：娱乐类应用的目的是为驾驶人和乘客提供更好的旅途体验。接入到互联网是娱乐类应用之一，因为众多多媒体应用都可以运行在此基础上。此外，兴趣通知、本地电子商务和媒体下载都是典型的娱乐类应用。

不同的 ITS 应用对车载网络有不同的要求。为了支撑 ITS 应用，参考文献［281］提供了不同要求的全面细节。无线传输所需的相关要求如下[281]：

1）无线通信能力：这与单跳无线传输范围、无线射频信道、可用带宽、比特率有关。无线电和信号传播的可靠性也包括在此类要求中。

2）网络通信能力：这与单播、广播、组播、geocast 数据传输、数据汇聚、拥塞控制、数据调度、介质访问控制、IP 寻址、移动性管理和服务质量（QoS）有关。

3）车辆通信安全能力：这与数据的隐私、匿名、完整性和保密性有关的。在这种类型的要求中，对安全攻击的免疫性、接收数据的真实性和系统可靠性也包括在内。

除了上述要求外，系统的性能要求也很重要。例如，大多数的道路安全应用需要数据传输的最大延迟小于 100ms。此外，一些应用需要周期性的消息广播（如交叉口碰撞警告），而在某些应用中，需要事件和状态相关的广播或者单播传输。根据应用，传输范围应在 300～20000m 之间。

9.2.2　车载网络架构和 IEEE 802.11p

车载网络架构可以分为两个主要类型，即车辆到基础设施（V2I）㊀和车辆到车辆（V2V）两

㊀　有时候也被称为车辆到路边单元（V2R）通信架构。

种通信架构。后者也可称为VANET，其中车载节点形成簇，无须基础设施帮助即可进行数据传输。VANET中数据传输可以是单跳或者多跳的，这取决于应用和场景。车载网络也可以是V2I和V2V的混合，在这种情况下，车载节点可以直接相互通信来传输数据，而在某些情况下，数据可以在基础设施中传输。同样，在这种混合架构中，数据传输到基础设施也可以是多跳的，其中车载节点作为中继。图9.1是一个典型的车载网络架构。

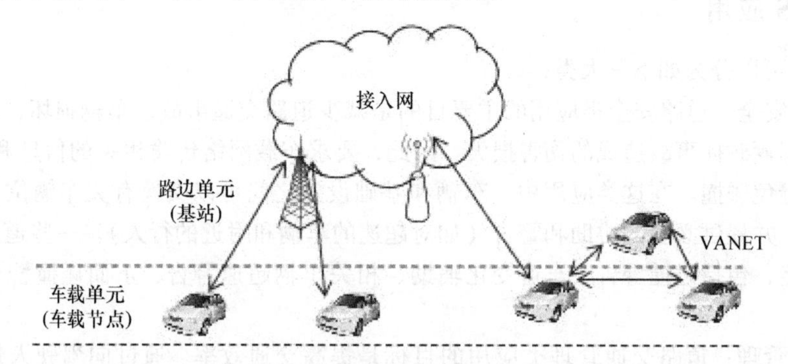

图9.1 典型的车载网络架构

车载网络中的无线通信可以使用不同频率的频段。在美国，分配给专用短程通信（DSRC）主要的频段是5.85~5.925GHz，带宽为75MHz。此外，902~928MHz被分配给通用ITS业务(如自动收费)。而在其他地区，频率分配则是不同的。例如，在日本，5.77~5.85GHz用于ITS应用，而在欧盟则分配的是5.875~5.905GHz。ITU-R已将5.725~5.875GHz频段分配给ITS应用。为了接入5.85~5.925GHz频谱，IEEE任务组p开发了IEEE 802.11p协议作为IEEE 802.11的扩展，用于车辆环境即车载无线接入（WAVE）。该协议旨在支持各种ITS应用，然后，IEEE 1690工作组介绍了更多协议的细节。

1）IEEE 802.11p提供了物理层和MAC层的细节。IEEE 802.11p为物理层和MAC层的管理分别定义了物理层管理实体（PLME）和MAC层管理实体（MLME）。

2）IEEE 802.2定义了逻辑链路控制（LLC）的规范。

3）IEEE 1609.1描述了让OBU与其他组件之间交互的业务和接口。

4）IEEE 1609.2定义了WAVE的安全概念、安全的消息格式和消息交换的处理。

5）IEEE 1609.3提供路由和寻址服务。这些服务在网络层是必需的。WAVE短消息协议（WSMP）被定义为该服务的一部分，为交通安全和交通效率的应用提供路由和组寻址支撑。

6）IEEE 1609.4详述了多信道操作。

图9.2是IEEE 802.11p协议结构。在欧盟，IEEE 802.11p已被采纳作为ITS-G5标准的基础。该标准支持V2V和V2I通信的GeoNetworking协议。

IEEE 802.11p的物理层类似于IEEE 802.11a，其工作于5.9 GHz频段。传输基于正交频分复用（OFDM）。共有64个子载波，其中使用52个子载波。这52个子载波，其中48个用于数据传输，而另外4个用于在接收机传输固定的模式以减少频率和相位偏移。这4个子载波称为导频子载波。对于数据传输，调制方式可以是BPSK、QPSK、16QAM或者64QAM，其中符号周期为3μs，保护间隔时间为1.6μs。IEEE 802.11p每个信道的带宽为10MHz。有足够的保护间隔以避

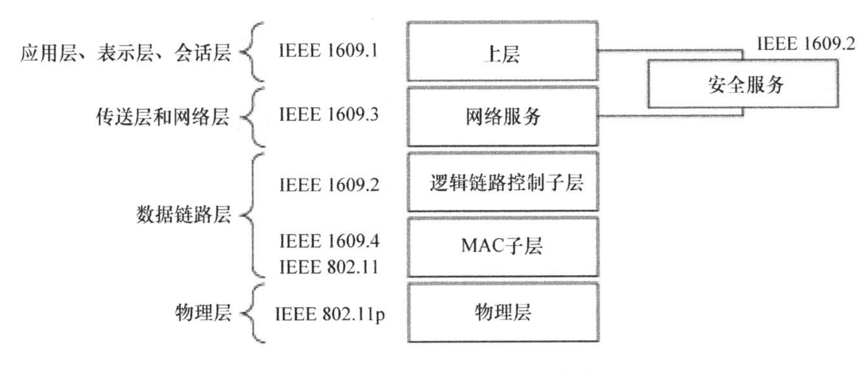

图9.2 IEEE 802.11p协议结构

免传输中多径信道引起的符号间干扰（ISI）。因此，IEEE 802.11p适用于车载网络的高速移动性。

IEEE 802.11p中的信道可以是控制信道（CCH）或者服务信道（SCH）。控制信道用于安全类应用，而服务信道可用于安全类和非安全类（如车载娱乐系统）应用。IEEE 802.11p采用IEEE 802.11a协议用于车载环境，并采用两种类型的消息，即中央接入消息（CAM）和分散环境通知消息（DENM）。CAM包含车辆的移动性消息，如速度、位置和方向等，并定期进行发送。和相比之下，DENM包含特定应用的信息（如紧急报警），基于事情驱动来发送。从其他节点接收的CAM和DENM消息被用于更新本地动态地图（LDM）数据库。

在IEEE 802.11p中，物理层汇聚协议（PLCP）用来定义帧格式（见图9.3）。在这种情况下，该协议将在PLCP服务数据单元（PSDU）发送的数据转换为PLCP协议数据单元（PPDU），即增加前导同步码和帧头。

1）前同步码由12个训练符号组成。10个符号是短的，用于建立自动增益控制（AGC）、多样性选择和载波信号的粗的频率偏移估计。AGC的目的是将信号增益设置为适合接收信号功率的水平。这种控制用于确保信号到达接收机总是具有相同的功率水平。另外2个长的训练符号用于信道和精确的频率偏移估计，当接收机在信道上监测到信号后，需要16ms来调整。

2）帧头有PPDU帧的信号字段。发射机总是将帧头采用BPSK调制，并以6Mbit/s速率传输。帧头包括数据速率和所采用的调制类型的信息。长度字段包含PSDU字节长度。奇偶字段包含从头数第17位的奇偶校验位。尾部字段包含所有的零位。

帧头后面紧跟着数据字段，它是由服务字段、PDSU、尾字段和填充字段组成的。服务域字段前7位是0，用于同步接收机的解码器。接下来9位保留为未来使用，目前被设置为0。PDSU后面是尾字段和填充字段。它们包含了比特数，这使得在一个OFDM符号中数据字段是编码比特的倍数。编码比特数可以是48、96、192和288。

IEEE 802.11p的MAC层与IEEE 802.11a相同，采用增强分布式信道接入（EDCA）。EDCA可以支持IEEE 802.11网络中的服务质量（QoS）。数据服务支持通过物理层协议为逻辑链路控制（LLC）MAC子层中的组件交换MAC服务数据单元（MSDU）。MSDU的交换是基于无连接异步完成的。MSDU传输也可以广播和组播。尽管MSDU交换是基于尽力而为的方式，但每一个

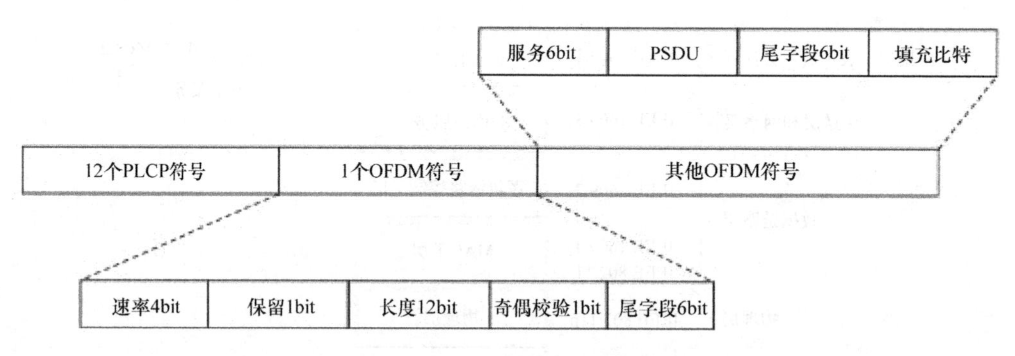

图 9.3　IEEE 802.11p 帧格式

MSDU 都有一个流量标识符（TID）来支持 QoS 服务。像 802.11a 一样，IEEE 802.11p 支持三种架构，即点协调功能（PCF）、混合协调功能（HCF）和分布式协调功能（DCF）。DCF 是基于 CSMA/CA 的，而 PCF 是基于轮询机制的。HCF 是通过结合 DCF 和 PCF，并加入一些特殊的增强功能来支持 QoS 服务的。针对基于竞争和自由竞争的接入，HCF 分别由 HCF 基于竞争的信道接入（即 EDCA）和 HCF 控制的信道接入（HCCA）组成。与 PCF 所发生的事情类似，在 HCCA 中，有一个 QoS 感知的集中控制器，即混合协调器（HC），用于管理网络传输并支持 QoS 服务。

EDCA 是一种基于竞争的信道接入形式，支持业务区分和优先级排序。EDCA 机制中有四种接入类别（ACS），每一种都有单独的队列进行业务区分。图 9.4 是 EDCA 的业务区分和优先级机制。接入类别的每一个队列作为一个具有增强分布式信道接入功能（EDCAF）的独立的 DCF 站进行工作。这些接入类别使用自己的 EDCA 参数为获取传输机会（TXOP）而竞争。像 IEEE 802.11 DCF，帧间间隔（IFS）通过包括短帧间间隔（SIFS）、PCF 帧间间隔（PIFS）和 DCF 帧间间隔（DIFS）来减少碰撞。在 EDCA，新的帧间间隔（如 AIFS）被用来传输优先级。AIFS 的持续时间取决于接入类别，其中 AIFS 最小持续时间的接入类别具有最高的传输优先级。此外，不

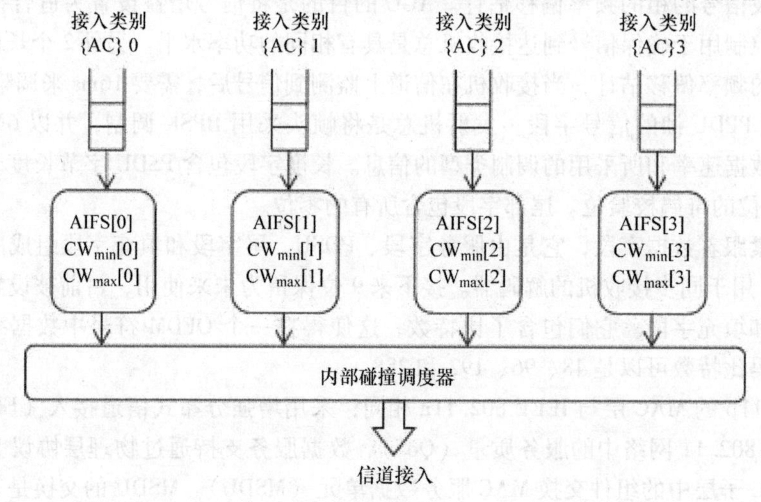

图 9.4　802.11p EDCA 的业务区分与优先级机制

同的最小和最大规模的竞争窗口（即 CW_{min} 和 CW_{max}）被分配用于不同的接入类别。同样，对于较小的竞争窗口，接入类别具有更高优先级去接入信道，因为等待时间相对较短。在 IEEE 802.11p 标准中，CW_{min} 和 CW_{max} 的默认值分别是 15 和 1023。

EDCA 信道接入的工作原理如下（见图 9.5）。如果接入类别 i 的队列中有一个数据包在等待，它将首先检查信道是否空闲。如果信道空闲，然后等待 AIFS［i］。接下来，将检查 EDCAF 的退避计时器。如果退避计时器不为 0，将减少 1。如果计时器为 0，EDCAF 将设法发起数据传输序列。值得一提的是，在同一站中，有可能出现两个或两个以上的队列同时发起数据传输序列。在这种情况下，内部碰撞调度器将允许具有最高优先级的接入类别获得传输机会，并发起传输序列，以此来解决这种虚拟的（内部的）碰撞。另外，较低优先级的接入类别将在此申请退避机制。如果一个信道上有多个站点在传输数据，则会发生外部碰撞。与虚拟内部碰撞类似，退避机制将被重新执行。由于碰撞站点之间没有优先级，那么根据接入类别，它们有相同的优先级来再次发起传输序列。注意，虚拟的（内部的）碰撞和外部的碰撞之间的区别是，对虚拟的内部碰撞来说，MAC 报头的重试位将不会被设置为较低优先级的接入类别。

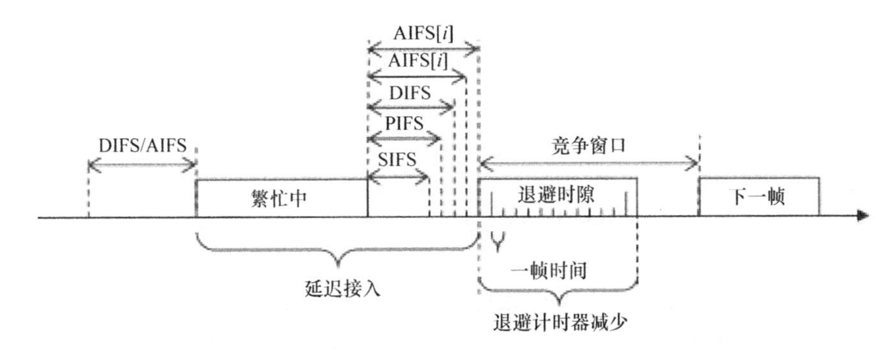

图 9.5　IEEE 802.11p 的退避机制

关于 IEEE 802.11p 的性能分析和改进研究已经有很多。例如，参考文献[282]提出了一种 IEEE 802.11p 的分析模型，针对在单信道上运行设备的网络。马尔可夫链模型被用来开发为退避机制，能够分析吞吐量度量和碰撞效果。此外，基于 802.11p 协议[283-289]，不少学者进行了实验。参考文献[290]提出了一种车载 IP-in-WAVE（VIP-WAVE）架构，来支持 IEEE 802.11p 协议的 IP 传输层协议。该架构为扩展和非扩展的 IP 服务，以及通过在 WAVE 上代理移动 IPv6 支持的移动性管理方案提供了 IP 配置。

9.2.3　车载自组织网络（VANET）

因其节点是车辆（即车载节点），VANET 基本上是移动自组织网络（MONET）。VANET 可以支持各种不同的基于 V2V 的如协同碰撞预警（如避免追尾）的 ITS 应用、交通灯的最优控制和乘客间的视频会议。在 VANET 中，没有通信协调器，因此支持 VANET 的协议必须是基于分散式通信的。图 9.6 是典型车载网络的组成部分。其中，VANET 可以与 V2I 通信整合，由信息连接器为网络提供汇聚功能。

在 VANET 中，数据通信可以分为三个不同域：

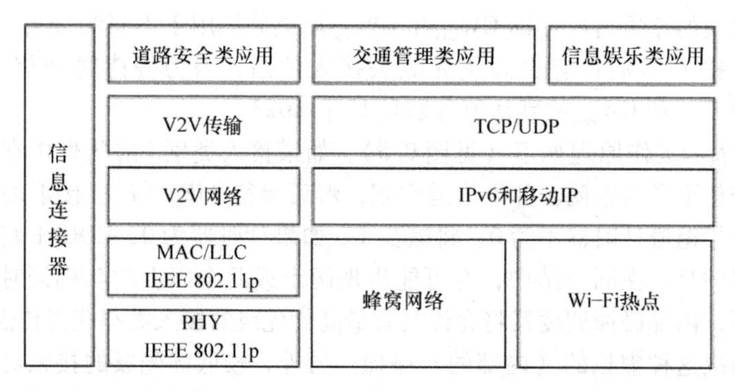

图9.6 车辆到车辆（V2V）通信协议

1）车内域：数据通信可以在一个车辆内的节点间进行（如传感器、执行器、处理器和OBU）。这些节点安装和使用不同的应用（例如，发动机监测和碰撞检测传感器）。车内域的数据通信可以基于短距离无线传输（如超宽带）或有线通信。在车辆中，应用单元提供允许特定应用的能力（如碰撞警告）。应用单元从传感器收集和处理数据。这些数据被传输到执行某些特定动作的执行器上。或者，如果数据必须发送到外部实体（如其他车辆），则数据先转移到OBU，再由OBU通过车辆间Ad-Hoc通信将数据转发到目的地。

2）车辆间Ad-Hoc域：这是指车辆之间的数据通信，即OBU之间。通信可以是单跳或多跳。传输可以是单播，其中一个车载节点传输数据到另一个特定的车载节点（如超车警告信息）。传输也可以是多播，其中一个车载节点传输数据到一组车载节点（如合作导航）。传输还可以是广播，其中一个车载节点传输数据到所有的车载节点（如碰撞警告消息）。

3）基础设施域：VANET可以与路边单元交互，扩展数据传输以促进ITS应用（如交通灯控制）。互联网接入是基础设施域中典型的数据传输类型。在该域中，车载节点通过使用不同的可选无线技术，包括蜂窝网络或Wi-Fi热点，将数据传输到路边单元。蜂窝连接可以支持高速车辆，Wi-Fi则给相对缓慢移动的车辆和停放的车辆提供了更高的数据传输速率。

路由和数据传输是车载网络的主要功能。在VANET中，路由和数据传输面临着来自其他无线系统的不同挑战。

1）阴影效应：在VANET中，两个车载节点之间的通信可能会受到障碍物的影响（如其他汽车和卡车，或者道路沿线的建筑物）。车载节点传输的信号可能被严重减弱。此外，由于车辆的高速移动，信号质量可能会出现突然波动。

2）有限的无线资源：尽管给VANET（如IEEE 802.11p）分配了专用的频谱，但与需求相比，频谱还是少。在城市环境中，数以百计的汽车可能在一个热点区域进行沟通，因此给WAVE分配的5.9GHz上的75MHz带宽的频段很容易拥塞。可用频谱资源的竞争会导致性能下降，包括高的碰撞率和较长的延迟。

3）随机连接：由于车辆的高速和不可预测的移动性，VANET拓扑变化很快。这种拓扑结构的变化可能会使部分网络无法连接。数据路由需要及时更新，以保证数据传输的连续性。

4）严格的服务质量要求：许多ITS应用对延迟和损失（如碰撞警告消息必须在100ms内发

送）有严格的要求。此外，可以有多个应用可能运行在同一个车载节点或访问相同的频谱。为了满足车载节点的不同服务质量要求，需要对流量和服务进行区分。

5）安全性和隐私：VANET网络中数据传输的安全性和隐私必须根据ITS应用进行定制化。此外，为了满足应用要求，车载节点的地理信息可用于安全框架中。

接下来，我们将讨论VANET中最重要的问题之一，即路由。VANET的路由协议可以分为五大类型，即Ad-Hoc、基于位置的、基于集群（簇）的、广播和Geocast路由[291]。下面，我们将详细讨论相关细节。

1. Ad-Hoc路由

VANET与MONET有许多相似性（如它们都没有固定基础设施的支持，同时是自组织的）。因此，MONET中的一些Ad-Hoc路由协议可以用于VANET中。为通用MONET而设计的协议的典型例子就是Ad-Hoc按需距离矢量（AODV）协议[292]和动态源路由（DSR）协议[293]。AODV与DSR协议都是基于按需路由的形式。只有当数据从源传输到目的地时，该路由才会被确定。不同的是，AODV中的路由依赖于中间节点的路由表，而DSR中的路由是基于源节点收集的信息。一些研究人员研究了VANET[294,295]中的通用Ad-Hoc路由协议的使用。然而，他们证实，MANET通用的路由协议在VANET中不能很好地执行。这主要是由于缓慢的路由收敛，而这不适合VANET快速变化的拓扑结构。对于长路由连接（即超过几跳）来说，情况会变得更糟，因为连接只有在很短的时间（如几秒钟）内可用。因此，不可能使用典型的传输协议（如TCP）来运行这些路由协议。对通用路由协议来说，进行部分改进可能是有益的。例如，参考文献[296]介绍了基于预测的路由协议，其中，关于路由的信息（如路由表）是可预测的。其结果是，该协议可以更好地适应快速变化的拓扑结构，略优于依赖于近期信息的传统协议。

2. 基于位置的路由

在VANET中，车载节点的运动是有方向性，并受道路结构的约束。因此，VANET的路由协议可以利用道路和街道的信息来优化性能。此信息包括从街道地图、交通模型和车辆导航系统中获得的地理位置和移动性。一种通用的基于位置的路由协议是贪婪的无周边状态的路由（GPSR）[297]。在GPSR协议中，节点是基于网络中即时邻居的信息来进行数据转发的。转发策略是根据尽可能到达目的地（即贪婪）来选择区域。如果转发是不可能的，则路由协议将通过考虑附近的周边区域的邻近节点来恢复。由于路由只保持本地的拓扑结构，因此该协议是高度可扩展的。参考文献[298]表明在高速公路环境中GPSR要优于DSR协议。这是因为，如果位置信息是可用的，那么GPSR将利用这些信息有效地转发数据。然而，在城市环境中，GPSR可能不会执行得很好，因为复杂的道路结构和众多障碍，贪婪方法无法提供一个最优路径。参考文献[299]介绍了三种改进的基于贪婪的协议。首先改进的是避免使用位置服务器来维护网络中所有节点的位置信息。相反，他们提出应该使用目的地发现的信息，它可以从按需传输的消息中收集位置信息。其二是避免为了寻找路由而洪泛路由请求（RREQ）消息，取而代之的是使用单播消息。第三改进是通过允许路由协议仅从邻居节点机会性地找到数据转发的下一跳，从而避免路径中断问题。

3. 基于簇的路由

在基于簇的路由中，节点必须通过将附近的邻居分组作为一个簇来创建一个虚拟结构。该簇具有一个簇头，以方便数据转发、控制通道接入（即 MAC 协议）和安全。构建一个网络到多个簇中，大大提高了路由协议的可扩展性，因为节点不需要维护整个网络的全局信息。相比之下，节点跟踪自己簇中的本地信息。在同一个簇中的节点可以进行直接通信。对于不同簇中的节点，节点首先将数据传输到簇头。然后，簇头将数据转发到另一个簇头。这个过程不断重复，直到目的地的簇已达到。基于簇的路由协议之一是从 VANET 发展起来的，在参考文献[300]中被详细列出。具体而言，该协议采用了车载节点的位置和运动方向信息来优化 VANET 簇中的数据转发。簇头负责接收来自簇成员的数据。簇头根据其所在的位置、目的地的位置和簇的运动方向决定将数据转发到其他簇头。

4. 广播路由

在 VANET 中，广播传输和路由是典型的，其支持多种应用。最简单的广播路由形式是通过洪泛法。在洪泛法中，所有节点转发新接收到的数据。其结果是，如果网络没有断开，网络中的所有节点都将确保接收到数据。一般情况下，洪泛法不仅是执行简单，而且是在小型网络中获得良好性能的有效手段之一。然而，在大规模网络中，洪泛却是一个次优选择，其性能下降迅速。原因是，洪泛法只是简单地转发数据，因此，传输数据的量将随着节点数量的增加而成倍增加，会消耗大量的带宽资源，并在网络中产生大量的竞争和拥塞。因此，一个能够进行选择性的数据转发，并降低洪泛开销的协议是优选的（见参考文献[301-303]）。例如，参考文献[301]中提出的 broadcomm 协议，考虑了在公路上对车辆采用紧急广播增强。该协议将公路分为多个部分（即簇或蜂窝）。一些位于簇中心附近的节点被分配为簇反射器，作为簇头执行。这些反射器接收来自同一簇或其他簇的其他节点的紧急消息，并转发到同一簇中的其他节点。此外，反射器可以作为中继，接收来自和转发到邻近的簇的紧急消息。与洪泛方式相比，这种以簇为基础的广播传输提高了性能，并显著降低了开销。

参考文献[304]为 VANET 提供了不同信息传播或广播协议的综述。广播传输可以分为单跳和多跳广播。根据广播时间间隔的类型，单跳广播可以分为两类。

1）固定广播间隔：当车辆节点有数据传输时，它会反复广播数据。在固定广播间隔协议中，数据广播是定期执行的。参考文献[305]提出了交通信息，这是该协议的一个例子。交通信息有一个算法，即选择最相关的数据来广播，从而使带宽资源能够得到有效利用。

2）自适应广播间隔：与固定广播间隔不同，该类广播的广播间隔是可以自适应优化的。在这种情况下，该协议必须考虑如下情况来折中。如果广播间隔很短，延迟会较小，但它会增加通信开销，从而导致更高的网络拥塞。在参考文献[306]中列出了这个协议的一个例子，如碰撞率控制协议（CRCP）。在 CRCP 中，车载节点周期性地广播交通和移动性信息。然而，广播的时间间隔是根据碰撞数据包的数量来调整的。CRCP 旨在将碰撞率维持在目标水平。在这种情况下，当数据包的碰撞率增大到阈值以上时，间隔将加倍。否则，间隔将减少 1s。

在多跳广播协议中，车载节点从其他节点接收数据并重新广播（重播）。多跳广播协议有三种主要的方式。

1）基于延迟：当车载节点接收到数据时，它可以基于延迟信息决定该数据的广播。在参考文献[307]中列出了一种基于延迟的多跳广播协议，被称为高效定向广播（EDB）。在该协议中，在车载节点接收到了由另一个节点传输的数据后，该数据将被重播。为了避免无尽的数据重播，接收数据的车载节点将计算等待时间，其对应于归一化的传输范围减去距离上游节点的距离。等待时间最长的节点（即距离发射机最远的节点）将优先考虑重播。这种机制背后的理论基础是重播应该由等待时间最长的节点执行。等待时间最长的节点相当于距离源节点最远的节点。通过选择最远的节点，可以减少邻近节点不必要的重播。

2）基于概率：在这个方法中，从其他节点接收数据的车载节点，会以某些指定的概率重播数据。其结果是，重播的次数减少。然而，基于概率的多跳广播面临的主要挑战是如何获得最佳的重播概率。在最简单的形式中，重播概率可以是固定的，并由其他节点根据网络结构而确定。相比之下，重播概率可以在节点现有的移动特性基础上自适应地调整。基于概率的广播协议的一个例子是加权 p 持久性[308]。在该协议中，当一个节点从其他节点接收数据时，节点会基于与发射机的距离来计算重播概率。具体来说，如果节点距离发射机越远，那重播概率越高。

3）基于网络编码：通过允许中继节点在多个节点之间转发编码数据，网络编码旨在提高传输吞吐量。以图9.7为例。节点A要将数据传输给节点B，而节点B要通过一个中继节点将数据传输给节点A。传统上，节点A必须传输数据，中继节点将此数据转发到节点B，然后节点B传输数据，接着中继节点将此数据转发到节点A。总的来说，此类数据传输需要四个时隙。然而，采用网络编码，节点A将数据传输至中继节点，节点B也将数据传输至中继节点。然后，中继节点将节点A和B发来的数据合并（如使用异或操作），将已编码的数据在同一时隙内广播至节点A和B。由于节点A和B有自己的传输数据，它们可以从节点B和A处分别进行正确地解码。通过这种方法，只需要三个时隙就可以完成节点A和B之间的数据传输。一种基于网络编码的广播协议（即CODEB）在节点参考文献[309]中被介绍。

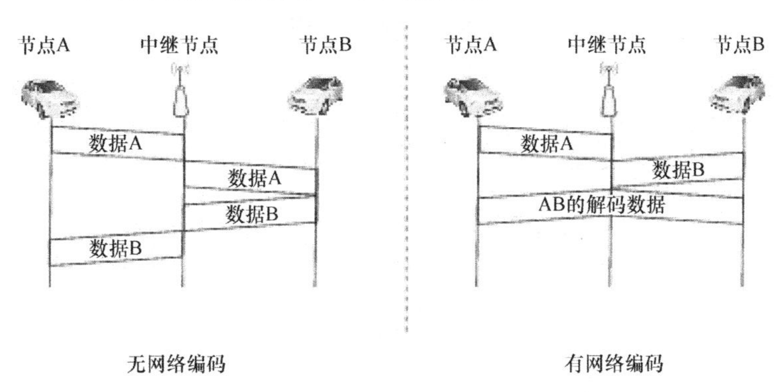

图9.7 网络编码广播的示例场景

5. Geocast 路由

Geocast 路由与基于位置的路由相似。稍有不同的是，Geocast 路由旨在将数据传输至一个特定地理区域内的节点。因此，Geocast 路由类似于组播路由而不是单播路由，因为后者是基于位置的路由。因此，Geocast 路由可以通过扩展组播路由到目标节点的位置来实现。在 VANET 中，有许多采用 Geocast 路由的应用。例如，当事故发生时，必须发送警告消息给驶入的车辆（即这些车辆在正朝向事故现场移动）。关联区域（ZOR）[310]的概念通常用于 Geocast 路由。Geocast 路由协议旨在向 ZOR 内的节点传输数据，而 ZOR 外的节点为了减少不必要的拥塞而不应该接收数据。

9.3 车载网络的 D2D 通信

在本节中，我们将介绍车载网络中与 D2D 通信相关的工作。首先介绍最优资源利用的重传算法。第二为 VANET 提出了 BitTorrent 内容分发算法。第三提出了基于认知无线电的 VANET 的最优信道接入。

9.3.1 D2D 簇内的重传算法

参考文献[311]介绍了一种簇内 D2D 的重传算法。该算法进行了优化，以达到最佳资源使用。图 9.8 是参考文献[311]中考虑的系统模型。有节点（如车辆）组织成簇。集群的形成是通过基站（如路边单元）来完成的，并假设对于所有节点和同一簇中节点之间，拥有完整的信道质量信息。如果一个节点要加入现有的簇，则该节点将发送请求消息到基站。基站决定该节点可以加入哪个簇。接收来自基站的加入确认后，这个新的节点将评估到同一个簇中所有其他节点的信道质量。信道质量将用于建立后续的 D2D 传输（即中继）。基站将多播数据传输到每个簇。具体而言，在同一个簇中的节点希望从同一基站接收数据。在这种情况下，簇中可能会有一些节点不能正确接收传输的数据。在同一个簇中的节点通过在节点之间中继组播数据来建立 D2D 通信。因此，基站不需要重传数据，因为这将消耗大量的无线资源。节点之间的本地 D2D 中继传输可重复使用与基站相同的授权频段，从而提高频谱利用率。D2D 重传是通过转发器，即同一个簇中的节点（如图 9.9 中分别是集群 A 和集群 B）。图 9.8 是该算法的组成部分。首先，将设定转发器的数量。然后，根据转发器的数量，对簇进行相应的分区。最后，在每个子簇中，可以有多个节点成功接收来自基站的数据。因此，其中一个将被选为转发器。

图 9.8 簇内 D2D 重传的组成部分

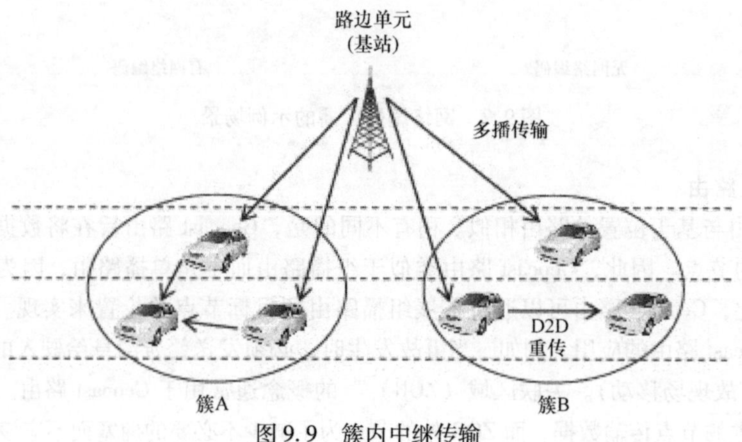

图 9.9 簇内中继传输

基站将数据传输到一个簇后，节点可以成功接收或不能成功接收数据（这两种类型的节点被称为成功节点和不成功节点），其集合分别表示为$\mathcal{D}_s$和$\mathcal{D}_u$。假设$e_{i,j}$表示节点i和j之间的D2D链路的频谱效率。这个频谱效率取决于这些节点间的信道质量。然后，假定$B_{i,j}$是由基站分配的这些节点之间的带宽，最大的传输速率为$r_{i,j}=e_{i,j}\times B_{i,j}$。图9.10是簇的一个示例。在这种情况下，节点的集合是$\mathcal{D}_s=\{1,2\}$和$\mathcal{D}_u=\{3,4\}$。频谱效率可表示为

	节点1	节点2
节点3	$e_{3,1}$	$e_{3,2}$
节点4	$e_{4,1}$	$e_{4,2}$

$$\text{其中}\ \boldsymbol{E}=\begin{bmatrix} e_{3,1} & e_{3,2} \\ e_{4,1} & e_{4,2} \end{bmatrix} \tag{9.1}$$

$\boldsymbol{E}$是从基站能够成功接收和不能成功接收数据的节点之间的频谱效率矩阵。

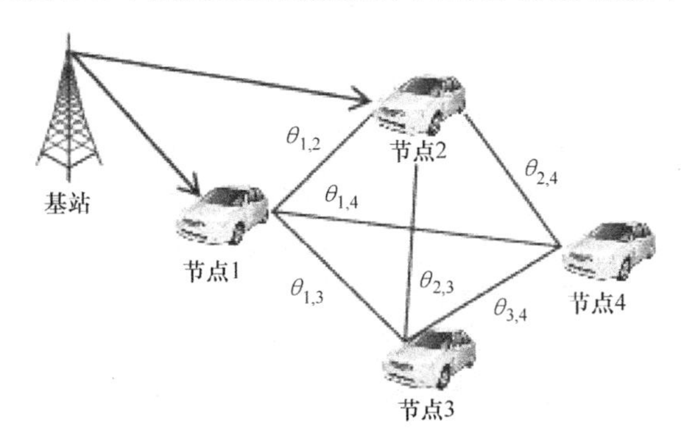

图9.10　从基站能够成功接收和不能成功接收数据的节点集合

1. 转发成本和转发器选择

同一簇中的重传成本是可以计算的。在这种情况下，成本取决于有多少成功节点将被选为转发器。重传成本假设为

$$C_1(\boldsymbol{E}) = \min_{j\in\mathcal{D}_s}\left(\frac{L}{\min\limits_{i\in\mathcal{D}_u} e_{i,j}}\right) \tag{9.2}$$

式中，L是数据的大小。$\min\limits_{i\in\mathcal{D}_u} e_{i,j}$是对于任何一个转发器（即成功节点），识别频谱效率最差的不成功节点。换句话说，给定相同的转发器，网络中的其他不成功节点将会有更好的频谱效率。然后，$\min\limits_{j\in\mathcal{D}_s}$是找到最低成本的转发器（即资源利用率最高）。例如，考虑以下频谱效率矩阵，即

$$\boldsymbol{E} = \begin{bmatrix} e_{3,1}=1 & e_{3,2}=2 \\ e_{4,1}=3 & e_{4,2}=4 \end{bmatrix} \tag{9.3}$$

假如$L=1$，如果节点1和2被选为转发器，那么成本分别为1/1和1/2，而成本最高的是不成功节点3。因此，当节点2被选为转发器时，将获得最大的资源利用率，成本为1/2。

然后，我们可以考虑两个转发器。代价假定为

$$C_2(\boldsymbol{E}) = \min_{j,k\in\mathcal{D}_s, j\neq k, \mathcal{S}_j\cup\mathcal{S}_k=\mathcal{D}_u}\left(\frac{L}{\min\limits_{i\in\mathcal{S}_j} e_{i,j}} + \frac{L}{\min\limits_{i\in\mathcal{S}_k} e_{i,k}}\right) \tag{9.4}$$

在这种情况下，基站将向转发器分配资源块（LTE系统中的RB）来避免干扰。因此，重传

可以同时进行。两个转发器重体的成本与单个转发器的情况类似。然而，在这种情况下，对于不成功节点有两个子集合（即子簇），即$\mathcal{S}_j$ 和$\mathcal{S}_k$，分别与转发器 j 和 k 相关。同样，成本是数据大小的总和除以子簇中不成功节点的最小频谱效率（即最坏的情况）。注意，重传成本的解决方案取决于子簇$\mathcal{S}_j$ 和$\mathcal{S}_k$。后面，我们将讨论用于实现最优子簇的分区算法。

然后，在一般情况下，采用 K 个转发器的转发成本为

$$C_K(\boldsymbol{E}) = \min_{\substack{j_k \in \mathcal{D}_{\mathrm{S}}, k=1,\cdots,K, j_1 \neq \cdots \neq j_K, \\ \mathcal{S}_{j1} \cup \cdots \cup \mathcal{S}_{jK} = \mathcal{D}_{\mathrm{u}}}} \left(\sum_{k=1}^{K} \frac{L}{\min\limits_{i \in \mathcal{S}_{jk}} e_{i,jk}} \right) \tag{9.5}$$

转发器的数量是由成功从基站接收到数据的节点数量来限定。然而，转发器的数量可以小于限定值。当有更多的转发器时，多次重传可以并行执行。一个转发器必须处理较少的不成功节点，这增加了获得更高传输速率的机会。相比之下，簇需要更多的资源块来进行并行重传（即从 $k=1$ 到 $k=K$ 求和）。因此，在参考文献[311]中建议转发器的数量也应选择最佳的，以使成本最小化。

2. 簇分区

观察式（9.4）定义的成本函数，当簇中有多个转发器（即分别是 2 和 K）时，我们必须根据转发器的数量将簇分为多个子簇。然后，每个簇都由一个专门的转发器服务。参考文献[311]提出了一种簇的分区算法，以实现最小成本。由于成本是数据大小除以频谱效率，因此，我们可以计算归一化的资源成本，表示为 $r=1/e_{i,j}$。然后，通过将归一化资源成本按升序排序，来创建归一化的资源成本向量。由于考虑了两个转发器，创建的两个向量如下：

$$\vec{\boldsymbol{r}}_j = [r_{1,j} \quad \cdots \quad r_{|\mathcal{D}_{\mathrm{u}}|,j}]^{\top} \tag{9.6}$$

$$\vec{\boldsymbol{r}}_k = [r_{1,k} \quad \cdots \quad r_{|\mathcal{D}_{\mathrm{u}}|,k}]^{\top} \tag{9.7}$$

式中，$r_{1,j} \leqslant \cdots \leqslant r_{|\mathcal{D}_{\mathrm{u}}|,j}$，$r_{1,k} \leqslant \cdots \leqslant r_{|\mathcal{D}_{\mathrm{u}}|,k}$。该算法的主要思想是，当我们考虑归一化资源成本 $r_{1,j}$和 $r_{1,k}$，在每个子簇中至少有一个不成功节点。如果仍有一些不成功节点不在这些簇中，我们可以考虑成本 $r_{2,j}$和 $r_{2,k}$，因为在每一个子簇中将有 2 个不成功节点。重复这个增量直到所有的不成功节点都在这些子簇中。因此，这些子簇的子集定义如下：

$$\mathcal{S}_j = \left\{ i \,\middle|\, \frac{1}{e_{i,j}} \leqslant r_j, i \in \mathcal{S}_{\mathrm{u}} \right\} \tag{9.8}$$

$$\mathcal{S}_k = \left\{ i \,\middle|\, \frac{1}{e_{i,k}} \leqslant r_k, i \in \mathcal{S}_{\mathrm{u}} \right\} \tag{9.9}$$

式中，r_j 和 r_k 分别是与转发器 j 和 k 相关的最小归一化资源成本。详细的算法在参考文献[311]中描述。

最后，转发器 K 的数量根据成本最小化进行优化，如下所示：

$$K^* = \arg \min_{K \in \{1,\cdots,|\mathcal{D}_{\mathrm{s}}|\}} C_K \tag{9.10}$$

式中，C_K 是从式（9.5）中得到的成本，假定在式（9.8）和式（9.9）中定义了簇分区。

3. 性能分析

在给定重传算法的情况下，成本的累积分布函数（CDF）可以从频谱效率是独立随机的这一事实导出。$F(e)$表示频谱效率 $e_{i,j}$的 CDF。假定只有一个单独的转发器 j，成本 c 的有条件 CDF 可

从下式获得，即

$$
\begin{aligned}
F_1(c \mid j) &= P\left(\frac{L}{\min_{i \in \mathcal{D}_u}(e_{i,j})} < c\right) \\
&= \prod_{i \in \mathcal{D}_u} P(e_{i,j} > L/c) \\
&= (1 - F(L/c))^{|\mathcal{D}_u|}
\end{aligned}
\tag{9.11}
$$

资源成本的 CDF 可从下式得到，即

$$
\begin{aligned}
F_1(c) &= P(C_1 < c) \\
&= 1 - P\left(\min_{j \in \mathcal{D}_s}\left(\frac{L}{\min\limits_{i \in \mathcal{D}_u} e_{i,j}}\right) > c\right) \\
&= 1 - \prod_{j \in \mathcal{D}_s}(1 - F_1(c \mid j)) \\
&= 1 - (1 - (1 - F(L/c))^{|\mathcal{D}_u|})^{|\mathcal{D}_s|}
\end{aligned}
\tag{9.12}
$$

对于有 K 个转发器的情况，转发器 j_k 的成本的有条件 CDF 表示为

$$
\begin{aligned}
F_K(c_k \mid j_k, \mathcal{S}_{j_k}) &= P\left(\frac{L}{\min\limits_{i \in \mathcal{S}_{j_k}} e_{i,j_k}} < c_k\right) \\
&= \prod_{i \in \mathcal{S}_{j_k}} P\left(e_{i,j_k} > \frac{L}{c_k}\right) \\
&= \prod_{i \in \mathcal{S}_{j_k}}\left(1 - F\left(\frac{L}{c_k}\right)\right)
\end{aligned}
\tag{9.13}
$$

K 个转发器的资源成本的 CDF 可以从下式得到，即

$$
\begin{aligned}
F_K(c) &= P(C_K(\mathrm{E}) < c) \\
&= 1 - P\left(\min_{\substack{j_k \in \mathcal{D}_s, k=1,\cdots,K, j_1 \neq \cdots \neq j_K, \\ \mathcal{S}_{j_1} \cup \cdots \cup \mathcal{S}_{j_K} = \mathcal{D}_u}}\left(\sum_{k=1}^{K} \frac{L}{\min\limits_{i \in \mathcal{S}_{j_K}} e_{i,j_k}}\right) > c\right) \\
&= 1 - \prod_{\substack{j_K \in \mathcal{D}_s, k=1,\cdots,K, j_1 \neq \cdots \neq j_K, \\ \mathcal{S}_{j_1} \cup \cdots \cup \mathcal{S}_{j_K} = \mathcal{D}_u}} (1 - F_K(c \mid j_1, \mathcal{S}_{j_1}, \cdots, j_K, \mathcal{S}_{j_K}))
\end{aligned}
\tag{9.14}
$$

式中，

$$
F_K(c \mid j_1, \mathcal{S}_{j_1}, \cdots, j_K, \mathcal{S}_{j_K}) = \int \cdots \int_{c_1 + \cdots + c_K < c} \prod_{k=1}^{K} \mathrm{d}F_K(c_k \mid j_k, \mathcal{S}_{j_k}) \tag{9.15}
$$

除了性能分析，可采用仿真来评估提出的重传算法的性能。评估重点是一个簇中成功和不成功节点之间的比例。正如预期的那样，当这个比例较大时，可能会有更多的转发器将数据中继到不成功节点。其结果是，资源成本随之降低。

9.3.2 车载网络中基于 BitTorrent 的无线接入

WAVE 的挑战之一是由于通信环境的快速变化。此外，车载节点之间的连接时间可能是非常短的（如当车辆向相反方向行驶）。然而，有许多应用程序需要在一定时间内传输大量数据。为了应对这一挑战，参考文献[312]介绍了基于 BitTorrent 的车辆间的数据传输，基于 IEEE

802.11p 协议。这里 BitTorrent 被用来在 D2D 车载节点之间分发数据。例如，当车辆互相通过时，道路交通信息可以通过 BitTorrent 来传输。为了实现无线资源的公平分配和数据传输，可以建立考虑不同公平准则的讨价还价框架。

BitTorrent[313]是一种点对点（P2P）文件共享通信协议。BitTorrent 可以支持分发大容量数据。BitTorrent 可以通过允许网络中的多个节点协同分配数据，从而可以从数据源卸载数据传输，并可以降低成本，提升性能和冗余。在 WAVE 中，路边单元可以作为一个数据源，将大量的数据分发到车辆上。不同的车辆可以接收到不同的数据部分。接收器可以接收这些部分数据，并通过将其合以获得原始数据。数据传输和资源分配的公平性，可以使用一个讨价还价博弈的概念来优化。具体来说，通过 BitTorrent 和连续的讨价还价，参考文献[312]提出了车辆到路边单元（V2R）和车辆到车辆（V2V）问题的形成。V2R 问题是，如何根据交通模式和 OBU 与路边单元之间的平均传输时间，来将数据的不同部分分发到车辆。V2V 问题是，如何根据信道的变化优化车辆间的通信，从而达到最大互利（即数据交换）。

1. WAVE 系统模型

对于信道模型，参考文献[312]采用双射线地面反射模型[314]用于解决大规模衰落和小规模的瑞利衰落。信噪比（SNR）可以表示为

$$\Gamma = \frac{P_t G_t G_r h_t^2 h_r^2}{\sigma^2 d^4} \tag{9.16}$$

式中，P_t 是发射功率；G_t 是发射天线增益；G_r 是接收天线增益；h_t 是发射天线高度；h_r 是接收天线高度；d 是从发射机到接收机的距离；σ^2 是热噪声等级。

对于 WAVE，信道质量变化迅速，必须确保保持最低的链路质量。这可以通过适当的调制和信道编码来实现，以保持误码率（BER）低于某些目标误码率的阈值，在系统中一般设定为 10^{-5}。表 9.1 是在不同的 BER 要求下，为获取不同的支持传输速率所要求的信噪比和采用的具有一定编码率的调制方式。给定目标误码率，在满足所需信噪比时，选择的传输速率和所选的具有编码速率的调制方案之间有一对一的映射关系。

表 9.1 采用自适应调制和编码率所需的信噪比和传输速率[315]

模式	速率 R	调制方式	卷积编码率	BER≤10^{-5}时所需的信噪比/dB
1	1	QPSK	1/2	4.09
2	1.33	QPSK	2/3	5.86
3	1.5	QPSK	3/4	6.84
4	1.75	QPSK	7/8	8.44
5	2	16QAM	1/2	10.04
6	2.66	16QAM	2/3	12.13
7	3	16QAM	3/4	13.29
8	3.5	16QAM	7/8	15.01
9	4	64QAM	2/3	17.70
10	4.5	64QAM	3/4	18.99
11	5.25	64QAM	7/8	21.06

假设数据源共需分发 L 个数据包，所有的数据包具有相同的大小，所有车辆都要接收所有的数据包。然而，不同的数据包可能有不同的优先级，这是预先分配的。具体来说，对于 OBU i 的第 k 个和第 l 个数据包（$k,l\in\{1,2,\cdots,L\}$），我们设定权重 $w_i(k)\geqslant w_i(l)$，如果 $k<l$。假设在一段时间 t_0 内，信道是稳定的（即准静态）。具体来说，在一个传输时隙内的信道质量保持不变。在 t_0 内传输的数据包的数目定义为

$$n \leqslant Rt_0/M \tag{9.17}$$

2. V2V 和 V2R 通信

参考文献[312]首先分别为 OBU 和路边单元列出了 V2V 和 V2R 通信问题，然后，讨论了 V2V 问题的讨价还价算法。

9.3.3　问题描述

图 9.11 显示了 WAVE 场景。当装有 OBU 的车辆通过设定在固定地点（如收费站、加油站）的路边单元时，数据可以从路边单元传输到 OBU。然而，由于 OBU 和路边单元的通信时间通常是有限的，每辆车只能从路边单元接收总共 L 个数据包里的一部分。为了克服这个问题，路边单元随机分发数据包到 OBU，然后让路上的 OBU 之间进行信息交换。

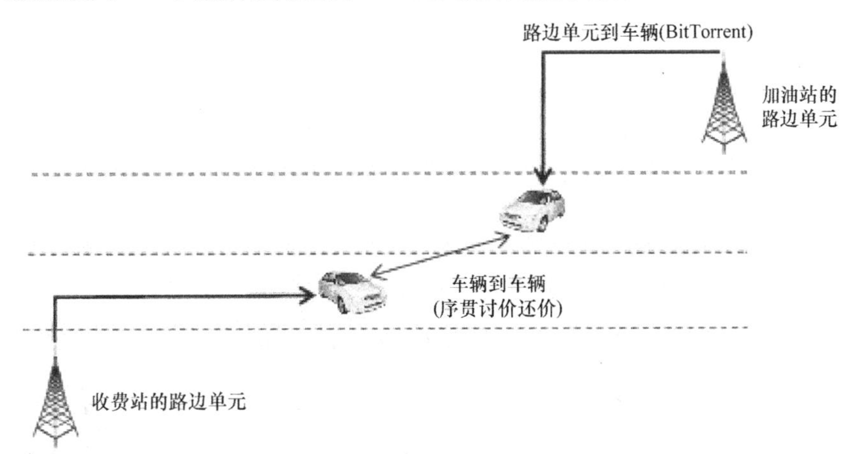

图 9.11　车辆到车辆（V2V）和车辆到路边单元（V2R）通信

对于每一辆车，第 i 辆车的效用定义为数据包集 $\mathcal{I}_i$ 目前的权重之和，即

$$U_i = \sum_{k\in\mathcal{I}_i} w_i(k) \tag{9.18}$$

这个效用功能对应于从一个特定应用数据包中获得的用户满意度。例如，道路交通数据包的效用高于娱乐视频的数据包。

对于车辆 i 和车辆 j，如果每个都有一些对方没有的数据包，它们将进行交换。换句话说，交换的条件是 $\mathcal{I}_i\not\subset\mathcal{I}_j$ 和 $\mathcal{I}_j\not\subset\mathcal{I}_i$。对于车辆之间的讨价还价，问题的表述如下：

$$\begin{aligned} &\max\quad F(U_i,U_j),\\ &满足 \sum_{k\notin\mathcal{I}_i,k\in\mathcal{I}_j} 1 + \sum_{l\notin\mathcal{I}_j,l\in\mathcal{I}_i} 1 \leqslant n_{i,j} \end{aligned} \tag{9.19}$$

式中，$n_{i,j}$是在时间段 t_0 内可交换的数据包的最大数量。$F(\cdot)$是代表社会福利的函数。这种社会福利表明，讨价还价对双方都有利。代表不同公平标准的 $F(\cdot)$不同的定义，将在后面讨论。

对路边单元而言，分发 L 个不同数据包的目的是通过改变概率分布函数（PDF）使整体效用最大化。优化问题表示如下：

$$\max_{Pr(l)} \sum_{i=1}^{K} U_i,$$
$$\text{满足} \sum_{l=1}^{L} Pr(l) = 1 \tag{9.20}$$

式中，$Pr(l)$是包 l 被发送到 OBU 的概率。PDF 受到流量模式的影响。例如，在一个低交通流量期间，特定的车辆不太可能遇到其他车辆。在这种情况下，最好先发送更高优先级的数据包。相比之下，在交通堵塞时，更均匀的分布可能是首选，因为 OBU 有很多机会与其他 OBU 交换所有信息。

1. 车载单元间的讨价还价

参考文献[312]考虑了 OBU 讨价还价的三种公平准则。然后，介绍了数据交换和讨价还价解的算法。首先，参考文献[312]研究了对于两人博弈的纳什讨价还价解（NBS）[71]。NBS 的定义如下。定义$\mathcal{U}$为可行域，$\vec{u}$ 作为用户在讨价还价后的效用向量，$\vec{u}^0$ 作为讨价还价前的效用向量。$\phi(\mathcal{U}, \vec{u}^0)$是使双方效用最大化的 NBS，即

$$\phi(\mathcal{U},\vec{u}^0) = \arg \max_{\vec{u} \geqslant \vec{u}^0, \vec{u} \in \mathcal{U}} \prod_{i=1}^{2} (U_i - U_i^0) \tag{9.21}$$

其他两个讨价还价解被认为是 NBS 的候选方案，即 Kalai - Smorodinsky 解（KSS）[71]和平等解（ES）。为了定义这些解，限制单调性的概念可以定义和描述如下。如果$\mathcal{V} \subset \mathcal{U}$和 $H(\mathcal{U},\vec{u}^0) = H(\mathcal{V},\vec{u}^0)$，则 $\phi(\mathcal{U},\vec{u}^0) \geqslant \phi(\mathcal{V},\vec{u}^0)$，其中 $H(\mathcal{U}, \vec{u}^0)$，即理想点，被定义为

$$H(\mathcal{U},\vec{u}^0) = [\max_{\vec{u} > \vec{u}^0} U_1(\vec{u}) \ \max_{\vec{u} > \vec{u}^0} U_2(\vec{u})] \tag{9.22}$$

KSS 定义为，假设 Λ 是一条包含$\vec{u}^0$ 和 $H(\mathcal{U},\vec{u}^0)$的线上的点的集合。$\phi(\mathcal{U},\vec{u}^0)$是 KSS，即

$$\phi(\mathcal{U},\vec{u}^0) = \max\left\{\vec{u} > \vec{u}^0 \,\middle|\, \frac{1}{\theta_1}(U_1 - U_1^0) = \frac{1}{\theta_2}(U_2 - U_0^2)\right\} \tag{9.23}$$

式中，$\theta_i = H_i(\mathcal{U},\vec{u}^0) - U_i^0$。解在 Λ 内。

ES 定义如下，$\phi(\mathcal{U},\vec{u}^0)$是 ES，即

$$\phi(\mathcal{U},\vec{u}^0) = \max\{\vec{u} > \vec{u}^0 \mid U_1 - U_1^0 = U_2 - U_0^2\} \tag{9.24}$$

KSS 将与分歧点和乌托邦点相交的可行集边界上的点作为讨价还价解。ES 将可行集中的点指定为讨价还价解，所有的参与人都获得最大的效用均等增长。

算法 12 显示 OBU 之间交换数据的细节。首先，OBU 试图在其通信范围内找到邻近的 OBU。在所有可达的 OBU 之间，具有最好信道质量（如使用导频信号估计）的 OBU 被配对。在一个特定的传输时间 t_0 内，将计算 ODB i 和 j 之间的预期传输速率 $n_{i,j}$。在 OBU 配对后，OBU 之间的协商将通过交换关于可用的数据包和权重信息来进行。参考文献[312]假定 OBU i 通过发送包含可

用的数据包信息给 OBU j 来启动谈判。接收此信息后，OBU j 检查是否包含 OBU i 的数据包。然后，OBU j 回复一个包含 OBU i 中需要的数据包和权重信息的消息。此外，关于 OBU j 可用的数据包信息，可捎带被这个消息送回 OBU i。从这个信息中，OBU i 从 OBU j 获得了相关数据及其权重的完整信息。因此，OBU i 应用算法 13 来计算讨价还价博弈的解。需要注意的是，在算法 13 中，Kalai - Smorodinsky 解和平等解是相似的，因为 OBU 的策略空间是离散的（即传输的数据包的数量是整数）。

算法 12　数据交换算法

1：**repeat**
2：　　邻区覆盖：评估和判决具有最优信道和互利包的车辆
3：　　判决：OBU 通过可获得的数据包和它们的权重交换信息
4：　　讨价还价：讨价还价博弈的解通过算法 13 获得
5：　　数据传输：一个 OBU 的包传输给另一个 OBU
6：　　自适应：监测信道并且调整调制和编码速率
7：**until** 两个 OBU 有一样的包或者不存在连接

算法 13　讨价还价算法

1：输入：从 OBU i 可获得的包 k 的权重 $i \in \{1,2\}$ $(w_i(k) \in \mathcal{I}_i)$，OBU i 和 j（如 $n_{i,j}$，$i \neq j$）之间的传输速率
2：根据权重对包进行排序，如 $w_i(1) > \cdots > w_i(k) > \cdots > w_i(\langle \mathcal{I}_i \rangle)$，其中 $\langle \mathcal{I}_i \rangle$ 给出了集 $\mathcal{I}_i$ 中的数目
3：定义一组 OBU i 和 j 之间传输的数据包数量，如 $\{(n_i, n_j): n_i = \{0, \cdots, n_{i,j}\}, n_j = n_{ij} - n_i\}$，其中 $U_i(n)$ 可以从式（9.18）获得，如 $U_i(n) = \sum_{k=1}^{n} w_i(k)$
4：**if** 纳什讨价还价解 **then**
5：由 $(n_i^*, n_j^*) = \arg\max_{(n_i,n_j)} (U_i(n_i) - U_i^0) \times (U_j(n_j) - U_j^0)$ 获得解
6：**else if** Kalai - Smorodinsky 解 **then**
7：定义归一化效能函数 $\hat{U}_i(n_i) = (1/\theta_i)(U_i(n_i) - U_i^0)$，其中 $\theta_i = \max_{n_i} \{0, \cdots, n_{i,j}\} U_i(n_i) - U_i^0$
8：$(n_i^*, n_j^*) = \arg\min_{(n_i,n_j)} |\hat{U}_i(n_i) - \hat{U}_j(n_j)|$
9：**else if** 平均解 **then**
10：从 $(n_i^*, n_j^*) = \arg\min_{(n_i,n_j)} |(U_i(n_i) - U_i^0) - (U_j(n_j) - U_j^0)|$ 可以获得
11：**end if**
12：$\phi(\mathcal{U}, \boldsymbol{U}^0) = (U_i(n_i^*), U_j(n_j^*))$
13：输出：OBU i 和 j 之间传输的数据包的索引，如（n_i^*，n_j^*）

9.3.4 路边单元的数据传输

为了解决式（9.20）中的问题，概率分布 $Pr(l)$需要进行优化。为了减少搜索空间，假定数据包的权重如下排序（即 $k<l$ 时，$w_i(k)>w_i(l)$），对应于不同数据包的概率有以下关系，即

$$Pr(l+1)=\beta Pr(l),\ l=1,\cdots,L-1 \tag{9.25}$$

式中，$0<\beta\leqslant 1$。结果为

$$Pr(l)=\begin{cases}1/L, & \beta=1\\ \beta^{l-1}/[(1-\beta^{L})/(1-\beta)], & 0<\beta<1\end{cases} \tag{9.26}$$

式（9.20）中的问题可以表示为

$$\max_{\beta}\sum_{i=1}^{K}U_i \tag{9.27}$$

当β等于 1 时，将是均匀分布，模拟了 OBU 有足够机会与其他 OBU 交换信息的情况。当道路交通量比较少的时候，β值应该很小。因为道路上的车辆很少，只有高优先级的数据包才能被传输，以便最大限度地发挥效用。式（9.27）的解对式（9.20）中的问题来说是次优的。然而，只有一个参数是必需的，该解可以更容易地获得。

图 9.12 是 V2V 通信的讨价还价博弈的不同解（即 Nash 讨价还价、Kalai－Smorodinsky 和平等解）。此外，图 9.12 显示了帕累托最优。在帕累托最优时，一辆车不能增加其效用而不减少另一辆车的效用。换句话说，帕累托最优表明，车辆间的有效的效用共享已实现。我们可以观察到 Nash 讨价还价、Kalai－Smorodinsky 和平等解是定位不同的。然而，所有这些都在帕累托最优这条线上。

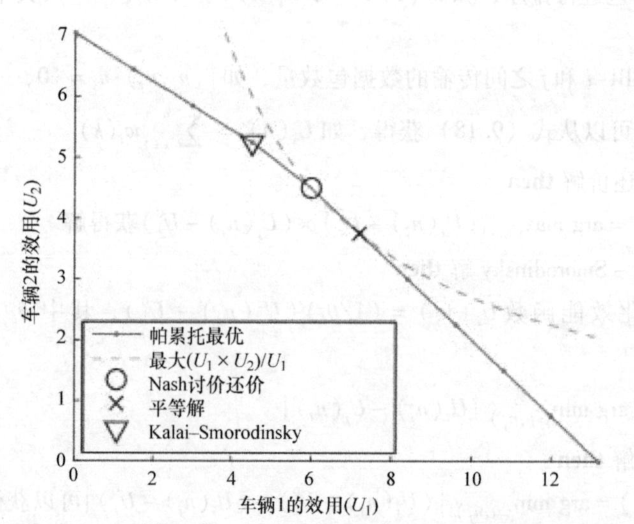

图 9.12 Nash 讨价还价、Kalai－Smorodinsky 平等解和帕累托最优

9.3.5 车载网络的最佳信道接入

参考文献[311，312]考虑通过 D2D 通信进行数据传播。然而，在这样的环境中调查信道接

入也是很重要的。随着认知无线电能力的引入，信道接入问题变得越来越具有挑战性。特别是，车辆节点可以适时地接入授权信道。参考文献[316]提出了一个最佳的信道接入方案，可以在认知车载网络中为数据传输提供优质的服务质量（QoS）。在网络中，车载节点可以适时地接入被分配给授权用户（即主用户）的无线信道（称为共用通道）。此外，车载节点能够预留一个信道，用于数据传输的专用接入（称为专用通道）。为车载节点之间的簇通信开发了一种信道接入管理框架。这个框架有三个组成部分：机会接入共享信道、专用信道预留和簇规模控制。针对这个框架，提出了一种基于约束马尔可夫决策过程（CMDP）的层次优化模型，以获得最优策略。优化模型的目标是最大限度地提高车载节点的效用，并尽量减少预留专用信道的成本，同时满足数据传输的服务质量要求（对于 V2V 和 V2R），并满足授权用户的碰撞概率限制。这个层次优化模型由两个 CMDP 组成：一个是机会信道接入，另一个是专用信道预留和簇规模控制相结合。为解决这个层次优化模型提出了一种算法。

1. 网络模型

参考文献[316]考虑了一个使用基于簇通信的可认知的车载网络（见图 9.13）。车辆簇是由簇头和簇成员组成的。数据从簇成员（即车辆的 OBU），首先传输到簇头，然后转发到目的地，这可能是一个相邻的簇头。为了达到所需的 QoS 水平，簇头必须通过限制簇成员的数量来控制簇的大小。簇间和簇内通信依靠两类信道，即共用信道和专用信道[317]。

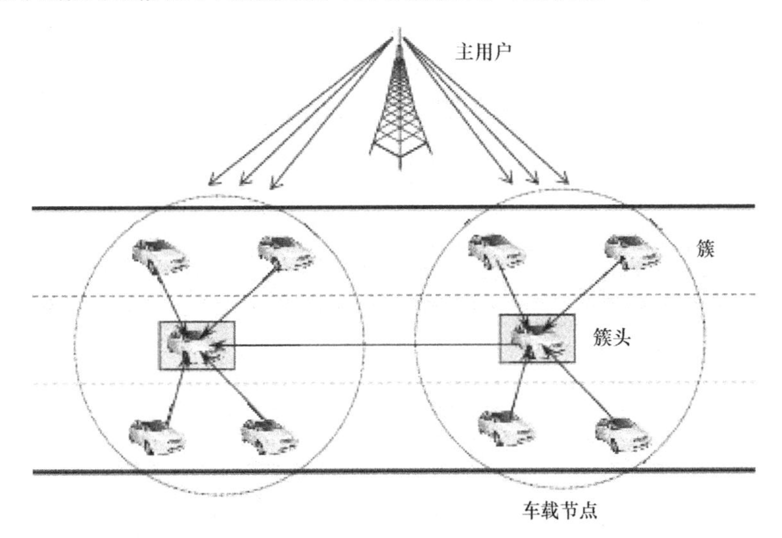

图 9.13　认知车载网络中基于簇的通信

1）共用信道被分配给授权用户。然而，车载节点可以作为非授权用户接入这些信道。由于信道感知的不完美性，车载节点的传输可能会与授权用户发生碰撞。与授权用户发生碰撞的概率必须保持在目标水平以下。

2）在专用模式中，专用信道可以由车载节点预留用于数据传输。然而，预留专用信道对车载节点会产生一些成本。

采用类似于参考文献［318］中的 MAC 协议。传输帧中的每个时隙可以划分为感知期、报告期、握手期和数据传输期（见图 9.14）。独立或协作感知可以用来观察共用信道的状态。感知结果被发送到使用专用信道的簇头。簇头获得所有共用信道的感知结果（即状态）。该状态可以是空闲的或被授权用户占用的。然后，对信道接入（即接入哪个共用信道）进行决策。其次，在握手期间，这一决策以及专用信道的信息（即预留带宽的数量）被传输到一个簇成员（在该段时隙内被调度用于数据传输）。然后，簇成员使用共用信道和/或专用信道传输数据。此数据传输期分为 2 个部分，即从簇成员传输到簇头，以及从簇头传输到目的地。由于每个车载节点有 2 个接口，可同时在共用信道和专用信道进行传输。专用信道上的传输是基于预留的带宽。在一个时隙内，簇可以预留最大 B 单元带宽。

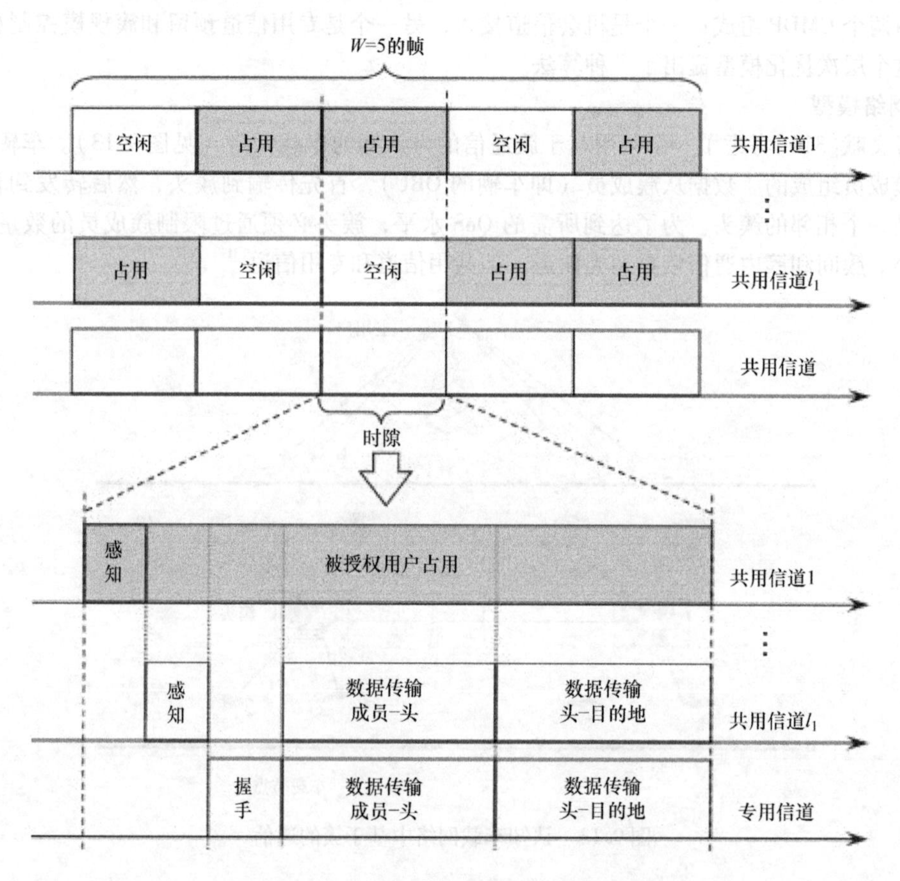

图 9.14　共用信道和专用信道的帧结构和时隙

簇中车载节点的业务调度是循环加权（WRR）的。使用 WRR 调度，假定 n 表示簇中节点的总数，包括簇头。节点 m 的权重定义为 $w_m \in \{1,2,\cdots\}$。每个传输帧有 $W = \sum_{m=1}^{n} w_m$ 个时隙。相同的帧结构适用于共用信道和专用信道。在一个帧中，w_m 时隙被分配给簇中的车载节点 m。在这些分配的时隙中，如果对授权用户是免费的，则节点可以使用专用信道和共用信道传输数据包。

参考文献[316]介绍了认知车载网络的一种信道接入管理框架。这个框架的目标是最大限度地提高车载簇的效用。该效用是簇中车载节点传输速率和为专用信道预留带宽的成本的函数。对于车载节点，约束是最大的数据包丢失概率、最大的数据包延迟，以及与授权用户碰撞的最大概率。该框架设计有三个组成部分，如下：

1）队列感知机会信道接入：机会信道接入部分决定了接入哪个共用信道。每个时隙都要做此决策。

2）专用信道预留：简而言之，就是所谓的带宽预留部分。带宽预留部分决定了专用信道中由车载簇预留的带宽数量。

3）集群规模控制：簇规模控制部分决定了是否接受或拒绝车载节点请求加入集群的请求。当有一个新的车载节点请求加入或离开簇，或当簇由于车辆的移动性而改变位置时，簇头根据信道预留和簇规模控制来做决策。

图9.15是所提出的信道接入管理框架的结构。第一阶段进行机会信道接入的决策，这相当于每个时隙的短期决策。关于带宽预留和簇规模控制的共同决策是在第二阶段进行的，这相当于长期决策。由于决策的时间尺度不同，将开发基于两个CMDP组成的层次优化模型。

1）机会信道接入的CMDP：机会信道接入的制定是基于共用信道的状态、在一个车载节点队列中数据包的数量、WRR调度的业务指数和数据包到达的阶段。动作就是接入共用信道。

2）用于联合带宽预留和簇规模控制的CMDP：联合带宽预留和簇规模控制的制定是基于簇的位置和簇规模。动作是在专用信道中预留带宽，接受或拒绝车载节点要求加入该集群的请求。

这两种CMDP制定是通过QoS性能测量（如数据包丢失概率）、位置、簇规模和专用信道中的可用带宽进行交互的。

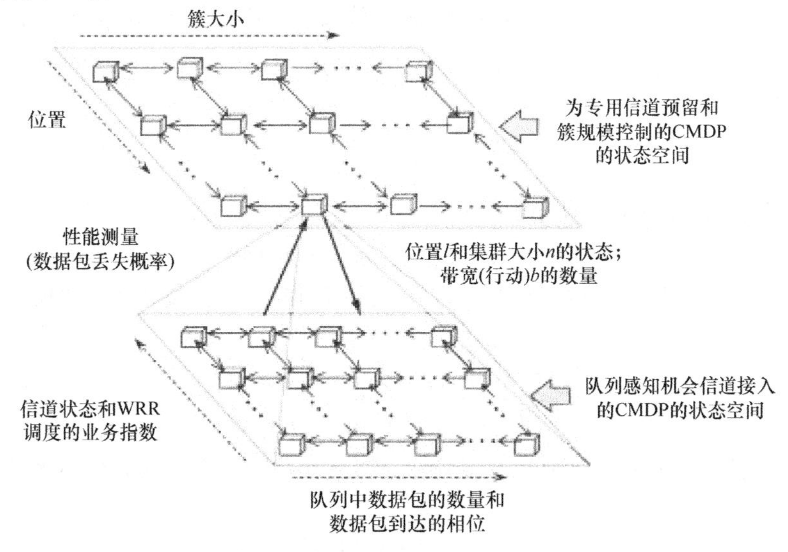

图9.15　信道接入管理框架的结构

2. 移动性和数据包到达过程

车载簇在任何位置的停留时间（即簇中所有车载节点在同一蜂窝中持续的时间）假定为指数分布的。假定车载簇的运动仅取决于当前位置。因此，簇的移动性可以由转换速率矩阵 $\boldsymbol{M}$ 来表示，即

$$\boldsymbol{M}=\begin{bmatrix} M(1,1) & \cdots & M(1,l_m) \\ \vdots & \ddots & \vdots \\ M(l_m,1) & \cdots & M(l_m,l_m) \end{bmatrix} \tag{9.28}$$

式中，$l_m=|\mathbb{L}|$ 是服务区位置的总数，$|\mathbb{L}|$ 是集 $\mathbb{L}$ 的基数。$M(l,\ l')$ 表示簇改变位置（即从 L_l 到 $L_{l'}$）的速率（即速度）。这个转换速率矩阵可以捕捉到该簇在服务区不同位置处的不同速度。

设定 $\vec{\boldsymbol{\Omega}}=[\omega(L_1)\ \cdots\ \omega(L_l)\ \cdots\ \omega(L_{l_m})]^{\mathrm{T}}$ 表示稳态概率向量，其元素 $\omega(l)$ 表示簇在位置 L_l 处的概率。这个向量可以通过求解 $\vec{\boldsymbol{\Omega}}^{\mathrm{T}}\boldsymbol{M}=\vec{\boldsymbol{0}}$ 和 $\vec{\boldsymbol{\Omega}}^{\mathrm{T}}\vec{\boldsymbol{1}}=1$ 获得，其中 $\vec{\boldsymbol{0}}$ 和 $\vec{\boldsymbol{1}}$ 分别是 0 和 1 的向量。

对于每个车载节点，参考文献[316]采用一个带 H 相位的批量马尔可夫过程用于数据包到达过程。对于 $a\in\{0,1,\cdots,a_m\}$ 到达的数据包，数据包到达过程的转换概率矩阵假定为 $\boldsymbol{A}_a$（见式（9.29）），其中，a_m 是最大批量大小，即

$$\boldsymbol{A}_a=\begin{bmatrix} A_a(1,1) & \cdots & A_a(1,H) \\ \vdots & \ddots & \vdots \\ A_a(H,1) & \cdots & A_a(H,H) \end{bmatrix} \tag{9.29}$$

在式（9.29）中，$A_a(h,h')$ 表示一个数据包 a 在队列中到达，并且相位从 h 变化为 h' 的概率。矩阵 $\boldsymbol{A}$ 定义为 $\boldsymbol{A}=\boldsymbol{A}_0+\boldsymbol{A}_1+\cdots+\boldsymbol{A}_{a_m}$。假定 $\vec{\boldsymbol{\alpha}}=[\alpha(1)\ \cdots\ \alpha(h)\ \cdots\ \alpha(H)]^{\mathrm{T}}$ 表示数据包到达的平稳概率向量。这个向量的元素 $\alpha(h)$ 表示数据包到达相位 h 的稳定状态的概率。这个向量可以通过求解 $\vec{\boldsymbol{\alpha}}^{\mathrm{T}}\boldsymbol{A}=\vec{\boldsymbol{\alpha}}^{\mathrm{T}}$ 和 $\vec{\boldsymbol{\alpha}}^{\mathrm{T}}\vec{\boldsymbol{1}}=1$ 得到。平均数据包到达率可以通过稳态概率 $\alpha(h)$ 的所有相位的加权概率获得，即

$$\bar{\lambda}=\sum_{a=1}^{a_m}a(\vec{\boldsymbol{\alpha}}^{\mathrm{T}}\boldsymbol{A}_a)\vec{\boldsymbol{1}} \tag{9.30}$$

3. 信道状态和数据包传输模型

共用信道中授权用户的活动可以由一个两态的马尔可夫链（即开－关模型）来模拟。开和关的状态分别对应于信道占用和空闲的情况。对于共用信道 i，信道状态可建模为如下的转换概率矩阵，即

$$\hat{\boldsymbol{C}}_i=\begin{bmatrix} \widetilde{C}_i(0,0) & \widetilde{C}_i(0,1) \\ \widetilde{C}_i(1,0) & \widetilde{C}_i(1,1) \end{bmatrix} \begin{matrix} \leftarrow\text{空闲} \\ \leftarrow\text{占用} \end{matrix} \tag{9.31}$$

式中，0 和 1 分别表示实际的空闲和占用的状态。共用信道 i 空闲状态的概率 P_i^{id} 可从下式获得，即

$$P_i^{\mathrm{id}}=\frac{1-\widetilde{C}_i(1,1)}{\widetilde{C}_i(0,1)-\widetilde{C}_i(1,1)+1}$$

在缓慢变化的平坦衰落下，自适应调制是用来同时提高专用信道和共用信道的传输速率。簇成员和簇头之间的链路、簇头和目的地之间链路的接收机的平均信噪比，对于共用信道 i 分别定义为 $\overline{\gamma}_i^{(s1)}$ 和 $\overline{\gamma}_i^{(s2)}$，而对于专用信道分别定义为 $\overline{\gamma}^{(e1)}$ 和 $\overline{\gamma}^{(e2)}$。

采用最大的 F 传输模式，接收端 γ 的信噪比可根据阈值 $f \in \{0,1,\cdots,F\}$ 划分成 $F+1$ 个非重叠的时间间隔，其中 $\Gamma_0=0<\Gamma_1<\cdots<\Gamma_F=\infty$。如果 $\Gamma_f \leqslant \gamma < \Gamma_{f+1}$，信道可以说是在模式 f 中。在模式 f 中，假定数据包 c_f 可以在共用信道上的一个时隙中传输，而数据包 $c_f b$ 可以在专用信道传输，其中 $b(b \in \{0,1,\cdots,B\})$ 是簇预留的带宽数量，而 B 是最大带宽。假定 Nakagami - m 衰落信道和平均信噪比 $\overline{\gamma}$，在模式 f 中传输的概率可从参考文献[319]中获得，即

$$Pr(f) = \frac{\Gamma(m, m\Gamma_f/\overline{\gamma}) - \Gamma(m, m\Gamma_{f+1}/\overline{\gamma})}{\Gamma(m)} \tag{9.32}$$

式中，$\Gamma(\cdot,\cdot)$ 是互补性不完全的伽马函数；$\Gamma(\cdot)$ 是伽马函数。请注意，平均信噪比表示为 $\overline{\gamma} \in \{\overline{\gamma}_i^{(s1)}, \overline{\gamma}_i^{(s2)}, \overline{\gamma}^{(e1)}, \overline{\gamma}^{(e2)}\}$。

采用无限持续的自动重复请求（ARQ）差错控制，数据包 c 在共用信道 i 上从簇成员成功传输到簇头的概率可以从下式得到，即

$$\hat{D}_i^{(s1)}(c) = \sum_{c'=c_f}^{c_F} Pr(f) \binom{c'}{c} (1 - \overline{\mathrm{PER}_f})^c (\overline{\mathrm{PER}_f})^{c'-c} (1 - \vartheta) \tag{9.33}$$

对于 $c_f \geqslant c$，其中 $\overline{\mathrm{PER}_f}$ 是传输模式 f 的平均误包率；ϑ 是碰撞概率。当在同一个蜂窝中存在多个簇时，可能会发生碰撞。碰撞概率为

$$\vartheta = 1 - \prod_{j=1}^{J} \chi_j \tag{9.34}$$

式中，J 是同一蜂窝中的簇数量；χ_j 是集群 j 没有进行传输的概率。对于从簇头到目的地的传输，概率 $\hat{D}_i^{(s2)}(c)$ 可以以相同方式获得。然而，由于平均信噪比不同，$Pr(f)$ 可以与式（9.33）中计算的 $\hat{D}_i^{(s1)}(c)$ 不同。同样，给定带宽为 b，对于在专用信道上的传输而言，$c_f b \geqslant c$ 时此概率为

$$\hat{D}_b^{(e1)}(c) = \sum_{c'=c_f b}^{c_F b} Pr(f) \binom{c'}{c} (1 - \overline{\mathrm{PER}_f})^c (\overline{\mathrm{PER}_f})^{c'-c} \tag{9.35}$$

概率 $\hat{D}_b^{(e2)}(c)$ 可用相似方式获得。

使用共用信道 i 将数据包 c 从簇成员传输到目的地（即从簇成员到簇头，然后从簇头到目的地）的概率为

$$D_i^{(s)}(c) = \sum_{\{c',c'' \mid \min(c',c'')=c\}} \hat{D}_i^{(s1)}(c') \hat{D}_i^{(s2)}(c'') \tag{9.36}$$

对于 $c=\{0,1,\cdots,c_F\}$，其中 $\hat{D}_i^{(s1)}(c')$ 和 $\hat{D}_i^{(s2)}(c'')$ 分别表示将数据包 c' 和 c'' 从簇成员成功传输到簇头和从簇头成功传输到目的地的概率。这些概率可以从式（9.33）得到。同样，给定带宽 b，数据包 c 使用专用信道从簇成员传输到目的地的概率为

$$D_b^{(e)}(c) = \sum_{\{c',c'' \mid \min(c',c'')=c\}} \hat{D}_b^{(e1)}(c') \hat{D}_b^{(e2)}(c'') \tag{9.37}$$

也就是说，这个概率是由从簇成员到簇头和从簇头到目的地的最小传输速率决定的。

4. 队列感知机会接入信道的 CMDP

关于机会信道接入的决策是用来决定接入哪个共用信道。该决策将最大限度地减少数据包丢失的概率，并保持与授权用户在目标阈值以下的碰撞概率。CMDP 模型是由标记的车载节点制定的，在服务区的每个位置（如 L_l）进行求解。该策略是对于特定簇大小 n，给定专用信道中保留的带宽量为 b。

对于集群中被标记节点的信道接入，CMDP 组成的符合状态定义如下：

$$\Delta=\{(\mathcal{X},\mathcal{Y},\mathcal{C},\mathcal{A});\mathcal{X}\in\{0,1,\cdots,X\},\mathcal{Y}\in\{0,1,\cdots,W\},\mathcal{C}\in\mathbb{C},\mathcal{A}\in\{1,\cdots,H\}\} \quad (9.38)$$

式中，$\mathcal{X}$是在被标记的簇成员队列中的数据包的数量；X 是最大队列大小；$\mathcal{Y}$是由 WRR 调度分配的服务指数；$W=\sum_{m=1}^{n}w_m$；$\mathcal{C}$是共用信道的复合状态；$\mathcal{A}$是数据包到达的相位。集合$\mathbb{C}$被定义为$\mathbb{C}=\{(\mathcal{C}_1,\cdots,\mathcal{C}_{I_l});\mathcal{C}_i\in\{0,1\}\}$，其中$\mathcal{C}_i$是共用信道 i 的感知状态。动作空间定义为$\mathbb{U}(s)\in\{0,1,\cdots,I_l\}$，其中$s\in\Delta$。动作$u\in\mathbb{U}(s)$对应于使用共用信道进行数据包传输，其中 $u=0$ 表示没有一个共用信道可以接入。

参考文献［316］假设标记的车载节点的状态（即队列中的数据包的数目、共用信道的状态和数据包到达的相位）在每个时隙开始时可观察到。然后，簇头相应地决定信道接入。这个决定可能是仅接入专用信道，或同时接入一个共享信道和一个专用通道。在时隙结束时，使用一个确认消息来通知簇成员该数据包是否已成功发送。

在空间Δ定义的状态转移概率矩阵$\boldsymbol{P}(u)$可以在动作$u\in\mathbb{U}(s)$的基础上得到。参考文献［316］提供了该转移矩阵的详细推导。对于机会信道接入的 CMDP 可表示为

$$\begin{aligned}\min_{\pi}\quad & \mathscr{J}_{\mathrm{L}}(\pi)\\ \text{满足}\quad & \mathscr{J}_{\mathrm{C},i}(\pi)\leqslant C_{i,\max},\ \forall i\\ & \mathscr{J}_{\mathrm{D}}(\pi)\leqslant D_{\max}\end{aligned} \quad (9.39)$$

式中，$\mathscr{J}_{\mathrm{L}}$是数据包丢失的概率（由于缓冲区溢出）；$\mathscr{J}_{\mathrm{C}}$是碰撞概率；$\mathscr{J}_{\mathrm{D}}$是平均分组延迟（从传输队列）。这些性能指标可以定义为

$$\mathscr{J}_{\mathrm{L}}=\limsup_{t\to\infty}\frac{1}{t}\sum_{t'=1}^{t}E(\mathscr{L}(\mathcal{S}_{t'},\mathcal{U}_{t'})) \quad (9.40)$$

$$\mathscr{J}_{\mathrm{C},i}=\limsup_{t\to\infty}\frac{1}{t}\sum_{t'=1}^{t}E(\mathscr{C}_i(\mathcal{S}_{t'},\mathcal{U}_{t'})) \quad (9.41)$$

$$\mathscr{J}_{\mathrm{D}}=\limsup_{t\to\infty}\frac{1}{t}\sum_{t'=1}^{t}E(\mathscr{D}(\mathcal{S}_{t'},\mathcal{U}_{t'})) \quad (9.42)$$

式中，对于时刻 t'被标记的节点，$\mathcal{S}_{t'}\in\Delta$和$\mathcal{U}_{t'}\in\mathbb{U}(\mathcal{S}_{t'})$分别是状态和动作变量；$E(\cdot)$表示期望。对于$s\in\Delta$和$u\in\mathbb{U}(s)$，$\mathscr{L}(s,u)$、$\mathscr{C}_i(s,u)$和$\mathscr{D}(s,u)$分别表示直接的数据包丢失概率、对应于共用信道 i 的即时碰撞概率和即时延迟函数。它们被定义为复合状态 s 和动作 u 的函数。需注意的是，复合状态 s 定义为 $s=(s_x,s_w,s_c,s_a)$。复合状态 s 的元素是在式（9.38）中定义的状态变量的实现，即在传输队列 s_x 中的数据包的数量、WRR 调度的服务指数 s_w、信道状态 s_c 和数据

包到达的相位 s_a。在这种情况下，s_c 也是一个复合状态，它被定义为 $s_c=(\cdots,s_{c,i},\cdots)$，其中 $s_{c,i}$ 是共用信道 $i(i\in\{1,\cdots,I_l\})$ 的状态。

式（9.39）中给出的目标函数和约束条件被定义为策略 π 的函数。策略 π 是状态 s 到行动 u 的映射，即对于 $u\in\mathbb{U}(s)$ 和 $s\in\Delta$，有 $u=\pi(s)$。参考文献［316］考虑了一个随机策略，其中，在状态 s 中采用的行动 u 根据概率分布 $\nu(\pi(s))$ 随机选择，$\sum_{\pi(s)\in\mathbb{U}(s)}\nu(\pi(s))=1$。CMDP 的解被称为最优策略 π^*，可以最大限度地减少数据包丢失的概率，同时保持碰撞概率低于阈值 $C_{i,\max}$ 和数据包的平均延迟低于阈值 $D_{\max}$。采用标准的方法将 CMDP 变换成等价的线性规划（LP）问题，以获取最佳策略 π^*[320]。

5. 对于专用信道预留和簇大小控制的 CMDP

关于专用信道预留的决定是，必须确定在专用信道中为车辆簇预留的带宽量。关于簇大小控制的决定是，必须确定车载节点请求加入簇的请求是否被接受。这些决定的目的是最大限度地提高车辆簇的效用，同时目标 QoS 性能可以在所有地点获得。值得注意的是，在一个特定的位置，为保证 QoS 性能（如最大限度地减少丢包概率，界定数据包的平均延迟），可以采用机会信道接入的 CMDP。为了保证在服务区域内的所有位置的服务质量性能，对于专用信道必须执行带宽预留，同时也需要控制簇大小。对于特定的簇大小和带宽预留量，CDMP 是基于在一定的位置标记的车载节点的 QoS 性能测量的（如数据包丢失的概率）。此外，采用机会信道接入的最优策略 π^*。对于联合的带宽预留和簇大小控制而言，CMDP 的复合状态定义为

$$\Psi=\{(\mathcal{L},\mathcal{N});\mathcal{L}\in\mathbb{L},\mathcal{N}\in\{1,\cdots,N\}\}\tag{9.43}$$

式中，$\mathcal{L}$是集群的位置；$\mathbb{L}$ 是服务区中的位置集。$\mathcal{N}$是簇的大小；N 是最大的簇大小。假设在簇中至少有一个节点。

CDMP 的动作是联合带宽预留和簇大小控制的复合动作。动作空间定义为

$$\mathbb{V}=\{(b,g);b\in\{0,1,\cdots,B\},g\in\{0,1\}\tag{9.44}$$

式中，b 是使用专用信道传输预留的带宽量；B 是可预留的最大带宽。$g=0$ 和 $g=1$ 的值分别表示拒绝和接受车载节点要求加入簇的请求的决定。系统状态（即位置和簇大小）是在当车载节点请求加入或离开集群，和/或当簇位置改变时被观察到的。然后，簇头决定是否在专用信道中预留带宽，并根据最优策略接受或拒绝车载节点的请求。

参考文献[316]假定从车载节点请求加入或离开标记簇的间隔时间服从指数分布。假设 $1/\sigma$ 表示车载节点请求加入簇的平均间隔时间，$1/\beta$ 表示车载节点将在簇中的平均持续时间。在状态空间 Ψ 定义的状态转移速率矩阵 $\boldsymbol{Q}(v)$ 可以从动作 $v\in\mathbb{V}$ 的基础上得出。参考文献［316］提供了这个转移矩阵详细的推导过程。

联合带宽预留和簇大小控制的 CMDP 可表示为

$$\begin{aligned}\max_{\delta}\quad&\mathscr{K}_{\mathrm{U}}(\delta),\\ \text{满足}\quad&\mathscr{K}_{\mathrm{L}}(\delta)\leqslant L_{\max}\\ &\mathscr{K}_{\mathrm{D}}(\delta)\leqslant D_{\max}\end{aligned}\tag{9.45}$$

式中，$\mathscr{K}_{\mathrm{U}}$ 是集群的效用；$\mathscr{K}_{\mathrm{L}}$ 是丢包率；$\mathscr{K}_{\mathrm{D}}$ 是平均数据包延迟。穿过服务区时，它们测量

如下：

$$\mathscr{K}_{\mathrm{U}}=\lim_{t\to\infty}\sup\frac{1}{t}\sum_{t'=1}^{t}E(\mathscr{U}(\mathcal{R}_{t'},\mathcal{V}_{t'}))\tag{9.46}$$

$$\mathscr{K}_{\mathrm{L}}=\lim_{t\to\infty}\sup\frac{1}{t}\sum_{t'=1}^{t}E(\mathscr{J}_{\mathrm{L}}(\mathcal{R}_{t'},\mathcal{V}_{t'},\pi^{*}))\tag{9.47}$$

$$\mathscr{K}_{\mathrm{D}}=\lim_{t\to\infty}\sup\frac{1}{t}\sum_{t'=1}^{t}E(\mathscr{J}_{D}(\mathcal{R}_{t'},\mathcal{V}_{t'},\pi^{*}))\tag{9.48}$$

$\mathcal{R}_{t'}\in\Psi$ 和$\mathcal{V}_{t'}\in\mathbb{V}$ 分别表示用于联合带宽预留和簇大小控制的，在时间点 t'时的簇状态和动作变量。对于 $r\in\Psi$ 和 $v=(b,g)\in\mathbb{V}$，$\mathscr{U}(r,v)$、$\mathscr{J}_{\mathrm{L}}(r,v,\pi^{*})$ 和 $\mathscr{J}_{\mathrm{D}}(r,v,\pi^{*})$分别是在特定位置的即时效用、数据包丢失概率和延迟。这些都是复合状态 r 和动作 v 的函数。注意复合状态 r 定义为 $r=(l,n)$。l 和 n 是式（9.38）中定义的状态变量的实现，即分别是位置和簇大小。假设对于机会信道接入使用最优策略 π^{*}，则这些性能指标被定义。

在式（9.45）中给出的目标和约束条件被定义为策略 δ 的函数。将状态 $r\in\Psi$ 映射到动作 $v\in\mathbb{V}$ 的策略表示为 $v=\delta(r)$。考虑了一种随机策略，其中概率分布表示为 $\mu(\delta(r))$。在这种情况下，$\mu(v=(b,g))$是在专用信道预留 b 单元带宽资源的簇的概率，并接受或拒绝车载节点请求加入簇的要求。最优策略表示为 δ^{*}，其中要最大限度地提高簇的效用 $\mathscr{K}_{\mathrm{U}}(\delta)$，同时保持在一个稳定的状态下时，数据包丢失概率 $\mathscr{K}_{\mathrm{L}}(\delta)$和延迟 $\mathscr{K}_{\mathrm{D}}(\delta)$分别低于阈值 $L_{\max}$ 和 $D_{\max}$。同样，为获得最佳策略 δ^{*}，CMDP 被转化为一个等价的线性规划（LP）问题。

6. 计算分层 MDP 模型的最优策略的算法

鉴于两个 CMDP，即一个是联合带宽预留和簇大小控制，另一个是机会信道接入，簇头可以使用算法 14 来获得联合优化策略。

算法 14 联合优化策略

1：**for** 状态 $r=(l,n)\in\Psi$ **do**

2：**for** 动作 $g=\{0,1\}$ 和 $b=\{0,1,\cdots,B\}$ **do**

3：为信道接入获得优化策略 π^{*}，通过解决线性规划问题，给定位置 l、簇大小 n 和专用信道 b 的带宽

4：获得数据包丢失概率 $\mathscr{J}_{\mathrm{L}}(r,v,\pi^{*})$和延迟 $\mathscr{J}_{\mathrm{D}}(r,v,\pi^{*})$，给定优化策略 π^{*}

5：**end for**

6：**end for**

7：通过解决线性规划问题，获得联合带宽预约和簇大小控制的优化策略 δ^{*}

8：簇头根据在一个时隙上的 π^{*}，以及当簇位置改变或者一个车载节点需要接入或离开集群时的 δ^{*} 来做出决定

在算法 14 中，对于给定状态 $r(l,n)$，可以获得机会信道接入的数据包丢失概率和延迟。然

后，可获得联合带宽预留和簇大小控制的策略。

对于车载网络中优化的信道接入，参考文献［316］提供了对已提出的优化算法的全面性能评估。在给定机会信道接入的最佳策略下，图9.16a和b分别表示了信道质量对车载节点（即簇成员）的数据包丢失率和平均数据包延迟的影响。除了在专用信道的传输外，当簇可以有机会接入共用信道时，数据包丢失概率和平均数据包延迟明显降低。当专用信道的平均信噪比提高时，可以预期同样的结果。由于采用自适应调制和编码，在一个时隙中成功传输的数据包的数量也增加了。因此，节点的数据队列会满的概率将是较低的。

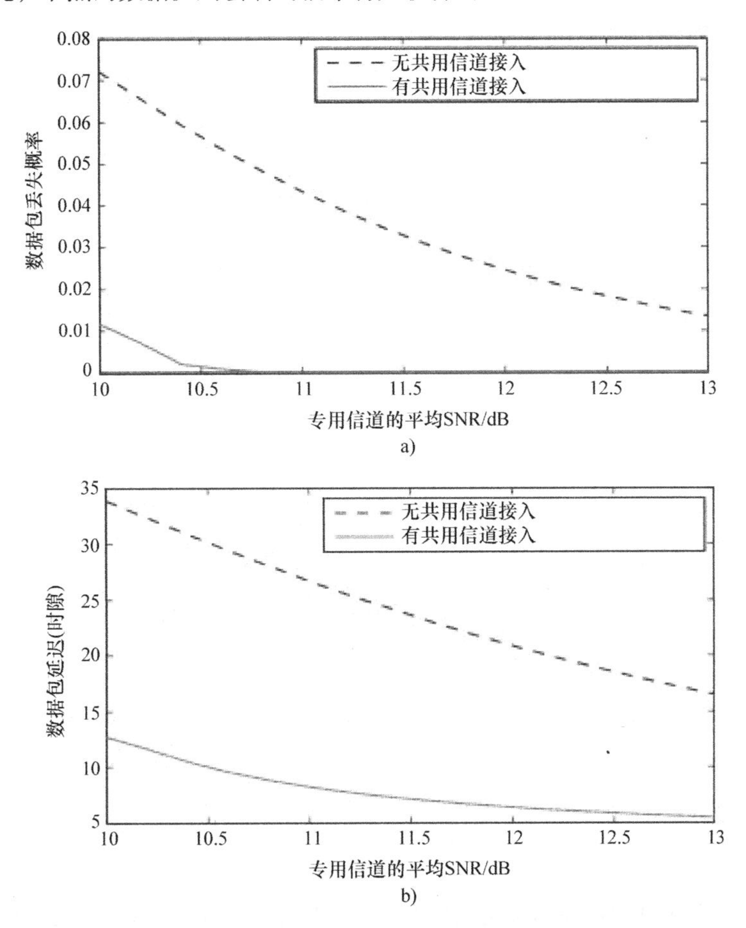

图9.16　一个车载节点有和没有机会接入共用信道的情况

a）数据包丢失概率　b）平均数据包延迟

图9.17a是为专用信道预留的平均带宽量。显然，为满足服务质量要求就数据包丢失概率和平均数据包延迟而言，随着数据包到达率的增加，需要预留更多的带宽。相反，由于信道共享，簇大小减小，每个节点有更多的机会来传输数据包（由于使用加权轮询调度）。

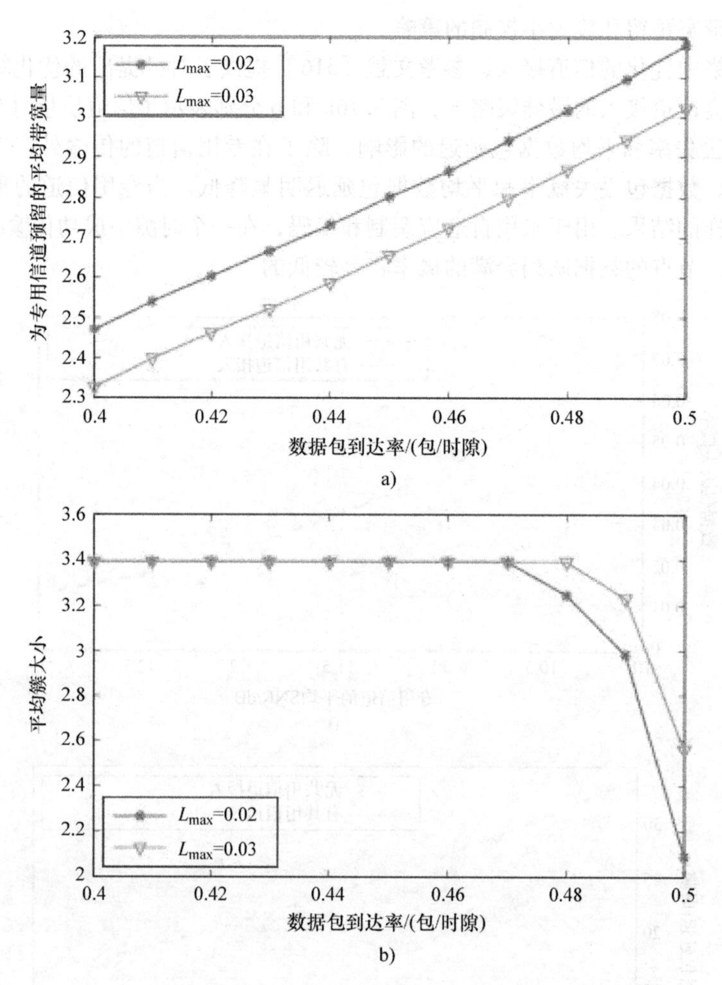

图 9.17 a）在不同数据包到达率下预留的平均带宽量 b）平均簇大小

9.4 小结

我们已经介绍了 D2D 通信在车载网络中的一个重要应用。D2D 通信可以支持 VANET 中数据在车载节点之间直接传输。VANET 中 D2D 通信可以支持多种智能交通系统的应用，包括安全、运输效率和信息娱乐应用。首先，我们提供了车辆到基础设施（V2I）和车辆到车辆（V2V）通信的概述。后者可以使用 D2D 通信技术，允许数据在车载节点之间直接传输。然后，我们讨论了应用、协议（如 IEEE 802.11p），以及车载网络中的路由。接着讨论了在车载环境中 D2D 通信的三个具体问题，即 D2D 重传，使用 BitTorrent 的数据分发和信道接入。

D2D 通信和车载网络的一些研究方向如下：

1）网络和模式选择：在车载网络中，通信可以是车辆到车辆。然而，在许多情况下，车载节点可以与一个路边单元通信，以提高无线资源的效率和应用的性能。例如，一个碰撞警告消息可以直接在车辆之间广播。然而，如果警告信息由附近的基站转发，则该消息的可达性可以得到改善。因此，重要的问题是如何进行数据传输（车辆到车辆和/或车辆到基础设施），这被称为模式选择。此外，如果使用基础设施，那么用于数据传输的网络（如基站）必须优化选择。

2）异构环境：车载网络可以被集成到传感器网络或以人为中心的网络（如移动社交网络）。这种集成可以扩大车载应用的范围（如车辆对行人通信）。因此，D2D 通信必须被集成以适应具有不同拓扑结构、信道质量和移动性的不同环境。当服务质量（QoS）必须以端到端的方式支持时，集成变得更加具有挑战性。

3）采用先进的传输技术：不同的无线传输技术可以有效地提高车载网络中的 D2D 通信。一些例子是自适应波束形成、多入多出（MIMO）天线系统和协作分集。采用这些先进的传输技术，车载网络的协议层必须修改，以最佳地发挥技术能力。例如，由于在车载环境下丰富的空间分集，波束形成和 MIMO 可以用来增强传输性能。

第10章　移动社交网络

10.1　概述

传统的D2D通信发生在任何移动单元之间用来传输“数据”。然而，现有的和新兴的移动应用带来了“信息”传输的新的挑战。通常情况下，信息与人们的社交关系相关。因此，社交信息和社交网络已经被整合到无线和移动通信中，为有信息传输新需求的用户提供服务。当社交信息被使用或社交网络运行于无线系统上时，我们可以把它称为移动社交网络[321,322]。移动社交网络可以采用以下方式被集成或用于D2D通信中。

1）D2D通信支持移动社交网络：在这种方式中，典型的社交网络应用和移动社交网络将利用D2D通信来传输数据和信息。而不是使用固定的无线基础设施（如蜂窝网络的基站）传输社交网络信息，这些信息可以通过D2D网络传送。对于移动社交网络的这种情况，D2D通信的典型优点被继承了，包括降低无线资源的使用，减轻网络负载，提高数据、信息的传播和分发性能。

2）基于社交的D2D通信：在这种方式中，支持其他应用的D2D通信可以利用用户的社交信息来提高数据和信息传输的效率和有效性。例如，D2D局域网的数据包路由可以通过考虑设备和用户之间的社会关系来确定一个最优路径。这样的最优路径不仅可以降低网络成本，而且可以最大化社会影响，提高D2D通信和网络的满意度。

在本章中，我们重点介绍移动社交网络及其在D2D通信中的作用。首先，第10.2节介绍了移动社交网络，并回顾了其架构、应用、问题和方法。第10.4节介绍了一些社交意识的数据路由和传播领域的开创性工作。第10.5节介绍了在移动社交网络中合作内容分发的详细规则。最后，第10.6节给出了本章的总结。

10.2　移动社交网络概述

社交网络是一种可以用图形表示的人际关系的形式。对“小世界”现象的研究[323]清楚地表明，人们通常属于不同的社区，并与有相似兴趣的其他人接触。现在，社交网络已经成为人们分享和交换数据和信息的重要应用。由于每个实体（如人、设备或系统）有这样或那样的关系，所以在这些应用中采用了社交网络。在社会科学中，人际关系可以用社交网络分析法进行分析。分析可以提取出网络的许多有趣和有用的属性（如中心性指标）。在计算机科学中，社交网络应用获得了巨大的普及，其中社会信息可以用来提高信息交换和共享的效率。在无线通信和移动网络中，移动社交网络的概念已被引入，即用户的移动性以及他们的社会关系，可以被用来优化数据的传播和分发。参考文献［321］提供了关于移动社交网络的应用、架构和协议设计问题的全面调查。本节将介绍移动社交网络，这是与 D2D 通信密切相关的问题。

10.2.1　移动社交网络的类型和组成

移动社交网络是两个概念的组合，即社交网络和移动网络。在一般情况下，移动社交网络是一个移动系统，涉及用户的社交关系。也就是说，移动社交网络是以用户为中心的移动系统，用户不仅可以传输数据，还可以提供上下文信息来优化网络的运营。移动社交网络的两种主要类型如下：

1）基于 Web 的移动社交网络：这是一种在移动网络上提供社交网络网站（如 Facebook）的典型形式。在这种情况下，社交网络数据将通过无线连接在服务器和移动用户之间传输。基于 Web 的移动社交网络是基于集中的数据接入拓扑和结构。移动用户的上下文信息（如位置），可以被社交网络网站用来优化数据传输。

2）分散的移动社交网络：在这种类型中，移动用户根据如社交关系或共同利益组成了一个组来传输相互之间的数据。移动用户可能不需要永久连接到一个集中的服务器，如基于 Web 的移动社交网络。相反，移动用户可以直接在他们之间传输数据，通过多跳网络或通过承载 - 转发方式进行数据传输（如类似于延迟容忍网络（DTN）[324,325]）。虽然前者可能是 Ad - Hoc 网络或网状网络，分别对应于用户有无移动性，由于用户接收、存储和转发数据时的移动性，后者使用机会联系。在这种情况下，数据传输可以使用短距离无线技术（如 Wi - Fi），与远程传输（如蜂窝网络）相比，可以减少对无线资源的需求和能源消耗。图 10.1 是分散的移动社交网络的示例场景。首先，内容提供者（如内容服务器）将数据传输到无线基础设施（如 Wi - Fi 接入点）。然后，当一个移动用户移动到该接入点的覆盖区域时，该数据被传输。移动用户“1”可以移动，当它遇到另一个对该数据感兴趣的移动用户“2”，数据就可以直接传输。因此，移动用户“2”并不需要与 Wi - Fi 接入点或蜂窝基站有直接连接。分散的移动社交网络是 D2D 通信直接相关的，其中数据传输可以通过用户或设备间的移动性在本地进行。

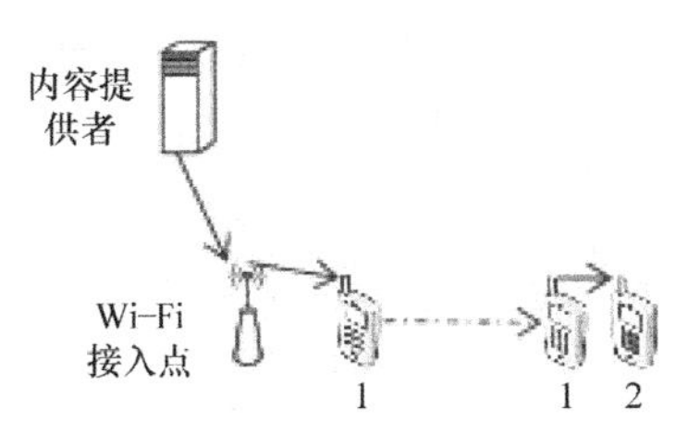

图 10.1　分散的移动社交网络

移动社交网络的典型组成部分如下：

1）内容提供者：内容提供者的作用是在移动社交网络中向用户提供数据（如新闻）。内容提供者可以是连接到互联网的固定的专用服务器（如 Web 服务器）。内容提供者还可以是从互联网提供数据收集的网关，并将其传输给移动用户。

2）移动用户/设备：移动用户或设备是通过不同的连接接收数据的客户端。一方面，用户可以通过网络基础设施从内容提供者接收数据。另一方面，用户可以通过本地联系和直接的数据传输从其他用户处接收数据。在这种情况下，移动用户不仅是数据的消费者，也是数据的转发者。

3）网络基础设施：网络基础设施包括有线和无线的，是给移动用户和内容提供者之间的数据传输提供连接。网络基础设施可以是蜂窝网络或者本地无线局域网（WLAN）。

4）Ad Hoc 网络和机会网络：不依赖于网络基础设施，数据也可以采用多跳网络（如移动

Ad Hoc 网络）来传输。数据可以通过多个节点传输和路由到目的地。另外，机会网络[326]可以用于移动社交网络的数据传输。因为移动用户移动并彼此相遇，数据可以被传输。使用机会网络可以减少蜂窝和无线宽带连接的成本。此外，由于本地连接的高传输速率，机会网络可以支持大数据量（如几 GB）的传输，而这是无法通过蜂窝网络有效和经济地完成的。然而，机会网络的缺点是来自于其本质，例如，移动驱动和数据传输的长延迟。因此，机会网络对延迟敏感的数据传输和分发是不适用的。

10.2.2　社交网络分析

由于移动社交网络依赖于社会关系和数据分发的属性，从社会科学进行社交网络分析[327,328]成为获取这些信息的有用工具。此外，D2D 通信可采用社交网络分析来确定一些重要性能。这些性能可以用来提高数据传输和无线资源使用的性能。社交网络分析是利用网络和图论分析社会关系的一种方法。从这个分析中，网络是由节点和关系组成的。每个节点代表一个实体，而该关系表示实体之间的关系。每一个关系都可以是定向或者无向的。定向关系表示源和目标（即目的地）实体之间是有连接的。与之相反，无向关系表示实体之间的关系指向没有明确。从图形化角度，定向和无向的关系分别是有和没有箭头的线。这些关系可能有不同的权重。最简单的权重形式是“0”表示没有关系，“1”表示存在关系。关系的强度可以用权重来表示。例如，关系越强，权重越大。图 10.2 是有定向关系、无向关系、有关系权重的网络示例。构建一个网络，实体之间的关系可以表现为单一类型或多种类型的关系。前者和后者分别被称为简单和复用网络。除了使用图表示网络外，社交网络也可以表示为一个矩阵。矩阵的行和列代表实体，而矩阵的项表示联系或关系。矩阵的一个例子表示如下：

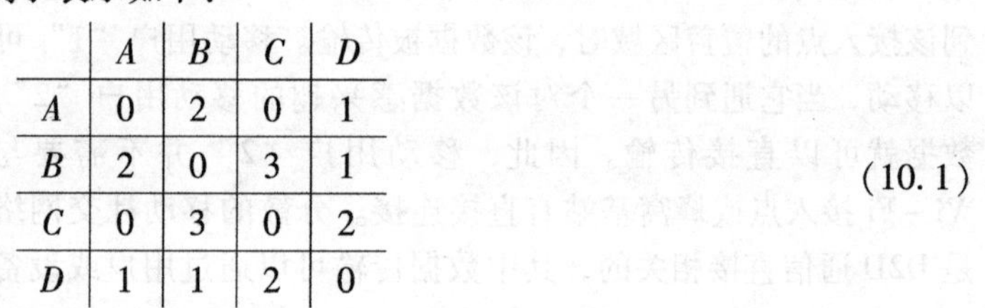

	A	B	C	D
A	0	2	0	1
B	2	0	3	1
C	0	3	0	2
D	1	1	2	0

(10.1)

具有定向关系的网络也可用相似的方式表示。

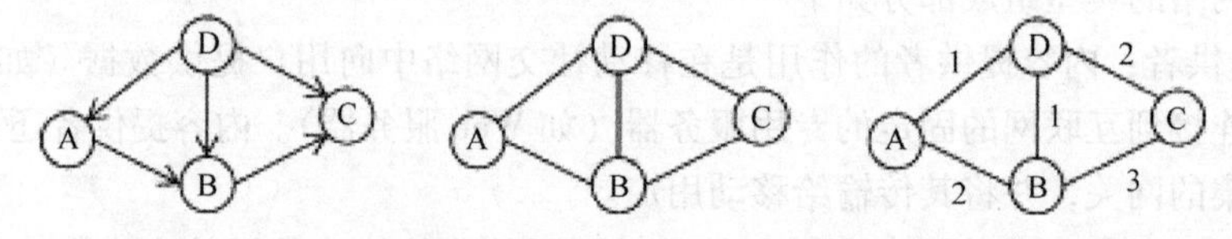

图 10.2　具有定向关系、无向关系、有关系权重的网络示例

网络的一些基本指标如下。

1）规模：网络的规模可以由节点的数量或关系的数量来决定。网络规模表示实体的结构及其关系。对于一个更大的网络，有许多实体与许多利益关系。例如，在 D2D 通信中，如果网络规模较大，可能会有更多的设备共享相同的数据利益（如视频）。

2）密度：网络密度是由实际关系的数量除以所有可能的关系的数量来计算的。假设 n 表示网络中节点的数目。网络中所有可能的定向和无向关系的数量分别为 $n(n-1)$ 和 $n(n-1)/2$。网络密度可以表示网络的连通性。具有高密度的网络往往有更多的连接，这对于数据传输是有用的。在 D2D 通信中，如果网络是高密度的，则会有更多的机会进行数据传输。然而，高密度的网络容易受到拥塞。

3）度：在一个无向网络中，一个节点的度表示节点有多少关系。在定向网络中，该关系可以是传入链路（入度）和传出链路（出度）。因此，通过测量出度（即传出链路的数量），节点可以是关系的来源，通过测量入度（即传入链路的数量），节点可以是目标或关系汇聚。在这种情况下，出度表示节点对其他节点的影响程度有多重要。相比之下，入度表示节点受其他节点影响的程度。

除了上面基于节点的指标外，与网络相关的一些重要指标如下。

1）节点之间的距离：该距离是通过计算从一个节点到另一个节点的最小跳数来测量的。该距离表示一个节点将如何轻松地到达另一个节点。

2）路径：路径是从源到目标的一系列节点和关系的序列。例如，在图 10.2 的无向关系网络中，从节点 A 到节点 C 有以下路径：长度为 2 的 A→D→C 和 A→B→C，长度为 3 的 A→D→B→C 和 A→B→D→C。路径和它的长度在数据传递中有许多应用（如它们被用来寻找最短路径）。

3）偏心距：在网络中，偏心距是一个节点到另一个节点的最大距离。

4）网络的直径：网络的直径是网络中所有节点的最大偏心距。特别是，它是网络中的最大距离，表示在网络中到达任何节点将需要的最大跳的数量。换句话说，它是网络中可以联系任意一对节点的最小路径长度。

5）半径：网络的半径是网络中所有节点的最小偏心距。它是覆盖网络中的任何一对节点之间的最大距离的最小跳数。网络的直径小于或等于半径的两倍。

6）可达性：网络中的一对节点的可达性决定了节点之间是否有路径。如果存在一组连接它们的路径，而不考虑跳的数量，则一个节点可以到达另一个节点。

中心性是一种常用的社交网络指标。一个节点的中心性，反映了其结构的重要性或节点被认为是一个网络中心的程度。例如，在同一网络中，中心性表示一个节点对其他任意节点的影响有多大。在这种情况下，节点的重要性可以通过度中心性、接近中心性和中介中心性等概念来确定。同样，度中心性通过关系的数量来量化节点的重要性（即有关系的节点更重要）。接近中心性量化了在网络中以更短距离到达其他节点的能力的重要性。中介中心性量化了节点在网络中与其他节点之间的位置的重要性。

图 10.3 是一个以度中心性测量为例的网络，其表示每个节点的关系的数量。在这个例子中，节点 C 和 E 具有最高的度中心性，因为它们与其他节点有更多的关系。虽然度中心性是衡量节点重要性的一个有意义的指标，它仅依赖于直接连接。然而，它对于测量多个关系之间的间接连接也是有用的（如数据可以被中间节点转发）。接近中心性的概念是测量从每个节点到所有其他节点的距离。基本上，接近中心性是网络中到所有其他节点的距离之和。节点 i 的接近中心性可以表示为

$$\frac{N-1}{\sum_{j=1}^{N} d(i,j)} \tag{10.2}$$

式中，N 是节点的总数；$d(i,j)$ 是从节点 i 到节点 j 的最短距离。图 10.4 是一个以接近中心性测量为例的网络示例。在这个例子中，节点 A 的接近中心性计算如下，$(7-1)/(1+1+2+3+4+4)=6/15=0.4$，其中，$N=5$，从节点 A 到节点 B、C、D、E、F 和 G 的距离分别为 1、1、2、3、4 和 4。其他节点的接近中心性的测量可以用相同的方式计算。

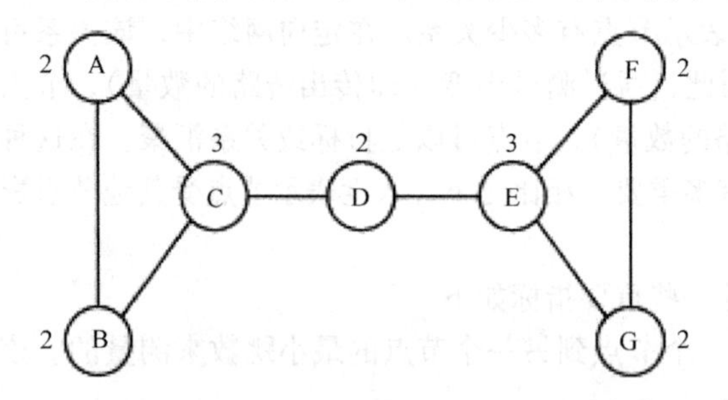

图 10.3　度中心性测量的网络示例

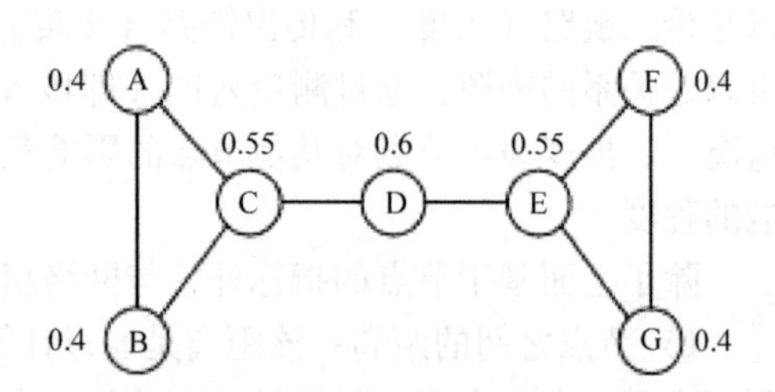

图 10.4　接近中心性测量的网络示例

中介中心性测量一个节点介于多少其他节点之间。如果一个节点的中介中心性高，那么这个节点将是网络中连接其他所有节点的中间实体。中介中心性被计算为节点在其他节点之间最短路径上出现的总数量。图 10.5 是具有中介中心性测量的网络示例。在这个例子中，节点 A、B、F 和 G 的中介中心性为 0，因为这些节点都不在其他节点对的最短路径上。节点 C 和 E 的中介中心性为 8。看看节点 C，节点 C 在以下节点对的最短路径上：A－D、A－E、A－F、A－G、B－D、B－E、B－F 和 B－G。节点 D 的中介中心性为 9，因为节点 D 在以下节点对的最短路径上：A－E、A－F、A－G、B－E、B－F、B－G、C－E、C－F 和 C－G。归一化的中介中心性可以通过将节点在其他节点对最短路径上出现的数量除以网络中其他节点对的最短路径的总数而得到。

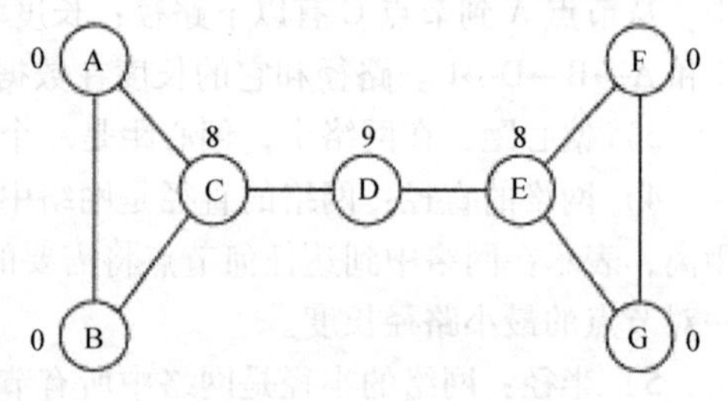

图 10.5　中介中心性测量的网络示例

除了上述指标，一些其他指标，如相似度和簇系数，在社交网络分析中也很有用。相似度指标反映了两个节点相似关系的程度。特别是，如果两个节点有类似的与其他节点的关系，那么这两个节点的相似度指标就高。如图 10.2 所示的网络中，我们可以说，节点 B 和 D 的相似性高于节点 A 和 B。在这种情况下，节点 B 和 D 拥有相同的与其他邻居的关系集合（即与节点 A、D 和 C 的关系），而节点 A 有一个不同的关系集合（即节点 A 有与节点 B 和 D 的关系）。

簇系数是反映网络中有多少节点倾向于聚集在一起。换句话说，节点之间有很多相互联系（即节点之间的关系是高密度的）。节点的簇系数可以被定义为通过关系连接的其他节点（邻居）对的数量除以邻居对的数量。考虑网络中的节点 A，如图 10.6 所示。注意，节点 A 有五个邻居（B、C、D、E 和 F）。在这些邻居中，有三个人彼此有关系联系（即 B－C、C－D 和 E－F）。由于有五个邻居，可能的邻居对的总数是

$$\binom{5}{2}$$

式中，“2”表示一对节点。因此，簇系数是

$$\frac{3}{\binom{5}{2}}=\frac{3}{\frac{5!}{3!2!}}=\frac{3}{10}=0.3$$

在移动社交网络中使用社交网络分析，“接触图”必须建立在接触或遭遇事件的基础上[324]。接触图中节点之间的关系，决定了两个节点之前是否彼此遇到过。这些过去的信息可以用来预测两个节点是否可能在未来再次相遇。接触图可以在一段时间内构建。聚合的接触图是将不同时间的接触图合并在一起的结果。已经证明，根据聚合的接触图是如何创建的（如一个因素是时间长度）[329]，聚合的接触图和社交图（即捕捉实际的社交关系的图）在统计上可能是相似的。如果采用一个有效的算法，聚合的接触图可以代表社交图，并用来分析如上所述的不同的社交指标。

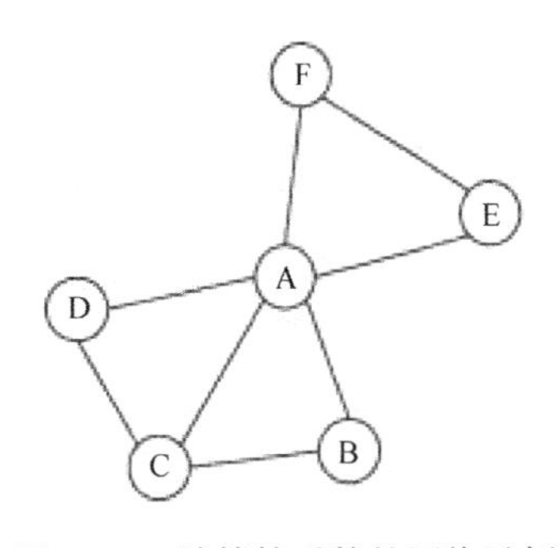

图10.6　计算簇系数的网络示例

10.3　社区检测

由于移动社交网络是由移动用户组成的，在一定标准的基础上，对移动用户归类是很重要的。社区检测机制[330,331]是在社交行为、利益和关系的基础上，确定移动用户的簇或群体。利用社区检测中获得的簇，数据转发可以优化，以实现移动社交网络的目标。例如，属于同一组织的移动用户可以被分到同一个簇中。其结果是，如果有任何与该组织相关的数据被传播，该数据可以被相同簇内的成员有效地传输和转发。社区检测类似于图论中的图划分。图划分的目的是将网络划分成一些预定义大小的子网。然而，社区检测将不仅使用节点之间的边缘进行图划分，也使用社交关系和移动性来确定簇。

社区检测机制分为两个主要类型，自我报告和检测网络。在自我报告的社区检测中，移动用户可以将它们之间的社交关系相互联系，从而使该算法能够使用和确定合适的簇。在这种情况下，社区检测可以利用现有的社交信息（如来自从社交网络服务），即用户必须允许信息被使用。另外，用户可以提供只需提供社区检测算法所需的社交信息，而不允许该算法任意访问社交信息。相比之下，如果没有提供社交信息，社区检测可以分析各种参数（如移动模式）以确定检测到的网络。常用的方法之一是根据移动用户的相遇轨迹和模式。这些参数包括接触时间、地点、移动模式、接触频率和持续时间。

自我报告和检测网络的社区检测机制有其自身的优点和缺点。因为移动节点已经知道社交关系和属性[332]，自我报告的网络检测带来较低的数据分发成本。因此，当构建路由表时，移动节点不需要花费时间和资源来整理这些信息。参考文献［333］证实了这一事实，利用可用的社交信息和配置文件的路由算法，可以比收集此类信息并构建社交社区的动态算法更好地执行。

10.3.1　动态社区检测

不同的社交指标（如模块化[334]和中介中心性[335]）可用于社区检测算法。然而，参考文献

[336] 通过考虑“强制”来确定社区，并采取了不同的方法。具体地说，其提出了一种自适应算法，称为快速社区适应（QCA），来检测动态在线社交网络的社区结构。该算法虽然是为任何社交网络服务（如 ENRON 邮件和 Facebook 网络）开发的，但在移动 Ad - Hoc 网络（MONET）中的社交感知路由中的应用也得到了证明。动态算法比静态社区检测算法（见参考文献 [334, 337]）更有优势，因为动态算法可以适应环境和参数的变化。在这种情况下，在动态环境中，静态算法受到长时间收敛的影响，特别是对大型网络。静态算法可能陷入局部最优，并且不能将变化局限在网络的局部。这些缺点都将在提出的 QCA 算法中得到解决。

QCA 算法的主要思想是，当网络演进时，变化被视为一个简单的操作。该算法将这些操作分为以下四种类型。

1）添加新节点：新的节点可以被引入到网络中。新的节点可能有新的关系。

2）增加新的关系：节点之间的新关系可以引入。

3）删除现有的节点：现有的节点可以从网络中删除。与已删除节点相关的关系也将被删除。

4）删除现有的关系：节点之间存在的关系可以被删除。

图 10.7 是有三个社区的网络示例（即第一个社区是由节点 A、B、C、D、E 和 F 组成的，第二个社区是由节点 G、H、I 和 J 组成的，第三个社区只有唯一的节点 K）。当节点 A 被删除时，与节点 B、C、D、E 和 F 之间的关系也将被自动删除。在这种情况下，第一个社区将被分解为 2 个社区（即一个社区节点是 B、C 和 D，另一个社区节点是 E 和 F）。另外，当节点 D 和 F 之间的关系被加入时，第一个社区的强度将得到改善（即在同一社区内将有更多的关系）。与此相反，当节点 E 和 G、节点 B 和 H 之间的关系被加入时，第一和第二社区将有更多的社区间的关系，而这些社区内的关系强度会变小。

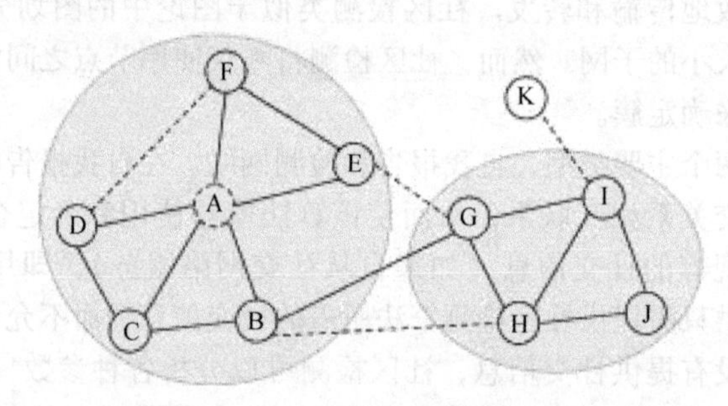

图 10.7 增加或删除节点的网络示例

基于以上的直觉，QCA 算法被开发用于四种不同的操作，同时假定网络中有社区。

(1) 增加新节点：当在网络中增加一个新节点时，有以下几种情况。

1）新节点没有关系。在这种情况下，将为这个新节点定义一个新的社区，而其余的社区保持不变。

2）新节点有关系。在这种情况下，新的节点将加入任何社区。QCA 采用物理方法[338]。特别是，类似于引力，力量将吸引新的节点留在或加入社区。力量是由每个社区中的节点和关系的数量决定的。该节点将加入一个具有最高力量（如与该社区中节点的关系数量更大）的社区。

它已经表明，使用力量的概念为新节点确定一个社区，可以提高网络的本地获得的模块化。

（2）增加新关系：当引入连接一对节点的新关系时，同样有以下两种情况。

1）新关系在社区内。在这种情况下，在同一个现有的社区的一对节点之间（即社区内的连接）创建一个新的关系。因此，新的关系将加强社区的内部结构，而现有的社区保持不变。

2）新关系在社区之间。新的关系在不同社区的两个节点之间创建。在这种情况下，新的关系可能改变节点的社区。这个标准定义在社区内关系和节点的数量的基础上，以确定节点是否应该改变它的社区。图10.7所示的例子说明了这种情况，节点I和K之间的关系被创建。在这种情况下，节点K可以加入节点I的社区。

（3）删除现有节点：当现有节点被删除时，该节点的关系也将被删除，并将发生以下结果。

1）对现有的社区没有改变。

2）社区被划分成较小的社区。在这种情况下，新的小社区可能是一个独立的社区，或者也可以加入另一个社区。

为了处理这种情况，将采用派系过滤方法[339]。在这种情况下，将3－派系应用到被删除节点的邻居之一。派系将不断过滤直到现有的社区中找不到任何节点。然后，其余的社区（如那些导致现有社区被划分的社区）将决定与其他哪个社区进行合并是最好的。

（4）删除现有的关系：当其中一个关系被删除时，可能发生以下结果。

1）如果与被删除的关系相关的一个节点只有一个关系，那么该节点将成为一个单独的社区。

2）如果关系是属于不同社区的节点之间的，然后删除该关系将加强现有社区的结构。因此，对现有社区没有任何改变。

3）如果关系是社区内的（即在同一社区内的关系链路），则有两个可能的结果。如果现有社区的密度很高，社区将不会有变化。然而，删除社区内的关系会将现有的社区划分为较小的社区。在现有的社区内基于最大准派系的条件，来确定是否划分该社区。

参考文献［340］尝试用QCA算法在社交感知路由算法内识别和更新网络社区结构。具体来说，QCA算法是与下面的算法相比较的。

1）WAIT：在该算法中，源节点等待并不断发送或转发数据包，直到数据包已经到达目的地节点。

2）MCP：节点不断转发数据直到数据包达到最大跳数。一旦达到这个限制，该数据包将被丢弃。

3）LABEL：节点向目的地社区的所有成员转发或发送数据包[341]。

4）MIEN：采用社交感知的路由算法[342]。

模拟评估分发率（即成功转发的数据包的数量除以数据包的总数）、平均分发时间（即从数据包产生直到被目的地成功接收的持续时间），以及发送的每个数据包重复的平均数据包数量。结果表明，所有指标中QCA算法能实现更好的性能。这是由于，QCA可以适应MONET的结构变化，而其他算法无法有效实现。

10.3.2　基于移动的分布式社区检测

虽然参考文献［336］提出的QCA算法可以适用于任何网络，但考虑节点移动性的算法也很重要。参考文献［343］为延迟容忍网络（即机会网络）提出了一个基于移动性的分布式社区检测算法。移动节点之间的联系可以用于检测社区的算法中。具体而言，将引入熟悉度和规律性的概念。熟悉度取决于节点之间接触的持续时间（即接触越长，熟悉度越高）。规律性取决于接触的次数（即接触的频率越高，熟悉度越高）。使用熟悉度和规律性测量，参考文献［343］将移动节点之间的关系分为四类（见图10.8）。

1）社区：同一社区内的节点必须具有高频率和长期的接触。例如，在一个组织中的员工会定期见面，并持续很长时间（如在一个商务会议）。

2）熟悉的陌生人：如果它们经常见面，但接触时间比较短，那么该节点被定义为熟悉的陌生人。例如，书店的顾客会在店里经常见面，但他们不认识对方，因此接触时间很短。

3）陌生人：如果它们接触很少，或者接触时间很短的话，那么该节点被定义为陌生人。

4）朋友：如果它们的接触时间长，但很少见面，那么节点被定义为彼此的朋友。例如，朋友通常一周见几次面，但他们会花相当多的时间在一起。

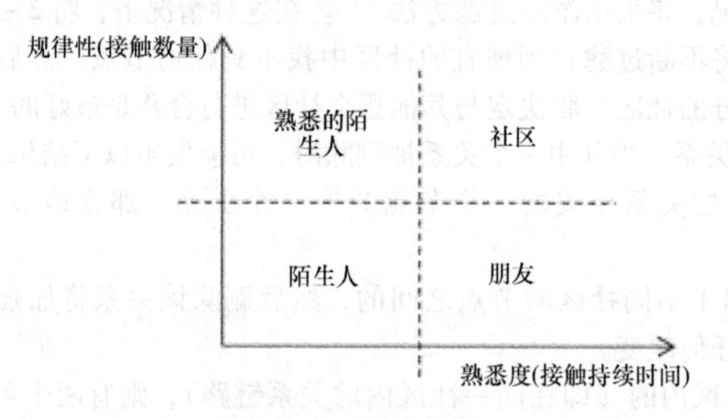

图10.8 关系分类

第一个简单的算法是基于本地社区的概念，即定义在一个熟悉的集合中。举个例子，如果两个节点的接触时间超过一个阈值，那么它们被归类为熟悉的集合。从图形上看，这两个节点之间有一个关系。本地社区被定义为在其熟悉的集合内包含所有的节点，并采用提出的算法来选择邻居。该算法的工作原理如下。

1）移动节点初始化定义自身是一个本地社区。

2）如果节点遇到另一个节点，它们将交换关于网络的移动性信息。这些信息包括所遇到的节点列表和它们接触的持续时间，以及熟悉的集合和每个节点的本地社区。

3）节点决定是否将接触的节点包含在其熟悉的集合中（即通过检查接触时间）。另外，该节点可以决定将接触的节点包含在其本地社区中。

在社区中添加接触节点的决定取决于以下不同的标准。

1）简单：将接触节点添加到本地社区受制于以下条件，即接触节点和本地社区的熟悉的集合的归一化大小必须大于合并阈值。

2）k-派系：将接触节点添加到本地社区受制于以下条件，即接触节点和本地社区的熟悉的集合的大小必须大于本地社区成员的数量减一。

3）模块化：如果在添加接触节点前后本地模块化的差异超过一定的阈值，则添加接触节点。本地模块定义在本地社区边界集的基础上。图 10.9 是本地社区边界集和邻近集的示例。

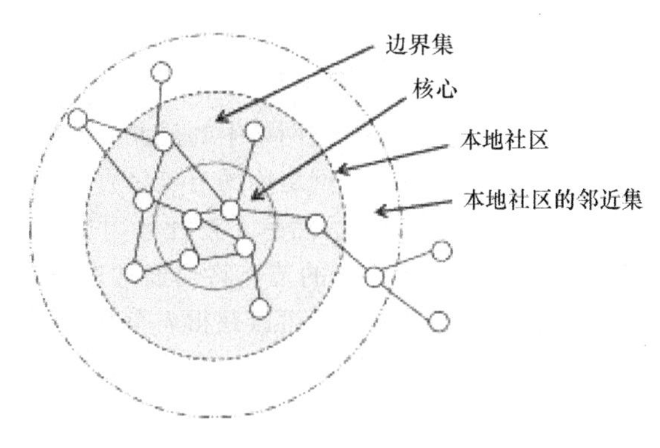

图 10.9　本地社区示例

本文提出的算法的性能评估是基于剑桥大学 Haggle 项目[344]、MIT 现实挖掘项目[345]和 UCSD 无线实验[346]的跟踪数据。在 Haggle 项目中，移动性跟踪是基于剑桥大学的两组学生。现实挖掘项目将智能手机分发给学生和 MIT 的教职人员，为期 9 个月。智能手机通过蓝牙和蜂窝接口保存移动日志。在 UCSD 无线实验中，个人数字助理（PDA）被用来保持 Wi－Fi 接入点的可见性，其能够检测到 D2D 的传输机会。

为了验证检测社区的能力，采用了相似的措施，即基于顶点正确识别的分数[330]和归一化交互信息测量[331]。结果表明，k－派系和模块化比简单标准执行得更好，这是因为考虑了网络范围的参数，而不仅仅是简单标准中的接触持续时间。

10.3.3　基于影响的社区检测

虽然上述社区检测方法是通用的，可以应用于任何应用中，但在某些情况下，社区检测也可以为特定的目的而设计。在这种情况下，数据和信息的传播是最重要的应用，社区检测的开发可以考虑网络中节点的影响，以支持数据传输。影响可以用不同的方式来定义，如“口碑”，其反映了某些人推荐产品给他们的朋友或其他人的能力[347]。经典的方法是影响最大化问题[348]，其目的是在网络中找到一组节点（如 k 个节点），以便能最大限度地扩散数据传播。影响最大化问题可以归结为一个最优化问题，但它已被证明是 NP－hard 的，这意味着它是很难解决的[349]。基于贪婪算法的一些启发式算法也被考虑了（如参考文献［350］中的高性价比的懒惰转发(CELF)、参考文献［351］中的混合贪婪算法和参考文献［352］中的基于社区的贪婪算法(CGA))。

在移动社交网络和 D2D 通信中，这个问题很重要，因为它可以减少无线资源的使用并提高数据传输速度。参考文献［352］讨论了在移动社交网络寻找一组最有影响力的节点的想法，并提出了基于社区的贪婪算法（CGA）。参考文献［352］中考虑的移动社交网络是由手机作为节点组成的。关系对应于节点之间的通信。因此，网络可以表示为有向加权图。节点有两个状态，即活动和非活动状态。一个活动节点可以影响（即传输数据到）其他不活跃、邻近的节点。此外，活动节点可能被其他活动节点影响。影响可以通过“扩散速度”来量化，这取决于图的权

重。设 $w_{i,j}$ 是节点 i 到节点 j 的有向关系的权重。然后，扩散速度定义为

$$\lambda_{i,j} = 2\bar{\lambda}\frac{w_{i,j}}{w_{\max}+w_{\min}} \tag{10.3}$$

式中，$\bar{\lambda}$ 是网络的平均扩散速度；$w_{\max}$ 和 $w_{\min}$ 分别是网络中的最大权重和最小权重。影响的程度可以表示为被活动节点集合影响的节点的数量除以网络中的节点总数。

CGA 算法的主要思想是将网络划分为社区。然后，在社区内选择 k 个最有影响力的节点。社区是根据接触的频率来定义的。同一个社区中的节点将会经常遇到对方，而不同的社区中的节点相遇的频率要低得多。该算法基于从哪个社区可以获得 k 个最有影响力的节点来进行选择。提出了一种基于动态规划的简单算法来选择社区。首先，当社区被选择后，其影响的增加会被计算。在每一个社区的影响增加的基础上，一定数量的社区将被选中。然后，从社区集合中选择 k 个节点。为了选择最有影响力的节点，将采样混合贪婪算法[351]。

社区检测是 CGA 的一个组成部分。参考文献［352］提出了两个步骤，即社区分区和组合。

1）社区分区：首先，为每个节点分配一个独特的社区标签。然后，每个节点根据扩散速度计算出一组被其影响的邻居。然后，每个节点的社区标签被传播到网络中的其他节点。这种传播是在有限的迭代次数中，通过决定节点应该是社区的成员（其中包含被其影响邻居的最大数量）来执行的。

2）社区组合：社区分区步骤用来确定网络中的节点的社区，而社区组合步骤用来决定任一社区是否可以被合并。其理念是计算社区之间的社区组合熵。如果这个熵超过了阈值，那么社区将被合并。在这里，组合熵被定义为社区外节点的影响程度除以社区内节点的影响程度的最大比值。

CGA 通过使用从中国最大的移动通信服务提供商获得的详细的呼叫记录数据来进行性能评估。数据集包含超过 700000 个节点。实验结果表明，CGA 不仅实现了更快的速度，还能发现更稳定的社区。

在社区检测完成后，移动社交网络中的节点可以利用社区信息为 D2D 通信进行数据路由和传播。在下面内容中，我们将讨论一些关于社交感知数据路由和传播方案的开创性工作。

10.4　社交感知数据路由和传播

数据和信息分布是移动社交网络中最重要的问题，对于 D2D 通信也是如此。数据和信息分布的一个重要组成部分，是需要找到最佳的转发节点，以提高传输性能（即提供高成功率和低延迟）。这也被称为路由问题。然而，在移动社交网络中，因为移动性、节点间的机会接触、有限的无线资源和不同的网络组件，这个问题变得更加具有挑战性。为了克服这些限制，网络中节点的社交信息可以被用于数据路由和传播。社交信息可以是检测到的社区和其他社会指标。移动社交网络中数据路由和传播的典型方法是优化。值得注意的是，由于移动社交网络是由机会网络组成的，可以采用为机会网络开发的路由协议[324]。

在延迟容忍网络（DTN）中，路由协议是基于“存储”和“转发”机制的。即节点在内存中接收和存储数据。当节点移动并相遇时，数据可以被转发到其他节点作为下一跳。存在三种类

型的路由协议[324]。

1）基于消息摆渡的协议：在基于消息摆渡的协议中，有一些专门的节点执行数据路由来进行数据分发。这些节点的移动性可以被控制和优化，以达到最佳的性能。然而，有专门的节点将会给网络带来额外的成本。

2）基于机会的协议：在这些协议中，数据被传输到随机接触的节点。由于节点可能会随机相遇，对数据分发没有一定的性能保证。因此，将产生多个数据副本以增加成功分发的机会。

3）基于预测的协议：移动性和其他节点的参数可以被估计和用于确定一个合适的数据转发策略。例如，数据可以被转发到最近遇到目的节点的一个节点。

可以为 DTN 的路由协议定义不同的路由准则（如转发概率、可用的网络资源和移动模式）。然而，在 DTN 中的移动节点可能具有社会关系。因此，可以开发出考虑社交指标的路由协议。

10.4.1　基于中介性和相似性的路由协议

参考文献［353］提出了最早的路由协议之一，称为 SimBet，对 DTN 采用社交网络分析。其主要思想是在中心性度量的基础上识别桥节点（即以自我为中心的中介性和相似性）。桥节点有能力在非连接的节点之间分发和交换数据。首先，在接触图的基础上计算出中心性度量。接触图中的关系由邻接矩阵 $\boldsymbol{A}$ 表示，其元素 $A_{i,j}$ 定义如下：

$$A_{i,j}=\begin{cases}1, & \text{节点 } i \text{ 和 } j \text{ 有接触} \\ 0, & \text{其余}\end{cases} \tag{10.4}$$

邻接矩阵 $\boldsymbol{A}$ 的大小是 $N\times N$，其中 N 是网络中节点的数量。假定接触是双向的，即 $A_{i,j}=A_{j,i}$。在这种情况下，节点 i 的以自我为中心的中介性计算如下：

$$B_i=\boldsymbol{A}^2[1-A]_{i,j} \tag{10.5}$$

如果网络中有一个新的节点，新节点会将它遇到的节点列表发送给其他节点。网络中所有节点的相关指标都会相应地更新。

相似性计算如下：

$$S_{i,j}=|N(i)\cap N(j)| \tag{10.6}$$

式中，$N(i)$ 是节点 i 的邻居的集合。相似性的使用是基于这样一个事实，即如果两个节点共享相似的邻居组，则两个节点被同一个邻居节点接触的概率就会更高。考虑图 10.10 所示的示例网络。在这种情况下，节点 A 与节点 B、C、D 和 E 的相似性分别为 2、2、3 和 3。

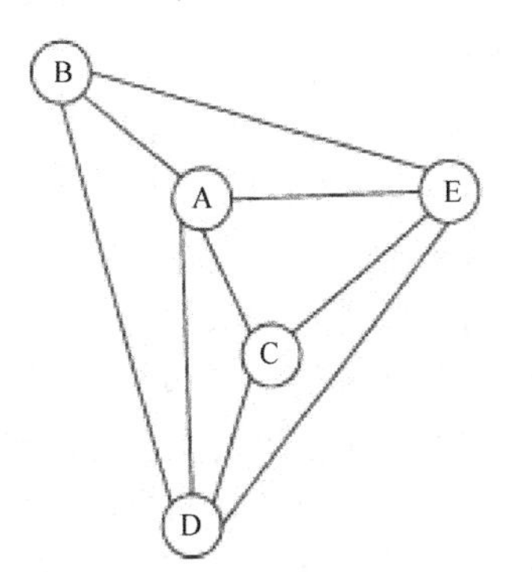

图 10.10　计算相似性的示例网络

现在，为了选择转发数据的最佳载体，节点 i 到目的地 d 的效用函数是根据中介性和相似性来定义的，即

$$U_i(d)=w_1\frac{S_{i,d}}{S_{i,d}+S_{j,d}}+w_2\frac{B_i}{B_i+B_j} \tag{10.7}$$

式中，w_1 和 w_2 分别是相似性和中介性的权重。

给定，SimBet 路由算法的工作原理如下。

1）当节点 i 遇到节点 j 时，节点 i 发送一个“hello”消息来通知节点 j 它们彼此是邻居。

2）如果节点 j 是节点 i 保存的数据的目的地，那么节点 i 只需将数据发送给节点 j。否则，节点 j 发送其所遇到的节点列表来回复节点 i。

3）节点 i 利用这个列表来更新中介性和相似性，节点 j 也是如此操作。

4）节点 i 和 j 交换目的节点列表，它们从中获取给目的节点的中介性和相似性数据。

5）对于每个目的节点，节点 i 和 j 计算效用。如果节点 i 对目的节点的效用高于节点 j，则将目的节点添加到节点 i 的列表中。节点 j 转发数据到节点 i，并将此数据从缓冲区删除。

通过仿真来评估 SimBet 路由协议的性能，使用 MIT 现实挖掘项目[345]的移动性跟踪。该协议与流行协议进行比较。仿真结果表明，SimBet 协议可以获得与成功转发几乎完全一样的消息数量，但转发数量明显低很多（即用于数据转发的资源较少）。然而，使用 SimBet 协议会导致更长的端到端延迟和更多的跳数，因为协议限制了可以转发数据的邻居。

10.4.2 基于社区和度中心性的路由协议

与 SimBet 协议中使用相似性不同，参考文献［354］提出了 BUBBLE 协议，其使用社区和度中心性来优化 DTN 中的数据转发。该协议的设计是基于这样一种直觉，即人们一般根据利益和关系（如涉及同事或家庭成员的社区）在社会中形成社区。此外，在社区内，人们有不同的角色和能力与他人接触。因此，在 BUBBLE 算法中，移动节点将首先聚集到社区。然后，一些重要的节点将从社区中被选出来进行数据转发。

在转发数据之前，必须准备以下信息。首先，一个节点必须只属于一个社区。其次，节点必须是根据受欢迎程度进行排名（即度中心性）。度中心性基本上是指与节点有直接接触的直接邻居的数量。通过基于度中心性的定义，受欢迎程度反映了转发数据到一个特定节点的能力。有两个等级，即社区内的局部和社区间的全局。然后，当节点有数据要传输到目的地时，该节点将参考全局排名，并将数据转发到更受欢迎的节点（即“BUBBLE”）。直到数据到达同一个社区中的目的节点，接收数据的节点将参考局部排名，并将数据转发到更受欢迎的节点。当数据到达目的地或达到最大延迟时，BUBBLE 处理过程终止。这个过程的优点是，节点不需要知道和维护全局网络的信息。仅仅是局部信息可以用来决定数据转发。

以图 10.11 为例。节点 A 要将数据传送到节点 J。有一个由节点 F、H、I 和 J 组成的预定义的社区。圈子的大小决定了节点的受欢迎程度（即圈子越大，越受欢迎）。在这个例子中，节点 A 将数据转发给节点 B 和 C，因为它们具有更高的受欢迎度。然而，节点 B 将不会转发数据给节点 D，因为节点 D 的受欢迎度低。节点 C 将会转发数据到节点 E，然后，节点 E 将数据转发到节点 F，因为节点 F 与节点 J 在同一个社区中（即目的地），即使节点 F 的受欢迎度低于节点 E，接下来，节点 F 转发数据给节点 I，随后给节点 J。

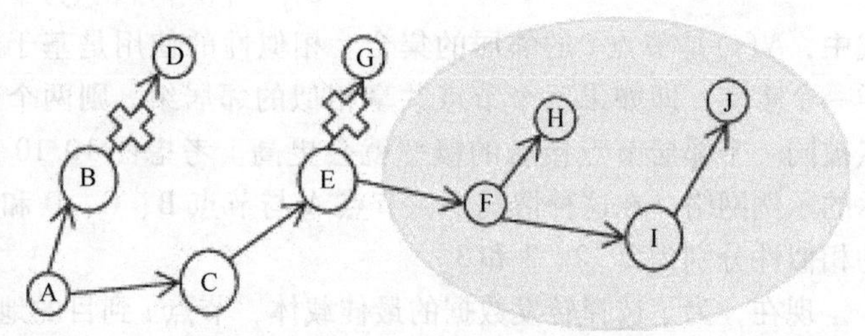

图 10.11 BUBBLE 协议示例

根据网络来考虑不加权或加权，BUBBLE 协议分别采用 k – 派系算法[355]或加权网络分析[356]。对于加权网络分析，模块化被用来确定一个社区的力量。模块化定义为

$$M = \sum_{i,j}\left(\frac{W_{i,j}}{2m} - \frac{k_i k_j}{(2m)^2}\right)\delta(c_i, c_j) \tag{10.8}$$

式中，$W_{i,j}$是节点 i 和 j 之间边界的权重；$m = \frac{1}{2}\sum_{i,j} W_{i,j}$；$k_i$ 是节点 i 的度（如 $k_i = \sum_j W_{i,j}$）。c_i 是节点 i 的社区，即

$$\delta(c_i, c_j) = \begin{cases} 1, & i=j \\ 0, & 其他 \end{cases} \tag{10.9}$$

在性能评估中，采用了来自不同来源的移动性跟踪（如剑桥大学 Haggle 项目和 MIT 现实挖掘项目）。BUBBLE 协议被用来与 PROPHET 协议[357]进行比较，后者仅依赖于相遇历史和移动性，来计算节点分发数据到目的地的概率。仿真结果表明，BUBBLE 协议获得了与 PROPHET 协议相似的成功分发率（即成功分发的消息数量和分发的消息总数之间的比值）。然而，使用 BUBBLE 协议会产生更少的数据拷贝，从而使用更少的资源。

10.4.3　基于朋友关系的路由

参考文献［358］介绍了 DTN 中移动节点（即用户）间朋友关系的使用，以促进数据路由。与基于社区的路由（如 BUBBLE 协议）不同，这个基于朋友关系的路由协议依赖于节点之间的相互关系。相互关系取决于 DTN 中的机会接触。

参考文献[358]强调，单独使用任何接触统计（如相遇频率、总的或平均的接触时间，以及平均分离周期）可能不能很好地表示两个节点之间的相互关系。图 10.12 显示了节点 i 和 j 之间的六个相遇场景，其中灰色框是相遇事件。以下是从这些场景中观察到的。

1）如图 10.12a 和 b 所示，相遇频率是相同的（即每单位时间 4 次）。然而，图 10.12b 中的接触周期长于图 10.12a。结果是，图 10.12b 更适合于传输数据。

2）如图 10.12b 和 c 所示，相遇持续时间是相同的，而图 10.12c 的相遇频率是图 10.12b 的 2 倍。如果数据量不是太大，图 10.12c 更适合数据传输，因为节点 i 不需要等待太长时间就可以遇到节点 j。

3）如图 10.12c 和 d 所示，相遇持续时间和频率是相同的。然而，图 10.12c 中相遇事件的均匀性大于图 10.12d 所示。结果是，图 10.12c 更适合，因为相遇时间的均匀分布和高可预测性。

4）如图 10.12 所示，如果 $t_1 = t_2 = t_3$，采用平均的分离持续时间不能区分图 10.12b、e 和 f。然而，图 10.12b 还是 e 更适合于数据传输是无法区分的。

鉴于以上的观察，参考文献［358］建议链路质量（如朋友关系的力量）应该持续时间长、高频率、均匀。考虑到这一点，图 10.12c 将是最适合于数据传输的。参考文献［358］介绍了一种新的社会指标，称为“社交压力度”（SPM），用来衡量朋友关系的社交压力（即愿意相遇和共享数据的倾向）。链路质量基于 SPM 的定义为

$$w_{i,j} = \frac{1}{\mathrm{SPM}_{i,j}} = \frac{T}{\int_{t=0}^{T} f(t)\,\mathrm{d}t} \tag{10.10}$$

式中，T 是感兴趣的时间周期；$f(t)$ 是节点 i 和 j 在时间 t 后与首次相遇的剩余时间的函数，初始化为零。显然，随着节点 i 和 j 之间的朋友关系变得亲近（即更强的关系强度），链路质量 $w_{i,j}$ 也

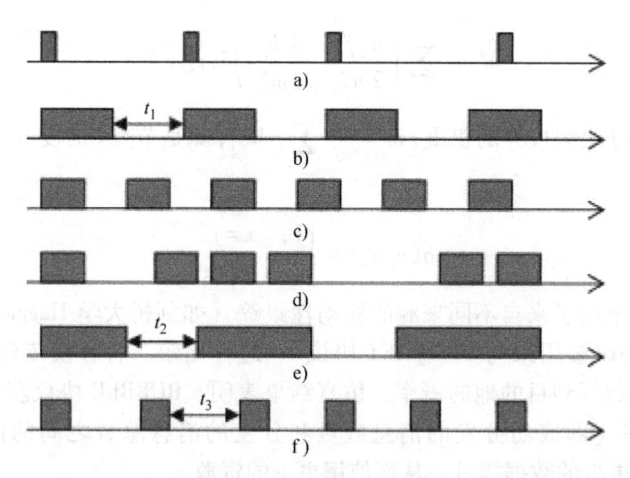

图 10.12 不同的相遇模式

随之增加。

然而，数据可能需要通过多个节点才能传输到目的地。在这种情况下，参考文献［358］还介绍了朋友社区的概念。社区是通过比较链路质量与阈值 τ 来建立的。如果它的链路质量高于阈值，那么该节点包含在社区中。社区的定义超越了两个节点之间的直接接触。在这种情况下，有共同朋友的节点可以归类为亲密的间接朋友。结果是，两个节点之间的一个新的度量被定义，称为有条件的 SPM（CSPM）。考虑节点 i、j 和 k，其中，节点 i 和 j 彼此不需要亲密的直接朋友。而节点 i 和 k 可以是节点 j 的亲密朋友。CSPM 表示为 $\text{CSPM}_{j,k|i}$，是节点 j 将从节点 i 接收到的数据传输到节点 k 所用的平均时间。节点 i 的朋友社区定义为

$$F_i = \{j \mid w_{i,j} > \tau, i \neq j\} \cup \{k \mid w_{i,j,k} > \tau, w_{i,j} > t, i \neq j \neq k\} \tag{10.11}$$

式中，间接链路权重设定为

$$w_{i,j,k} = \frac{1}{\text{SPM}_{i,j} + \text{CSPM}_{j,k|i}} \tag{10.12}$$

与 SPM 可以从节点的局部相遇信息来计算不同，CSPM 需要在多个节点之间定期交换相遇信息。SPM 和 CSPM 可以在稳定状态（如持续许多天的时间）下进行计算。然而，它们可能会遇到移动节点的瞬态行为。因此，参考文献［358］提出计算一天中不同时段（如上午、下午和晚上）的 SPM 和 CSPM，这将有助于这些指标更准确地量化实际的朋友关系。

如果节点 i 有数据传输到节点 d，数据转发（即路由）工作如下。如果节点 i 遇到节点 j，同时仅当节点 j 与节点 d 在同样的朋友社区，且节点 j 比节点 i 拥有更强的与节点 d 的朋友关系时，数据才会从节点 i 转发到节点 j。这个转发规则确保节点 j 只有在它被归类为与目的地在同一个社区的情况下才发接收节点 i 的数据。否则，节点 i 将保留它的数据，并等待与其他节点相遇。

利用 MIT 现实挖掘项目中的移动性跟踪对基于朋友关系的路由进行性能评估。与流行的 PROPHET 协议[357] 和 SimBet[353] 协议进行比较。仿真结果表明，基于朋友关系的路由与 PROPHET 协议和 SimBet 协议相比，具有更高的数据分发速率，但仍低于流行的协议。这是因为基于朋友关系的路由可以更好地将节点之间的相互关系进行分类。在成本方面（即转发次数），基于朋友关系的路由与 SimBet 协议类似，但比流行的协议和 PROPHET 协议要少得多。它强调的是，基于

朋友关系的路由能获取分发速率与成本之间的最高比值。

然而，与社交感知路由相关的大多数工作没有考虑移动节点的位置信息。位置信息可以帮助确定社区和优化数据路由与传播，我们将在下面进行详细讨论。

10.4.4　基于地理社区的路由

参考文献[359]认为，节点之间的社交关系和社区与位置是高度相关的。例如，同一个班级的学生长时间在同一个教室里，他们会有很高的概率定期相遇。因此，当计算一个中心性指标和检测社区时，必须考虑地理信息。参考文献[359]介绍了一种新的基于位置的社交指标和社区检测机制，即地理中心性和地理社区。其认为，到目的地的数据分布的调度由一个实体（称为超级节点）进行。超级节点的目的是将数据分发到在网络中不同位置移动的其他节点。图 10.13 是一个示例场景。

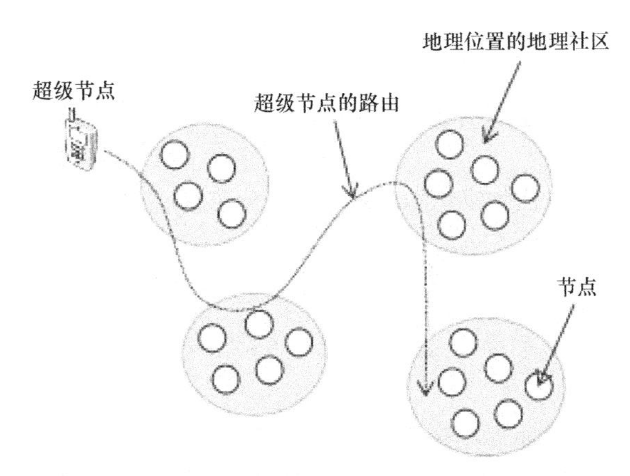

图 10.13　地理位置、地理社区和超级节点路由

首先，地理社区的概念被引入作为与彼此紧密相连的移动节点的一个簇。链路可以是直接或间接的（如通过其他节点）。社区与地理位置相关。在这种情况下，为时间段 $[t_1, t_2]$ 定义了地理位置 l 的“接触用户集”。这是用户 i 的集合，其在地理位置 l 的停留时间 $T_{i,l}$ 大于阈值 τ。然后，具有规则用户移动性的地理位置 l 的集合被定义为“接触地理位置集。”在这种情况下，一个节点可以属于不同的地理社区，但在任何时间它只能在一个地理社区。参考文献［359］还介绍了地理中心性指标。此指标测量网络中某个特定的移动节点在一个地理社区（即在相应的地理位置）中的概率。地理社区 k 的地理中心性定义为

$$C_k(t_k) = 1 - \frac{1}{N}\sum_{i=1}^{N}(1 - \phi_{i,k})^{t_k} \tag{10.13}$$

式中，N 是网络中节点的数量；$\phi_{i,k}$ 是节点 i 将会在地理社区 k 的每单位时间内的稳定状态概率。地理中心性 $C_k(t_k)$ 基本上是网络中任一节点在持续时间 t_k 内位于地理社区 k 的平均概率。

对在某个地理位置的地理社区及其地理中心性计算后，进行数据分发的超级节点的路由可以被优化。参考文献［359］考虑了这样一种情况，超级节点将访问不同地理位置，并试图将数据分发到地理社区的节点或成员（见图 10.13）。然而，由于移动性，节点可以随机在任一地理

社区中，超级节点必须决定在每个地理社区停留多长时间，才能满足数据分布的要求。该调度可归结为选择等待时间 t_k 和地理社区 k 中超级节点顺序的优化问题。并提出了静态和贪婪自适应路由算法。

在静态路由算法中，超级节点可能有两种形式，即减少路由的总持续时间和最大化数据分布比。该算法分为两个步骤，即选择地理社区和通过它们构建路由。第一步，地理社区被选择用于旅行商问题。然后，在每个地理社区的等待时间可以用以下优化规则进行优化，即

$$\min \sum_{k=1}^{K} t_k \tag{10.14}$$

$$\text{满足} \sum_{k=1}^{K} C_k(t_k) \geqslant p \tag{10.15}$$

$$t_k \geqslant 0,\ k=1,\cdots,K \tag{10.16}$$

式中，K 是地理社区的总数；p 是总的数据分布比。在这种情况下，$\sum_{k=1}^{K} t_k$ 是超级节点的路由的总持续时间，其将被最小化。这个限制是用于确保数据分布比高于要求值。这个优化问题可以转化为一个凸优化问题（即通过采取对数函数的约束）。因此，标准的求解器可以被用来有效地获得一个最优解。

相比之下，超级节点可以优化以达到最大的数据分布比。这种情况下，优化问题可以表述为

$$\max \quad p = \sum_{k=1}^{K} C_k(t_k) \tag{10.17}$$

$$\text{满足} \quad \sum_{k=1}^{K} t_k + T_t(t_0, t_1, \cdots, t_K) \leqslant T \tag{10.18}$$

$$t_k \geqslant 0,\ k=1,\cdots,K \tag{10.19}$$

式中，T_t 是超级节点用于访问地理社区的总旅行时间。这里的目标是最大化地理中心性，相当于数据分发比。限制是为了确保总的路由持续时间保持在最大时间 T 以下。考虑为每一个地理社区定义的地理中心性-旅行时间比，这种优化可以被重新表述为一个背包问题。这个比可以被称为社区的效率。背包算法适用于选择从一个社区到另一个社区的旅行时间并将其放在背包里。

不像静态路由算法假设所有的地理中心性是固定的，贪婪自适应路由算法允许动态更新地理社区。采用优化规则来减少路由的总时间或最大化数据分发比，在自适应路由算法中，超级节点访问地理社区，然后逐步更新等待数据分布的决定，再移动到下一个地理社区。因此，超级节点可以动态调整其决策，而无须先假设先验信息。

在所有的社交感知数据路由和传播中，没有考虑无线资源的使用。然而，在现实中，数据传输需要无线资源来进行移动节点之间的无线传输。在下一节中，我们将讨论无线资源（即带宽）分配如何影响内容分发，其中内容可以通过网络基础设施（即基站）和移动节点之间的机会接触来传输。

10.5　移动社交网络的合作内容分发

在本节中，我们将介绍移动社交网络中的合作数据分发。参考文献［360］认为移动社交网络中，当移动节点移动和遇到另一个节点时，其内容分发使用的不仅是从接入点的宽带连接，也

有本地连接。这个内容分发方案的好处是，它降低了接入点无线资源的使用。其结果是，通过利用移动用户的社交关系和物理移动性降低了内容提供者的成本。参考文献［360］考虑了在这样一个移动社交网络中内容供应者的无线连接共享问题。此外，也考虑了网络运营商分配带宽等资源的合理性和自利行为。具体而言，多个内容提供者可以从网络运营商购买无线连接，以便将内容分发给用户的移动节点。内容提供者可以通过形成联盟的方式合作，有效地共享无线连接和转发的内容。尽管由于连接共享实现了较低的成本，但内容分布的性能可能会降低（如由于更大的延迟)。对于网络运营商，分配给内容提供者使用的无线连接的带宽量可以被控制，使其收入最大化。考虑的场景如图 10.14 所示。

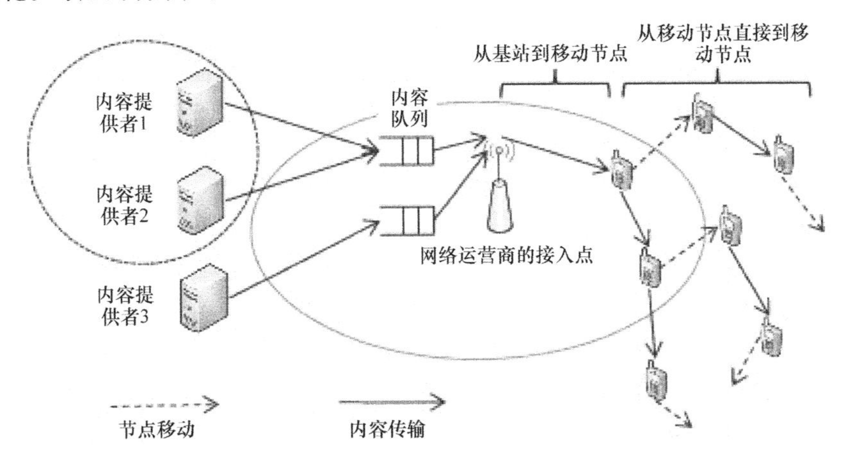

图 10.14　移动社交网络的合作数据分发的系统模型

针对上述问题，参考文献[360]介绍了一种受控的联盟博弈的概念。此博弈共同解决了多个内容提供者的合作内容转发和带宽共享，以及网络运营商的带宽分配。这个博弈是由内容提供者之间的联盟形成子博弈和网络运营商的优化规则组成的。在这个博弈中，网络运营商可以有效地“调整”自己的动作，以控制内容供应者的联盟形成。此博弈类似于 Stackelberg 框架（即层次优化模型），所提出的受控联盟博弈可以用来获得如下场景的解。这个博弈的结构如图 10.15所示。下面，将介绍在参考文献［360］中提出的不同分析模型的详细内容。

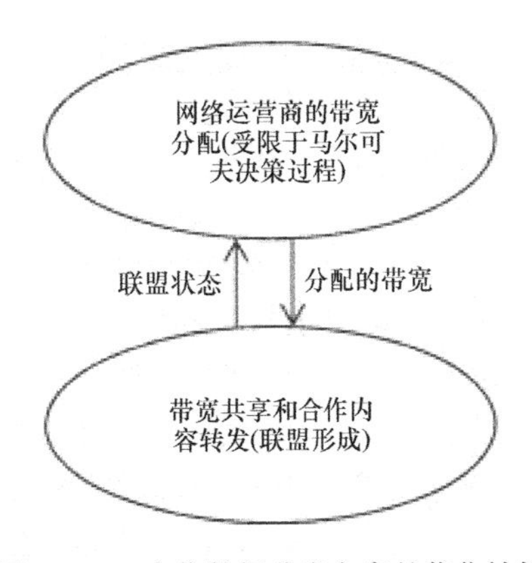

图 10.15　合作数据分发方案的优化结构

1）介绍了移动节点在异构群组中合作内容转发的分析模型，其中移动节点是不同内容提供者的用户。由于是不同内容提供者用户的移动节点可能有不同的移动行为，因此采用多维吸收马尔可夫链[361]来获得内容分发的重要性能指标，包括内容转发的延迟和所有移动节点在截止时限内接收内容的概率。

2）开发了内容供应者之间通常的联盟形成博弈，并考虑了合作内容转发和带宽共享的复合策略。随着联盟形成的复合策略（如内容转发和带宽共享联盟可以共同或独立形成），一个二维马尔可夫链[361]被用来分析联盟形成的动力和获得内容提供者的稳定的联盟状态。

3）考虑到内容供应者的联盟形成的动力，提出了网络运营商用来分配带宽给无线连接的优化模型。这个约束马尔可夫决策过程（CMDP）优化模型是用来最大限度地提高网络运营商的收入的。必须考虑网络运营商节点关于服务质量要求的限制。从这个优化模型可以获得最优策略。策略提供了从联盟状态到被分配的带宽量的映射。

10.5.1 移动社交网络的内容提供者和网络运营商

合作内容分发下的移动社交网络由以下部分组成。

1）内容提供者：在移动社交网络中，有 I 个内容提供者或“供应商”。我们定义 $\mathcal{I}=\{1,\cdots,I\}$ 是所有提供者的集合。这些提供者为订阅其的移动节点（如新闻、商业数据和移动应用）创建一个内容。为了传输内容，每个内容提供者使用一个接入点的无线连接。接入点属于网络运营商。内容提供者的目标是最小化内容分发的成本，这是内容分发延迟、带宽使用和内容转发开销的函数。

2）网络运营商：网络运营商为内容提供者提供无线数据传输服务（即无线连接）。在网络运营商的接入点有一个队列，以缓存从提供者接收到的内容。队列中的内容由接入点（如使用宽带无线接入）以先入先出的方式传输到移动节点。网络运营商可以控制的带宽 b 的数量（即信道的数量），这是由接入点分配用以传输内容给覆盖区域内的移动节点。每一个无线连接的价格表示为 $b\theta$，其中 θ 是价格常数。请注意，接入点的可用带宽是与订阅的内容提供者和“正常节点”的移动节点共享的，即不属于移动社交网络的节点。网络运营商的目标是从销售无线连接给内容提供者以获取最大限度的收入。同时，正常节点的服务质量性能需要保持在一个给定的阈值。

3）移动节点：对于任一内容提供商 $i\in\mathcal{I}$，有 N_i 个订阅的移动节点。然而，只有 U_i 个订阅的移动节点会通过接入点（即 $U_i<N_i$）接收到新的内容。其余的移动节点可以通过直接传输从其他节点获得内容。特别是，当节点移动和相遇时，内容可以直接在订阅的移动节点之间传输。

假定，移动节点之间直接的内容传输（即机会接触）的传输速率远远大于接入点和移动节点之间的传输速率。这是由于移动节点之间的无线连接来自本地网络，而接入点和移动节点之间的无线连接是基于宽带无线接入网络，这是价格昂贵和速度受限的（如分别是 Wi - Fi 和蜂窝网络别）。

对内容提供者和网络运营商之间的决策过程建模，它们都有不同的目标（即在 QoS 限制下分别是最少化成本和最大化收益），因此我们制定了一个层次优化模型，称为受控联盟博弈。受控联盟博弈类似于 Stackelberg 博弈。在这个模型中，领导者是网络运营商，追随者是内容提供者。在追随者做出策略选择前，领导者可以宣布其策略（见图 10.15）。作为一个领导者，给定追随者的状态，网络运营商可以通过控制其动作（即分配的带宽量）来优化奖励（即收入）。追随者可以观察领导者的动作，并调整它们的策略（即联盟形成），以尽量减少成本。追随者的联盟形成分为两个部分，即合作内容转发和带宽共享。对于合作内容转发，联盟 $\mathcal{F}$ 在内容提供者之间形成，其中它们的订阅移动节点将在它们之间转发内容。对于带宽共享，联盟 $\mathcal{B}$ 在网络运营商之间形成，以共享网络运营商的接入点分配的带宽（即无线连接）。在一般情况下，带宽共享联盟$\mathcal{B}\subseteq\mathcal{I}$可以与内容转发联盟$\mathcal{F}\subseteq\mathcal{I}$不同。

受控联盟博弈可分解为两个相互关联的问题，以获取领导者和追随者的最优动作和策略。第一个问题是网络运营商基于约束马尔可夫决策过程（CMDP）的优化。第二个问题是内容提供者的联盟博弈。采用这种结构，若给定内容提供者的联盟结构，则可获得网络运营商的最优动作。此外，内容提供者的联盟状态的转换是由网络运营商的动作控制的。

10.5.2　移动节点间内容转发的马尔可夫链模型

为了分析内容提供者提供的内容分发服务的性能，提出了一种基于吸收连续时间马尔可夫链的分析模型。该模型是用于移动节点之间的内容转发。

1. 状态空间

我们考虑内容提供者 i 的订阅移动节点的内容转发过程。这个内容提供者属于（即成员）联盟$\mathcal{F}\subseteq\mathcal{I}$（即 $i\in\mathcal{F}$）。联盟$\mathcal{F}$的成员数量是$|\mathcal{F}|$，式中$|\cdot|$表示一个集合（即联盟）的基数。换句话说，$\mathcal{F}$是内容提供者的集合，通过允许它们用户的移动节点转发彼此的内容。

我们引入吸收连续时间马尔可夫链来分析合作内容提供者的内容转发过程的性能。内容从接入点转发到移动节点。一个重要的性能指标是延迟，这是通过从接入点完成转发内容到移动节点开始，到供应商 i 的所有移动节点接收内容的时间（或者到达截止时限）来衡量的。因此，我们定义内容转发过程的状态为已经从提供者 i 接收到内容的移动节点的数量。这个状态可以进一步分为瞬间状态和吸收状态。瞬间状态是提供者 i 的部分移动节点接收到内容的状态，吸收状态是提供者 i 的所有移动节点接收到内容的状态。

瞬间状态的状态空间定义为

$$\Delta_{i,\mathcal{F}} = \mathbb{M}_i \times \prod_{j\in\mathcal{F};j\neq i} \mathbb{N}_j \tag{10.20}$$

式中，$\times$和$\prod$是笛卡儿积。集合$\mathbb{M}_i$定义为$\mathbb{M}_i=\{1,\cdots,N_i-1\}$。集合$\mathbb{N}_j$定义为$\mathbb{N}_j=\{0,\cdots,N_j\}$。吸收状态定义为

$$\delta_{i,\mathcal{F}} = \{N_i\} \tag{10.21}$$

式中，N_i 是向内容提供者 i 订阅的移动节点的数量。

2. 转移矩阵

移动节点首先接收来自接入点的内容。然后，移动节点在移动和相遇时直接传输/转发此内容到其他节点。我们假设两次相遇事件的时间间隔是随机的，并遵循指数分布。提供者 i 的移动节点遇到提供者 j 的移动节点的平均时间表示为 $1/\Lambda_{i,j}$[362]。因此，$\Lambda_{i,j}$是指平均相遇比，我们假设 $\Lambda_{i,j}=\Lambda_{j,i}$，$i$，$j\in\mathcal{F}$。给定瞬间状态和吸收状态的空间（即 $\Delta_{i,\mathcal{F}}$和 $\delta_{i,\mathcal{F}}$），内容转发过程的转移矩阵定义为

$$\boldsymbol{Q}_{i,\mathcal{F}} = \left[\begin{array}{c|c} \boldsymbol{S}_{i,\mathcal{F}} & \vec{s}_0 \\ \hline \boldsymbol{0} & 0 \end{array}\right] \tag{10.22}$$

式中，$\boldsymbol{S}_{i,\mathcal{F}}$是 $\Delta_{i,\mathcal{F}}$中瞬间状态的转移矩阵；$\boldsymbol{0}$ 是一个适当大小的零矩阵；对应于吸收状态 $\delta_{i,\mathcal{F}}$，$\boldsymbol{0}$ 和 0 都是矩阵 $\boldsymbol{Q}_{i,\mathcal{F}}$的底部；$\vec{s}_0$ 是向量，其元素是从瞬间状态到吸收状态的转移速率。

矩阵 $\boldsymbol{S}_{i,\mathcal{F}}$ 表示如下：

$$\boldsymbol{S}_{i,\mathcal{F}}=\begin{bmatrix} \boldsymbol{N}_{0,0}^{(j)} & \boldsymbol{N}_{0,1}^{(j)} & & & \\ & \boldsymbol{N}_{1,1}^{(j)} & \boldsymbol{N}_{1,2}^{(j)} & & \\ & & \ddots & \ddots & \\ & & & \boldsymbol{N}_{N_j-1,N_j-1}^{(j)} & \boldsymbol{N}_{N_j-1,N_j}^{(j)} \\ & & & & \boldsymbol{N}_{N_j,N_j}^{(j)} \end{bmatrix} \tag{10.23}$$

式中，矩阵 $\boldsymbol{S}_{i,\mathcal{F}}$ 的每一行对应于内容提供者 j 的移动节点的数量（$j\neq i$，$j\in\mathcal{F}$），且这些节点已从提供者 i 接收到内容。换句话说，矩阵 $\boldsymbol{N}_{n_j,n'_j}^{(j)}$ 表示移动节点的数量从 n_j 到 n'_j 变化的转移矩阵。矩阵 $\boldsymbol{N}_{n_j,n_j+1}^{(j)}$ 表示提供者 j 的移动节点从状态 n_j 到 n_j+1 的转移矩阵。矩阵 $\boldsymbol{N}_{n_j,n_j+1}^{(j)}$ 是由对角元素 $\boldsymbol{\eta}_{(\cdots n_k,\cdots)}^{(j)}$ 组成的，对应于其他提供者的移动节点 n_k 的数量（$k\in\mathcal{F}$，$k\neq j$）。对角元素 $\boldsymbol{\eta}_{(\cdots,n_k,\cdots)}^{(j)}$ 可从下式得到，即

$$\boldsymbol{\eta}_{(\cdots,n_k,\cdots)}^{(j)}=(N_j-n_j)\left(\sum_{k\in\mathcal{F}}n_k\Lambda_{j,k}\right) \tag{10.24}$$

式中，$\Lambda_{i,k}$ 是提供者 i 和 k 的移动节点之间的平均相遇率。

矩阵 $\boldsymbol{N}_{n_j,n_j}^{(j)}$ 表示从提供者 i 接收到内容的提供者 k（$k\in\mathcal{F}$，$k\neq j$）的移动节点数量的转移矩阵。矩阵 $\boldsymbol{N}_{n_j,n_j}^{(j)}$ 的结构与式（10.23）中 $\boldsymbol{S}_{i,\mathcal{F}}$ 相似，可表示为

$$\boldsymbol{N}_{n_j,n_j}^{(j)}=\begin{bmatrix} \boldsymbol{N}_{0,0}^{(k)} & \boldsymbol{N}_{0,1}^{(k)} & & & \\ & \boldsymbol{N}_{1,1}^{(k)} & \boldsymbol{N}_{1,2}^{(k)} & & \\ & & \ddots & \ddots & \\ & & & \boldsymbol{N}_{N_k-1,N_k-1}^{(k)} & \boldsymbol{N}_{N_k-1,N_k}^{(k)} \\ & & & & \boldsymbol{N}_{N_k,N_k}^{(k)} \end{bmatrix} \tag{10.25}$$

强调一下，矩阵 $\boldsymbol{N}_{n_k,n_k+1}^{(k)}$ 表示提供者 k 的移动节点从状态 n_k 到 n_k+1 的转移矩阵。对角元素 $\boldsymbol{\eta}_{(\cdots,n_l,\cdots)}^{(k)}$ 是从提供者 i 接收到内容的提供者 $l(l\in\mathcal{F},\ l\neq k)$ 的移动节点 n_l 的数量。对角元素 $\boldsymbol{\eta}_{(\cdots,n_l,\cdots)}^{(k)}$ 可用类似于式（10.24）的方式获得。$\boldsymbol{N}_{n_j,n_j}^{(j)}$ 中的元素 $\boldsymbol{N}_{n_k,n_k}^{(k)}$ 可用类似于式（10.25）的方式获得。$\mathcal{F}$ 中剩余的提供者重复相同的步骤，直到到达最内层的矩阵 $\boldsymbol{N}_{n_i,n_i}^{(i)}$。矩阵 $\boldsymbol{N}_{n_i,n_i}^{(i)}$ 解释了拥有内容的提供者 i 的移动节点的数量的变化。

矩阵 $\boldsymbol{S}_{i,\mathcal{F}}$ 的对角元素对应于所有提供者（$m\in\mathcal{F}$）的移动节点的数量。可从下式得到，即

$$\eta(\cdots n_m,\cdots)=-\sum_{m\in\mathcal{F}}\left(\eta_{(\cdots n_{m'},\cdots)}^{(m)}+\zeta_{(\cdots n_{m'},\cdots)}\right) \tag{10.26}$$

对于 $m'\in\mathcal{F}'$，其中 $\zeta_{(\cdots,n_{m'},\cdots)}$ 是 $\vec{s}_0$ 的元素，定义如下：

$$\zeta_{(\cdots,n_{m'},\cdots)}=\begin{cases}(N_i-1)\sum_{m\in\mathcal{F}}n_m\Lambda_{i,m}, & n_i=N_i-1\\ 0, & \text{其余}\end{cases} \tag{10.27}$$

式中，$\zeta_{(\cdots,n_{m'},\cdots)}$ 是提供者 i 最后的移动节点从提供者（$m\in\mathcal{F}$）的移动节点接收内容的速率。

10.5.3 性能测量

从式（10.22）中定义的具有转移矩阵的吸收连续时间马尔可夫链，可以得到任何提供者 i

的内容转发过程中的性能测量。设定$\vec{\xi}$表示内容转发过程的初始概率，每个元素表示为$\xi_{(\cdots,n_i,\cdots)}$。由于内容提供者 i 的移动节点 U_i 将接收来自网络运营商的接入点的内容，$\xi_{(\cdots,n_i,\cdots)}$可以从下式得到，即

$$\xi_{(\cdots,n_i,\cdots)}=\begin{cases}1, & n_i=U_i\\0, & \text{其余}\end{cases}\tag{10.28}$$

换句话说，瞬间状态从 U_i 开始。

提供者 i 的所有移动节点经历的平均内容转发延迟是达到吸收状态[361]的平均时间，可从下式得到，即

$$D_i^{\text{fd}}(\mathcal{F})=-\vec{\xi}^{\mathrm{T}}\boldsymbol{S}_{i,\mathcal{F}}^{-1}\vec{\boldsymbol{I}}\tag{10.29}$$

式中，$\vec{\boldsymbol{I}}$ 是具有适当大小的列向量。

我们可以计算出内容在截止时限前被所有移动节点接收到的概率。首先，我们假设，在初始时间 0，接入点完成传输提供者 i 的内容到移动节点 U_i。如果提供者 i 的内容有截止时限（$\Gamma>0$），那么提供者 i 的所有移动节点将会接收内容的概率是在时间 Γ 到达吸收状态的概率[361]，并可从下式得到，即

$$P_i^{\text{all}}(\mathcal{F},\Gamma)=1-\vec{\xi}^{\mathrm{T}}\exp(\Gamma\boldsymbol{S}_{i,\mathcal{F}})\vec{\boldsymbol{I}}\tag{10.30}$$

类似地，我们可以计算在最后期限 Γ 前移动节点接收到提供者 i 的内容的平均数量，可以从瞬间状态概率获得。瞬间状态概率向量$\vec{\boldsymbol{q}}(\Gamma)$为

$$\vec{\boldsymbol{q}}(\Gamma)=\vec{\xi}^{\mathrm{T}}\exp(\boldsymbol{Q}_{i,\mathcal{F}}\Gamma)\tag{10.31}$$

式中，向量$\vec{\boldsymbol{q}}(\Gamma)=[\cdots\quad q_{(\cdots,n_j,\cdots)}(\Gamma)\quad\cdots]^{\mathrm{T}}$的元素$q(\cdots,n_j,\cdots)$对应于提供者（$j\in\mathcal{F}$）的移动节点 n_j 接收到提供者 i 的内容的概率。在时间 Γ，从提供者 i 接收到内容的提供者 i 移动节点的平均数量为

$$\bar{n}_i(\Gamma)=\sum_{n_i=1}^{N_i}n_i\left(\sum_{j\in\mathcal{F};j\neq i}\sum_{n_j=1}^{N_j}q_{(\cdots,n_j,\cdots)}(\Gamma)\right)\tag{10.32}$$

性能指标可用于内容提供者 i 来优化其联盟形成策略。

10.5.4　受控联盟博弈模型

受控联盟博弈是共同应对内容提供者和网络运营商的带宽分配问题的联盟形成过程。首先，定义了内容提供者的成本。然后，提供了内容提供者的联盟博弈模型，并介绍了网络运营商的优化问题。

1. 内容提供者的成本函数

内容提供者的目的是及时将内容分发到其订阅用户的移动节点，同时最大限度地降低成本。成本由以下部分组成。

1）向网络运营商支付的价格，以允许内容提供者从接入点向移动节点传输内容。

2）移动节点间的内容转发开销（如能源消耗）。

属于内容转发联盟$\mathcal{F}$和带宽共享联盟$\mathcal{B}$的成员的内容提供者 i 的成本可以表示如下：

$$C_i(\mathcal{F},\mathcal{B},b)=\omega_{\mathrm{td}}D_i^{\mathrm{td}}(\mathcal{B},b)+\omega_{\mathrm{bu}}C_i^{\mathrm{bu}}(b)+\omega_{\mathrm{fd}}D_i^{\mathrm{fd}}(\mathcal{F})+\omega_{\mathrm{cf}}C_i^{\mathrm{cf}} \tag{10.33}$$

式中，ω_{td}、ω_{bu}、ω_{fd}和ω_{cf}分别是内容传输延迟、带宽、内容转发延迟和内容转发开销的权重。内容提供者i的目标是最小化成本$C_i(\mathcal{F},\mathcal{B},b)$。$D_i^{\mathrm{td}}$（$\mathcal{B}$，$b$）是从接入点到移动节点$U_i$的内容传输延迟。此内容传输延迟取决于联盟$\mathcal{B}$和带宽$b$的量。$C_i^{\mathrm{bu}}(b)$是网络运营商收取的带宽成本。此成本仅取决于带宽$b$的量。$D_i^{\mathrm{fd}}(\mathcal{F})$是提供者$i$所有的移动节点经历的平均内容转发延迟，它可从式（10.29）得到。C_i^{cf}是内容转发开销。在这种情况下，如果移动节点转发过多的内容，移动节点的电池会很快被耗尽或者节点不能为其他应用使用本地网络。这种开销负面影响了移动用户的满意度。因此，内容提供者可以提供一个激励和补偿，以消除参与合作内容转发的移动节点的所有者所经历的这种不满。此付款可以是内容提供者收取的移动节点的服务费的折扣。

内容分发的时间可以分为两个部分。

1）内容传输延迟是用于将内容从接入点传输到移动节点的时间。

2）内容转发延迟是用于在移动节点之间转发内容的时间，可从式（10.29）中得到。

考虑到带宽共享联盟$\mathcal{B}$，从内容提供者（$i\in\mathcal{B}$）接收到的任何内容缓存在接入点的队列中。我们假设内容生成遵循泊松过程，其平均速率为α_i。使用M/D/1排队模型，从接入点到移动节点U_i的内容传输延迟可表示为

$$D_i^{\mathrm{td}}(\mathcal{B},b)=\frac{LU_i}{b\kappa/|\mathcal{B}|}\left(1+\frac{\rho_{\mathcal{B}}}{2(1-\rho_{\mathcal{B}})}\right) \tag{10.34}$$

式中，L是内容大小；b是与网络运营商分配的信道数相关的带宽测量的量；κ是每个信道的数据速率；$\rho_{\mathcal{B}}$是流量强度，定义为$\rho_{\mathcal{B}}=LU_i\alpha_i/(b\kappa/|\mathcal{B}|)$。

由提供者i支付给网络运营商的价格导致的带宽成本可从下式得到，即

$$C_i^{\mathrm{bu}}=\theta b/|\mathcal{B}| \tag{10.35}$$

内容转发开销的成本被认为是属于同一联盟的所有提供者产生的内容数量和订阅的移动节点的数量的函数，即

$$C_i^{\mathrm{cf}}=N_i\sum_{m\in\mathcal{F}}\alpha_m \tag{10.36}$$

2. 内容提供者的联盟博弈模型

考虑内容提供者的联盟博弈。给定由网络运营商（即领导者）分配的带宽b的量，内容提供者的联盟博弈由追随者（即内容提供者）定义。因此，这个联盟博弈的参与者集合是$\mathcal{I}$。任何参与者的策略都是形成合作内容转发的联盟$\mathcal{F}$和带宽共享的联盟$\mathcal{B}$。任何参与者（$i\in\mathcal{I}$）的负收益是式（10.33）中定义的成本$C_i(\mathcal{F},\mathcal{B},b)$。参与者有自利行为和目标，以最大限度地减少它们的个人成本。这是不可转让效用（NTU）联盟博弈，因为内容提供者的任何联盟的值（如成本）是一个延迟组成的函数，其不能在给定的任意联盟成员间转移（分离）。

联盟博弈中，每个内容提供者都有两个联盟要形成，即合作内容转发（即$\mathcal{F}$）和带宽共享（即$\mathcal{B}$）。其结果是，任何内容提供者的策略可以被定义如下。

1）从合作内容转发联盟分割出来：考虑内容提供者之间为合作内容转发而形成的联盟$\mathcal{F}$。如果满足以下条件，在这个联盟$\mathcal{F}$内的内容提供者可以决定分割成多个新的联盟$\mathcal{F}^{\dagger}$，即

$$C_i(\mathcal{F}^{\dagger},\mathcal{B},b)\leqslant C_i(\mathcal{F},\mathcal{B},b),\quad \forall i\in\mathcal{F} \tag{10.37}$$

式中，$\mathcal{F}=\cup\mathcal{F}^{\dagger}$。如果所有内容提供者（$i\in\mathcal{F}^{\dagger}$）的成本低于或与原始联盟$\mathcal{F}$相当的话，内容提供者可分割成多个联盟$\mathcal{F}^{\dagger}$，以用于进行合作内容转发。

2）从带宽共享联盟分割出来：考虑在一组内容提供者间形成并用于带宽共享的联盟$\mathcal{B}$。如果满足以下条件，在这个联盟$\mathcal{B}$中的内容提供者可以决定分割成多个新的联盟$\mathcal{B}^{\dagger}$，即

$$C_i(\mathcal{F},\mathcal{B}^{\dagger},b)\leqslant C_i(\mathcal{F},\mathcal{B},b),\quad \forall i\in\mathcal{B} \tag{10.38}$$

式中，$\mathcal{B}=\cup\mathcal{B}^{\dagger}$。内容提供者可以将一个带宽共享联盟分割成多个新的联盟，如果这样做，在新联盟$\mathcal{B}^{\dagger}$中的内容提供者的成本低于原来的联盟$\mathcal{B}$。

3）合并成一个合作内容转发联盟：如果满足以下条件，从多个联盟$\mathcal{F}$的内容提供者可以集体合并成一个单一的新的联盟$\mathcal{F}^{\ddagger}$，即

$$C_i(\mathcal{F}^{\ddagger},\mathcal{B},b)\leqslant C_i(\mathcal{F},\mathcal{B},b),\quad \forall i\in\mathcal{F}^{\ddagger} \tag{10.39}$$

式中，$\mathcal{F}^{\ddagger}=\cup\mathcal{F}$。如果所有内容提供者（在所有的联盟中）获得较低的成本，那么内容提供者将合并并作为一个单一的联盟。

4）合并成一个带宽共享联盟：如果满足以下条件，从多个联盟$\mathcal{B}$的内容提供者可以集体形成（即合并成）一个单一的新的联盟$\mathcal{B}^{\ddagger}$，即

$$C_i(\mathcal{F},\mathcal{B}^{\ddagger},b)\leqslant C_i(\mathcal{F},\mathcal{B},b),\quad \forall i\in\mathcal{B}^{\ddagger} \tag{10.40}$$

式中，$\mathcal{B}^{\ddagger}=\cup\mathcal{B}$。如果所有内容提供者在新的联盟中获得较低的成本，那么内容提供者可以合并并作为一个单一的联盟。

3. 稳定的联盟状态

我们可以使用马尔可夫链分析联盟形成过程。首先，状态空间被定义在以下的联盟结构的基础上。带宽共享的所有内容提供者的联盟的集合被定义为联盟结构$S=\{\mathcal{B}_1,\cdots,\mathcal{B}_x,\cdots,\mathcal{B}_X\}$，其中，对于$x\neq x'$，$\mathcal{B}_x\cap\mathcal{B}_{x'}=\emptyset$。$\cup_{x=1}^{X}\mathcal{B}_x=\mathcal{I}$，$X$是结构$S$中联盟的总数量，即$X=|S|$。同样，合作内容转发的所有内容提供者的联盟的集合被定义为联盟结构$R=\{\mathcal{F}_1,\cdots,\mathcal{F}_y,\cdots,\mathcal{F}_Y\}$，其中，对于$y\neq y'$，$\mathcal{F}_y\cap\mathcal{F}_{y'}=\emptyset$。$\cup_{y=1}^{Y}\mathcal{F}_y=\mathcal{I}$，$Y$是结构$R$中联盟的总数，即$Y=|R|$。

在联盟形成过程的马尔可夫链的状态空间是由带宽共享和合作内容转发的联盟结构组成的。状态空间定义为

$$\Omega=\{(S_k,R_l)\mid k,l=\{1,\cdots,B_I\}\} \tag{10.41}$$

式中，B_I是I个内容提供者总数的Bell数。当内容提供者选择策略时（即分割或合并），联盟状态也将发生变化。

给定网络运营商的带宽量b，联盟状态的转移概率矩阵定义为$\boldsymbol{P}(b)$，可表示为

$$\boldsymbol{P}(b)=\begin{bmatrix} \hat{\boldsymbol{P}}_{1,1}(b) & \cdots & \hat{\boldsymbol{P}}_{1,k'}(b) & \cdots & \hat{\boldsymbol{P}}_{1,B_I}(b) \\ \vdots & \ddots & \vdots & \ddots & \vdots \\ \hat{\boldsymbol{P}}_{k,1}(b) & \cdots & \hat{\boldsymbol{P}}_{k,k'}(b) & \cdots & \hat{\boldsymbol{P}}_{k,B_I}(b) \\ \vdots & \ddots & \vdots & \ddots & \vdots \\ \hat{\boldsymbol{P}}_{B_I,1}(b) & \cdots & \hat{\boldsymbol{P}}_{B_I,k'}(b) & \cdots & \hat{\boldsymbol{P}}_{B_I,B_I}(b) \end{bmatrix} \tag{10.42}$$

式中，元素$\hat{\boldsymbol{P}}_{k,k'}$是内容提供者的转移概率矩阵，这些内容提供者要改变它们的带宽共享联盟结构从S_k到$S_{k'}$。块元素$\hat{\boldsymbol{P}}_{k,k'}(b)$可从下式得到，即

$$\hat{\boldsymbol{P}}_{k,k'}(b)=\begin{bmatrix} P_{1,1}^{k,k'}(b) & \cdots & P_{1,l'}^{k,k'}(b) & \cdots & P_{1,B_l}^{k,k'}(b) \\ \vdots & \ddots & \vdots & \ddots & \vdots \\ P_{l,1}^{k,k'}(b) & \cdots & P_{l,l'}^{k,k'}(b) & \cdots & P_{l,B_l}^{k,k'}(b) \\ \vdots & \ddots & \vdots & \ddots & \vdots \\ P_{B_l,1}^{k,k'}(b) & \cdots & P_{B_l,l'}^{k,k'}(b) & \cdots & P_{B_l,B_l}^{k,k'}(b) \end{bmatrix} \tag{10.43}$$

式中，$P_{l,l'}^{k,k'}(b)$是联盟状态从（S_k,R_l）到（$S_{k'},R_{l'}$）变化的概率。$P_{l,l'}^{k,k'}(b)$是在矩阵$\boldsymbol{P}(b)(k-1)B_l+l$行和$(k'-1)B_l+l'$列。

为了进一步推导转移概率，我们定义了以下概念。

1）$\mathbb{C}_{k,k'}\subseteq\mathcal{I}$表示内容提供者的集合，它们是执行分割和合并策略的候选者，这些策略会导致带宽共享联盟从S_k到$S_{k'}$的改变。

2）$\mathbb{D}_{l,l'}\subseteq\mathcal{I}$表示候选内容提供者的集合，其导致合作内容转发联盟从R_l到$R_{l'}$的变化。

3）$F((S_{k'},R_{l'})\mid(S_k,R_l))$是可行性条件。可行性条件定义如下，如果条件状态$(S_{k'},R_{l'})$是可以从（$S_k,R_l$）达到的，给定$\mathbb{C}_{k,k'}$和$\mathbb{D}_{l,l'}$中所有内容提供者的策略，那么条件$F((S_{k'},R_{l'})\mid(S_k,R_l))$是正确的，否则就是错误的。

转移概率$P_{l,l'}^{k,k'}(b)$可从下式得到，即

$$P_{l,l'}^{k,k'}(b)=\begin{cases}\prod\limits_{i\in\mathbb{C}_{k,k'};i\in\mathbb{D}_{l,l'}}\gamma\tau_i((S_{k'},R_{l'})\mid(S_k,R_l)), & F((S_{k'},R_{l'})\mid(S_k,R_l))\\ 0, & \text{其余}\end{cases} \tag{10.44}$$

式中，γ是内容提供者执行合并或分割策略的概率。$\tau_i((S_{k'},R_{l'})\mid(S_k,R_l))$是最佳回复规则。$\tau_i((S_{k'},R_{l'})\mid(S_k,R_l))$是内容提供者$i$改变策略，并且联盟状态从（$S_k,R_l$）到（$S_{k'},R_{l'}$）的改变的概率。最佳回复规则可以正式定义为

$$\tau_i((S_{k'},R_{l'})\mid(S_k,R_l))=\begin{cases}\hat{\tau}, & C_i(\mathcal{B}\in S_{k'},\mathcal{F}\in R_{l'},b)<C_i(\mathcal{B}\in S_k,\mathcal{F}\in R_l,b)\\ \epsilon, & \text{其余}\end{cases} \tag{10.45}$$

对于$i\in\mathcal{B}\in S_{k'}$、$i\in\mathcal{B}\in S_k$、$i\in\mathcal{F}\in R_{l'}$和$i\in\mathcal{F}\in R_l$，$0<\hat{\tau}\leqslant1$是一个常数，$\epsilon$是内容提供者选择一种非理性策略的小概率（即$\epsilon=10^{-2}$）。非理性策略的结果会带来更高的成本，如果内容提供者没有关于策略的结果和联盟形成的完整的信息，那么这种情况可能会发生。

给定网络运营商分配的带宽量b，我们可以得到式（10.41）中状态空间定义的马尔可夫链的平稳概率和式（10.44）中的转移概率。固定概率的向量表示为$\vec{\boldsymbol{p}}_b=[p_b(S_1,R_1),\cdots,p_b(S_k,R_l),\cdots,p_b(S_{B_s},R_{B_l})]^{\mathrm{T}}$。这个向量是通过求解$\vec{\boldsymbol{p}}_b^{\mathrm{T}}\boldsymbol{P}(b)=\vec{\boldsymbol{p}}_b^{\mathrm{T}}$和$\vec{\boldsymbol{p}}_b^{\mathrm{T}}\vec{\mathbf{1}}=1$得到的。如果内容提供者的非理性决策的概率接近于零（即$\epsilon\to0^+$），有可能是吸收状态。一旦马尔可夫链转变为吸收状态，链将永远保持在这种状态中。因此，这对应于稳定的联盟结构，其中，在内容提供者已经达到了这种结构后，它们将永远保持在这种结构中。换句话说，吸收状态为稳定联盟状态。在这种稳定联盟状态中，考虑到目前的联盟状态，没有参与者有理由改变其决策。

4. 网络运营商带宽分配的优化设计

随着内容提供者分割或合并联盟的决策，网络运营商可以优化其带宽分配动作，以最大限度地提高收入。换句话说，由于内容提供者之间潜在的联盟博弈，在受控联盟博弈中的网络运营的优化设计是一个具有四元组$(\Omega,\Xi,P_{l,l'}^{k,k'}(b),V(S_k,R_l,b))$的约束马尔可夫决策过程（MDP）。

1）Ω 是式（10.41）中定义的联盟状态的有限集合。

2）Ξ 是动作 b 的有限集合。

3）$P_{l,l'}^{k,k'}(b)$ 是在式（10.44）中定义的转移概率。

4）$V(S_k,R_l,b)$ 是具有动作 b 的联盟结构 S_k 和 R_l 获得的即时奖励（即收入）。

一个动作，即为网络运营商分配的带宽量 b，代表了分配给每一个无线连接的带宽量。无线连接由内容提供者使用。因此，动作空间表示为 $\Xi=\{1,2,\cdots,b_{\max}\}$，其中，$b_{\max}$ 是最大的带宽分配量。动作需要从一个离散的有限集（即 $b\in\Xi$）中获取一个值，这是通道的数量（如在 OFDM 或 TDMA 系统中分别是子载波或时隙）。

网络运营商的即时奖励或直接收入定义为

$$V(S_k,R_l,b)=b\theta|S_k| \tag{10.46}$$

式中，$|S_k|$ 是内容提供者带宽共享联盟的数量。每个联盟都分配了带宽 b，θ 是每个连接收取的价格常数。

对于受控联盟博弈框架中的 CMDP，网络运营商的目的是优化带宽分配策略。该策略是一种从联盟结构或状态 $(S_k,R_l)\in\Omega$ 到动作 $b\in\Xi$ 的映射。最优策略的目的是最大限度地提高网络运营商的长期收入。然而，由于接入点的可用带宽不仅被内容提供者使用，也被正常节点（即非内容分发服务的用户）使用，正常节点的性能也必须考虑。在这种情况下，如果接入点的所有带宽（即所有信道）$B_{\max}$，都为内容提供者的移动节点保留和正常进行中的节点所占用，那么任何新的正常节点将无法连接到接入点。这些被拥塞的用户将会不满。因此，网络运营商必须确保新的正常节点的连接阻塞概率保持在一定的阈值 P_{bl} 下。因此，网络运营商基于 CMDP 的优化问题可以归结为

$$\max_{\pi}\quad J_V=\lim_{T\to\infty}\inf\frac{1}{T}\sum_{t=1}^{T}E_{\pi}(V(S_k(t),R_l(t),b(t))) \tag{10.47}$$

$$\text{满足 } J_K=\lim_{T\to\infty}\sup\frac{1}{T}\sum_{t=1}^{T}E_{\pi}(K(S_k(t),R_l(t),b(t)))\leqslant P_{\mathrm{bl}} \tag{10.48}$$

式中，J_V 是长期平均收入；J_K 是网络运营商的连接拥塞概率；$S_k(t)$ 是在时间 t 用于带宽共享的联盟；$R_l(t)$ 是在时间 t 的合作内容转发；$b(t)$ 是分配的带宽；$E_{\pi}(\cdot)$ 表示策略 π 的期望，策略 π 定义为 $\pi=\{\psi(S_k,R_l,b)\mid k,l=\{1,\cdots,B_l\},\forall b\in\Xi\}$；$\psi(S_k,R_l,b)$ 是在联盟状态 (S_k,R_l) 采用动作 b 的概率；$K(S_k,R_l,b)$ 是利用 Erlang - B（或损失）公式获得的直接的连接拥塞概率。

直接的连接拥塞概率可从下式得到，即

$$K(S_k,R_l,b)=\frac{(\lambda\mu)^{B_{\max}-b|S_k|}/(B_{\max}-b|S_k|)!}{\sum_{x=0}^{B_{\max}-b|S_k|}(\lambda\mu)^x/x!} \tag{10.49}$$

式中，$B_{\max}-b|S_k|$ 是正常节点可用的信道数量；λ 是新的正常节点到达速率；μ 是正常节点的连接保持时间。

我们制定和解决线性规划（LP）模型，以获取在式（10.47）和式（10.48）中定义的 CMDP 的最佳策略。LP 模型的解是联盟状态和动作的固定概率，表示为 $\phi(S_k,R_l,b)$。对于 $(S_k,R_l)\in\Omega$ 和 $b\in\Xi$，具有决策变量 $\phi(S_k,R_l,b)$ 的 LP 模型定义为

$$\max_{\phi(S_k,R_l,b)}\sum_{(S_k,R_l)\in\Omega}\left(\sum_{b\in\Xi}\phi(S_k,R_l,b)V(S_k,R_l,b)\right) \tag{10.50}$$

$$\text{满足} \sum_{(S_k,R_l)\in\Omega}\left(\sum_{b\in\Xi}\phi(S_k,R_l,b)K(S_k,R_l,b)\right)\leqslant P_{\mathrm{bl}} \tag{10.51}$$

$$\sum_{b\in\Xi}\phi(S_{k'},R_{l'},b)=\sum_{(S_k,R_l)\in\Omega}\left(\sum_{b\in\Xi}P_{l,l'}^{k,k'}(b)\phi(S_k,R_l,b)\right),\ \mathrm{fr}(S_{k'},R_{l'})\in\Omega \tag{10.52}$$

$$\sum_{(S_k,R_l)\in\Omega}\left(\sum_{b\in\Xi}\phi(S_k,R_l,b)\right)=1,\ \phi(S_k,R_l,b)\geqslant 0 \tag{10.53}$$

式（10.50）~式（10.53）中定义的 LP 模型的最佳解 $\phi^*(S_k,R_l,b)$ 被采用，以获取网络运营商的最佳随机策略，即

$$\psi^*(S_k,R_l,b)=\frac{\phi^*(S_k,R_l,b)}{\sum_{b'\in\Xi}\phi^*(S_k,R_l,b')} \tag{10.54}$$

对于 $\sum_{b'\in\Xi}\phi^*(S_k,R_l,b')>0$，$\psi^*(S_k,R_l,b)$ 是当内容提供者的联盟状态是（S_k,R_l）时，网络运营商分配带宽 b 的概率。最佳策略定义为 $\pi^*=\{\psi^*(S_k,R_l,b)\mid k,l=\{1,\cdots,B_l\},\forall b\in\Xi\}$。

给定网络运营商的最佳策略，可以获得不同的性能测量。

1）网络运营商的平均收入为

$$\overline{V}=\sum_{(S_k,R_l)\in\Omega}\left(\sum_{b\in\Xi}\phi^*(S_k,R_l,b)b\theta|S_k|\right) \tag{10.55}$$

2）内容提供者（$i\in\mathcal{I}$）的平均成本可从下式得到，即

$$\overline{C}_i=\sum_{(S_k,R_l)\in\Omega}\left(\sum_{b\in\Xi}\phi^*(S_k,R_l,b)C_i(\mathcal{F},\mathcal{B},b)\right) \tag{10.56}$$

式中，$C_i(\mathcal{F},\mathcal{B},b)$是式（10.33）中定义的内容提供者 i 的成本。

10.5.5 性能评估

我们首先描述参数设置，然后给出一些数值结果。采用下面的参数设置。

1）在移动社交网络中，有三个内容提供者需要评估。

2）向内容提供者 i 订阅的移动节点的数量是 $N_i=7$。

3）订阅相同和不同内容提供者的移动节点之间的平均相遇时间是 $1/\Lambda_{i,j}=1\mathrm{h}$。

4）一项内容的平均大小为 $L=12.5\mathrm{MB}$。

5）每小时的平均内容生成率为 $\alpha_i=1$ 项内容/h。

6）对于网络运营商的接入点，每个信道的传输速率为 $\kappa=28\mathrm{kbit/s}$。

7）对于内容提供者的每一个无线连接，网络运营商可以分配最多 $b_{\max}=9$ 的信道。

8）正常节点的平均连接到达率是 $\lambda=12$ 连接/h。

9）平均连接保持时间为 $\mu=20\mathrm{min}$。

10）连接拥塞概率的阈值是 $P_{\mathrm{bl}}=0.05$。

11）内容从一个接入点传输到一个移动节点（即 $U_i=1$）。

12）价格常数为 $\theta=0.3$。

13）对于一个内容提供者，内容传输延迟、带宽使用、内容转发延迟和内容转发开销的成本权重分别为 $\omega_{\mathrm{td}}=1$、$\omega_{\mathrm{bu}}=1$、$\omega_{\mathrm{fd}}=1$ 和 $\omega_{\mathrm{cf}}=0.1$。

14）受控联盟博弈的参数是 $\gamma=0.5$、$\hat{\tau}=0.99$ 和 $\epsilon=0.01$。

联盟结构（即状态）定义如下：$S_1,R_1=\{\{1\},\{2\},\{3\}\}$；$S_2,R_2=\{\{1,2\},\{3\}\}$；$S_3,R_3=$

$\{\{1,3\},\{2\}\}$；$S_4, R_4 = \{\{1\},\{2,3\}\}$ 和 $S_5, R_5 = \{\{1,2,3\}\}$。

我们考虑两种联盟形成方案。

1）方案 1，内容提供者形成带宽共享并合作进行内容转发（即 $\mathcal{F} = \mathcal{B}$）的同一联盟。

2）方案 2，内容提供者可以形成任何的带宽共享和合作内容转发的联盟。

三个信道被分配给内容提供者的每个连接，图 10.16a 显示了内容提供者 1 在不同订阅节点 N_1（即 $\omega_{fd} D_1^{fd} + \omega_{cf} C_1^{cf}$）数量下由于内容转发延迟和移动节点开销而产生的成本。非合作时，没

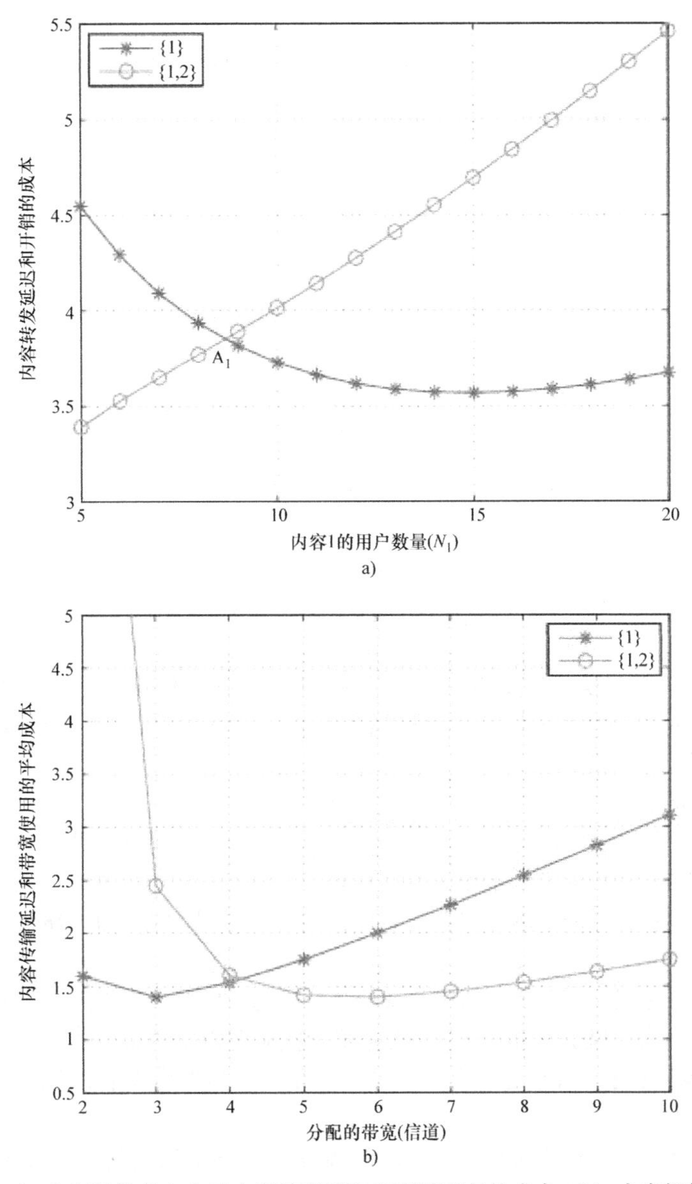

图 10.16　a）内容提供者 1 由于内容转发延迟和开销引起的成本　b）内容提供者 1 在与内容提供者 2 联盟的情况下，由于内容传输延迟和带宽使用引起的成本

有形成与其他内容提供者的任何联盟（即 {1}），成本首先随着移动节点数量增加而降低。由于更多的移动节点数量可以帮助彼此来转发内容，内容转发延迟减小（见图 10.17）。然而，在一定数量的移动节点上，由于移动节点数量的增加带来了较高的内容转发开销，从而导致成本增加。类似的效果可在不同联盟中发现。如图 10.16b 所示，对于联盟 {1，2}，当带宽小于 5 个信道时，成本先降低，然后增加。还观察到，在不同的网络规模下，在不同的联盟结构下，内容转发延迟和开销的成本最低。例如，当节点数达到 $N_1=6$ 或 7，当内容提供者 1 和 2 合并成一个单一的联盟（即 {1，2}），可以实现最低的成本。如果节点的数量很大（如 $N_1>10$），内容提供者 1 将不会形成任何联盟。这是因为携带和转发其他内容提供者的内容所产生的开销增加的成本高于较小延迟而减小的成本。

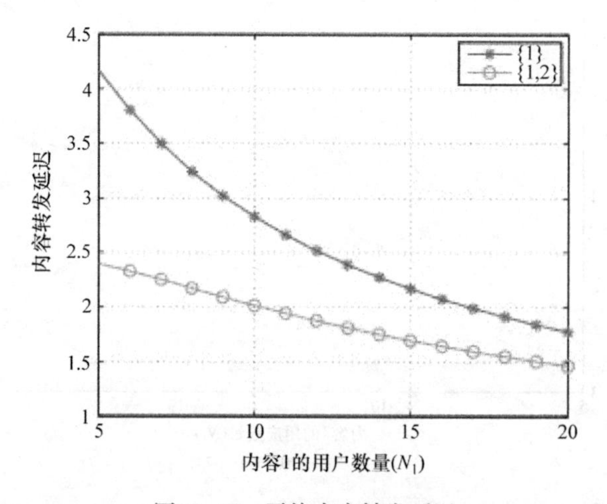

图 10.17　平均内容转发延迟

图 10.16b 显示了一些类似的结果，内容提供者 1 由于内容传输延迟和带宽使用引起的成本（即 $\omega_{td}D_1^{td}(\mathcal{B},b)+\omega_{bu}C_1^{bu}$）。在不同的内容提供者的联盟下，可以实现最低的成本。在这种情况下，当每个连接所分配的带宽增加时，由于内容传输延迟较小，成本降低。然而，当分配的带宽很大时，带宽使用的成本增加，总成本因此增加。

图 10.18a 显示了内容提供者在不同的带宽分配下所产生的平均成本。首先，我们注意到，由于考虑同质内容提供者，它们的平均成本是相同的。使用方案 1 和方案 2 的联盟形成，由于联盟形成的动态，内容提供者的成本随着分配带宽的增加而波动。如图 10.18a 所示的一个重要的观察是，与非联盟（即 {{1}，{2}，{3}}）或大联盟（即 {{1，2，3}}）的情况相比，所有内容提供者的成本不是最低的，因为联盟的形成是合理的。因此，有些内容提供者可能无法达到最低的成本。例如，内容提供者 1 和 2 有一个动机形成联盟以实现最低的成本，但内容提供者 3 没有。图 10.18a 也显示了“非联盟”和“大联盟”情况下的平均成本。它们可以作为内容提供者的平均成本的基准。

给定内容提供者的联盟形成过程，图 10.18b 显示了网络运营商的平均收入。网络运营商的平均收入波动是由于内容提供者的联盟形成决策。请注意，在这种情况下，“非联盟”和“大联盟”可以使用，分别表示网络运营商的平均收入的上限和下限。这是由于在“非联盟”和“大

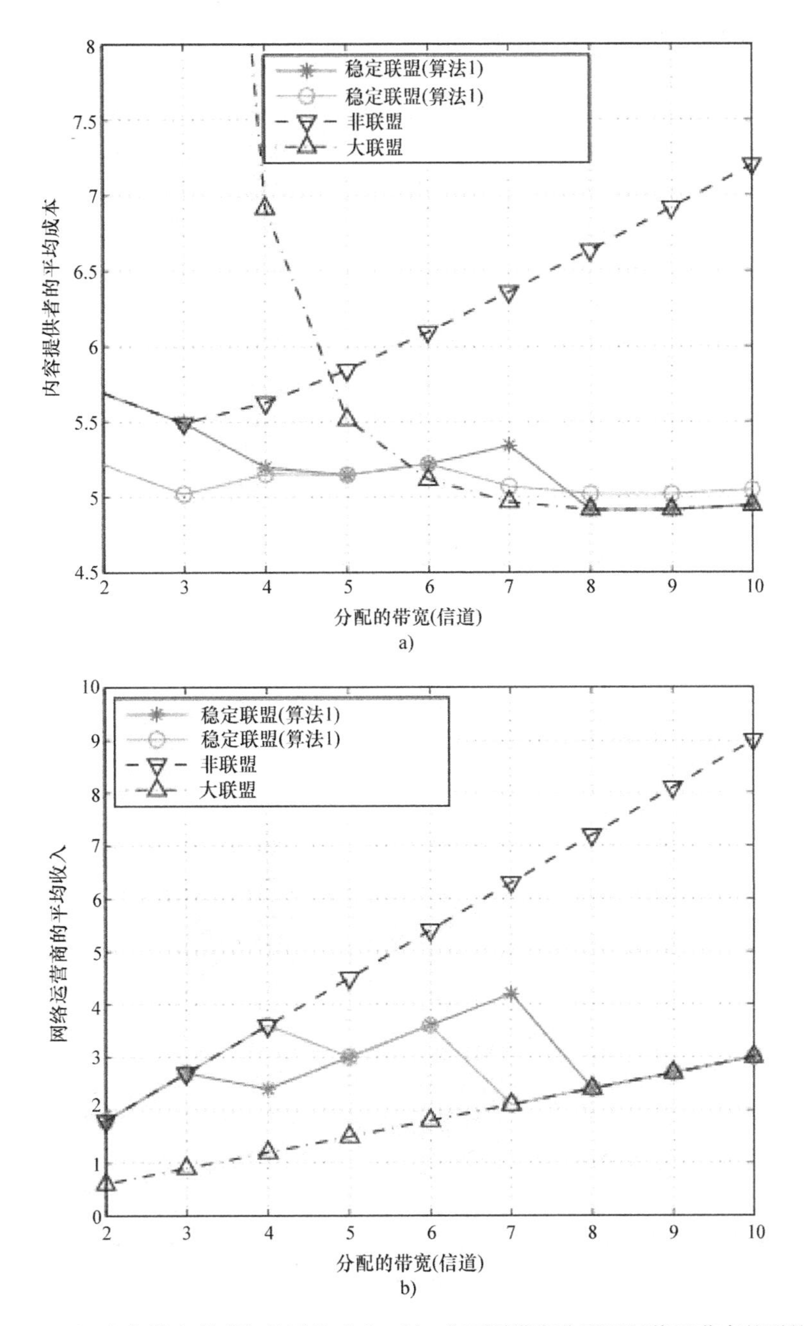

图 10.18　a）内容供应者引起的平均成本　b）在不同带宽分配下网络运营商的平均收入

联盟”的情况下，分别会导致最大和最小的带宽使用量。

其次，我们认为在这种情况下，网络运营商可以使用 CMDP 模型优化带宽分配。图 10.19a 和 b 分别显示了连接拥塞概率阈值 $P_{b1}=0.05$ 和 $P_{b1}=0.10$ 时的带宽分配的最佳策略。对于联盟

状态 S_1、S_2、S_3 和 S_4，网络运营商将分配一个大的带宽以减少内容提供者之间形成联盟的概率。给定这些状态 S_1、S_2、S_3 和 S_4，带宽分配也必须确保连接拥塞概率保持低于或等于阈值。然而，对于大联盟状态 S_5，网络运营商将分配带宽，这样内容提供者将打破它们的联盟，使其收入最大化。状态 S_5 的分配不受连接拥塞概率阈值的限制，因为对于所有的内容提供者只有一个连接将被使用。

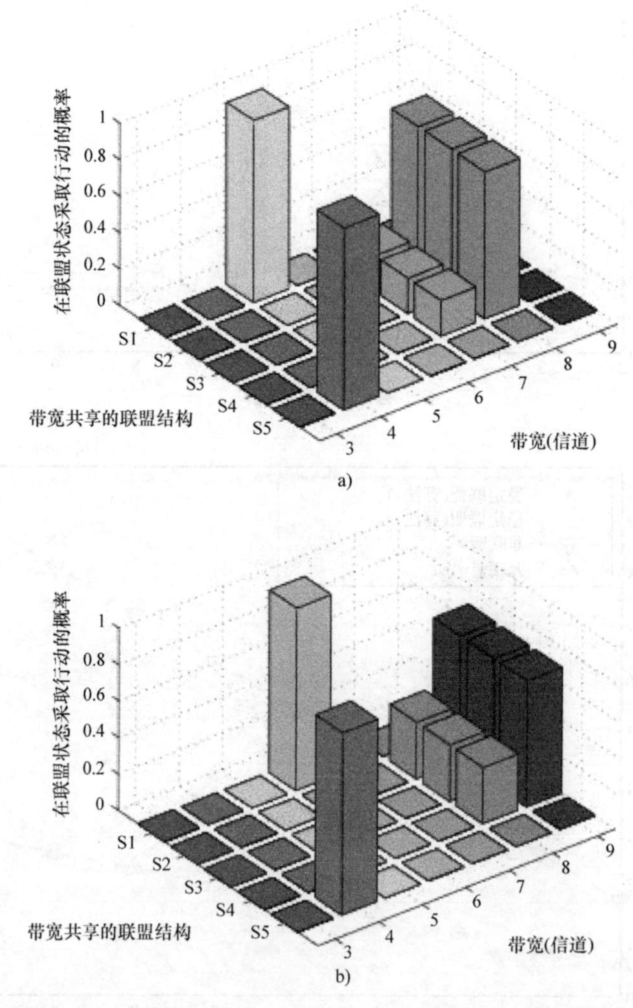

图 10.19　内容提供者在不同联盟状态下，网络运营商使用的带宽分配的最佳策略，连接拥塞概率阈值

a）$P_{b1}=0.05$　b）$P_{b1}=0.10$

10.6　小结

在移动社交网络中，可以通过本地直接传输数据，以减少对无线和能源资源的需求，同时提

高数据传输性能。移动社交网络可以利用移动节点的社交属性来优化数据传输。在本章中，我们首先提供了一个移动社交网络的概述和一些初步的社交网络分析。然后，我们回顾了一些移动社交网络的重要工作，包括社区检测和社交感知数据路由。最后，我们提出了一个移动社交网络的合作内容分发方案。我们用博弈论作为一种工具来分析和获得移动社交网络中实体（即内容提供者和网络运营商）之间的解。

移动社交网络和D2D通信的一些研究方向如下：

1）无线资源管理：在D2D通信中，必须优化无线资源的使用，以在满足约束条件（如QoS要求）下，实现某一个目标（如减少资源的使用）。无线资源管理框架可以被开发用于含有D2D通信的移动社交网络。在这种情况下，社交指标可以用于支持数据传输和转移的无线资源分配。

2）上下文感知通信：D2D通信可以在特定应用中使用（如传感器网络），移动社交网络需要进行定制，不仅要使用社交指标，还要使用应用的上下文进行数据路由和传播的优化。在这种情况下，需要对不同应用在不同环境下的不同数据进行优先排序，以确保限度地满足用户的需求，并实现应用的目标。

3）非合作行为：D2D通信可以由非合作实体组成。例如，具有社交联系的节点为了获得超过一定阈值后的收益，愿意在相互之间传输数据。在这种情况下，可以应用博弈论分析基于D2D通信的移动社交网络中数据传输的均衡解。这个均衡解可以与节点合作时得到的最优解进行比较。

第 11 章　机器到机器（M2M）通信

11.1　概述

无线连接正迅速扩展到人们使用的传统移动设备之外。许多无线设备（如传感器、执行器）被连入物联网（IoT）。在蜂窝网络中，一个蜂窝有成百上千的设备，因此，机器到机器（M2M）通信被引入到网络中，以控制其中的部分设备。M2M 通信也被称为机器类通信（MTC），是指没有（或尽量少）人参与的移动节点的网络通信。M2M 通信可以使有自主权的设备具备无所不在的连接能力，或者给予机器类通信设备接入互联网的能力（如两个可通信设备之间通信，或者可通信设备与服务器之间通信）㊀。M2M 通信与人到人（H2H）通信不同，H2H 通信主要包括语音电话、短信和网页浏览，而 M2M 通信是通过允许设备与系统之间交换和共享收据，从而提高系统的自动化水平。因此，为了保证无缝的数据和控制流，M2M 通信的主要问题是通信的协议和数据格式。

D2D 通信可认为是 M2M 通信的一种，其用户设备距离较近，互相之间传输少量数据（如家庭场景里对家用电器的控制）。在本章，第 11.2 节会给出 M2M 通信的介绍，具体而言，我们关注通过移动通信的机器类通信；第 11.3 节介绍支持 MTC 的运行机制、随机接入（RA）过程和随机接入信道（RACH）。第 11.4 节介绍基于排队论的技术去分析 M2M 通信 RA 机制的性能模型；最后，第 11.5 节总结本章，给出一些重要的研究方向。

11.2　M2M 通信介绍

M2M 通信的标准化工作由 3GPP 开展，它支持的应用范围非常广泛（如安全接入和监控、计量和智能电网、物联网）。与传统的 H2H 服务（如语音）相比，M2M 通信由于其业务不同，需求也不尽相同。M2M 通信可以适应各种不同的传输，包括周期性的、经常发生的容迟类的服务，也包括不经常发生的对延迟要求高的紧急情况服务。更为重要的是，M2M 通信中的传输通常是小数据包，但是数量巨大和来源广泛。另外，M2M 通信可能需要支持时间控制接入（如仅允许在接入周期内传输）[364]。通过 3GPP 提案，MTC 类设备的高层接入可以通过使其接入现有的蜂窝网中实现高层连接。

对于 M2M 通信而言，有数量巨大的设备需要传输少量数据。因此，终端设备为传输信息，需要向网络首先发起周期性的 RA 请求。在 LTE - A 网络中，M2M 和 H2H 设备可以通过物理随机接入信道（PRACH）执行 RA。这里，PRACH 是传输层的随机接入信道（RACH）在物理层信

㊀ 根据上下文，“M2M”和“MTC”可以通用。

道的映射。[⊖]

11.2.1　LTE－A 网络中的机器类通信

LTE－A 网络主要包括两个部分，核心网（CN）和无线接入网（RAN）[365]。CN 负责移动设备的控制和 IP 分组的建立。RAN 基于一个基站，为移动设备提供必要的用户平面和控制平面协议。在 LTE－A 中，基站被称为增强基站（eNodeB 或 eNB），每个移动设备被称为用户设备（UE）。UE 可以作为 H2H 或 MTC 设备。eNB 之间可以通过“X2”接口互相连接。除此之外，RAN（即 eNB）通过“S1”接口连接到 CN。LTE－A 网络介绍以及 X2 和 S1 接口在参考文献[366]中有具体介绍。

图 11.1 表示了 LTE－A 网络与 M2M 通信的高层结构，其中 MTC 设备可以直接或通过 MTC 网关（MTCG）连接到 eNB。MTC 网关负责网络的功耗管理，并为 MTC 设备之间通信提供合适的路径。MTC 设备可以在本地进行相互通信，这一点可以被认为是 D2D 通信。由于 MTC 设备不需要不断地扫描本地接入点，这样的点对点传输可以减少功率消耗。eNB 与 MTC 网关之间的无线链路应遵循 3GPP LTE－A 规范。然而，MTC 网关与设备，以及设备之间的链路可以基于 LTE－A 或其他无线协议，比如 3G 和 WiMAX 等[367]。为了减少信令开销，下行链路和上行链路调度的最小单位称为一个资源块（RB）。

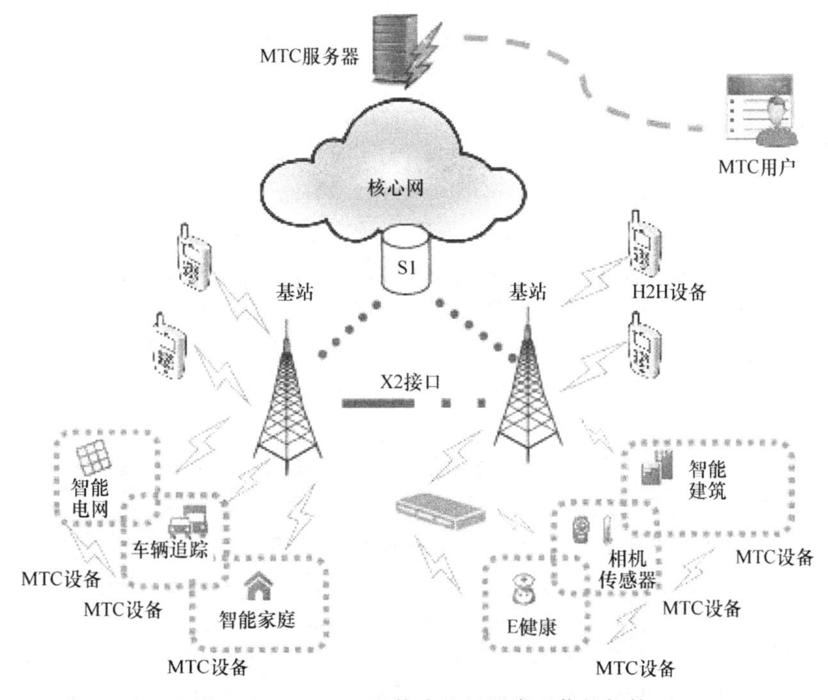

图 11.1　LTE－A 网络中的机器类通信的架构

当 UE 需要发送数据时，它在允许的时隙内执行一个 RA，这个被允许的时隙被称为允许接

⊖ “PRACH”和“RACH”可以通用。

入时间间隔（AGTI）或 RA 机会（即 RA 时隙）。RA 执行期间的时间 – 频率资源（即 RB）被称为物理随机接入信道（PRACH）。RA 允许 MTC 设备请求连接的初始化。下面对 LTE – A RA 程序进行讲解。

11.2.2　随机接入过程

当 UE 开机没有获取上行同步时，或者 UE 从一个 eNB 切换到另一个 eNB 时，UE 会发起随机接入（RA）过程[365,368,369]。在 LTE – A 中，RA 可用于首次接入时建立无线链路，未分配上行无线资源时的资源分配请求，未获得专用信道调度请求确认时的调度请求（即没有上行专用物理控制信道（PUCCH）可用时），以及失败后重新建立无线链路。

在 LTE – A 中，RA 共分为两类：基于竞争的和基于非竞争的。在基于竞争的情况下，UE 通常通过随机选择一个被称为前同步码的编码序列来发起一次 RA，由于多个设备有可能选择相同的前同步码，这就需要通过进一步的竞争来解决。在基于非竞争的 RA 中，eNB 分配给设备专用的前同步码，因此，这种方式比基于竞争的情况更快，主要用于时间要求较高的切换中。这两种类型的 RA 过程具体描述如下：

（1）基于竞争的 RA：图 11.2a 展示了基于竞争的 RA 过程，主要由以下四步完成。

1）前同步码传输：每个蜂窝都被分配了 64 个前同步码序列，其中一些被保留用于无竞争的 RA。根据参考文献［370］，54 个前同步码是用于基于竞争的 RA，剩下的 10 个留做其他用途。UE（可以是一个 M2M 或 H2H 设备）选择一个可用的前同步码，并通过 PRACH 进行传输。基于竞争的前同步码又可分为两个子组。UE 通过选择合适的子组，可以向 eNB 表明在步骤 3）中需要的链路资源数量。eNB 基于信道负荷情况对每个子组的前同步码进行控制。如果两个或者多个设备同时传输不同的前同步码序列，将不会发生碰撞。然而，当不同的设备试图通过 PRACH 传输相同的前同步码时，碰撞将不可避免发生。eNB 在本小区内广播可以用于传输 RA 前同步码的时间和频率资源信息（即 PRACH 资源，称为 RA 时隙）。如图 11.3 所示，每一个 RA 时隙在频率域有 6 个 RB 的带宽（1.08MHz）。在时间域，RA 时隙的周期为 1ms，但它也可以通过前同步码的不同配置格式进行扩展。RA 的前同步码由循环前缀（CP）、前同步码序列和保护周期（GP）组成。CP 是用来减少在 eNB 侧的频域处理和减轻蜂窝内的最大延迟影响。GP 是用于在设备的上行时间不同步时，避免当前子帧与后续子帧之间的干扰。

2）随机接入响应（RAR）：接收到一个 RA 前同步码后，eNB 在下行物理共享信道上发送随机接入响应（RAR）。当 eNB 检测来自不同 eNB 的多个请求时，不同 eNB 的 RAR 可以组合成一个信号进行传输。因此，RAR 主要在承载下行信道数据传输的 PDSCH 上进行调度。即使多个 UE 选择相同的前同步码，eNB 并不能通过前同步码的结构来检测碰撞。因此，每个 UE 均可收到 RAR。每个 RAR 包含一个指示检测到前同步码时间和频率的 ID，一个用于 UE 传输后续信息的上行调度许可，后续为实现上行传输所需的上行时间信息，以及一个分配的临时标识，即为实现 UE 和 eNB 通信的小区无线网络临时标识（C – RNTI）。UE 期望在某个时间窗内收到 RAR，但若 UE 在指定的时间窗内未收到 RAR，则本次接入尝试将被认为失败，UE 将继续传输前同步码。在 eNB 的 RAR 信息中会包含一个时间后退指示，用于通知 UE 在尝试发起下次接入过程前等待一段时间。收到 RAR 后，UE 可以同步上行传输时间，并继续后续过程。

3）传输调度（终端标志）：在这一步骤中传输的数据包包含一个实际的 RA 信息（即无线

资源请求、调度请求或跟踪区域更新）。它还包括临时 C – RNTI 或者 C – RNTI（如果设备已分配 C – RNTI）或者一个唯一的身份，即国际移动用户标志（IMSI）。UE 使用物理上行共享信道（PUSCH）传输这个消息。包含 C – RNTI 或一个唯一的标志有助于在最后一步中解决碰撞。如果在步骤 1）中前同步码发生碰撞，则碰撞的设备将在 RAR 中收到相同的临时 C – RNTI。因此，碰撞的 UE 可能不会被 eNB 解码（即使一个 UE 被解码，其他 UE 可能也不知道碰撞），并且在下一步需要进一步的竞争解决过程。

4）竞争解决：RA 过程的最后一步是利用 PDSCH 进行竞争解决。在这种情况下，eNB 重复发射步骤 3）中收到的终端标志。这一步是实际数据传输前碰撞的早期指示，并引导 UE 重新启动 RA 过程。如果 eNB 可以解码出步骤 3）的任何消息，则 eNB 回复标志（即 C – RNTI 或 IMSI）。只有 UE 可以检测出自己的身份，并使用混合自动重传请求（HARQ）来确认消息。其他发生碰撞的设备应该丢弃消息并在一个随机回退后，启动一个新的 RA 过程。

（2）无竞争的 RA：图 11.2b 通过给 UE 分配一个专用前同步码把一个无竞争的 RA 过程分为三步。这个过程从 eNB 分配 RA 前同步码开始，在 UE 传输指定的 RA 前同步码后，eNB 响应 RAR。这是无竞争 RA 的最后一步，无须再解决进一步的冲突。

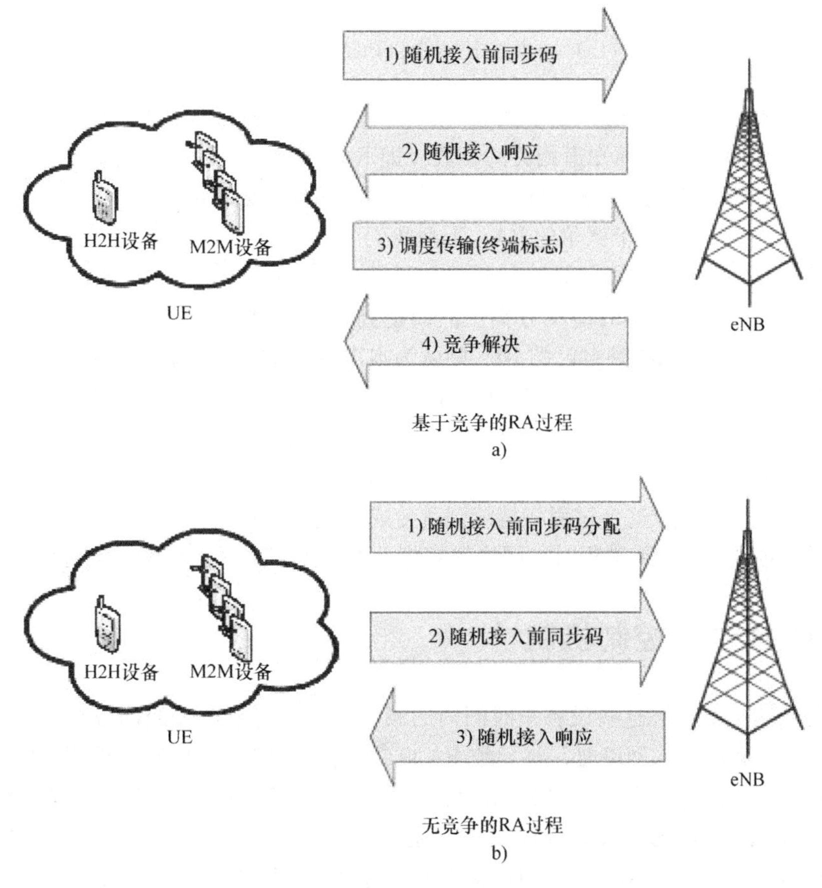

图 11.2 LTE – A 中 UE 和 eNB 的 RA 过程

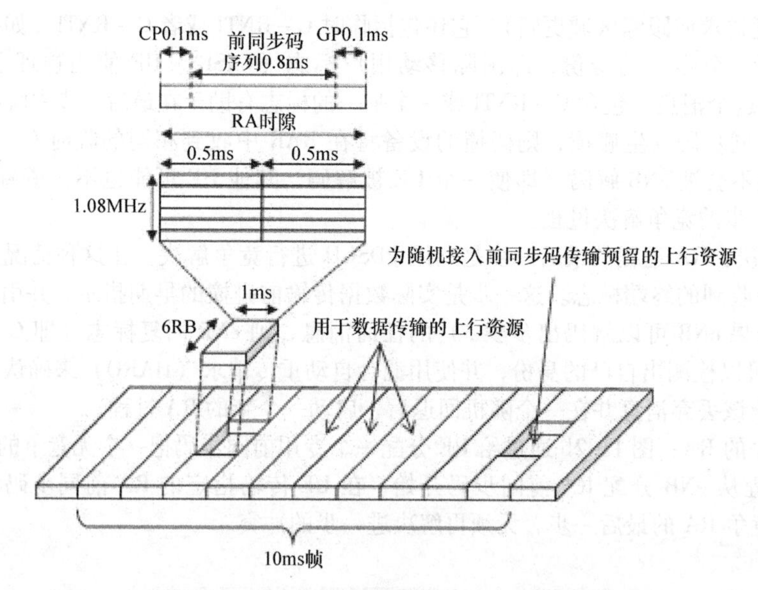

图 11.3　前同步码传输和 PRACH 的时频资源

频分双工模式的 LTE - A 的一个子帧（1ms）包含两个发送前同步码的 RA 时机。在 UE 向 eNB 发送前同步码前，UE 必须知道相关的参数（即 RAR 窗口大小、最大允许重传次数、以重传时间表示的传输功率、用于传输前同步码的可用 PRACH 资源集），这些参数由 eNB 广播出去[369]。由于设备主要执行基于竞争的 RA，下面我们就重点研究基于竞争的 RA。虽然很多文献研究基于竞争的 RA 的超载问题，但是由于 eNB 可以完全控制前同步码的发送，因此基于非竞争的 RA 也是一种解决拥塞问题的潜在方案。前面提到过，如果 UE 在期望的时间窗内没有收到 RAR，或者在步骤 4）中未收到自己的 ID，则认为本次 RA 未成功，并需要在一个随机回退时间后，再次发起接入过程。在回退过程中，UE 在 0 和最大回退计数器之间随机选择一个整数作为初始值。这个计数器在每个时隙内逐次递减，当这个计数器变为 0 时，UE 随机选择一个 0 和 1 之间的实数。如果这个实数小于指定的停留概率，UE 将发送前同步码。否则，UE 不发送前同步码并继续下一个回退过程。这个过程将持续到重传成功或者达到最大允许重传次数。然而，当许多设备通过同一信道发起 RA 过程时，网络拥塞将不可避免，这就需要更好的超载控制机制。

11.3　RACH 过载控制机制

MTC 设备的快速增长和这些设备短时间内的频繁接入，将造成无线网络过载。当许多 MTC 设备试图在同一时间内接入网络时，将导致 RA 成功率低，并造成 PRACH 的网络拥塞。这可能会导致意外延迟、数据包丢失、无线资源浪费、额外的电池消耗，甚至服务中断。H2H 和 MTC 设备（或 M2M 设备）均可以在同一信道上进行通信，随之而来的就是，这些设备可能在 PRACH 上遭遇连续碰撞。在大多数情况下，MTC 设备传输的数据量较小。然而，由于 MTC 设备数量较大（如相较于每蜂窝 50 个在线的 H2H 设备，每蜂窝有超过 30000 个 MTC 设备[370]），并且其数据连接的频率远高于 H2H 设备，所以这将严重降低 H2H 设备的 QoS 性能。尤其是当 M2M 设备因为碰撞而尝试重新接入时，将进一步带来信道过载。这可能会导致一些设备经过多次 RA 尝试后，处于“饥饿”状态。为了在 LTE - A 中支持 MTC 设备，3GPP 提出了以下解决 PRACH 过载控制的方案[370]。

（1）接入类别限制（ACB）方案：在传统的接入类别限制（ACB）机制中，eNB 首先广播一个接入概率和 ACB 时间。当设备发起 RA 时，设备同时产生一个随机数并与接入概率进行比较。如果这个数字小于接入概率，则允许该设备进行 RA 进程。否则，设备将延迟 ACB 时间。在 LTE - A 中，现有的 ACB 机制扩展到允许一个或更多的 MTC 设备许可类，每一个类可以单独分配一个接入限制因子。3GPP 也提出了一个扩展接入限制（EAB）方案，当 EAB 被激活时，属于某个接入类的设备（即延迟容忍设备）不允许执行 RA。使用 ACB 机制，eNB 可以通过降低接入概率的值来控制 PRACH 过载。虽然这减少了 RA 尝试的次数，但它可能导致一些设备的 RA 延迟时间更长。

（2）RACH 资源分离方案：当 H2H 和 MTC 设备共享同一个资源时，由于对 RA 的竞争，可能会导致信道过载并降低 H2H 设备的 QoS 性能。因此，本方案为 H2H 和 MTC 设备分别分配了相互正交的 PRACH 资源。对于整个系统效率和资源利用而言，应该根据流量情况动态地调整 MTC 设备的资源分配。

（3）特定 MTC 回退方案：这是一种用来延迟 H2H 和 MTC 设备的 RA 尝试的方案。在这个方案中，H2H 设备的回退时间被设置为一个小的数值，而 MTC 设备被设置为大的数值。尽管在低信道负载时，使用本方案可以提升性能，但它不能解决高负载时候的拥塞问题，尤其在大量 MTC 设备同时执行 RA 请求时。

（4）时隙接入方案：在本方案中，每一个 MTC 设备只允许在专用接入时隙执行 RA 操作。MTC 设备可以通过其 ID（即 IMSI）和 RA 周期计算允许接入时隙，其中 RA 周期是 eNB 广播的无线帧的整数倍。如果某个蜂窝中，MTC 数量大于可用的接入时隙数，则多个 MTC 设备将需要共享同一时隙，也会产生碰撞。增大 RA 周期可以减少碰撞，但可能会给 RA 请求造成难以接受的延迟。

（5）基于拉动的方案：在本方案中，MTC 服务器向 eNB 请求寻呼 MTC 设备，MTC 设备收到 eNB 的寻呼信息时，设备启动 RA 过程。在集中控制方案中，eNB 可以根据 PRACH 的负载和资源可用性来控制寻呼的 MTC 设备数。当然，为了向数量巨大的 MTC 设备进行寻呼，需要提供额外的信道控制资源。

参考文献［371］的仿真结果给出了一种较好的竞争解决方法，本方法是在较低的接入概率、大的回退数值以及更长的等待时间的条件下实现的，但也带来了更长的延迟。在实际应用中，由于 RACH 资源相对于数量巨大的 MTC 设备而言非常有限，需要在成功概率和延迟之间进行权衡。由于 MTC 设备数量剧增和频繁的大规模接入请求，3GPP 现有的规范还不能完全克服实际应用场景中的信道过载问题。一些文献中提出了两种 RACH 过载解决方案，这也与 3GPP 的提案一致。正如第 11.2.1 节提到的，MTC 中可行的三种传输模式分别是：

1）eNB 和 MTC 设备直接通信。

2）利用 MTC 网关的多跳传输。

3）MTC设备之间点对点传输（D2D模式）。

然而，大多数文献中提出的方案只考虑直接通信模式。下面，我们给出这些过载控制方法的概述。

11.3.1　MTC设备分组

为了在RACH中支持大量MTC设备及其频繁接入，一种基于组的通信方案是减轻流量过载的有效方案。根据3GPP定义的M2M通信的特征[364]，MTC设备可以组成无线资源分配组，系统应优化以处理MTC组。这也需要一种协调MTC设备与设备组关系的机制。参考文献［372］提出了一个基于MTC设备组的接入控制方案，这其中也考虑了QoS需求。QoS需求包括数据包到达速率和最大抖动容忍门限。更高的数据包到达速率，意味着更高的优先级。eNB根据到达速率为每个簇分配一个AGTI，每一个在簇中的设备只允许在对应的AGTI期间传输数据。如果不同簇的AGTI分配到同一个子帧中，较低优先级的簇（即较低到达速率）将会被延迟直至下一个子帧。一个新簇时延抖动的上限（数据包需要等待的总时间）通过将到达率累加计算（即现有簇的到达速率除以新簇的到达速率），并且把这个值加到AGTI上。当MTC设备需要执行RA过程时，它会向eNB发送QoS需求。如果同时也有一个簇有相同的QoS需求，并且在这个AGTI中有足够的RB资源，eNB将允许设备加入现有的簇中，否则，这个设备将被拒绝服务。然而，如果没有簇的QoS需求与请求设备相同，则时延抖动的上限可计算出来。如果这个上限比所有簇中的设备可容忍最大抖动小，则eNB将创建一个新的簇。尽管本方案的计算复杂度不高，但由于它不能考虑每簇中的MTC设备数量，所以这个方案不能完全处理RAN过载的问题。当每个簇中的设备数量增加时，接入需求将可能拥塞这个网络。

设备可以根据应用类型或地理位置进行分组，这时需要一位协调员，代表本组与eNB进行通信。既然LTE-A可以支持MTC设备之间的点对点通信，同样组里面的协调员可以接受本组成员的请求，并将其转发给eNB。参考文献［373］提出了一种基于组的能效方案，其中协调员通过限制MTC设备的接入请求来保障较低的能耗（见图11.4）。链路（eNB到协调员，以及M2M到协调员）之间可获取的数据速率可以通过信道增益和链路带宽计算出来。使用这个数据速率，可以计算出组里面每一个MTC设备的能耗，从而决定了整个组的能耗。这个方案的目标是最小化系统能耗，这可以利用K-均值算法求得。在这个方法中，K个随机选择的设备作为K组的初始成员，其余设备根据各自的信道增益加入组中。组内的协调员可以通过多种途径选择，例如，根据信道增益的算术或几何平均最大值来选择。总之，本方案只考虑组内的信道增益，而前同步码分配情况并没有被考虑。

11.3.2　一种基于接入类别限制的方案

Lien等人在参考文献［374］中提出了一种基于ACB的合作方案，联合eNB共同选择ACB参数。如第11.2.1节讨论的，eNB之间可以通过X2接口直接通信。利用这种合作机制，eNB可以根据网络的拥塞程度共同决定ACB参数。在这个集中的方案，如果MTC设备在几个eNB的重叠覆盖区域内，可以接入独立的eNB。例如，如图11.5所示，如果MTC设备连接到eNB1，则在eNB1和eNB2的重叠区，它可以接入eNB2。

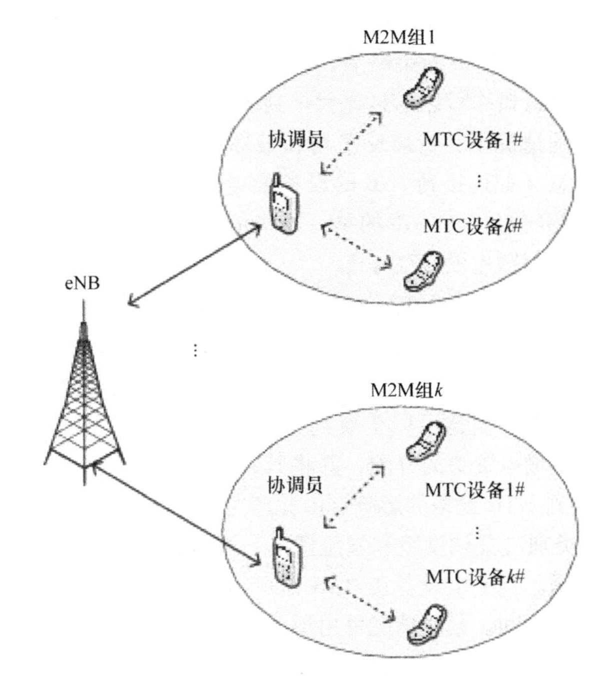

图 11.4　基于组的 MTC 过载控制方案

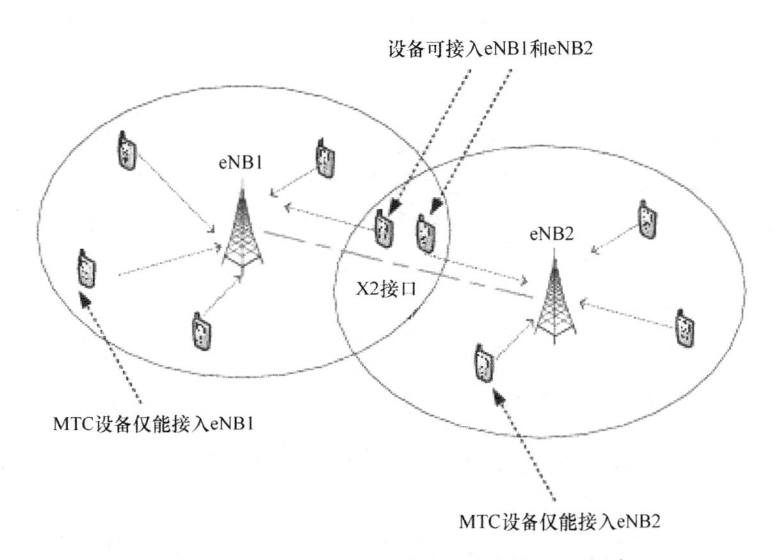

图 11.5　多个 eNB 重叠覆盖区域内的 MTC 设备

这种方法的目的是得到最大限度地减少接入次数的联合决策概率，即使在最高级别的拥塞情况下也是如此（即接入次数最多的情况下）。同时，产生了一个平衡每个 eNB 服务设备数量的优化问题。由于可以接入任何特定 eNB 的 MTC 设备数量是随机的，eNB 必须非常清楚 MTC 设备的选择策略。参考文献[374]认为所有的MTC设备具有相同的优先级别，所以设备可以选择相同的策略。向eNB提供每个MTC设备的策略后，eNB可以获得连接到每个特定eNB的设备的数量。当这个数字已知时，决策概率可以通过迭代得到。仿真结果表明，合作ACB的计算成本低，在系统吞吐量无明显降低的情况下，可以使平均和最坏情况下的延迟性能提高30%。然而，这种方案需要全面的系统信息（如连接到eNB的设备数量，可以接入eNB的设备数量，以及特定的MTC设备可以访问的eNB数量）。不幸的是，这些信息在实际应用中不一定能全部获取。此外，与前同步码相关的分配问题也没有被考虑。

上面讨论的方法未考虑设备之间的优先级。参考文献[375]提出了一种优先随机接入（PRA）方案，预先给不同的MTC类分配RACH机会（即RA时隙）。使用依赖类别的回退过程，可以避免出现大量并发接入尝试。在这种情况下，设备被分为五个优先级，即H2H、低优先级、高优先级、调度级和紧急情况，但这可以扩展到更多的类别。可用的RACH机会虚拟分配给不同的优先级。eNB协调这些虚拟资源的分配，并将其存储在系统信息块（SIB）中。正如预期的那样，H2H设备不应该受到MTC设备的影响。由此产生的一个结果就是，H2H设备可以使用所有可用的RA时隙。多个类别（如调度级和紧急情况）可以共享相同的虚拟时隙，并使用一个单独的回退过程解决碰撞问题。当一个设备在RAR窗口内未接收到RAR时，设备认为检测到了碰撞，并延迟特定类别的回退时间。紧急情况可由通过SIB中的标志触发。也就是说，当这个标志生效时，共享相同虚拟时隙并试图第一时间接入系统的类别，将按照预先定义的时间周期延迟接入。尽管为不同类别预分配时隙可以减少碰撞的机会，但由于MTC设备的数量太大，且它们可以在短时间内频繁接入信道，所以并不能完全避免碰撞。因此，有人提出了一种动态接入限制（DAB）方案。在这个方案中，预期可成功解码的RA前同步码数量，是所有在该RA时隙上进行RA尝试的总数的函数，并用作负载因子。eNB连续监测负载因子的变化，并将负载状态改变为低、中、高。如果两个连续前同步码传输的负载因子均值大于等于预定义的阈值，负载因子状态将从低调整为中；如果负载因子均值小于或等于另一个预定义的阈值，负载因子状态将进一步调整为高。如果负载因子在高的状态下持续预先定义的时隙数，或者负载因子的均值为零，或者在预定义的时间内保持在中或高状态，DAB将失效。仿真结果表明，在典型的MTC的使用场景中（如智能仪表或医院电子服务），相较于3GPP提出的EAB，PRA方案可以提供更高的RA成功概率和更低的接入延迟。

11.3.3 随机接入前同步码间隔

正如3GPP所述，RA资源间隔可以减少在RACH上的RA尝试次数。在参考文献[376]中，以系统吞吐量为衡量方法，对两种RA前同步码间隔方法进行了比较。在第一种方法（方法1）中，可用的RA前同步码集被彻底分割为两个子集，即一个仅用于H2H设备，另一个仅用于MTC设备。在第二种方法（方法2）中，前同步码也被分割为两个子集。然而，在方法2中，一个子集仅用于H2H设备，另一个子集由H2H和MTC设备共享。通过ACB过程后，设备可以使用RA过程发送前同步码。RACH吞吐量的计算，是假设RA的请求到达服从泊松过程。仿真结果表明，在固定的RA负载边界下，方法2的吞吐量是略好于方法1的。然而，如果在此边界之上，吞吐量就会明显下降。为此，eNB选择和回退过程没有考虑这些前同步码间隔方法。

11.3.4　随机接入资源的动态分配

在一个动态的资源分配方法中，eNB 可以根据 PRACH 资源和整个网络的负载情况，动态地分配 PRACH 资源。如第 11.2.2 节所讨论的，当很多设备都试图在 RACH 同一子帧中发送相同的前同步码时，系统将发生碰撞，设备需要重传前同步码。增加 RACH 子帧的数量可以减少延迟。然而，当一个子帧用于 RACH 时，部分子帧将不能用于数据传输。因此，存在一个选择 RACH 子帧和数据传输子帧之间的权衡。为了满足 QoS 要求和减少延迟，一个蜂窝中需要使用一定数量的子帧传输 RACH。Choi 等人在参考文献[377]中描述了这个问题，并为基于竞争的 RA 建立了 RACH 和数据传输之间的权衡模型。当 RA 前同步码的到达速率已知时，RA 过程的成功概率和碰撞概率可以通过泊松过程计算出来。使用碰撞概率，可以求出预期的 RA 延迟。更高的碰撞概率（即较少的子帧被分配给 RACH）会导致更长的延迟。然而，分配更多的子帧给 RACH 会降低数据传输的机会。通过对数据传输的延迟和资源可用性的测试，每个蜂窝可以调整 RACH 子帧的数量。于是就产生了一个在给定的延迟范围内，分配多少子帧给 RACH 的最优化问题。每一个蜂窝都要解决这个优化问题，并分配一定数量的子帧给 RACH。碰撞概率是前同步码到达速率的函数。实际应用中，到达速率可能随时间而变化，为计算碰撞概率并解决最优化问题，需要正确地估计。提出一个使用两个基线模型的预估框架，即基于配置的方案和移动平均方案。基于配置的方案中，通过平均化 RA 请求在特定时间和日期的到达速率，来每周保持 RA 前同步码的配置。移动平均方案通过给近期观察结果更多的权重来反映当前趋势。提出的框架是这两个基线模型的加权总和，其中权重因子的值在 0 和 1 之间。仿真结果表明，该方案可以减小信道负载、提高数据传输机会，并可为 RACH 分配更少的子帧。但是，该方案需要预知 RA 前同步码到达速率。此外，碰撞后未考虑回退过程。

使用 3GPP 提出的时隙接入方案，参考文献［378］中提出了一种自优化算法，eNB 可以根据信道负载自动增加或减少 RA 时隙数。正如前面提到的，当一个设备不能在 RA 过程的最后一步接收到 eNB 响应，则设备执行一个简单的接入限制检查。首先，生成一个在 0 和 1 之间的随机数，并将这一数字与接入概率（AP）相比。如果这个随机数小于 AP，则设备继续传输前同步码。否则，将在下一个周期中重复同样的过程。两个新的接入类别被添加到高优先级和低优先级的 MTC 设备的方案中。较低的 AP，将导致更长的延迟。当一个 MTC 设备在 RA 过程的步骤 2）中接收到 RAR，该设备在下一步中将关联一个过载指示器。这个过载指示器记录 MTC 设备执行 RA 尝试的次数。过载指示器显示越高，意味着拥塞的程度正在增加。根据过载指示器的值，eNB 使用迭代算法来动态增加或减少 RA 时隙数。所需 RA 时隙数可以通过 RA 碰撞概率和总的 RA 资源数计算求得。每个 RA 周期结束，eNB 会计算碰撞概率和 RA 的资源总数。碰撞概率是所有的 MTC 设备过载指示器的值之和除以一个 RA 周期内的 RA 尝试总次数来估算的。RA 资源总数是每秒内的 RA 时隙数、RA 频段数和前同步码序列个数三者的乘积。当碰撞概率和 RA 资源总数已知时，所需的 RA 时隙数可以对应计算出。用这个数值，可以求得下一个周期的有效资源数。最后，eNB 广播下一个 RA 周期的可用资源数的。此方案的响应性（即拥塞情况下的资源调整频率）是由 RA 周期的时间决定的。短的 RA 周期可以快速对拥塞进行反应。当然，这也将产生高信令开销。

11.3.5 随机接入过载控制方法的定性比较

表11.1中提供了不同的RA过载控制方案的定性比较。一个方案的效率取决于以下属性：

1）明确考虑与H2H设备的共存。

2）考虑设备（和/或组）的前同步码分配。

3）考虑模式选择（即直接或通过MTC网关）。

4）提供一个eNB或MTC网关的选择机制。

5）含有回退过程。

6）响应性（如针对QoS参数或流量模式变化的快速反应）。

7）可扩展性（如可容纳大量的MTC设备）。

8）所需系统信息的多少（更多的信息需要更大的信令开销）。

如果一个方案可以满足这些属性中的5个以上，我们认为该方案是高效率的。一个方案满足上面3~5个属性，我们认为其效率是中等的。例如，优先ACB方案的效率（在参考文献[375]中提出的）被认为是中等的，因为它明确考虑了H2H和MTC设备之间的共存，并考虑回退过程，虽然它不具有可扩展性，但具有响应性，不需要太多的系统信息。事实上，这些方案均没有模式选择和eNB或MTC网关的选择。由于这些方案无法满足超过5个上述属性，我们不认为任何一个方案是高效率的。

表11.1 不同随机接入过载控制方案的定性比较

方案	H2H共存	是否考虑前同步码分配	模式	可扩展性	计算复杂度	效率
MTC组						
无组头	否	否	直接	否	低	低
有组头	否	否	直接，点对点	是	高	中
接入类别限制						
无优先级	否	否	直接	是	中	中
有优先级	是	否	直接	否	低	中
前同步码间隔	是	是	直接	否	低	中
动态资源分配						
基于到达速率	否	否	直接	是	中	中
基于时隙接入	是	否	直接	是	中	中

计算复杂度随着组信息复杂度、到达速率预测、回退时间的计算、eNB和设备（以及D2D）之间的信息交换量、算法的计算时间和执行频率等因素的增加而增加。例如，基于组的方案（在参考文献[373]中提出的）的复杂度被认为是昂贵的，因为组的形成是基于K-均值算法的。此外，该算法需要监视信道增益和频繁更新组成员。

11.4 RACH的性能模型

本节中，我们引入一个容易处理的队列分析模型，用于进行RA的MTC UE的初始化连接以便向 eNB 传输数据。该队列模型使我们能够分析具备节能性能的各种 MTC UE 的数据传输性能。

11.4.1 网络模型

我们考虑具有宏 eNB 的蜂窝网络（见图 11.6）。在宏蜂窝中，含有两种类型的 UE，即 MTC 和 H2H。这两种 UE 向宏 eNB 发起数据传输请求时，均需要前同步码。H2H 和 MTC 的 UE 通过 RA 机制，竞争获得 RB。

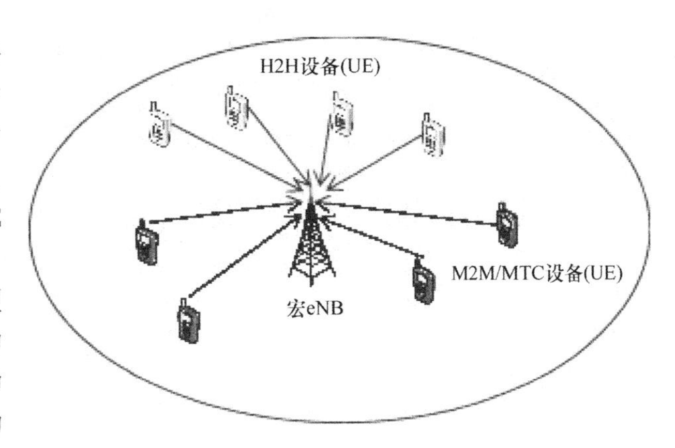

图 11.6 RACH 性能模型的网络模型

在下面，我们给出队列分析模型采用的协议。这与 LTE - A 系统中的很相似，它支持基于竞争和无竞争的 RA[379]。一个帧可以分为多个 1ms 的子帧。我们假设无竞争的 RA 用于 H2H UE，eNB 将为其分配一个前同步码，以及及时分配给目标 H2H UE 的 RB 资源。相比之下，低优先级的 MTC UE 使用基于竞争的 RA，以获得一个向 eNB 发起接入和数据传输的前同步码。当一个 MTC UE 要传输数据包到 eNB 时，MTC UE 从目标 eNB 广播中随机选取一个前同步码。不止一个 MTC UE 可能选择相同的前同步码，因此会发生碰撞。基于竞争的 RA 过程由四个步骤组成（见图 11.2），即前同步码传输、RAR、调度传输（终端标识）和竞争解决。eNB 向 MTC 广播 RA 过程必要的参数，包括 RAR 窗口大小和允许的最大重传次数。在这里，我们用 U 表示最大回退计数器，L 表示最大重传次数。如果传输失败发生 L 次，在 MTC UE 缓冲区的数据包将会被丢弃，以减少拥塞并允许其他 MTC UE 发送数据包。

11.4.2 MTC UE 和数据包传输

我们认为 MTC UE 使用有限的缓冲区（即一个队列）来存储数据包。MTC UE 可以工作在两种模式下，即激活模式和未激活模式。在激活模式下，该 MTC UE 打开它的发射机并执行基于竞争的 RA。在非激活模式下，该 MTC UE 关闭其发射机。然而，该 MTC UE 此时依然可以接收并在其缓冲区中存储数据包。最初，该 MTC UE 处于非激活模式。当缓冲区中的数据包的数量大于或等于唤醒阈值时，该 MTC UE 切换到激活模式。相反，当缓冲区中的数据包的数量为零时，该 MTC UE 再次切换到非激活模式。

在激活模式下，RA 成功后，系统将为 MTC UE 分配上行链路传输用的 RB。通常，在 M2M 通信的数据包很小（如传感器数据和位置更新只有几个字节大小）。因此，我们假设缓冲区中的所有数据包均可以在一次成功的前同步码竞争后完成传输（即 MTC UE 的缓冲正将在子帧中立即清除）。一旦该 MTC UE 的队列大小为零，MTC UE 断开与 eNB 的连接，并切换到非激活模式，等待新的数据包。

11.4.3　MTC和H2H UE的共存

由于H2H和MTC应用共存于同一蜂窝中，eNB均需要为H2H和MTC UE分配前同步码。H2H UE具有更高的优先级，并且我们假设只要H2H UE需要传输数据，eNB均会分配前同步码。当H2H UE不使用前同步码时，MTC UE才有机会竞争使用。我们认为，H2H UE使用某个特定前同步码的需求可以建模为一个两态马尔可夫链，从中可以得出该前同步码的空闲概率（即H2H UE不使用该前同步码）。两态分别对应于H2H UE需要和不需要该前同步码，我们用ψ_m和χ_m分别表示H2H UE是否需要前同步码m的概率。状态转换矩阵表示为

$$\boldsymbol{\psi}_m=\begin{bmatrix}\psi_m & 1-\psi_m\\ 1-\chi_m & \chi_m\end{bmatrix} \tag{11.1}$$

因此，前同步码m空闲，并可被MTC终端获取的概率可以通过下式获得，即

$$P_m^{\text{free}}=\frac{1-\psi_m}{2-\psi_m-\chi_m} \tag{11.2}$$

11.4.4　排队模型

在不跟踪网络全局状态的情况下，利用MTC UE状态的独立性，我们采用了一种近似的排队模型。MTC UE共用eNB分配的同一个前同步码池子。图11.7显示I个MTC UE争夺同一eNB下的前同步码。排队系统由多个单独的排队模型（每个MTC UE一个）组成。然而，解决MTC UE i的排队模型，不仅需要前同步码的可用概率（在它们被分配到H2H UE后），而且需要分配给MTC UE的前同步码的碰撞概率p_{cl}^i。MTC UE i的碰撞概率$p_{\text{tr}}^{i'}$取决于连接到同一个eNB所有其他MTC UE i'的传输概率$p_{\text{tr}}^{i'}$（即共享同一前同步码池子）。MTC UE i'的传输概率取决于其自己的队列状态、回退和重传计数器，以及MTC UE的模式（即激活模式或非激活模式）。传输概率的求解可以通过单独的排队模型（即第11.4.6节中的式（11.22））得到，而这又需要计算碰撞概率。有了这种循环关系，可通过使用迭代算法求得稳态传输和碰撞概率。

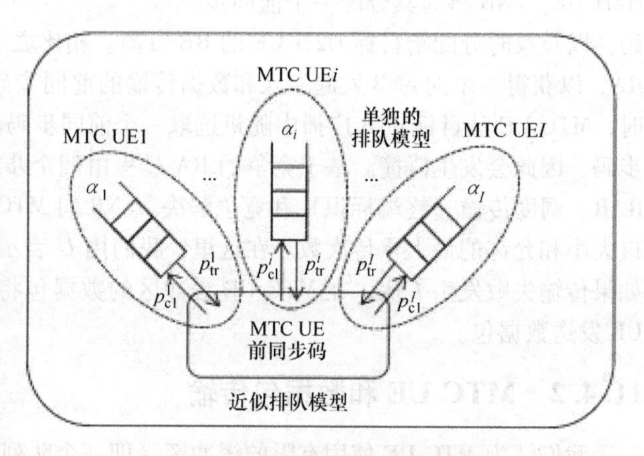

图11.7　MTC终端的排队模型

11.4.5　每个MTC UE排队的状态空间和转移矩阵

为了简化表示，我们在每个排队模型中省略了MTC UE的序号（即i）。这里，我们考虑一个做过标记的MTC UE，它有可容纳Q个数据包的有限缓冲区。MTC UE均采用基于竞争的RA和均匀回退机制。在一个子帧结束时观察这个做过标记的MTC UE的状态。因此，我们采用离散时间马尔可夫链（DTMC）进行建模。该标记过的MTC UE的排队模型的状态空间可以表示为

$$\Omega=\{(\mathscr{Q},\mathscr{B},\mathscr{L},\mathscr{K}),\mathscr{Q}\in\{0,\cdots,Q\},\mathscr{B}\in\{0,\cdots,U\},\mathscr{L}\in\{0,\cdots,L\},\mathscr{K}\in\{\text{inact},\text{act}\}\}\tag{11.3}$$

式中，$\mathscr{Q}$、$\mathscr{B}$、$\mathscr{L}$和 $\mathscr{K}$是随机变量。$\mathscr{Q}$是 MTC UE 缓存队列中的数据包的数量；$\mathscr{B}$是回退计数器；$\mathscr{L}$是重传计数器；U是最大回退计数器；L是最大重传次数；$\mathscr{K}$是 MTC UE 的状态，$\mathscr{K}=$ inact 和 $\mathscr{K}=$ act 分别表示非激活模式和激活模式。MTC UE 的转移概率矩阵为

$$\boldsymbol{P}=\begin{bmatrix}\boldsymbol{P}_{\text{act}}\boldsymbol{M}_{\text{act,act}} & \boldsymbol{P}_{\text{act}}\boldsymbol{M}_{\text{act,inact}}\\ \boldsymbol{P}_{\text{inact}}\boldsymbol{M}_{\text{inact,act}} & \boldsymbol{P}_{\text{inact}}\boldsymbol{M}_{\text{inact,inact}}\end{bmatrix}\tag{11.4}$$

式中，$\boldsymbol{P}_{\text{act}}$和$\boldsymbol{P}_{\text{inact}}$分别表示 MTC UE 在激活模式和非激活模式的排队状态、回退计数器和重传计数器的转移矩阵；$\boldsymbol{M}_{k,k'}$是 MTC UE 从模式 k 切换到 k'的转移矩阵，式中，$k,k'\in\{\text{inact},\text{act}\}$。

矩阵 $\boldsymbol{P}_{\text{act}}$、$\boldsymbol{P}_{\text{inact}}$和 $\boldsymbol{M}_{k,k'}$将在下面详细讲解。

1. $\boldsymbol{P}_{\text{act}}$：MTC UE 在激活模式下的转移矩阵

MTC UE 在激活模式下的转移矩阵可以用下式表示，即

$$\boldsymbol{P}_{\text{act}}=\begin{bmatrix}\alpha' & \vec{\boldsymbol{\alpha}}^{\text{T}} & & & \\ \vec{\boldsymbol{\beta}} & \boldsymbol{p}_{1,1} & \boldsymbol{p}_{1,2} & & \\ \boldsymbol{p}_{2,0} & \boldsymbol{p}_{2,1} & \boldsymbol{p}_{2,2} & \boldsymbol{p}_{2,3} & \\ \vdots & \vdots & & \ddots & \ddots\\ \boldsymbol{p}_{Q,0} & \boldsymbol{p}_{Q,1} & \cdots & \cdots & \boldsymbol{p}_{Q,Q}\end{bmatrix}\tag{11.5}$$

$\boldsymbol{P}_{\text{act}}$的每一行代表标记的 MTC UE 缓存队列中的数据包 q 的数量，即 $q=0,1,\cdots,Q$。例如，概率 α'及向量 $\vec{\boldsymbol{\alpha}}^{\text{T}}$ 对应缓存队列中没有待传输的数据包（即 $q=0$）。同样，向量 $\vec{\boldsymbol{\beta}}$ 和矩阵 $\boldsymbol{p}_{1,1}$、$\boldsymbol{p}_{1,2}$ 对应缓存队列中有一个待传输的数据包（即 $q=1$）。概率矩阵 $\boldsymbol{p}_{q,0}$、$\boldsymbol{p}_{q,1}$、$\boldsymbol{p}_{q,q}$和 $\boldsymbol{p}_{q,q+1}$分别表示 MTC UE 缓存中数据包变为 0、1、保持不变、增加一个。$\boldsymbol{p}_{q,0}$对应的情况有个前提假设，就是 MTC 数据通常都很小。一旦该 MTC UE 和 eNB 之间建立连接（即成功传输一个前同步码），在该 MTC UE 的队列中的所有数据包将被在一个子帧中传输给 eNB。

需要注意的是，式（11.5）中没有显示出 $\boldsymbol{P}_{\text{act}}$中为零的数，此外，为了方便表达，在没有歧义的情况下，矩阵 $\boldsymbol{p}_{q,q'}$表示 MTC UE 处于激活模式，而不再带下标 act。

当标记的 MTC UE 缓存队列中的数据包的数量为零，$\alpha'=1-\alpha$ 是后续无数据包的概率，因此队列中的数据包的数量仍然是零，其中 α 是 MTC UE 的数据包生成概率。向量 $\vec{\boldsymbol{\alpha}}$ 表示 MTC UE 新生成一个数据包的情况。在这种情况下，回退计数器将在 0 和 U 之间等概率选择一个数。此外，重传计数器复位为零。因此，$\vec{\boldsymbol{\alpha}}$ 定义为

$$\vec{\boldsymbol{\alpha}}^{\text{T}}=[\alpha/(U+1)\quad\cdots\quad\alpha/(U+1)\quad 0\quad\cdots\quad 0]\tag{11.6}$$

式中，$\vec{\boldsymbol{\alpha}}$ 中第一个 $U+1$ 对应于重传计数器为 0，第二个 $U+1$ 对应于重传计数器为 1，以此类推。因此，向量 $\vec{\boldsymbol{\alpha}}$ 中的 0 元素对应于重传计数器不是零的情况。

当标记的 MTC UE 缓存队列中的数据包的数量为正时，回退和重传计数器的转移必须考虑。我们用 $\boldsymbol{L}_0$ 和 $\boldsymbol{L}_1$ 分别表示回退和重传计数器导致的数据包传输和不传输时对应的转移矩阵。矩阵 $\boldsymbol{L}_0$（即没有数据包离开的情况下）定义为

$$
\boldsymbol{L}_0 = \begin{bmatrix} \boldsymbol{B}_{0,0} & \boldsymbol{B}_{0,1} & & \\ & \boldsymbol{B}_{1,1} & \boldsymbol{B}_{1,2} & \\ & & \ddots & \ddots \\ & & & \boldsymbol{B}_{L,L} \end{bmatrix} \tag{11.7}
$$

式中，$\boldsymbol{B}_{l,l'}$是回退计数器的转移矩阵，当前和下一个重传计数器分别是 l 和 l'。矩阵 $\boldsymbol{B}_{l,l'}$的每一个元素对应于回退计数器，可以表示为

$$
\boldsymbol{B}_{l,l} = \begin{bmatrix} 0 & 0 & \cdots & 0 \\ 1 & 0 & & \\ & \ddots & \ddots & \\ & & 1 & 0 \end{bmatrix}, \quad \boldsymbol{B}_{l,l+1} = \begin{bmatrix} p_{\mathrm{f1}} & \cdots & p_{\mathrm{f1}} \\ 0 & \cdots & 0 \\ \vdots & & \vdots \\ 0 & \cdots & 0 \end{bmatrix} \tag{11.8}
$$

对于 $\boldsymbol{B}_{l,l}$，当回退计数器为零时（即第一行为零），MTC UE 将执行前同步码传输。如果传输失败（如因为与其他 UE 的传输碰撞或信道错误），重传计数器将增加，对应于 $\boldsymbol{B}_{l,l+1}$。传输失败和选择新的回退计数器的概率表示为

$$
p_{\mathrm{f1}} = \frac{1 - p_{\mathrm{sc}}(1 - p_{\mathrm{c1}})}{U + 1} \tag{11.9}
$$

式中，p_{sc}和 p_{c1}分别是前同步码成功传输的概率（即没有信道误差）和标记的 MTC UE 观察到的碰撞概率。我们可以通过前同步码检测的性能分析得到这个概率（如在参考文献［380］中所述的）。然而需要注意的是，这种碰撞概率取决于连接到同一个 eNB 的其他 MTC UE 的接入策略（即传输概率）。这个概率将通过后面将谈到的迭代算法中得到。

如果前同步码传输成功，eNB 将为 MTC UE 分配 RB 并建立与 MTC UE 之间的链路。在 MTC 数据包都是很小的假设下，一旦链路建立，所有缓存队列中的数据包都会被传输。在这种情况下，数据包传输的概率矩阵表示为 $\boldsymbol{L}_1$，即

$$
\boldsymbol{L}_1 = \begin{bmatrix} \boldsymbol{C}_0 & \boldsymbol{0} & \cdots & \boldsymbol{0} \\ \vdots & \vdots & \ddots & \vdots \\ \boldsymbol{C}_L & \boldsymbol{0} & \cdots & \boldsymbol{0} \end{bmatrix} \tag{11.10}
$$

式中，$\boldsymbol{C}_l$ 是重传计数器为 l，并且数据包离开队列时的转移矩阵，$\boldsymbol{0}$ 是有相应大小的 0 矩阵。如果前同步码传输成功，重传计数器将被重置为 0，因此，$\boldsymbol{C}_l$ 是矩阵 $\boldsymbol{L}_1$ 的最左边的元素（即下一个状态是 $l=0$）。对于 $l<L$，只有当前同步码成功传输时数据包才离开。对于 $l=L$，在重传计数器达到最大值时，如果当前前同步码传输失败，则数据包将被丢弃。上述过程的概率矩阵定义为

$$
\boldsymbol{C}_l = \begin{bmatrix} p_{\mathrm{sc}}(1-p_{\mathrm{c1}})/(U+1) & \cdots & p_{\mathrm{sc}}(1-p_{\mathrm{c1}})/(U+1) \\ 0 & \cdots & 0 \\ \vdots & \ddots & \vdots \\ 0 & \cdots & 0 \end{bmatrix}, \ l<L
$$

$$
\boldsymbol{C}_L = \begin{bmatrix} 1/(U+1) & \cdots & 1/(U+1) \\ 0 & \cdots & 0 \\ \vdots & \ddots & \vdots \\ 0 & \cdots & 0 \end{bmatrix} \tag{11.11}
$$

当 $l<L$ 时的矩阵 $\boldsymbol{C}_l$ 对应于前同步码成功传输时的情况。矩阵 $\boldsymbol{C}_L$ 是过渡矩阵，无论前同步码是否成功传输（已经达到最大重传次数）。

式（11.5）中的矩阵 $\boldsymbol{P}_{\text{act}}$ 可以通过下面内容获得。

1）$\boldsymbol{p}_{q,q+1}=\boldsymbol{L}_{0\alpha}$：当一个新数据包以概率 α 产生，并且前同步码未成功传输时，队列中的数据包数量增加 1。

2）$\boldsymbol{p}_{q,q}=\boldsymbol{L}_0(1-\alpha)$：当没有新的数据包产生，并且前同步码未成功传输时，队列数据包数量不变。除非 $q=Q$，该元素则蜕变为 $\boldsymbol{p}_{Q,Q}=\boldsymbol{L}_0$。这就是说，不论是否产生新的数据包，如果前同步码传输失败，则队列持续保持满额状态（即新的数据包将被拥塞）

3）$\boldsymbol{p}_{q,1}=\boldsymbol{L}_{1\alpha}$：当前同步码成功传输，并且同时生成一个新的数据包时，队列中数据包数量减为 1。

4）$\boldsymbol{p}_{q,0}=\boldsymbol{L}_1(1-\alpha)$：当前同步码成功传输，并且没有新的数据包产生时，队列中数据包数量减为 0。

最后，向量 $\vec{\boldsymbol{\beta}}$ 对应于下一个状态没有数据包等待（即回退和重传计数器未使用）的情况，可以通过 $\vec{\boldsymbol{\beta}}=(\boldsymbol{L}_1(1-\alpha))\vec{\boldsymbol{1}}$ 获取，其中 $\vec{\boldsymbol{1}}$ 是具有相应大小的 1 向量。

2. $\boldsymbol{P}_{\text{inact}}$：MTC UE 在非激活模式的转移矩阵

MTE UE 在非激活模式的转移矩阵可以表示为

$$\boldsymbol{P}_{\text{inact}}=\begin{bmatrix} \alpha' & \vec{\boldsymbol{\alpha}}^{\text{T}} & & & \\ & \boldsymbol{p}_{1,1} & \boldsymbol{p}_{1,2} & & \\ & & \boldsymbol{p}_{2,2} & \boldsymbol{p}_{2,3} & \\ & & & \ddots & \ddots \\ & & & & \boldsymbol{p}_{Q,Q} \end{bmatrix} \tag{11.12}$$

矩阵 $\boldsymbol{P}_{\text{inact}}$ 的结构与式（11.5）中定义的 $\boldsymbol{P}_{\text{act}}$ 结构类似。然而，当 MTC UE 处于非激活模式时，没有前同步码传输尝试。因此，没有数据包离开（即当 $q'<q$ 时，没有元素 $\boldsymbol{p}_{q,q'}$）。

矩阵 $\boldsymbol{L}_0$ 对应于没有数据包离开的情况，定义为

$$\boldsymbol{L}_0=\begin{bmatrix} \boldsymbol{B}_{0,0} & & & \\ & \boldsymbol{B}_{1,1} & & \\ & & \ddots & \\ & & & \boldsymbol{B}_{L,L} \end{bmatrix},$$
$$\text{其中 } \boldsymbol{B}_{l,l}=\begin{bmatrix} 1/(U+1) & 1/(U+1) & \cdots & 1/(U+1) \\ & 1 & & \\ & & \ddots & \\ & & & 1 \end{bmatrix} \tag{11.13}$$

特别说明的是，当 MTC UE 处于非激活模式时，回退和重传计数器经常是一样的。既然 MTC UE 在非激活模式时没有数据包离开，我们可以得到矩阵 $\boldsymbol{L}_1=\boldsymbol{0}$。矩阵 $\boldsymbol{B}_{l,l}$ 的第一行对应于回退计数器为 0，但是 MTC UE 处于非激活模式。在这种情况下，回退计数器的数值将随机产生。

于是，式（11.12）中定义的矩阵 $\boldsymbol{P}_{\text{inact}}$ 中的元素可以如下得到：$\boldsymbol{p}_{q,q+1}=\boldsymbol{L}_{0\alpha}$ 和 $\boldsymbol{p}_{q,q}=\boldsymbol{L}_0(1-$

α)。特别说明的是，MTC UE缓存中数据包数量增加和保持不变的概率分别是 α 和 $1-\alpha$。

3. $M_{k,k'}$：MTC UE模式的转移矩阵

矩阵 $M_{\text{act,act}}$ 和 $M_{\text{act,inact}}$ 表示MTC UE从激活模式到激活模式和非激活模式的状态转移。同样，$M_{\text{inact,inact}}$ 表示MTC UE从非激活模式到非激活模式和激活模式的状态转移。导致状态变化为激活模式的转移矩阵可表示为

$$M_{\text{act,inact}}=\begin{bmatrix}1 & 0 & \cdots & 0\\ 0 & 0 & & \\ \vdots & & \ddots & \vdots\\ 0 & & \cdots & 0\end{bmatrix},\ M_{\text{inact,act}}=\begin{bmatrix}0 & & & & & \\ & \ddots & & & & \\ & & 0 & & & \\ & & & 1 & & \\ & & & & \ddots & \\ & & & & & 1\end{bmatrix} \tag{11.14}$$

式中，$M_{\text{act,act}}=I-M_{\text{act,inact}}$；$M_{\text{inact,inact}}=I-M_{\text{inact,act}}$。$I$ 是对应大小的单位矩阵。

对于 $M_{\text{act,inact}}$ 的情况，MTC UE只有在队列为空（即只有左上角为1）的时候，才从激活模式转换到非激活模式。对于 $M_{\text{inact,act}}$ 的情况，对角线上的元素对应于队列数量 $0,\cdots,Q_{\text{wake}}-1$，数值为0。$Q_{\text{wake}}$ 是唤醒阈值（即队列中数据包达到这个值时，MTC UE将从非激活模式切换为激活模式）。否则，对角线上的元素对应于队列数量为 Q_{wake}，$\cdots$，Q，数值为1。

11.4.6 MTC UE的排队性能测量

式（11.4）中定义的转移概率矩阵 P，$\vec{\pi}$ 表示平稳概率的向量，则标识MTC UE的状态可以通过解 $\vec{\pi}^{\text{T}}=\vec{\pi}^{\text{T}}P$ 和 $\vec{\pi}^{\text{T}}\vec{1}=1$ 来得到，其中 $\vec{1}$ 是对应大小的1向量。向量 $\vec{\pi}$ 中的元素表示为 $\pi_{q,b,l,k}$，指的是MTC UE队列中数据包数量为 q，回退和重传计数器分别是 b 和 l，MTC UE模式为 k。从平稳概率来说，可以得到MTC UE的各种性能测量。

MTC UE队列中的数据包平均数量可以通过下式得到，即

$$\bar{q}=\sum_{q=1}^{Q}q\left(\sum_{b=0}^{U}\sum_{l=0}^{L}\sum_{k\in[\text{act,inact}]}\pi_{q,b,l,k}\right) \tag{11.15}$$

丢包率是由于达到最大重传限制（即 L）而丢弃数据包的概率。首先，丢包率（即每子帧丢包的平均数）可以通过下式得到，即

$$\bar{D}=\left(\sum_{q=1}^{Q}\pi_{q,0,L,k}\right)(1-p_{\text{sc}}(1-p_{\text{cl}})) \tag{11.16}$$

式中，对于 $k=\text{act}$。丢包率可以由 $p_{\text{dr}}=\bar{D}/\alpha$ 得到。

包阻塞率是由于MTC UE队列已满而丢弃数据包的概率。首先，包拥塞率（即每子帧的平均包拥塞数）可以通过下式得到，即

$$\bar{B}=\underbrace{[\pi_{Q,0,0,\text{act}}\ \cdots\ \pi_{Q,b,l,k}\ \cdots\ \pi_{Q,U,L,\text{act}}](L_0\alpha\vec{1})}_{\text{激活模式}}+\underbrace{\alpha\sum_{q=1}^{Q}\sum_{b=0}^{U}\sum_{l=0}^{L}\pi_{q,b,l,\text{inact}}}_{\text{非激活模式}}, \tag{11.17}$$

式中，第一项和第二项分别对应于MTC UE激活模式和非激活模式。然后，包拥塞率可以由 $p_{\text{bl}}=\bar{B}/\alpha$ 得到。

包平均延迟是从数据包产生到成功传输前同步码之间的时间。MTC UE 可以建立一个连接，并在下一个子帧向 eNB 传输数据。平均包延迟可以由下式的利特尔法则得到，即

$$\bar{W}=\frac{\bar{q}}{\alpha-\bar{B}}+W_{\mathrm{RAR}} \tag{11.18}$$

式中，$\alpha-\bar{B}$是队列的有效数据包到达速率（忽略拥塞包），W_{RAR}是 RAR 窗口的大小。

MTC UE 队列的吞吐量可以由 $\tau=\alpha-\bar{D}-\bar{B}$得到，归一化的吞吐量计算如下：

$$\bar{\tau}=\tau/\alpha \tag{11.19}$$

占空比是 MTC UE 在激活模式所占的时间比例。占空比可通过下式得到，即

$$T=\sum_{q=1}^{Q}\sum_{b=0}^{U}\sum_{l=0}^{L}\pi_{q,b,l,\mathrm{act}} \tag{11.20}$$

MTC UE 的净传输概率（即 MTC UE 使用任意前同步码传输的概率）为

$$p_{\mathrm{ntr}}=\left(\sum_{q=1}^{Q}\sum_{l=1}^{L}\pi_{q,0,l,\mathrm{act}}\right) \tag{11.21}$$

由于 eNB 可以为所有 MTC UE 分配 M 个前同步码，因此 MTC UE 使用其中一个前同步码的传输概率为

$$p_{\mathrm{tr}}=\frac{p_{\mathrm{ntr}}}{M} \tag{11.22}$$

式中，我们假设 MTC UE 等概率选择分配的前同步码。

11.4.7　迭代算法

性能指标是针对给出其他 MTC UE 传输概率的特定的 MTC UE（注意式（11.9）中的 p_{cl}）。为了获得稳态性能指标，需要知道同一个 eNB 下所有竞争前同步码的 MTC UE 的稳态传输概率。稳态性能指标可以通过算法 15 迭代得到。迭代算法在给定其他 UE 的传输概率（即第 i'个 MTC UE 的概率为 $p_{\mathrm{tr}}^{i'}[t]$）的条件下，计算某一个特定 MTC UE 的碰撞概率（即第 i 个 MTC UE 的概率为 $p_{\mathrm{cl}}^{i'}[t]$）。然而，由于 H2H UE 的所需的可用前同步码数量是随机的，我们首先求得 n 个前同步码的概率，即

$$\rho(n)=\sum_{\sum y_m=n}\prod(P_m^{\mathrm{free}})^{y_m}(1-P_m^{\mathrm{free}})^{1-y_m} \tag{11.23}$$

式中，P_m^{free} 是前同步码 m 空闲的概率，可以从式（11.2）中得到。y_m 是辅助指示函数，如果前同步码 m 是空闲的，则取值为 1，否则，如果前同步码 m 正在被 H2H UE 使用，则取值为 0。碰撞概率（即不成功的前同步码接入）可以通过下式得到，即

$$p_{\mathrm{cl}}^{i}[t]=1-\sum_{n=1}^{M}\rho(n)\left(\sum_{i'=1;i'\neq i}^{\tilde{I}}(1-p_{\mathrm{tr}}^{i'}[t])\right) \tag{11.24}$$

式中，$\tilde{I}$是同一 eNB 下，所有竞争使用前同步码的 MTC UE 的总数。MTC UE i 的 $p_{\mathrm{cl}}^{i}[t]$可以通过其他 UE i'的 $p_{\mathrm{tr}}^{i'}[t]$和前同步码空闲概率得到。碰撞概率 $p_{\mathrm{cl}}^{i}[t]$ 可用于解决个体排队模型（算法 15 中的第 5 行）。之后，可以得到传输概率（算法 15 中的第 6 行）。对所有同一 eNB 下的 MTC UE 重复上述步骤。当传输概率收敛时，即变化小于可容忍的阈值 ϵ（算法 15 中的第 9 行）时，迭代算法中止。

算法 15　迭代算法，为 MTC UE 获得稳态性能指标

1：初始化所有 MTC UE 的传输概率 $p_{tr}^{i}[t]$ $i=1, \cdots, \widetilde{I}$，其中 $t=0$

2：**repeat**

3：　**for** $i=1, \cdots, \widetilde{I}$ **do**

4：　　通过 MTC UE i 从式（11.24）计算碰撞概率 $p_{cl}^{i}[t]$

5：　　给定 $p_{cl}^{i}[t]$，解决个体排队模型

6：　　根据式（11.22）得到 MTC UE i 的传输概率

7：　**end for**

8：　$t=t+1$

9：**until** $\max_{i}\left|p_{tr}^{i}[t]-p_{tr}^{i}[t-1]\right|<\epsilon$

11.4.8　数值计算结果

我们考虑 eNB 内 H2H UE 和 MTC UE 均存在，且需要传输数据。假设蜂窝内前同步码数量 $M=2$，H2H UE 以 0.5 的概率接入前同步码。MTC UE 的数据包队列数量为 5。MTC UE 的数据包生成概率为 $\alpha=0.001$。最大回退和重传计数器分别为 $U=15$ 和 $L=5$。迭代算法的中止阈值 $\epsilon=10^{-10}$。为了验证分析的正确性，我们对基于竞争的 RA 机制进行了仿真验证。仿真采用了 UMTS－LTE 标准中的回退算法。

RA 过程的仿真是在一个时隙的基础上（即帧）完成的，不同的事件（如数据包到达、回退和传输）均发生在一个帧中并可观察到。首先，RB 的可用性与 H2H 是否激活有关。其次，每个 MTC UE 检查数据包是否产生。在 MTC UE 队列满了后，新产生的数据包将会拥塞。然后，如果 M2M 缓存队列不为空，M2M UE 将启动回退算法。回退计数器每帧减小，如果计数器为零，该 UE 将发送 RA 前同步码。如果前同步码成功发送，eNB 会回复一个 RAR，同时 MTC UE 将传输数据包。如果发生碰撞，该 MTC UE 将实施回退机制并尝试重发 RA 前同步码。MTC UE 观察其状态，并在激活模式和非激活模式之间切换。在每个帧中测量性能指标（如平均队列大小、拥塞数据包的数量、延迟和吞吐量）。

1. 排队模型的收敛

首先，我们考虑 MTC UE 的排队性能。图 11.8 显示了排队模型中的 4 个 MTC UE，以缓存数据包数量为性能指标的收敛性能。这个性能指标是在 100 个 MTC UE 均有数据传输送到 eNB 时获取的，每个 MTC UE 的数据包到达概率是每子帧 0.001～0.0015 个包之间。如图 11.8 所示，可以观察到在几次迭代后，MTC UE 的排队性能收敛到稳定状态，这表明该近似模型的有效性。

2. 前同步码空闲的概率的影响

图 11.9 显示了前同步码空闲的概率不同时，MTC UE 的归一化吞吐量。在这个例子中，我们假设所有的前同步码具有相同的参数 ψ_m 和 χ_m，所有的 MTC UE 有相同的数据包到达概率（即 $\alpha=0.001$）。共有 500 个 MTC UE。当前同步码空闲的概率增加，归一化吞吐量也增加，MTC UE 有更高的机会能够使用前同步码建立连接并传输数据包到 eNB。此外，当可用前同步码数增加，归一化吞吐量显著增加。eNB 可以利用这个性能指标分配前同步码，从而保证 MTC UE 的性能。

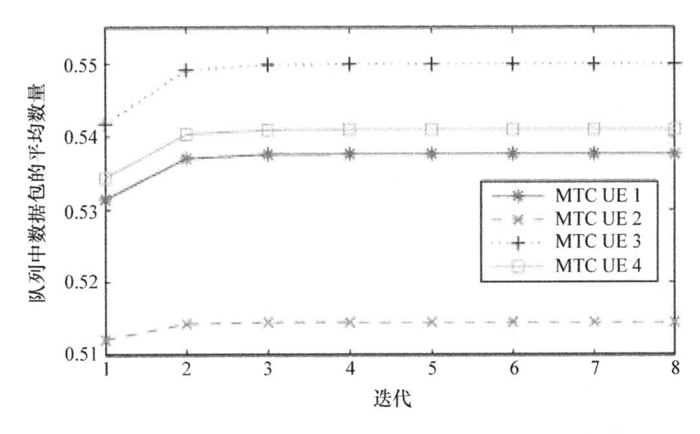

图 11.8　MTC UE 的收敛性能（即队列中数据包的平均数量）

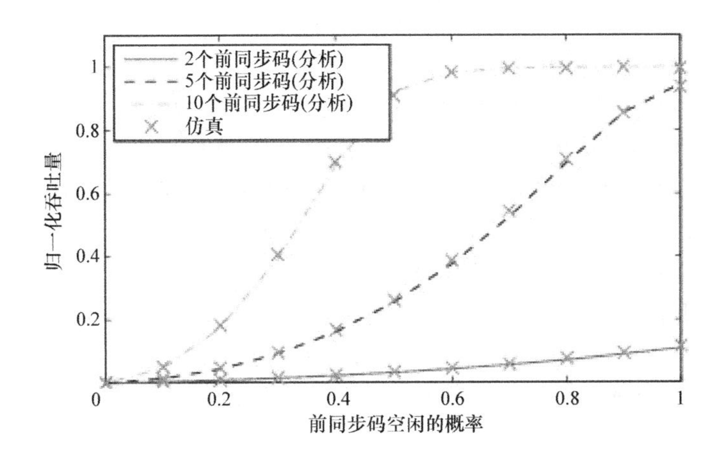

图 11.9　当前同步码空闲的概率变化时，MTC UE 的归一化吞吐量

3. 异构 MTC UE 的影响

接下来，我们考虑数据包到达概率不同的异构 MTC UE 的情况。100 个 MTC UE 的数据包到达概率是 0.001 ~ 0.0015 之间的随机数。这 100 个 MTC UE 的平均包延迟如图 11.10 所示。由于 MTC UE 的数量很小，如果数据包到达概率大，则平均延迟也大，这是可以预期的。尽管如此，仿真结果与数值计算结果非常接近。

4. 激活模式和非激活模式的影响

当一个 MTC UE 队列为空，该 UE 将切换到非激活模式以降低能耗。如果队列中的数据包的数量等于唤醒阈值 Q_{wake}，MTC UE 将切换到激活模式。我们研究这个阈值的影响。图 11.11 显示了 MTC UE 的数量在 100 ~ 1000 之间变化时的归一化吞吐量。当 MTC UE 数量增加时，由于网络拥塞，归一化吞吐量减少（即竞争 eNB 中的前同步码）。然而，有趣的是，当唤醒阈值（即门槛从非激活模式切换到激活模式）增加到两个时，吞吐量增加。这样的结果是反直觉的，当唤醒

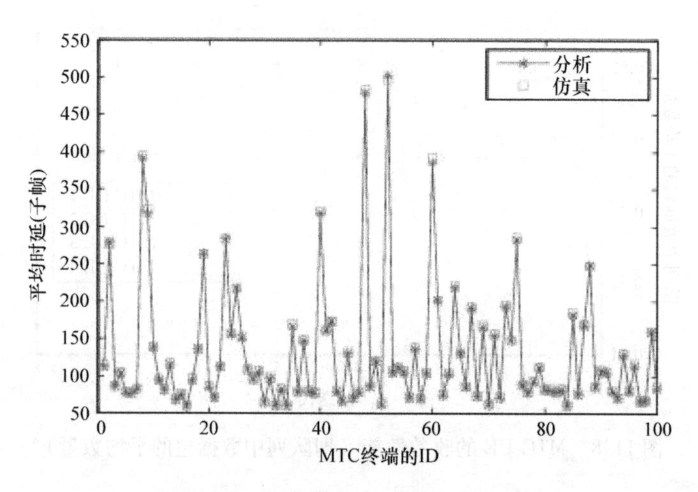

图 11.10　异构数据包到达概率的延迟

阈值大，MTC UE 往往更可能是处于非激活模式（即它们有一个较小的占空比，见图 11.12a）和它们的表现应该受到负面影响。然而，事实上，在归一化吞吐量方面的性能得到改善（见图 11.11）。原因是当大部分的 MTC UE 是激活模式时，它们积极争夺有限的前同步码，导致高的碰撞概率和丢包概率。然而，当一些 MTC UE 更多停留在非激活模式下时，拥塞得到缓解。因此，前同步码传输成功的概率增加，MTC UE 的吞吐量也随之增加。

然而，阈值增加的一个重要的副作用是更大的延迟，见图 11.12b。因此，优化唤醒阈值，以权衡性能（如吞吐量和延迟）和能耗是重要的。

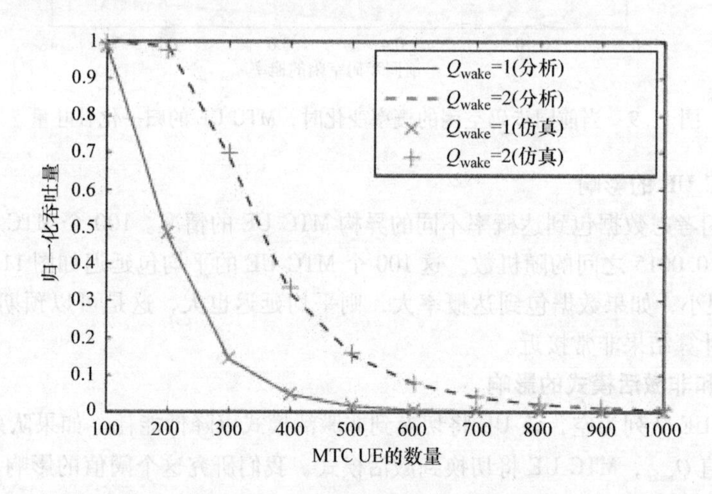

图 11.11　不同 MTC UE 数量时的归一化吞吐量

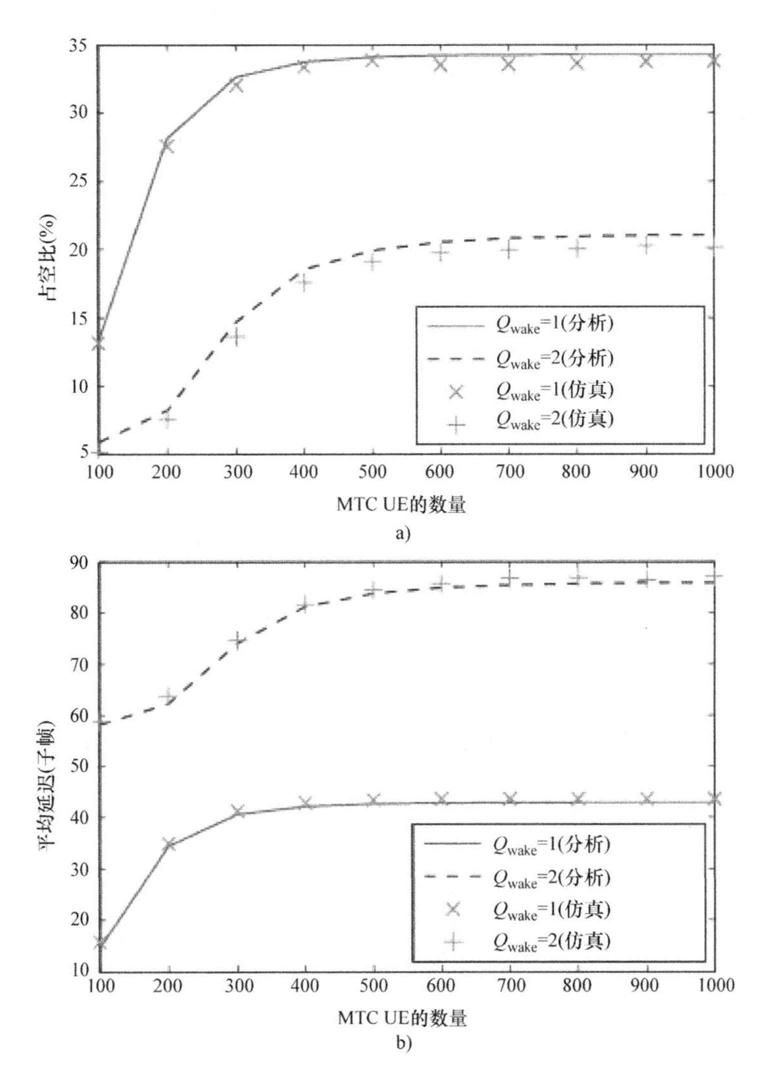

图 11.12　不同 MTC UE 数量的占空比和平均延迟

11.5　小结

M2M 通信将是用于连接机器类型通信设备的物联网的重要组成部分。这里的主要挑战是为非常大量的设备提供连接，并避免网络拥塞。因此，使用一个有效的随机接入（RA）过程来控制无线网络流量是很有必要的。在本章中，我们提供了一个各种用来控制网络拥塞方法的全面调查，并对现有方案进行了比较。采用一个有效的 RA 过程，将有可能提高整体网络的稳定性和保证服务质量（QoS）性能。

支持大量 MTC 设备的高效过载控制是一个持续研究的领域。此外，与 H2H 设备共存且不影响其 QoS 要求，以及从 H2H 设备中辨别 MTC 设备都是更具挑战性的 MTC 领域的问题。在本章中，我们确定了几个与实际的过载问题相关的研究方向。

1）模式选择和 QoS 配置：正如预期那样，MTC 设备不应与 H2H 设备碰撞，并应同时满足自己的 QoS 要求。如上所述，该设备可以直接或通过网关与 eNB 连接。选择直接与 eNB 或通过 MTC 网关，可能取决于信号强度或链路条件（信道增益）。然而，在一些实际的情况下，最佳模式的选择可能需要分析评估。例如，虽然在直接连接模式下的信号强度较强，但选择 MTC 网关可以提供更好的成功概率和较低的延迟。在我们看来，排队理论可以应用到评估最优模式选择和 QoS 配置（即测量吞吐量）。

2）eNB 和 MTC 的网关选择：除了模式的选择，当该设备处于多个 eNB 覆盖区（MTC 网关）时，eNB（MTC 网关）的选择可能是至关重要的。为保证服务质量和网络负载均衡，有必要采取有效的 eNB（MTC 网关）选择机制。不幸的是，大多数文献中提出的解决 RA 过载控制方法未考虑 eNB 或 MTC 网关选择机制。然而，我们认为，MTC 设备在综合考虑 QoS 参数情况下，采用用于选择 eNB 或 MTC 网关的强化学习方法（即 Q - 学习）是非常有帮助的。

3）有效的组管理：MTC 设备的分组管理和处理（即选择组协调员）是至关重要的。当组数和组中的成员的数量变大，分配 RA 时隙和减少信令开销将是一个具有挑战性的问题。此外，一个有效的前同步码分配算法是必要的。博弈论是一个有竞争力的优化前同步码分配的工具。此外，还需要在流量变化的基础上，自适应地分组和再分组。同时，即使点对点通信已与其他通信标准共存，也必须为组成员之间的点对点通信做出规定。

4）机会随机接入（认知 M2M）：由于 MTC 设备数量的增加，可能没有足够的资源来应付所有的 MTC 设备。而使用机会接入信道方法，可能有利于控制网络拥塞。在 M2M RA 中实现认知无线电能力可能是一个有前途的研究领域。

第 5 部分　D2D 通信标准化

第 12 章　LTE/LTE - A 中受网络控制的 D2D

本章主要介绍在 LTE/ LTE - Advanced（LTE - A）中使用 D2D 通信的动机和需求。对已商定的工作场景和工作假设进行了讨论，并提出了链路和系统级的性能评价方法。

12.1　LTE - A 网络中的 D2D 通信

现在，越来越多的新的富媒体业务可供移动用户选择，有日益增长的高数据速率无线接入的需求。因此，新的无线技术被引入。这些技术能够提供高速、大容量、有保证的服务质量（QoS）[183]。随着蜂窝网络技术的发展，新的技术也得到发展，如小基站，它能够通过减小蜂窝的覆盖范围和有效地控制干扰，来提高网络容量。然而，大多数的尝试仍然依赖于集中式的网络拓扑，这就要求移动设备与一个演进的 eNB（eNB）进行通信。这样一种集中式的网络拓扑结构，由于存在大量的通信设备，容易造成拥塞。此外，eNB 可能没有完整的设备之间传输参数的信息，从而无法使网络达到最佳性能。因此，D2D 通信的概念被引入，通过旁路 eNB 和 AP [1]，来允许移动设备之间进行本地点对点传输。

如 3GPP 和 IEEE 等，目前正在解决授权频段内的 D2D 通信标准化。3GPP 已同意启动 D2D 技术研究项目，并已经取得了相关的重大突破。本研究项目的目的是在连续网络控制下，在 3GPP 网络覆盖区内，探讨受运营商控制的邻近用户设备（UE）之间的通信。尤其，UE 除了在蜂窝服务中通过 eNB 获得网络服务之外，一些 UE 还可以通过直接链路彼此通信，从而直接获得邻近业务的服务[381]。

除了 D2D 商业应用情况之外，直接通信还可以在公共安全应用中起到至关重要的作用。例如，在海啸或野外火灾后网络不可用的情况下，消防员即使在没有网络覆盖的地方也可以直接通信。3GPP RAN 全会批准开始了一个在 LTE 中的 D2D 基于邻近的业务（ProSe）的研究项目（SI）。在 3GPP LTE R12 中，也重点关注将广播 D2D 通信应用于公共安全中，以及发现通用和公共安全的共同应用案例。在公共安全应用的情况下，网络覆盖之内、网络覆盖的局部和网络覆盖之外的情况都应予以支持。因此 3GPP 技术有机会成为选择启用 D2D 通信的首选平台，为此，两个重要的 ProSe 服务已被定义。

1）第一个是邻近发现，用户可以在彼此非常邻近时，互相发现。

2）第二个是直接通信，用户可以在彼此非常邻近时，互相通信。

12.2　需求和工作设想

在 3GPP 技术报告[381]中，需求内容涵盖运营、计费和安全需求。

12.2.1　运营需求

运营商网络应能持续演进的通用地面无线接入（E - UTRA）系统资源的使用，以便用于

ProSe发现和UE之间的ProSe通信，只要至少这些UE中的一个是在E-UTRA覆盖下，并使用了运营商的频谱。ProSe通信和ProSe发现不应对其他E-UTRA服务产生不利影响。具备ProSe功能的UE注册到PLMN，在该PLMN的E-UTRA覆盖范围内，就可以享受ProSe的服务，但可能是由不同的eNB提供服务。在这种情况下，参与ProSe服务的E-UTRA资源将实时地在3GPP网络控制之下。网络应该能够采集到相关的发现信息，即具备ProSe功能的UE被发现在一个给定的UE附近。这其中应用了一些对数据采集的合约和规则的限制。具备ProSe功能的UE在E-UTRA覆盖以外的ProSe服务是不可用的，但以下情况除外：当不在E-UTRA覆盖区但运行在公共安全频谱时，具备ProSe功能并启用公共安全的UE可以使用ProSe服务。在这种情况下，至少需要一次预授权才能使用ProSe服务。公共安全UE的再授权和特定配置（包括频谱配置）应服从于公共安全的运营政策。在运营ProSe时，演进的分组系统（EPS）应能够支持区域性或国家性的监管要求。ProSe系统应做到：

1）允许UE有选择性地发现其他感兴趣的UE。

2）在ProSe发现和通信的使用中，确保3GPP UE/用户标识符不透露给未经授权的各方。

3）允许授予和撤销发现权限。

4）使应用程序可以单独地请求发现参数的设置，如发现范围类别等。

受制于运营商政策，多运营商核心网络（MOCN）将支持为两个驻留在同一无线接入网络的UE建立ProSe通信，但这两个UE是由不同的MOCN PLMN分别提供业务。

12.2.2 计费需求

当一个具备ProSe功能的UE使用ProSe通信或ProSe辅助WLAN直连通信时，无论归属地公共陆地移动网络（HPLMN）还是拜访地公共陆地移动网（VPLMN）的网络运营商都应当能够采集这些通信的账目数据，包括如下内容。

1）激活/信用。

2）启动/终止。

3）数据传送的持续时长和数据总量。

4）QoS，如果使用了E-UTRAN的话（如可用性等级、资源分配等）。

5）运营商之间的通信。

6）运营商之间的信令。

12.2.3 安全需求

该系统应确保用户数据和网络信令的机密性和完整性，使得在ProSe通信和ProSe辅助WLAN直连通信路径上，与现有3GPP系统所提供的能够达到相同水平。现有EPS所提供的安全级别不应受到ProSe发现和通信功能的影响。系统应确保由运营商和用户授权的应用程序所使用的ProSe发现信息的真实性。同时，系统应能将ProSe发现信息限制在已被授权的具备ProSe功能的UE和应用程序范围内。允许被发现的权限是由用户指定，由系统执行，受运营商控制，并是基于每个应用程序的。运营商应当能够获得一个UE的允许，使其能够被配置为被一个或多个UE发现或不被发现，而无须事先在网络上注册，例如，为企业或公共安全机构提供对其用户进行权限设置的手段。现有的3GPP安全机制应尽可能地和适当地被重用。ProSe服务应该尊重当地的监管框架，并使用许可频谱。ProSe 发现和通信应支持区域性或国家性的法规要求（如关于合法的拦截）。系统应确保用户在使用 ProSe 时，用户身份和隐私是受保护的。

12.3 关键工作场景

从 1995 年开始，如图 12.1 所示，受新业务需求的驱动，无线蜂窝技术已经从第二代移动通信系统发展到第五代移动通信系统。对于每一代移动通信系统，新的通信技术被不断探索，其中包括频率、编码和空间，以提高网络容量。伴随着 D2D 通信的引入[1]，它已吸引了诸多学术界和工业界对于另一个通信领域——移动设备的研究的极大关注。

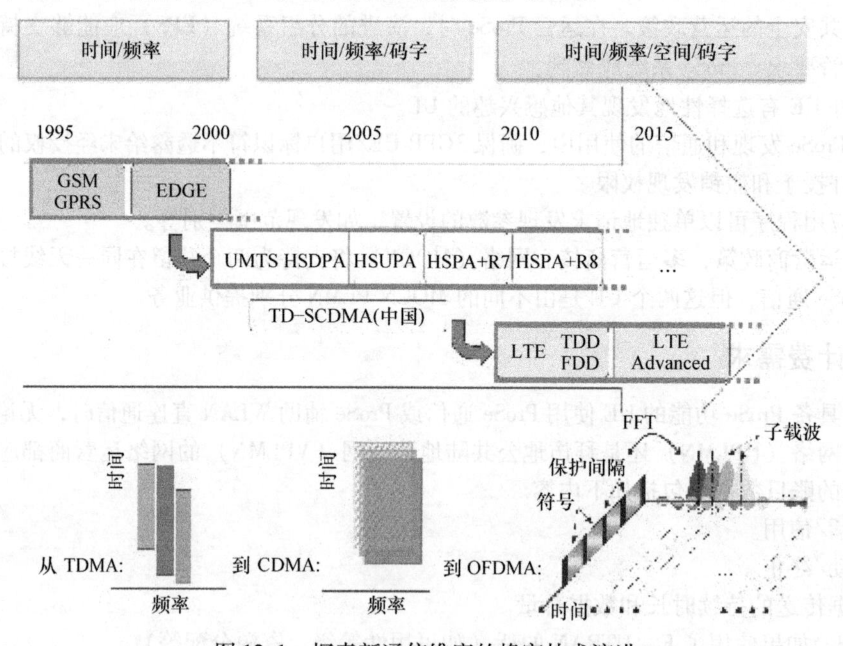

图 12.1 探索新通信维度的蜂窝技术演进

D2D 通信的技术演进路线是从简单的网络无认知模式的设备与设备间短距离通信开始（见图 12.2），如手机之间使用蓝牙，到蜂窝可感知的短程通信，再到最后在许可频谱内，充分协调方式下，受蜂窝控制的 D2D 通信。场景 A，蜂窝网络和 D2D 网络独立工作，分别使用不同的无线接入技术（RAT），并运行在不同的频谱范围内，例如 UMTS 和 Wi–Fi。场景 B，通过 eNB 和核心网络（CN），赋予了移动设备部分控制功能，它允许手机在授权和未授权频段之间进行智能切换。在第三种场景下，设备可以在授权频段之内形成一个协作的网络，以实现最大的灵活性和性能。

除此之外，LTE 平台会比别的技术（如 Wi–Fi 和蓝牙）有优势，其使用免执照频谱来操作设备与设备之间的协议，并且 3GPP 正致力于在增强的 LTE 演进分组核心（EPC）平台来支持这些功能。基于邻近的应用和业务代表了一种新的、巨大的社会发展趋势。

1）这些应用程序和这些服务都是基于彼此邻近的两个设备或两个用户的感知。

2）邻近的感知是具有价值的，这产生了它们之间的流量交互的需求。

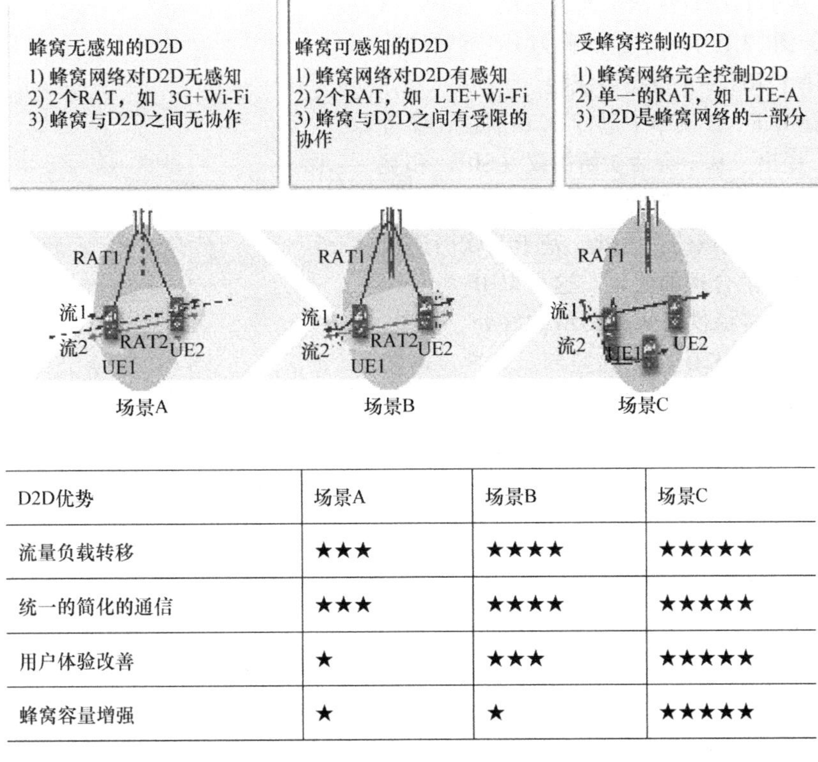

D2D优势	场景A	场景B	场景C
流量负载转移	★★★	★★★★	★★★★★
统一的简化的通信	★★★	★★★★	★★★★★
用户体验改善	★	★★★	★★★★★
蜂窝容量增强	★	★	★★★★★

图 12.2　无线 D2D 通信的演进路线图

在灾难情况缺乏网络基础设施的情况下，直接 D2D 通信对于公共安全服务也是必不可少的。3GPP 提供了 D2D 通信与网络的两种通用场景，即公共安全和商业应用。具体而言，表 12.1 总结了 UE 在 eNB 覆盖范围内或范围外相应的应用场景。

表 12.1　关键应用

应用	在网络覆盖范围内	在网络覆盖范围外
发现	非公共安全和公共安全需求	只有公共安全需求
直接通信	至少公共安全需求	只有公共安全需求

12.4　支持基于邻近业务的 LTE - A 架构增强

邻近业务（ProSe）的整体解决方案集成/涵盖了 UE、无线接入网络和核心网（CN）。在核心网中，添加了一个新的网络元素以提供邻近服务。此元素被称为“邻近服务器”，且用于直接通信的系统架构与用于 LTE - A 系统的是相同的。对于接入部分，邻近发现是相同的，而对于直接通信，它是不同的。D2D 使用蜂窝链路作为控制部分，对于控制面是相同的。对于数据平面，

D2D 使用新的直接移动通信，如图 12.3 所示。

图 12.4 显示了 D2D 控制平面，重用了 LTE－A 控制协议栈，图 12.5 引入了新的称为 UD 界面的数据平面，重用了 LTE－A 数据协议栈。

为了能在 LTE－A 网络中进行 D2D 通信，参考文献［1,5］提出了基于会话初始协议（SIP）和互联网协议（IP）的两种 D2D 连接机制。LTE－A 是完全工作在分组交换域的。因此，基于互联网连接的 D2D 连接是一个合理的建议。这种以 IP 为基础的方法为 D2D 连接提供了两种类型的好处。首先，运营商已经取得了 D2D 连接的控制。其次，运营商只需要在它们的基础设施上升级一些软件功能，即可适应 D2D 网络。一种具备 D2D 通信功能的 LTE－A 架构如图 12.6 所示。

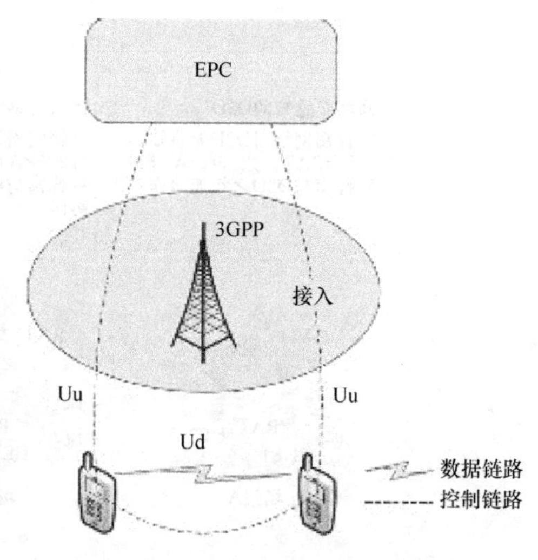

图 12.3　D2D 通信的接入架构

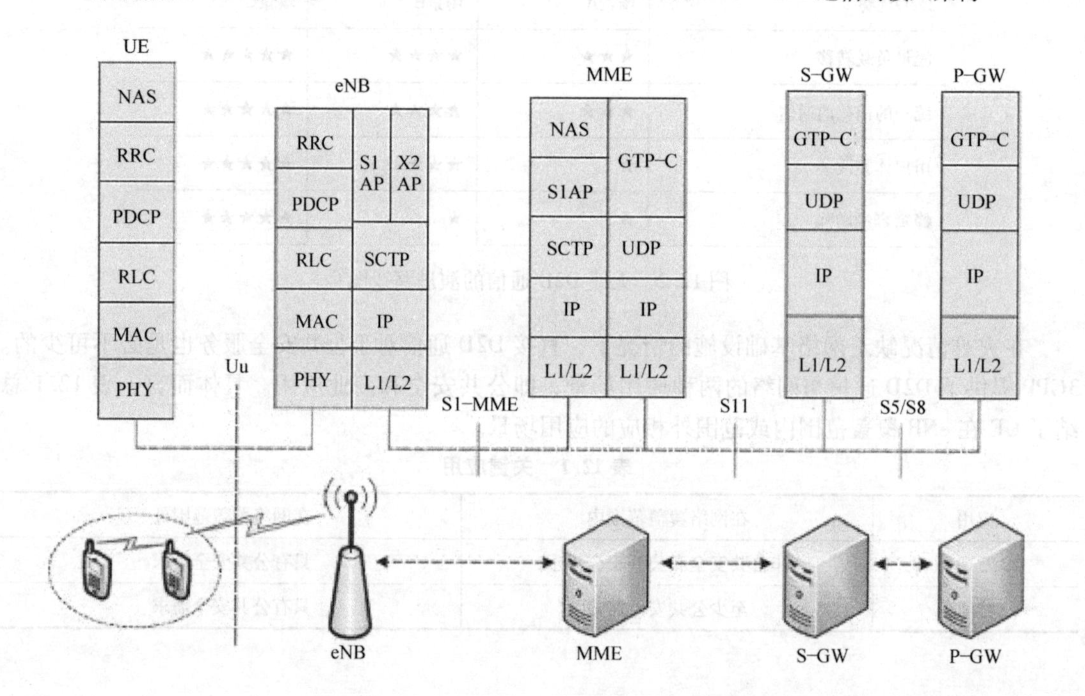

图 12.4　用于 D2D 通信的 LTE－A 控制协议栈

移动性管理实体（MME）使用服务分组数据网络（PDN）网关，负责提供 IP 连接。这个 IP 连接后续用于为 UE 获取 IP 地址。因此，MME 作为 IP 地址 SAE 标识和订购信息之间的连接器。根据上述的几点理由，D2D 会话初始化请求应该被传递给 MME。因此，MME 使用 Ud 接口负责初始化 D2D 无线承载的建立，并给 D2D 终端设备分配一个 IP 地址。这些用于 D2D 通信的 IP 地

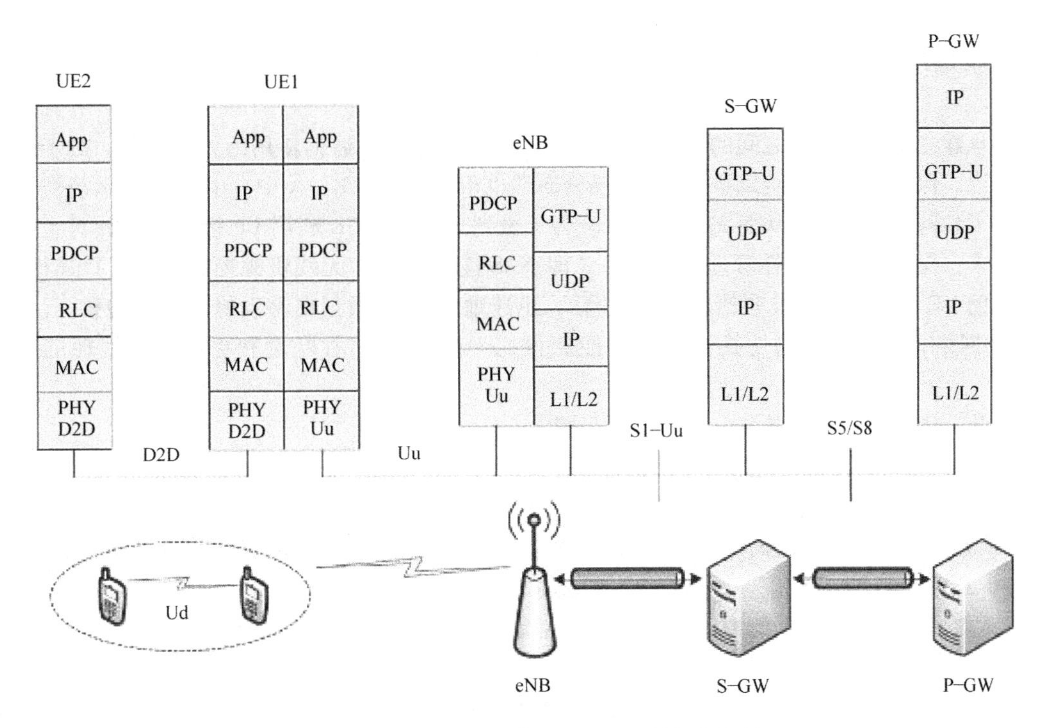

图 12.5　用于 D2D 通信的 LTE－A 数据协议栈

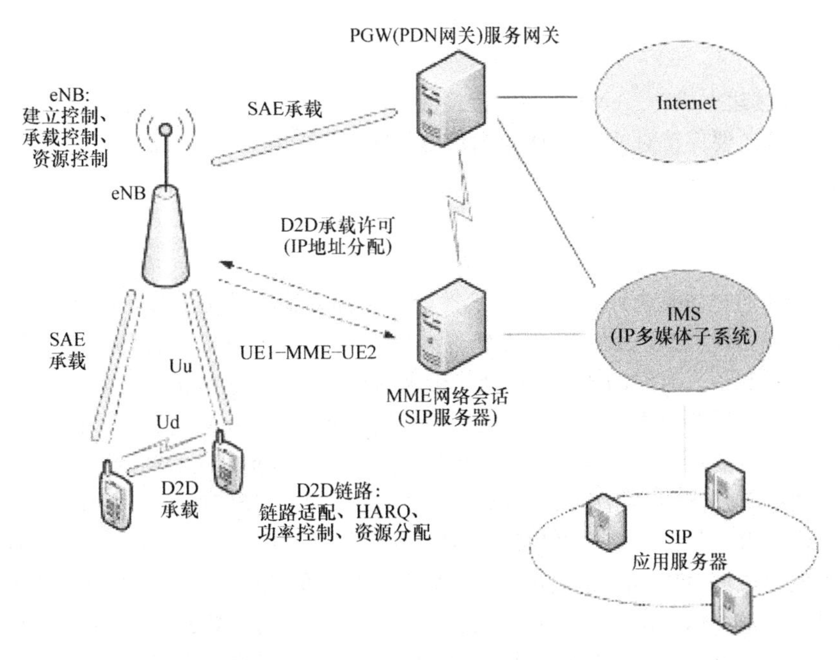

图 12.6　在 LTE－A SAE 中的 D2D 功能块

址，在本地子网范围被创建，这与局域突破解决方案相同。这个IP基础连接有助于D2D通信为更高层的协议栈提供无缝操作，如TCP/IP和UDP/IP，最终能够简化D2D和蜂窝网络之间的移动过程[5]。

一旦建立了配对设备之间的D2D承载，eNB必须控制D2D通信使用的无线资源。对于D2D用户来说，保持互联网连接以进行语音/视频通话也很重要。LTE－A中，由于SAE承载被保存和保持了到网关的连接，从而完成了这点。为了做到这一点，UE利用Uu接口分别针对主叫和被叫请求，保持EPS移动性管理（EMM）（即NAS连接态）和无线资源控制（RRC）连接态，这将协助UE针对主叫或被叫语音/视频通话，迅速地从D2D通信向移动蜂窝通信转移。注意，从D2D网络到蜂窝网络的切换会在蜂窝能获得比D2D更高的吞吐量和更低电量消耗的时候发生。

通常，D2D通信会话的建立需要以下步骤[1]。

1）由一个UE设备对发起一个通信请求。

2）系统检测到流量来源和目的地是在同一子网的用户。

3）如果流量满足一定的标准（如数据速率），系统将认为流量为潜在的D2D流量。

4）eNB检查D2D通信是否提供了一个更高的吞吐量。

5）如果UE具备D2D能力，并且D2D通信能够提供更高的吞吐量，eNB可以建立一个D2D承载。

资源控制的跨层处理可以包含在上述步骤中，并且可以概括如下：发射机（包括蜂窝与D2D用户）发送检测信号，然后从相应的接收机得到CSI，并被反馈给控制中心（如eNB）。在某些原则的基础上，进行功率控制和频谱分配。最后，eNB根据分配结果，发送控制信号给用户。

即使D2D连接建立成功，eNB仍要保持检测流程，来评估用户是否应该切换回到蜂窝通信模式。此外，eNB还要保持对蜂窝和D2D通信的无线资源控制。

12.5 性能评估

本节简要介绍通过仿真来评估D2D通信性能的关键方法和系统参数。通常情况下，网络仿真分为两部分：链路级和系统级仿真。虽然一个单一仿真器的方法是较优的，但这样的仿真器对于所需仿真分辨率和仿真时间的要求，以及所带来的复杂性是非常高的。此外，两个域的时间粒度是明显不同的：在链路级中，比特传输发生的持续时间，约以ms为单位；而在系统级中，流量和移动性模型需要的时间间隔为几十秒到几分钟。因此，需要单独的链路级和系统级仿真。链路级仿真是假设有单蜂窝和多用户，即蜂窝用户和D2D用户。链路级仿真输出是查找表的形式，反映了信噪比（SNR）与误块率（BLER）两者性能曲线的功能。这些查找表之后输出给系统级仿真平台。尤其是根据D2D通信的具体配置，物理和逻辑信道的BER或BLER性能都需要生成，如物理上行共享信道（PUSCH）、物理下行共享信道（PDSCH）、物理上行控制信道（PUCCH）和物理下行控制信道PDCCH）。系统级仿真随后在给定的流量和信道配置文件下，计算成功传输的数据包数量。具体来说，输出通常为描述数据包传输的参数，如吞吐量、BLER、包延迟等。

流量生成模块包含全队列的非真实流量。

系统级仿真是评价系统性能，以及分析无线资源管理（RRM）算法的一种有效方法。系统级仿真的核心特征在于，更关注于系统的高层，而具体的信号处理过程则被简化了。在系统级的场景下，许多 UE 以特定的方式分布（通常是均匀分布，或集中于 D2D 通信热点附近分布[381]）在整个网络中，每个 UE 根据特定的接入算法，与为自己服务的 eNB 建立通信链路。每个 eNB 使用特定的调度算法分配可用的资源给 UE，每个 UE 计算自己接收的 SINR，并做出接收的传输块是否可以被成功解码的判断。如果接收到的 SINR 大于给定阈值，那么传输块被准确无误地解码的可能性就更高，否则失败的概率就更高。

在系统级仿真器中，RRM 块包括一个呼叫接纳控制算法来调节网络的操作，一个链路适应算法来选择适当的参数，作为当前无线条件的函数，以及一个调度器来决定如何分配适当的资源，根据服务类型、数据量、当前的蜂窝负载等。分组调度模块包括三个著名的分组调度算法，即轮询（Round Robin）、正比公平和最大载干比，来评估不同类型的数据包调度算法下的网络性能。干扰模块确定中央 eNB 接收的平均干扰功率，如小区间干扰。最后，系统级指示模块计算并给网络返回结果，如业务的吞吐量（平均频谱效率）、BLER 和数据包延迟。传播模块建立路径损耗和阴影衰落的模型，它具备室内环境和室外城市和农村环境的信道模型。调度机制将根据泊松到达过程，产生用户的到达过程。HARQ 是用于非实时服务的。

系统级仿真的特点重点包括 Wraparound 技术、信道接口和 SINR 映射方法：

1）Wraparound 技术：在系统级仿真中，蜂窝网络的建模是局限于一定有限数量的蜂窝并有严格的界限。如果一个给定 UE 位于边缘蜂窝时，它接收到的来自于周围蜂窝的干扰，可能远小于当它位于一个蜂窝中央时受到的干扰，因为此时不会接收到来自于边界以外区域的干扰。此外，当考虑移动性时，UE 可能由于存在有限的边界，而离开网络并失去网络链接。为了避免这些问题，Wraparound 技术可以在系统级仿真中实现。这里考虑的 Wraparound 技术本质上是一种用来创建一个无限大网络的几何作图方法。

2）信道接口：在 LTE 系统级仿真中，扩展空间信道模型（SCME）用于蜂窝 UE 衰落的建模。对于 D2D 用户，在均匀分布或集中热点附近（三分之二的 UE 在 40m 半径内）分布情况下[381]，信道模型可以重用 D2D 室外到室外的信道模型。

3）SINR 映射：精确的系统级仿真的一个关键问题是需要能够从一个瞬时信道状态得到对应的误块率（BLEP）。并不是直接得到 BLEP，而是用映射了瞬时信道状态的有效 SIR 映射（ESM）获得的。使用有效 SNR，从基本的 AWGN 信道的链路级性能就能找到 BLEP 估计。

此外，还应考虑开销的计算。为了使传输可靠，有些资源被保留为参考信号或用于控制。开销的存在，是效率和可靠性之间必需的权衡。例如，参考信号常用于信道测量，众所周知，越多的资源被预留为参考信号，测量结果就会越准确，而所预期的通信也就越可靠。然而，如果越多的资源用于信道测量，那么可以用于数据传输的资源就越少，从而导致效率的损失。注意，在 D2D 通信中，额外的信令开销将用于同步、信道估计等。

最后，3GPP RAN1 同意了在设计 D2D 通信中以 VoIP 作为基线流量模型，相关参数总结见

表 12.2。

表 12.2 仿真参数和值

参数	值
编解码器	源速率 12.2 kbit/s
解码器帧长	20ms
语音激活因子	0.75
话音突峰	指数分布：平均 2.5s
在激活会话中每一个语音帧的语音负载	基线：头压缩为 41B（328 位） 可选：没有头压缩为 70B（560 位）
中断定义	0.02（可重新考虑）

12.6 邻近业务的应用

LTE 平台会比其他系统，如 Wi-Fi 和蓝牙装置，具有更多的优势，因为它们是使用免许可频谱来运行 D2D 协议的。基于邻近的应用和业务代表社会-技术的最新和巨大趋势。这些应用和业务，是基于相互接近的两个设备或用户彼此的感知。邻近感知带来了价值，产生了彼此之间流量交换的需求。

满足了邻近准则，那么邻近就是确定的（“一个 UE 在另一个 UE 的邻近范围”）。有两个重要的邻近服务（ProSe）：一个是邻近发现，它们在相互邻近范围内时，用户可以彼此发现。另一个是直接通信，它们在相互邻近范围内时，用户可以彼此通信。发现和通信的邻近标准可以是不同的。邻近发现和直接通信之间没有因果关系。邻近发现可以作为一个独立的服务提供给用户，并不总是触发直接通信。用户可以启动直接通信，而无须邻近发现。然而，当用户知道邻近信息时，它们可以方便地实现直接通信。本章介绍了 3GPP[381] 中的 ProSe 的使用案例。

12.6.1 E-UTRA 上的邻近发现

ProSe 发现是使用 E-UTRA 系统确定一个 UE 在另一个 UE 邻近范围的过程。邻近范围是一个粗略的用于 ProSe 发现的距离指示，如基于地理距离和无线电条件。ProSe 发现应支持最少三个范围等级，如短、中和最大范围。运营商应当能够授权给每一个用户使用最大范围等级的 ProSe 发现。

受限 ProSe 发现是一个普遍使用的案例，它描述了一个可以用于任何应用的 ProSe 基本场景。可用社交网络的应用作为一个例子，来说明这种使用情况。社交网络上的朋友们发现其他人在附近，然后他们之间传输数据。在实际中，运营商提供了一种利用 ProSe 功能的服务。特别是一个给定用户的具备 ProSe 功能的 UE，可以发现他/她朋友的具备 ProSe 功能的 UE，并且也可以被发现，而且社交网络的应用能够使用这种 ProSe 功能选项。

在这里，我们将继续解释一个例子。假定 A、B 和 C 是使用一个给定的网络应用的人。A 和 B 是朋友，B 和 C 是朋友，但 A 和 C 不是朋友。可能有成百上千的其他 ProSe 应用 UE 在 A 附近，也在使用相同或其他应用。此外，A、B 和 C 使用具备 ProSe 功能的 UE，并且是同一移动运营商的用户，正驻留在 HPLMN 中。他们允许朋友们发现他们。运营商激活 A、B、C 的社交网络应用，并从 ProSe 中获利。A 通过他的应用程序决定寻找一个朋友，B 和 C 也如此。因此（如在与他的应用程序进行互动之后），当 A 的 UE 靠近 B 和 C 的 UE 时，无须任何进一步的用户与设备进行交互，用户体验是这样的：

1）A 的 UE 检测到（如使用直连的无线电信号或通过运营商的网络）B 的 UE 在邻近。

2）B 的 UE 检测到 A 的 UE 在邻近。

3）A 的社交网络应用学习到 B 是在或不在其邻近。

4）B 的社交网络应用学习到 A 和 C 是在或不在其邻近。

5）A 的 UE 检测不到 C 的 UE 在邻近。

6）C 的 UE 检测不到 A 的 UE 在邻近。

7）A 的社交网络应用无法检测到 C 是在或不在其邻近。

8）C 的社交网络应用无法检测到 A 是在或不在其邻近。

当 A 的社交网络应用程序检测到 B 在其邻近，A 可以决定通过社交网络应用来传输数据。ProSe 发现可在没有任何位置信息的情况下得以完成。

另一个使用案例是开放的 ProSe 发现用例。本文描述了，UE 发现其他 UE 而未经可被发现 UE 允许的情况。

用户 A 使用给定的应用。A，商店 S，餐馆 X、Y 和 Z 使用具备 ProSe 功能的 UE。A 和商店以及餐馆的业主是运营商允许其使用 ProSe 服务的签约用户。可能在 A 的附近有其他数以百计的商店/餐馆都有 ProSe 终端，并且运营商已开启了应用来接入这个 ProSe 功能选项。当 A 一走进位于附近的商店 S，A 立即被通知靠近了商店 S。然后 A 决定寻找一个餐馆，于是（如与他的应用程序进行交互），A 立即被通知靠近了餐馆 X。A 不会被通知给邻近的其他设施，这些餐馆不是根据他正在使用的应用来决定是否感兴趣。当他开始向餐馆 Y 走去时，A 立即被通知靠近了餐馆 Y，对餐馆 Z 也是类似的过程。

在不同 PLMN 注册的用户的发现用例描述了驻留在不同 PLMN 上的 UE 之间的发现问题。这种情况下，与受限 ProSe 发现的用例具有相同的假设，不同的是 A 为一个驻留在运营商 A 网络的注册用户，而 B 为一个驻留在运营商 B 网络的注册用户。当 B 向 A 移动时，A 被通知 B 在其邻近范围内，并且 B 也被通知 A 在其邻近范围内。

漫游用户的发现用例描述了在不同 PLMN 漫游条件下的 UE 之间的发现问题。这种情况与受限 ProSe 发现用例具有相同的假设，不同的是 A 为一个驻留在运营商 A 网络（即它的 HPLMN）的注册用户，而 B 为一个在不同国家的运营商 C 的注册用户，并在运营商 B 的网络漫游，B 网络与 A 网络位于同一个国家。当 B 向 A 移动时，A 被通知 B 在其邻近范围内，并且 B 也被通知 A 在其邻近范围内。

另一个用例是网络 ProSe 发现用例，其中 3GPP 网络为具备 ProSe 功能的 UE 提供 ProSe 发现。A 和 C 使用 ProSe 终端，注册到相同的移动网络运营商（MNO），并驻留在 HPLMN。MNO 网络支持 ProSe 发现和通信。A 使用其 UE 上的应用与 C 连接，导致其 UE 从 MNO 网络发起 ProSe 发现请求。MNO 网络验证 A 的 UE 已具备发现 C 的权限，以及与 C 的 UE 是相邻近的。之后，网络通知 A 和 C 的 UE，它们是邻近的。

运营商 A 可以使用 ProSe 来增强位置和存在服务（presence services）。例如，用户 A 的 UE 接收实时的车位信息，来帮助他容易地找到自己的停车位。一个人通过 ProSe 的方式，可以提供比基于 GPS 的应用所能提供的更多的信息。

12.6.2　E - UTRA 上的邻近通信

ProSe 通信意味着两个邻近 UE 之间，以建立在 UE 之间的 E - UTRA 通信路径的方式进行通信。通信路径可以直接建立在 UE 之间，或者通过本地 eNB 路由。

ProSe 通信有两个数据路径场景。如果 UE 相互邻近，它们可以使用“直接模式”或“局部路由”路径。例如，在 3GPP LTE 频段，运营商可以将数据路径（用户平面）从用户接入网和 CN 转移到 UE 间的直接链路。另一个例子是当数据路径通过 eNB 进行本地路由的时候。

对于具备 ProSe 功能的 UE，3GPP 提出了在基础设施与 E - UTRA ProSe 通信路径之间的业务连续性的要求。在这种情况下，UE 最初通过基础设施路径进行通信，然后通过 ProSe 通信路径，最后返回到基础设施路径。运营商提供了一个利用 ProSe 功能选项的业务，其中运营商能够利用 E - UTRA ProSe 通信建立一个新的流量会话，也可以将用户流量从基础设施通信路径切换到 E - UTRA ProSe 通信路径。

假设 A 和 B 都使用具备 ProSe 功能的 UE，并为同一运营商的注册用户。A 和 B 都是运营商允许使用 ProSe 服务的注册用户。现在，它们已经可以进行 ProSe 发现和发起 ProSe 通信。它们参与了一个由 MNO 的 CN 基础设施路由的数据会话。B 移动到 A 邻近区域，一个或多个数据会话流将切换到 E - UTRA ProSe 通信路径。在稍后的时间，数据会话被切换回基础设施路径。用户不会感知到数据路径的切换，并且任何未切换的数据流不会受到其他数据流切换的负面影响。

ProSe 辅助的 WLAN 直接通信用例，描述了无线局域网直接通信如何能被用于具备 ProSe 功能的 UE 之间。A 和 B 是一个 MNO 的移动数据服务的注册用户。他们都携带具有 WLAN 功能的 UE，并且具备 ProSe 发现及通信功能。3GPP 网络有能力为具备 ProSe 功能的 UE 提供 WLAN 配置信息。A 单击具备 ProSe 功能的 UE 向 B 发送视频。3GPP EPC 确定 A 和 B 的 UE 邻近，并向他们提供 WLAN 配置信息，以协助他们建立 WLAN 直接连接。然后，A 和 B 的 UE 使用配置信息来验证 WLAN 直接连接的可行性，并建立可进行 ProSe 的 WLAN 直接通信。A 的 UE 上的 ProSe 应用使用建立的 WLAN 连接，向 B 的 UE 上的 ProSe 应用传输视频流。

与 ProSe 通信相同，ProSe 辅助的 WLAN 通信需要服务管理和连续性。3GPP 系统能够从基础设施的通信路径切换到 WLAN 的 ProSe 通信路径，然后再切换回来。A 和 B 参与了一个由 MNO 的 CN 基础设施路由的数据会话。当 A 和 B 在 WLAN 通信范围内移动时，3GPP 系统将他们的数据会话切换到 WLAN 的 ProSe 通信路径。之后，当 A 和/或 B 移出 WLAN 通信范围时，3GPP 系统将数据会话切换回 MNO 的基础设施路径。

通过E-UTRA基础设施和WLAN邻近通信的并发，具备ProSe功能的UE之间可以同时使用E-UTRA基础设施通信和WLAN ProSe通信。A、B和C是一个MNO的移动数据服务的注册用户。他们都携带具备WLAN功能的UE。UE是相互邻近的并具备ProSe发现及通信功能。B和C在WLAN范围内，并优先使用WLAN ProSe通信。一旦A和B的UE已经建立了E-UTRA通信基础设施通信，A即可与B聊天。C的UE查找B的UE，通过ProSe发现去触发C的UE以发现B的UE。C的UE在建立WLAN ProSe通信后，随后向B的UE传输视频流，而A利用他们现有的E-UTRA基础设施通信，继续与B聊天。

网络数据卸载可以通过WLAN ProSe通信实现。B和C参与了一个由MNO的CN路由的数据会话，目前正处于拥塞状态。由于拥塞，3GPP EPC检查是否有任何数据会话可以被卸载，发现B和C的数据会话可以被卸载到一个WLAN直接连接。3GPP EPC发送给他们一个通过WLAN直接连接的请求。B和C的UE确定是否愿意通过WLAN直接连接。B和C的UE明确地向3GPP EPC反馈后，3GPP EPC将他们的数据会话从基础设施路径转移到WLAN直接连接路径，来降低系统拥塞。之后，当MNO的网络拥塞已经缓解，3GPP EPC应能请求将B和C的数据会话切换回MNO的基础设施路径。

12.6.3 公共安全服务

本节对公共安全服务的使用情况及需求进行说明，除了一般情况所规定的需求外，还有一些特别的需求。

ProSe发现在网络覆盖的情况下，一个给定的UE发现另一个或多个在E-UTRAN覆盖范围内的其他UE，此时ProSe发现应始终是激活的。假设A、B和C使用具备ProSe功能的公共安全UE，并在E-UTRA覆盖范围内。他们也在他们的UE上配置了ProSe发现，这样就可以发现其他UE，也可以被别人发现。起初，A不邻近B和C，而B和C是彼此邻近的。当A移动到邻近B和C时，A的UE发现B和C的UE进入邻近范围，并且同时B的UE和C的UE也发现A的UE进入邻近范围。

ProSe发现在网络覆盖之外的情况下，一个给定的UE发现一个或多个其他UE在E-UTRAN覆盖之外，此时ProSe发现始终是激活的。在上述情况下，假设A在E-UTRA覆盖范围内，而B和C在E-UTRA覆盖范围之外。这样，A不在B和C的邻近范围，当A移动到B和C的邻近范围时，他们会再次发现彼此。

一个UE能够发现其他UE，但不能被其他UE所发现，这被称为"可发现但不可被发现"。A、B和C使用具备ProSe功能公共安全的UE，并且他们其中的一些或所有不在E-UTRA覆盖范围内。A和B已在他们的UE上配置ProSe发现，这样就可以发现其他UE，并被其他UE所发现。C激活他的UE上的已配置完成的ProSe发现，以便其能发现其他UE，但不能被其他UE发现。因此，当A、B和C都在彼此邻近范围内时，A和B的UE发现彼此，C的UE发现A和B的UE，而他们无法发现C的UE。

在公共安全频段内，基本的ProSe一对一直接用户流量初始化，支持由一个给定的公共安全

UE发起的初始化，该UE与另一个UE进行一对一的直接用户流量会话。A和B为被允许使用ProSe的公共安全服务注册用户。他们可能在，或可能不在E－UTRA覆盖范围内。两个公共安全UE通过ProSe发现来发现对方。如果A想要与B通信，A和B的公共安全UE能够启动直接连接，并通过使用公共安全频段交换用户流量。

在公共安全频段内，UE具有多对一的直接用户流量会话情况下，给定UE可以与其他几个UE同时保持一对一的用户流量会话。在这里，除了A和B，C也是获许使用ProSe的公共安全服务注册用户。这三个UE通过ProSe发现来发现彼此。现在，A想与B和C同时通信。而A的UE和B的UE通过直接连接交换用户流量，A的UE和C的UE可以启动一个额外的ProSe直接连接，并在空中接口使用公共安全的频段交换用户流量。

ProSe群描述了用户想要使用ProSe组通信，同时将同一信息传达给其他更多用户的场景。方案中所有用户的UE属于一个共同的通信组。A、B和C的UE配置属于通信组X，C已在他的UE上禁用了ProSe发现。所有的用户都是获许使用ProSe的公共安全服务注册用户。A的UE通过ProSe发现B的UE，但没有发现C的UE。用户的UE可能在，也可能不在E－UTRA覆盖范围内。A的UE用ProSe组通信同时向B和C的UE发送数据。需要指出，一个无论在或不在E－UTRAN覆盖范围内的公共安全UE，都应当能够在单次传输中，将数据传输给一组使用ProSe组通信的公共安全UE，假设他们在传输范围内，并已被认证和授权。认证将使得大型组的安全得到启用，无论组成员是否已发现了彼此，也不管在或不在E－UTRAN覆盖范围内。

在ProSe广播描述的情景中，给定的UE发起ProSe广播通信，传输给所有在传输范围内的UE。在消防的场景下，消防员A、B、C和D以及指挥官都使用具备ProSe功能的公共安全UE，并都是获许使用ProSe的公共安全服务注册用户。消防员A和B的UE被配置为属于通信组X，消防员C和D的UE被配置为属于组Y，以便与A和B相区分。指挥官的UE被配置为既属于通信组X也属于通信组Y。消防员们可能在，也可能不在E－UTRA覆盖范围内。到达火灾现场后，消防队员A和B的UE发现彼此并在通信组X内用ProSe组通信彼此联系。后来，消防队员C和D也赶到了现场，并在通信组Y用ProSe组通信彼此联系。在某些地点，指挥官想同时向所有在火灾现场传输范围内的所有消防队员提供相同的信息。指挥官的UE发送ProSe广播通信消息给所有消防员的UE。只需单次传输即可被所有消防员的UE接收，而不需要分别传输消息给每个消防队员。

ProSe中继案例描述的情况中，一个给定的UE可作为一个或多个UE的通信中继。假设A、B和C使用具备ProSe功能的公共安全UE。B的UE具备中继能力，允许它接收和转发ProSe通信。三个用户的UE已被配置为属于通信组X。A的UE在B的UE传输范围内，并且B的UE在C的UE传输范围内，但C的UE不在A的UE传输范围。当A想通过ProSe组通信在通信组X与B和C通信时，B可使用其UE作为ProSe组通信的中继。A的UE传输一个消息给B的UE后，B的UE中继（接收然后转发）从A的UE到C的UE之间的通信，所有这些全部采用ProSe组通信。B持续作为一个ProSe群通信中继，直到C回到A和B的传输范围内。

ProSe级联和范围扩展案例描述的情景中，一个给定的UE同时使用网络基础设施和ProSe通信进行通信。这个案例中还包括如下情况：一个给定的 UE 作为一个或多个其他 UE 的通信中继，这让其可以将通信传输到网络。假设 A 的 UE 具备中继能力，允许它接收和转发 UE 和网络发起的通信。A、B 和 C 是获许使用 ProSe 的公共安全服务注册用户，并且他们的 UE 被配置为属于通信组 X。A 和 B 在 E - UTRA 覆盖范围内，而不在互相的 ProSe 组通信范围内，而 C 不在 E - UTRAN 覆盖范围内，但在 A 的 ProSe 组通信的传输范围内。A 与 B、C 在通信组 X 内交流信息。当 A 传输时，A 和 C 的 UE 采用 ProSe 组通信进行数据交换，而 A 和 B 的 UE 通过网络使用组通信交换数据。C 想要在通信组 X 内，通过 ProSe 组通信与在网络可达范围内的 B 沟通。A 就使用其 UE 作为 ProSe 通信和网络通信的中继。这样，A 的 UE 中继（接收然后转发）B 的 UE 和 C 的 UE 之间的通信。A 能够持续作为中继，直到 B 回到 A 和 C 的传输范围内。

ProSe 范围案例描述的情景中，一个给定的 UE 在建筑物内，使用 ProSe 通信与在建筑物外的 UE 交换数据流量。A、B 和 C 是获许使用 ProSe 的公共安全服务注册用户。C 已将他的 UE 禁用了 ProSe 发现。A 是在一个建筑内，B 和 C 是在同一个建筑外。A 不在 E - UTRAN 覆盖范围内，而 B 和 C 在 E - UTRAN 覆盖范围内。A 的 UE 通过 ProSe 发现，发现了 B 的 UE，但 A 的 UE 通过 ProSe 发现没有发现 C 的 UE。A 的 UE 仍然可以用 ProSe 通信与 B 和 C 的 UE 交换数据。一个授权的公共安全 UE 无论是否在 E - UTRAN 覆盖内，都能支持通过 ProSe 从建筑物内与建筑以外的公共安全 UE 进行数据交换。

公共安全隐式（implicit）发现了一个场景，公共安全官员需要无明确 ProSe 发现事件的通信。公共安全官员到达灾难现场，使用他们的具备 ProSe 功能的 UE。ProSe 发现已经按协议在每个官员的 UE 中禁用。官员用的 UE 可能在，也可能不在 E - UTRAN 覆盖范围内。如果公共安全官员评估情况，决定他们需要使用 ProSe 通信，当他们在现场执行其职责时，他们激活 UE 上的 ProSe 通信，并互相通信。当官员们来到现场，UE 进入通信范围内就会开始通信。由于 ProSe 发现没有被执行，不会有明确的预先指示，来标识与特定官员的通信在某个给定时间点是否会成功。在或不在 E - UTRAN 覆盖范围内的已授权具备 ProSe 功能的公共安全 UE，不管是否使用了 ProSe 发现，都将能够与其他具备 ProSe 功能的公共安全 UE 进行通信。

在 ProSe 安全服务中，ProSe 通信和 E - UTRA 通信只能像一般案例使用情况一样共存。当没有 E - UTRAN 覆盖可用时，已经在两个 UE 之间建立了 ProSe 发现和通信。这两个 UE 仍在进行 ProSe 通信，然后返回到 E - UTRA 覆盖范围内，并对通过网络的通信影响最小。假设 A 和 B 携带具备 ProSe 功能的 UE 并处在一个灾害现场，他们是在地下而且无 E - UTRA 覆盖。A 的 UE 和 B 的 UE 彼此邻近。C 和 D 携带具备 ProSe 功能的 UE 出现在灾害现场，并在 E - UTRA 覆盖范围内。C 和 D 之间通过 E - UTRA 网络进行通信。A 的 UE 使用 ProSe 发现发现了 B 的 UE，并与 B 建立 ProSe 通信。当 A 和 B 从建筑物里出来，他们将再次回到 E - UTRA 覆盖范围内并邻近 C 和 D。使用 ProSe 通信、具备 ProSe 功能的公共安全 UE 应该不影响其他通过 E - UTRAN 通信的 UE，反之亦然。

12.7 小结

由于高数据速率无线通信需求的迅速增长，新的无线技术已经被引入。D2D 通信，作为一个潜在的新型通信，正在被开发使其工作于移动通信系统之中。本章主要介绍了在 LTE / LTE - A 上使用 D2D 通信的动机、需求和应用场景。参照 3GPP 技术报告，需求覆盖了运营、计费和安全需求。我们已经总结了需求，并介绍了关键的工作场景。为了在 D2D 中支持 ProSe，LTE - A 的架构进行了必要的改进。探讨了 D2D 通信会话的建立，并进行了性能评估。我们还简要介绍了通过计算机仿真对 D2D 通信性能进行评估的关键方法和系统参数。此外，我们还给出了在 D2D 通信中邻近业务的一些应用。当邻近标准满足时，被判断为邻近。有两种重要的邻近业务：邻近发现和邻近通信。此外，除了一般的情况和要求之外，公共安全服务的使用案例和需求作为特定的需求，也给出了解释。

参考文献

[1] K. Doppler, M. Rinne, C. Wijting, C. Ribeiro, and K. Hugl, "Device-to-device communication as an underlay to LTE-advanced networks," *IEEE Commun. Mag.*, vol. 47, no. 12, pp. 42–49, Dec. 2009.

[2] S. Basagni, M. Conti, S. Giordano, and I. Stojmenovic, *Mobile Ad Hoc Networking*. Wiley-IEEE Press, 2004.

[3] C.-H. Yu, O. Tirkkonen, K. Doppler, and C. Ribeiro, "On the performance of device-to-device underlay communication with simple power control," in *Proc. IEEE Vehicular Technology Conference 2009 – Spring*, Barcelona, Apr. 2009.

[4] T. Koskela, S. Hakola, T. Chen, and J. Lehtomaki, "Clustering concept using device-to-device communication in cellular system," in *Proc. IEEE Wireless Communications and Networking Conference*, Sydney, Apr. 2010.

[5] K. Doppler, M. Rinne, P. Janis, C. Ribeiro, and K. Hugl, "Device-to-device communications; functional prospects for LTE-advanced networks," in *Proc. IEEE International Conference on Communications Workshops*, Dresden, Jun. 2009.

[6] K. Doppler, C.-H. Yu, C. Ribeiro, and P. Janis, "Mode selection for device-to-device communication underlaying an LTE-advanced network," in *Proc. IEEE Wireless Communications and Networking Conference*, Sydney, Apr. 2010.

[7] H. Min, W. Seo, J. Lee, S. Park, and D. Hong, "Reliability improvement using receive mode selection in the device-to-device uplink period underlaying cellular networks," *IEEE Trans. Wireless Commun.*, vol. 10, no. 2, pp. 413–418, Feb. 2011.

[8] S. Hakola, C. Tao, J. Lehtomaki, and T. Koskela, "Device-to-device (D2D) communication in cellular network – performance analysis of optimum and practical communication mode selection," in *Proc. IEEE Wireless Communications and Networking Conference*, Sydney, Apr. 2010.

[9] C.-H. Yu, K. Doppler, C. Ribeiro, and O. Tirkkonen, "Performance impact of fading interference to device-to-device communication underlaying cellular networks," in *IEEE 20th International Symposium on Personal, Indoor and Mobile Radio Communications*, Tokyo, Sept. 2009, pp. 858–862.

[10] C.-H. Yu, O. Tirkkonen, K. Doppler, and C. Ribeiro, “Power optimization of device-to-device communication underlaying cellular communication,” in *Proc. International Conference on Communications*, Dresden, Jun. 2009.

[11] H. Xing and S. Hakola, “The investigation of power control schemes for a device-to-device communication integrated into OFDMA cellular system,” *in Proc. IEEE 21st International Symposium on Personal Indoor and Mobile Radio Communications (PIMRC)*, Istanbul, Sept. 2010, pp. 1775–1780.

[12] P. Janis, V. Koivunen, C. Ribeiro, K. Doppler, and K. Hugl, “Interference-avoiding MIMO schemes for device-to-device radio underlaying cellular networks,” in *Proc. IEEE 20th International Symposium on Personal, Indoor and Mobile Radio Communications*, Tokyo, Sept. 2009, pp. 2385–2389.

[13] T. Peng, Q. Lu, H. Wang, S. Xu, and W. Wang, “Interference avoidance mechanisms in the hybrid cellular and device-to-device systems,” in *Proc. IEEE 20th International Symposium on Personal, Indoor and Mobile Radio Communications*, Tokyo, Sept. 2009, pp. 617–621.

[14] P. Janis, V. Koivunen, C. Ribeiro *et al.*, “Interference-aware resource allocation for device-to-device radio underlaying cellular networks,” in *Proc. IEEE Vehicular Technology Conference 2009 – Spring*, Barcelona, Apr. 2009.

[15] M. Zulhasnine, C. Huang, and A. Srinivasan, “Efficient resource allocation for device-to-device communication underlaying LTE network,” in *Proc. IEEE 6th International Conference on Wireless and Mobile Computing, Networking and Communications*, Niagara Falls, Oct. 2010, pp. 368–375.

[16] S. Xu, H. Wang, T. Chen, Q. Huang, and T. Peng, “Effective interference cancellation scheme for device-to-device communication underlaying cellular networks,” in *Proc. IEEE Vehicular Technology Conference 2010 – Fall*, Ottawa, Sept. 2010.

[17] C.-H. Yu, K. Doppler, C. Ribeiro, and O. Tirkkonen, “Resource sharing optimization for D2D communication underlaying cellular networks,” *IEEE Trans. Wireless Commun.*, vol. 10, no. 8, pp. 2752–2763, Aug. 2011.

[18] WINNER II D1.1.2, “WINNER II channel models,” https://www.istwinner.org/deliverables.html, Sept. 2007.

[19] 3GPP, Technical Report TS 36.213 V8.2.0, “E-UTRA physical layer procedures.”

[20] S. Boyd and L. Vandenberghe, Eds., *Convex Optimization*. Cambridge University Press, 2004, http://www.stanford.edu/~boyd/cvxbook.html.

[21] M. K. Wood and G. B. Dantzig, “Programming of interdependent activities. I. general discussion,” *Econometrica*, vol. 17, pp. 193–199, 1949.

[22] G. B. Dantzig, “Programming of interdependent activities. II. Mathematical model,” *Econometrica*, vol. 17, pp. 200–211, 1949.

[23] L. G. Khachian, “A polynomial algorithm in linear programming,” *Dokl. Akad. Nauk SSSR*, English translation in *Soviet Math. Dokl.*, vol. 244, pp. 1093–1096, 1979.

[24] N. Karmarkar, “A new polynomial-time algorithm for linear programming,” *Combinatorica*, vol. 4, pp. 373–395, 1984.

[25] E. Wallace, “Altruism helps swarming robots fly better,” Genevalunch News, May 2011. http://genevalunch.com/2011/05/04/altruism-helps-swarming-robots-fly-better-study-shows/.

[26] M. Waibel, D. Floreano, and L. Keller, “A quantitative test of Hamilton’s rule for the evolution of altruism,” *PLOS Biol.*, vol. 9, no. 5, p. e1000615, May 2011.

[27] T. S. Marco Dorigo, *Ant Colony Optimization*. MIT Press, 2004.

[28] P. Rabanal, I. Rodrguez, and F. Rubio, *Ant Colony Optimization and Swarm Intelligence*. Springer, 2008, ch. Finding minimum spanning/distances trees by using river formation dynamics, pp. 60–71.

[29] D. Karaboga, “Artificial bee colony algorithm,” *Scholarpedia*, vol. 5, no. 3, p. 6915, 2010.

[30] U. Aickelin and D. Dasgupta, *Search Methodologies: Introductory Tutorials in Optimization and Decision Support Techniques*. Springer, 2006, ch. Artificial immune systems.

[31] E. Rashedi, H. Nezamabadi-pour, and S. Saryazdi, “GSA: A gravitational search algorithm,” *Science Direct*, vol. 179, no. 13, pp. 2232–2248, Jun. 2009.

[32] H. Nobahari, M. Nikusokhan, and P. Siarry, “Non-dominated sorting gravitational search algorithm,” in *International Conference on Swarm Intelligence, ICSI*, Cergy, Jun. 2011.

[33] K. N. Krishnanand and D. Ghose, *Swarm Intelligence*. Springer, 2009, ch. Glowworm swarm optimization for simultaneous capture of multiple local optima of multimodal

functions, pp. 87–124.

[34] K. Krishnanand and D. Ghose, “Glowworm swarm based optimization algorithm for multimodal functions with collective robotics applications,” *Multiagent and Grid Systems*, vol. 2, no. 3, pp. 209–222, 2006.

[35] H. Shah-Hosseini, “The intelligent water drops algorithm: A nature-inspired swarm-based optimization algorithm,” *Int. J. Bio-Inspired Computation*, vol. 1, no. 1/2, pp. 71–79, 2009.

[36] K. E. Parsopoulos and M. N. Vrahatis, “Recent approaches to global optimization problems through particle swarm optimization,” *Natural Computing*, vol. 1, no. 2–3, pp. 235–306, 2002.

[37] M. Clerc, *Particle Swarm Optimization*. Wiley, 2006.

[38] M. M. al Rifaie, M. J. Bishop, and T. Blackwell, “An investigation into the merger of stochastic diffusion search and particle swarm optimisation,” in *Proc. 13th Conference on Genetic and Evolutionary Computation, (GECCO)*, Dublin, Jun. 2011, pp. 37–44.

[39] P. Rabanal, I. Rodríguez, and F. Rubio, *Unconventional Computation*. Springer, 2007, ch. Using river formation dynamics to design heuristic algorithms, pp. 163–177.

[40] P. Rabanal, I. Rodríguez, and F. Rubio, *Nature-Inspired Algorithms for Optimisation*. Springer, 2009, ch. Applying river formation dynamics to solve NP-complete problems, pp. 333–368.

[41] P. Rabanal, I. Rodríguez, and F. Rubio, “Testing restorable systems: Formal definition and heuristic solution based on river formation dynamics,” *Formal Aspects of Computing*, vol. 25, no. 5, pp. 743–768, 2013.

[42] A. Czirk and T. Vicsek, “Collective behavior of interacting self-propelled particles,” *Physica A: Statist. Mech. Appl.*, vol. 281, no. 1–4, pp. 17–29, 2000.

[43] E. Bertin, M. Droz, and G. Grégoire, “Hydrodynamic equations for self-propelled particles: Microscopic derivation and stability analysis,” *Physics A: Math. Theor.*, vol. 42, p. 445001, 2009.

[44] Y.-X. Li, R. Lukeman, and L. Edelstein-Keshet, “Minimal mechanisms for school formation in self-propelled particles,” *Physica D: Nonlinear Phenomena*, vol. 237, no. 5, pp. 699–720, 2008.

[45] S. J. Nasuto, M. J. Bishop, and S. Lauria, “Time complexity analysis of the stochastic diffusion search,” in *Proc. Neural Computation*, Vienna, Sept. 1998, pp. 260–266.

[46] D. Myatt, J. Bishop, and S. Nasuto, "Minimum stable convergence criteria for stochastic diffusion search," *Electron. Lett.*, vol. 40, no. 2, pp. 112–113, 2004.

[47] M. M. al Rifaie, J. M. Bishop, and T. Blackwell, "Information sharing impact of stochastic diffusion search on differential evolution algorithm," *Memetic Computing*, vol. 4, no. 4, pp. 327–338, 2012.

[48] M. al Rifaie and A. Aber, "Identifying metastasis in bone scans with stochastic diffusion search," in *Information Technology in Medicine and Education (ITME)*, Hokodate, Hokkaido, Aug. 2012, pp. 519–523.

[49] M. al Rifaie, A. Aber, and A. Oudah, "Utilising stochastic diffusion search to identify metastasis in bone scans and microcalcifications on mammographs," in *Bioinformatics and Biomedicine Workshops (BIBMW)*, Philadelphia, PA, Oct. 2012, pp. 280–287.

[50] C. Li and S. Yang, "Fast multi-swarm optimization for dynamic optimization problems," in *Fourth International Conference on Natural Computation, ICNC*, Jinan, Oct. 2008, pp. 624–628.

[51] J. McCaffrey, "Test run - multi-swarm optimization," *MSDN Mag.*, Sept. 2013.

[52] M. W. Cooper and K. Farhangian, "Multicriteria optimization for nonlinear integer-variable problems," *Large Scale Systems*, vol. 9, pp. 73–78, 1985.

[53] S. Martello and P. Toth, *Knapsack Problems: Algorithms and Computer Implementations.* John Wiley & Sons, 1990.

[54] M. L. Fisher, "The Lagrangian method for solving integer programming problems," *Management Sci.*, vol. 27, pp. 1–18, 1981.

[55] M. Guignard and S. Kim, "Lagrangian decomposition: A model yielding stronger Lagrangian bounds," *Math. Programming*, vol. 39, pp. 215–228, 1987.

[56] J. F. Benders, "Partitioning procedures for solving mixed-variables programming problems," *Numerische Math.*, vol. 4, pp. 238–252, 1962.

[57] H. Weyl, "Elementare Theorie der konvexen Polyeder," *Commentarii Math. Helv.*, 1935, vol. 7, pp. 290–306 [English translation "The elementary theory of convex polyhedra," in H. W. Kuhn and A. W. Tucker, *Contributions to the Theory of Games*, "Elementare Theorie der konvexen Polyeder," vol. 1, p. 3, 1950].

[58] R. E. Gomory, "Outline of an algorithm for integer solution to linear programs," *Bull. Am. Math. Soc.*, vol. 64, no. 5, pp. 275–278, 1958.

[59] D. P. Bertsekas, *Dynamic Programming and Optimal Control*. Athena Scientific, 1995.

[60] R. V. Slyke and R. J. Wets, "L-shaped linear program with application to optimal control and stochastic linear programming," *SIAM J. Appl. Math.*, vol. 17, pp. 638–663, 1969.

[61] W. P. Ziemer, *Weakly Differentiable Functions: Sobolev Spaces and Functions of Bounded Variation*. Springer, 1989.

[62] S. Kullback, "The Kullback–Leibler distance," *Am. Statistician*, vol. 41, no. 4, pp. 340–341, 1987.

[63] S. Kullback, *Information Theory and Statistics*. Dover, 1997.

[64] D. Hosmer and S. Lemeshow, *Applied Logistic Regression*. Wiley-Interscience, 2000.

[65] J. Duchi, S. Shalev-Shwartz, Y. Singer, and T. Chandra, "Efficient projections onto the ℓ_1-ball for learning in high dimensions," in *Proc. 25th International Conference on Machine Learning*. ACM, pp. 272–279.

[66] A. Quattoni, X. Carreras, M. Collins, and T. Darrell, "An efficient projection for $\ell_{1,\infty}$ regularization," in *Proc. 26th Annual International Conference on Machine Learning, ICML '09*. ACM, pp. 857–864.

[67] J. Liu and J. Ye, "Efficient Euclidean projections in linear time," in *Proc. 26th Annual International Conference on Machine Learning, ICML '09*. ACM, pp. 657–664.

[68] E. van den Berg and M. Friedlander, "Probing the Pareto frontier for basis pursuit solutions," *SIAM J. Scient. Computing*, vol. 31, no. 2, pp. 890–912, 2008.

[69] E. van den Berg, M. Schmidt, M. Friedlander, and K. Murphy, "Group sparsity via linear-time projection," *Optimization Online*, 2008.

[70] Z. Han, H. Li, and W. Yin, *Compressive Sensing for Wireless Networks*. Cambridge University Press, 2012.

[71] D. Fudenberg and J. Tirole, *Game Theory*. MIT Press, 1991.

[72] G. Owen, *Game Theory*, 3rd edn. Academic Press, 2001.

[73] V. Krishna, *Auction Theory*. Academic Press, 2002.

[74] http://www.gametheory.net

[75] C. U. Saraydar, N. B. Mandayam, and D. J. Goodman, "Efficient power control via pricing in wireless data networks," *Bull. Am. Math. Soc.*, vol. 50, no. 2, pp. 291–303, Feb. 2002.

[76] H. Yaiche, R. R. Mazumdar, and C. Rosenberg, “A game theoretic framework for bandwidth allocation and pricing in broadband networks,” *IEEE/ACM Trans. Networking*, vol. 8, no. 5, pp. 667–678, Oct. 2000.

[77] Z. Han, Z. Ji, and K. J. R. Liu, “Power minimization for multi-cell OFDM networks using distributed non-cooperative game approach,” in *IEEE Global Telecommunications Conference*, Dallas, TX, Nov.–Dec. 2004, pp. 3742–3747.

[78] Z. Han, Z. Li, and K. J. R. Liu, “A referee-based distributed scheme of resource competition game in multi-cell multi-user OFDMA networks,” *IEEE J. Selected Areas Commun., Special Issue on Non-cooperative Behavior in Networking*, vol. 25, no. 6, pp. 1079–1090, Aug. 2007.

[79] V. Srinivasan, P. Nuggehalli, C. F. Chiasserini, and R. R. Rao, “Cooperation in wireless ad hoc networks,” in *Proc. IEEE Conference on Computer Communications (INFOCOM 2003)*, San Francisco, CA, Mar. 2003.

[80] E. Altman, A. A. Kherani, P. Michiardi, and R. Molva, “Non-cooperative forwarding in ad-hoc networks,” INRIA, Technical Report, May 2005.

[81] R. H. Porter, “Optimal cartel trigger price strategies,” *J. Economic Theory*, vol. 29, pp. 313–318, Apr. 1983.

[82] N. Vieille, “Stochastic games: Recent results,” in *Handbook of Game Theory*. Elsevier Science, pp. 1833–1850, 2002.

[83] L. Shapley, “Stochastic games,” *Proc. Nat. Acad. Sci. USA*, vol. 39, pp. 1095–1100, 1953.

[84] A. Neyman, *Stochastic Games and Applications*. Springer, 2003.

[85] J. Filar and K. Vrieze, *Competitive Markov Decision Processes*. Springer, 1996.

[86] E. Altman, *Advances in Dynamic Games*. Birkhäuser, 2005, vol. 7, ch. Applications of dynamic games in queues, pp. 309–342.

[87] E. Altman, T. Jimenez, R. N. Queija, and U. Yechiali, “Optimal routing among ./m/1 queues with partial information,” INRIA, Technical Report, 2004.

[88] W. van den Broek, J. Engwerda, and J. Schumachar, “Robust equilibria in indefinite linear-quadratic differential games,” *J. Optimization Theory Appl.*, vol. 119, no. 3, pp. 565–595, 2003.

[89] T. Basar and G. J. Olsder, *Dynamic Noncooperative Game Theory*, 2nd edn. Academic Press, 1995.

[90] T. Basar and P. Bernhard, *H8-Optimal Control and Related Minimax Design Problems: A Dynamic Game Approach*. Birkhäuser, 1995.

[91] M. G. Crandall and P.-L. Lions, "Viscosity solutions of Hamilton–Jacobi equations," *Trans. Am. Math. Soc.*, vol. 277, no. 1, pp. 1–42, 1983.

[92] A. D. Polyanin and F. Z. Valentin, *Handbook of Nonlinear Partial Differential Equations*. Chapman and Hall/CRC, 2003.

[93] W. Fleming and P. Souganidis, "On the existence of value functions of two-player, zero-sum stochastic differential games," *Indiana Univ. Math. J.*, vol. 38, no. 2, pp. 293–314, 1989.

[94] D. Grosu, A. T. Chronopoulos, and M. Leung, "Load balancing in distributed systems: An approach using cooperative games," in *Proc. IPDPS*, Fort Lauderdale, FL, Apr. 2002, pp. 52–61.

[95] W. Rhee and J. M. Cioffi, "Increase in capacity of multiuser OFDM system using dynamic subchannel allocation," in *Proc. IEEE Vehicular Technology Conf. (VTC 2000 Spring)*, Tokyo, May 2000, pp. 1085–1089.

[96] Z. Han, Z. Ji, and K. J. R. Liu, "Fair multiuser channel allocation for OFDMA networks using Nash bargaining and coalitions," *IEEE Trans. Commun.*, vol. 53, no. 8, pp. 1366–1376, Aug. 2005.

[97] C. Peng, H. Zheng, and B. Y. Zhao, "Utilization and fairness in spectrum assignment for opportunistic spectrum access," *Mobile Networks Appl.*, vol. 11, no. 4, pp. 555–576, Aug. 2006.

[98] J. E. Suris, L. DaSilva, Z. Han, and A. MacKenzie, "Cooperative game theory approach for distributed spectrum sharing," in *IEEE International Conference on Communications, ICC*, Glasgow, Jun. 2007, pp. 5282–5287.

[99] K. Lee and V. Leung, "Fair allocation of subcarrier and power in an OFDMA wireless mesh network," *IEEE J. Selected Areas Commun.*, vol. 24, no. 11, pp. 2051–2060, Nov. 2006.

[100] H. Park and M. van der Schaar, "Bargaining strategies for networked multimedia resource management," *IEEE Trans. Signal Process.*, vol. 55, no. 7, pp. 3496–3511, Jul. 2007.

[101] K. Apt and A. Witzel, "A generic approach to coalition formation," in *Proc. International Workshop on Computational Social Choice (COMSOC)*, Amsterdam, Dec. 2006.

[102] K. Apt and A. Witzel, "A generic approach to coalition formation," arXiv:0709.0435[cs.GT], Sept. 2007.

[103] K. Apt and T. Radzik, "Stable partitions in coalitional game," arXiv:cs/0605132[cs.GT], May 2006.

[104] D. T. Mortensen, *The Matching Process as a Non-Cooperative/Bargaining Game*. John McCall, 1982.

[105] A. E. Roth and E. Peranson, "The redesign of the matching market for American physicians: Some engineering aspects of economic design," *Am. Economic Rev.*, vol. 89, no. 4, pp. 748–780, Sept. 1999.

[106] D. M. Gusfield and R. W. Irving, *The Stable Marriage Problem: Structure and Algorithms*. MIT Press, 1989.

[107] Wikipedia, "Stable marriage problem," 2013. http://en.wikipedia.org/wiki/Stable_marriage_problem.

[108] D. Gale and L. S. Shapley, "College admissions and the stability of marriage," *Am. Math. Monthly*, vol. 69, no. 1, pp. 9–15, Jan. 1962.

[109] S. Bayat, R. H. Y. Louie, Z. Han, Y. Li, and B. Vucetic, "Distributed stable matching algorithm for physical layer security with multiple source-destination pairs and jammer nodes," in *Proc. IEEE Wireless Communications and Networking Conference (WCNC)*, Paris, Apr. 2012.

[110] S. Bayat, R. H. Y. Louie, Z. Han, B. Vucetic, and Y. Li, "Physical-layer security in distributed wireless networks using matching theory," *IEEE Trans. Information Forensics Security*, vol. 8, no. 5, pp. 717–732, May 2013.

[111] *Annual Averages of Employed Multiple Job Holders by Industry*. US Bureau of Labor Statistics, 2002.

[112] J. Green and J. J. Laffont, "On coalition incentive compatibility," *Rev. Economic Studies*, vol. 46, no. 2, pp. 243–254, Apr. 1979.

[113] T. Groves, "Incentives in teams," *Econometrica*, vol. 45, pp. 617–631, 1973.

[114] A. Gibbard, "Manipulation of voting schemes: A general result," *Econometrica,* vol. 41, no. 4, pp. 587–601, 1973.

[115] M. A. Satterthwaite, "Strategy-proofness and arrow's conditions: Existence and correspondence theorems for voting procedures and social welfare functions," *J. Economic Theory*, vol. 10, pp. 187–217, Apr. 1975.

[116] L. Hurwicz, *Decision and Organization: On Informationally Decentralized Systems*, 2nd edn. University of Minnesota Press, 1972.

[117] R. B. Myerson and M. A. Satterthwaite, "Efficient mechanisms for bilateral trading," *J. Economic Theory*, vol. 29, pp. 265–281, 1983.

[118] K. J. Arrow, *Economics and Human Welfare: The Property Rights Doctrine and Demand Revelation under Incomplete Information*. Academic Press, 1979.

[119] C. d'Aspremont and L. Gerard-Varet, "Incentives and incomplete information," *J. Public Economics*, vol. 29, no. 45, pp. 11–25, 1979.

[120] V. Krishna, *Auction Theory*, 2nd edn. Academic Press: San Diego, CA, 2010.

[121] R. Wilson, "Auctions of shares," *Q. J. Economics*, vol. 93, pp. 675–698, 1979.

[122] L. Ausubel and P. Cramton, "Demand reduction and inefficiency in multi-unit auctions," University of Maryland, Technical Report, 1998, http://www.cramton.umd.edu/papers1995-1999/98wp-demand-reduction.pdf.

[123] C. Maxwell, "Auctioning divisible commodities: A study of price determination," Harvard University, Technical Report, 1983.

[124] K. Back and J. F. Zender, "Auctions of divisible goods: On the rationale for the treasury experiment," *Rev. Financial Studies*, vol. 6, pp. 733–764, 1993.

[125] J. J. D. Wang and J. F. Zender, "Auctioning divisible goods," *Economic Theory*, no. 19, pp. 673–705, 2002.

[126] A. Hortacsu, "Mechanism choice and strategic bidding in divisible good auctions: An empirical analysis of the Turkish treasury auction market," Stanford University, Technical Report, 2000, http://home.uchicago.edu/~hortacsu/ttreas.pdf.

[127] K. J. Sunnevag, "Auction design for the allocation of emission permits," Technical Report, University of California at Santa Barbara, 2001.

[128] G. Federico and D. Rahman, "Bidding in an electricity pay-as-bid auction," *J. Regulatory Economics*, vol. 24, no. 2, pp. 175–211, 2003.

[129] R. Johari and J. N. Tsitsiklis, "Efficiency loss in a network resource allocation game," *Math. Operations Res.*, vol. 29, no. 3, pp. 407–435, Aug. 2004.

[130] S. Yang and B. Hajek, "Revenue and stability of a mechanism for efficient allocation of a divisible good," Technical Report, Department of Electrical and Computer Engineering, University of Illinois at Urbana–Champaign.

[131] R. Maheswaran and T. Başar, "Nash equilibrium and decentralized negotiation in auctioning divisible resources," *Group Decision and Negotiation*, vol. 12, no. 5, pp. 361–395, 2003.

[132] R. T. Maheswaran and T. Başar, "Coalition formation in proportionally fair divisible auctions," in *AAMAS '03 Proc. Second International Conference on Autonomous Agents and Multi-Agent Systems*, 2003, pp. 25–32.

[133] R. T. Maheswaran and T. Başar, "Decentralized network resource allocation as a repeated noncooperative market game," in *Proc. 40th IEEE Conference on Decision and Control (CDC 2001)*, Orlando, FL, Dec. 2001, pp. 4565–4570.

[134] P. Milgrom, *Putting Auction Theory to Work*. Cambridge University Press, 2004.

[135] D. Friedman, D. P. Friedman, and J. Rust, *The Double Auction Market: Institutions, Theories, and Evidence*. Westview Press, 1993.

[136] "Contract theory." http://en.wikipedia.org/wiki/Contract_theory.

[137] L. Gao, X. Wang, Y. Xu, and Q. Zhang, "Spectrum trading in cognitive radio networks: A contract-theoretic modeling approach," *IEEE J. Selected Areas Commun.*, vol. 29, no. 4, pp. 843–855, Apr. 2011.

[138] L. Gao, J. Huang, Y. Chen, and B. Shou, "Contrauction: An integrated contract and auction design for dynamic spectrum sharing," in *46th Annual Conference on Information Sciences and Systems (CISS)*, Princeton, NJ, Mar. 2012.

[139] L. Gao, J. Huang, Y. Chen, and B. Shou, "An integrated contract and auction design for secondary spectrum trading," *IEEE J. Selected Areas Commun.*, vol. 31, no. 3, pp. 581–592, Mar. 2013.

[140] P. Bolton and M. Dewatripont, *Contract Theory*. MIT Press, 2004.

[141] D. M. Kreps and R. Wilson, "Sequential equilibria," *Econometrica*, vol. 50, no. 4, pp. 863–894, 1982.

[142] D. Monderer and L. S. Shapley, "Potential games," *Games and Economic Behavior*, vol. 14, no. 1, pp. 124–143, 1996.

[143] A. MacKenzie and L. DaSilva, *Game Theory for Wireless Engineers*. Morgan & Claypool Publishers, 2006.

[144] G. Scutari, S. Barbarossa, and D. P. Palomar, "Potential games: A framework for vector power control problems with coupled constraints," in *IEEE International Conference on Acoustics, Speech and Signal Processing, ICASSP*, vol. 4, Toulouse, May 2006, p. IV.

[145] J. Neel, J. Reed, and R. Gilles, "Game models for cognitive radio analysis," in *SDR Forum Technical Conference*, vol. 4, Phoenix, AZ, Nov. 2004.

[146] J. Neel, J. Reed, and R. Gilles, "Convergence of cognitive radio networks," in *Wireless Communications and Networking Conference*, vol. 4, Atlanta, GA, Mar. 2004, pp. 2250–2255.

[147] J. Neel, J. Reed, and R. Gilles, "The role of game theory in the analysis of software radio networks," in *SDR Forum Technical Conference*, San Diego, CA, Nov. 2002.

[148] A. Fattahi and F. Paganini, "New economic perspectives for resource allocation in wireless networks," in *American Control Conference*, Portland, OR, Jun. 2005.

[149] E. Altman and Z. Altman, "S-modular games and power control in wireless networks," *IEEE Trans. Automatic Control*, vol. 48, pp. 839–842, May 2003.

[150] G. Scutari, S. Barbarossa, and D. P. Palomar, "Potential games: A framework for vector power control problems with coupled constraints," in *ICASSP*, May 2006, pp. 241–244.

[151] R. Menon, A. MacKenzie, R. Buehrer, and J. Reed, "Game theory and interference avoidance in decentralized networks," in *SDR Forum Technical Conference*, Phoenix, AZ, Nov. 2004.

[152] J. Hicks, A. MacKenzie, J. Neel, and J. Reed, "A game theory perspective on interference avoidance," in *Globecom*, vol. 1, Dallas, TX, Nov.–Dec. 2004, pp. 257–261.

[153] J. Hicks and A. B. MacKenzie, "A convergence result for potential games," in *11th International Symposium on Dynamic Games and Applications*, Tucson, AZ, Dec. 2004.

[154] R. J. Aumann, "Subjectivity and correlation in randomized strategy," *J. Math. Economics*, vol. 1, no. 1, pp. 67–96, 1974.

[155] R. J. Aumann, "Correlated equilibrium as an expression of Bayesian rationality," *Econometrica*, vol. 55, no. 1, pp. 1–18, Jan. 1987.

[156] S. Hart and A. Mas-Colell, "A simple adaptive procedure leading to correlated equilibrium," *Econometrica*, vol. 68, no. 5, pp. 1127–1150, Sept. 2000.

[157] S. M. Perlaza, H. Tembine, S. Lasaulce, and M. Debbah, "Satisfaction equilibrium: A general framework for qos provisioning in self-configuring networks," in *GLOBECOM*, Miami, FL, Dec. 2010, pp. 1–5.

[158] S. M. Perlaza, H. Tembine, S. Lasaulce, and M. Debbah, "Quality of service provisioning in decentralized networks: A satisfaction equilibrium approach," *IEEE J. Selected Topics Signal Process.*, vol. 6, no. 2, pp. 104–116, Feb. 2012.

[159] L. Rose, S. M. Perlaza, C. L. Martret, and M. Debbah, "Achieving Pareto optimal equilibria in energy efficient clustered ad hoc networks," in *Proc. IEEE International Conference on Communications (ICC)*, Budapest, Jun. 2013, pp. 1491–1495.

[160] S. Perlaza, H. Poor, and Z. Han, "Learning efficient satisfaction equilibria via trial and error," in *Proc. Asilomar Conference on Signals, Systems and Computers (ASILOMAR)*, Pacific Grove, CA, Nov. 2012, pp. 676–680.

[161] M. Belleschi, G. Fodor, and A. Abrardo, "Performance analysis of a distributed resource allocation scheme for D2D communications," in *Proc. IEEE Workshop on Machine-to-Machine Communications*, Dec. 2011, pp. 358–362.

[162] N. S. Networks, "The advanced LTE toolbox for more efficient delivery of better user experience," Nokia Siemens Networks, Technical Report, 2011.

[163] S. Parkvall, A. Furuskar, Y. Jading *et al.*, "LTE-advanced – evolving LTE towards IMT-advanced," in *Proc. VTC2008 – Fall*, Sept. 2008, pp. 1–5.

[164] S. Abeta, "Toward LTE commercial launch and future plan for LTE enhancements (LTE-advanced)," in *Proc. IEEE International Conference on Communication Systems (ICCS)*, Nov. 2010, pp. 146–150.

[165] K. Doppler, M. Rinne, C. Wijting, C. Ribeiro, and K. Hugl, "Device-to-device communication as an underlay to LTE-advanced networks," *IEEE Commun. Mag.*, vol. 47, no. 12, pp. 42–49, Dec. 2009.

[166] K. Doppler, M. Rinne, C. Wijting, C. Ribeiro, and K. Hugl, “Device-to-device communications: Functional prospects for LTE-advanced networks,” in *Proc. IEEE International Communications (ICC) Workshops*, Jun. 2009, pp. 1–6.

[167] M. Zulhasnine, C. Huang, and A. Srinivasan, “Efficient resource allocation for device-to-device communication underlaying LTE network,” in *Proc. IEEE 6th International Conference on Wireless and Mobile Computing*, Oct. 2010, pp. 368–375.

[168] D. Halperin, J. Ammer, T. Anderson, and D. Wetherall, “Interference cancellation: Better receivers for a new wireless MAC,” in *Proc. Hot Topics in Networks (HotNets – VI)*, Nov. 2007.

[169] K. Yang, Y. Wu, J. Huang, X. Wang, and S. Verdu, “Distributed robust optimization for communication networks,” in *Proc. IEEE 6th International Conference on Wireless and Mobile Computing*, Apr. 2008.

[170] K. Doppler, C. H. Yu, C. B. Ribeiro, and P. Janis, “Mode selection for device-to-device communication underlaying an LTE-advanced network,” in *Proc. IEEE Wireless Communications and Networking Conference (WCNC)*, Sydney, Apr. 2010.

[171] C. Yu, K. Doppler, C. Ribeiro, and O. Tirkkonen, “Resource sharing optimization for device-to-device communication underlaying cellular networks,” *IEEE Trans. Wireless Commun.*, vol. 10, no. 8, pp. 2752–2763, Aug. 2011.

[172] C. Yu, O. Tirkkonen, K. Doppler, and C. Ribeiro, “On the performance of device-to-device underlay communication with simple power control,” in *Proc. IEEE 69th Vehicular Technology Conference (VTC – Spring)*, Apr. 2009.

[173] X. Xiao, X. Tao, and J. Lu, “A QoS-aware power optimization scheme in OFDMA systems with integrated device-to-device (D2D) communications,” in *Proc. IEEE Vehicular Technology Conference Fall*, Sept. 2011.

[174] C. Yu, K. Doppler, C. Ribeiro, and O. Tirkkonen, “Power optimization of device-to-device communication underlaying cellular communication,” in *Proc. IEEE International Conference on Communications*, Jun. 2009.

[175] J. Gu, S. J. Bae, B. G. Choi, and M. Y. Chung, “Dynamic power control mechanism for interference coordination of device-to-device communication in cellular networks,” in *Proc. IEEE 70th Vehicular Technology Conference Fall*, Jun. 2009.

[176] G. Fodor and N. Reider, “A distributed power control scheme for cellular network assisted D2D communications,” in *Proc. IEEE Global Telecommunications Conference*, Dec. 2011.

[177] H. Min, W. Seo, J. Lee, S. Park, and D. Hong, "Reliability improvement using receive mode selection in the device-to-device uplink period underlaying cellular networks," *IEEE Trans. Wireless Commun.*, vol. 10, no. 2, pp. 413–418, Feb. 2011.

[178] P. Janis, V. Koivunen, C. Ribeiro, K. Doppler, and K. Hugl, "Interference-avoiding MIMO schemes for device-to-device radio underlaying cellular networks," in *Proc. IEEE 20th International Symposium on Personal, Indoor and Mobile Radio Communications*, Sept. 2009.

[179] S. A. Grandhi and J. Zander, "Constrained power control," *IEEE Trans. Wireless Commun.*, vol. 1, no. 4, pp. 257–270, 1995.

[180] T. Arnold and U. Schwalbe, "Dynamic coalition formation and the core," *J. Economic Behavior Organization*, vol. 49, no. 3, pp. 363–380, Nov. 2002.

[181] P. Gilmore and R. Gomory, "A linear programming approach to the cutting stock problem part II," *Operations Res.*, vol. 11, no. 6, pp. 94–120, Dec. 1963.

[182] L. Le and E. Hossain, "QoS-aware spectrum sharing in cognitive wireless networks," in *Proc. IEEE GLOBECOM*, Washington, DC, 2007, pp. 3563–3567.

[183] L. Song and J. Shen, *Evolved Cellular Network Planning and Optimization for UMTS and LTE*. CRC Press, 2010.

[184] "Apparatus and method for transmitter power control for device-to-device communications in a communication system," patent US 2012/0028672 A1.

[185] "Method, apparatus and computer program for power control to mitigate interference," patent US 2009/0325625 A1.

[186] ITU-R M.2135-1, "Guidelines for evaluation of radio interface technologies for IMT-advanced," http://www.itu.int/pub/R-REP-M.2135-1-2009, Dec. 2009.

[187] M. Haenggi, J. G. Andrews, F. Baccelli, O. Dousse, and M. Franceschetti, "Stochastic geometry and random graphs for the analysis and design of wireless networks," *IEEE J. Selected Areas Commun.*, vol. 27, no. 7, pp. 1029–1046, Sept. 2009.

[188] A. Pikovsky, "Pricing and bidding strategies in iterative combinatorial auctions," Ph.D. Dissertation, 2008.

[189] T. Wang, L. Song, Z. Han, and B. Jiao, "Dynamic popular content distribution in vehicular networks using coalition formation games," *IEEE J. Selected Areas Commun.*, vol. 31, no. 9, pp. 538–547, Sept. 2013.

[190] T. Ma, M. Hempel, D. Peng, and H. Sharif, "A survey of energy-efficient compression and communication techniques for multimedia in resource constrained systems," *IEEE Commun. Surveys Tutorials*, vol. 15, no. 3, pp. 963–972, Jul.–Sept. 2013.

[191] S. Mantzouratos, G. Gardikis, H. Koumaras, and A. Kourtis, "Survey of cross-layer proposals for video streaming over mobile ad hoc networks (MANETS)," in *Proc. IEEE International Conference on Telecommunications and Multimedia (TEMU)*, Jul.–Aug. 2012, pp. 101–106.

[192] F. Foukalas, V. Gazis, and N. Alonistioti, "Cross-layer design proposals for wireless mobile networks: A survey and taxonomy," *IEEE Commun. Surveys Tutorials*, vol. 10, no. 1, pp. 70–85, Jan.–Mar. 2008.

[193] B. Fu, Y. Xiao, H. Deng, and H. Zeng, "A survey of cross-layer designs in wireless networks," *IEEE Commun. Surveys Tutorials*, vol. 16, no. 1, pp. 110–126, Jan.–Mar. 2014.

[194] S. Shakkottai, T. S. Rappaport, and P. C. Karlsson, "Cross-layer design for wireless networks," *IEEE Commun. Mag.*, vol. 41, no. 10, pp. 74–80, Oct. 2003.

[195] V. Srivastava and M. Motani, "Cross-layer design: A survey and the road ahead," *IEEE Commun. Mag.*, vol. 43, no. 12, pp. 112–119, Dec. 2005.

[196] K. Karakayali, J. H. Kang, M. Kodialam, and K. Balachandran, "Cross-layer optimization for OFDMA-based wireless mesh backhaul networks," in *Proc. IEEE Wireless Communications and Networking Conference (WCNC)*, Mar. 2007, pp. 276–281.

[197] G. Carneiro, J. Ruela, and M. Ricardo, "Cross-layer design in 4G wireless terminals," *IEEE Commun. Mag.*, vol. 11, no. 2, pp. 7–13, Apr. 2004.

[198] V. Kawadia and P. R. Kumar, "A cautionary perspective on cross-layer design," *IEEE Wireless Commun.*, vol. 12, no. 1, pp. 3–11, Feb. 2005.

[199] X. Lin, N. B. Shroff, and R. Srikant, "A tutorial on cross-layer optimization in wireless networks," *IEEE J. Selected Areas Commun.*, vol. 24, no. 8, pp. 1452–1463, Aug. 2006.

[200] X. Liu, E. K. P. Chong, and N. B. Shroff, "A framework for opportunistic scheduling in wireless networks," *Computer Networks*, vol. 41, no. 4, pp. 451–474, Mar. 2003.

[201] F. Kelly, "Charging and rate control for elastic traffic," *European Trans. Telecommun.*, vol. 8, no. 1, pp. 33–37, Feb. 1997.

[202] G. Song and Y. Li, "Cross-layer optimization for OFDM wireless networks – part I: Theoretical framework," *IEEE Trans. Wireless Commun.*, vol. 4, no. 2, pp. 614–624, Mar.

2005.

[203] G. Song and Y. Li, “Cross-layer optimization for OFDM wireless networks – part II: Algorithm development,” *IEEE Trans. Wireless Commun.*, vol. 4, no. 2, pp. 625–634, Mar. 2005.

[204] Z. Jiang, Y. Ge, and Y. G. Li, “Max-utility wireless resource management for best effort traffic,” *IEEE Trans. Wireless Commun.*, vol. 4, no. 1, pp. 100–111, Jan. 2005.

[205] X. Lin and N. B. Shroff, “The impact of imperfect scheduling on cross-layer congestion control in wireless networks,” *IEEE/ACM Trans. Networking*, vol. 14, no. 2, pp. 302–315, Apr. 2006.

[206] B. Jarupan and E. Ekici, “A survey of cross-layer design for VANETS,” *Ad Hoc Networks*, vol. 9, no. 5, pp. 966–983, Jul. 2011.

[207] J. Camp and E. Knightly, “Modulation rate adaptation in urban and vehicular environments: Cross-layer implementation and experimental evaluation,” in *Proc. ACM International Conference on Mobile Computing and Networking (MobiCom)*, Sept. 2008, pp. 315–326.

[208] K.-L. Chiu, R.-H. Hwang, and Y.-S. Chen, “Cross-layer design vehicle-aided handover scheme in VANETS,” *Wireless Commun. Mobile Computing*, vol. 11, no. 7, pp. 916–928, Jul. 2011.

[209] N. Sofra, A. Gkelias, and K. K. Leung, “Link residual-time estimation for VANET cross-layer design,” in *Proc. International Workshop on Cross Layer Design (IWCLD)*, Jun. 2009, pp. 1–5.

[210] J. P. Singh, N. Bambos, B. Srinivasan, and D. Clawin, “Cross-layer multi-hop wireless routing for inter-vehicle communication,” in *Proc. International Conference on Testbeds and Research Infrastructures for the Development of Networks and Communities (TRIDENTCOM)*, Barcelona, Mar. 2006.

[211] H. Menouar, M. Lenardi, and F. Filali, “Movement prediction-based routing (MOPR) concept for position-based routing in vehicular networks,” in *Proc. IEEE Vehicular Technology Conference (VTC) Fall*, Sep.–Oct. 2007, pp. 2101–2105.

[212] G. Korkmaz, E. Ekici, and F. Ozguner, “A cross-layer multihop data delivery protocol with fairness guarantees for vehicular networks,” *IEEE Trans. Vehicular Technol.*, vol. 55, no. 3, pp. 865–875, May 2006.

[213] R. Schmilz, A. Leiggener, A. Festag, L. Eggert, and W. Effelsberg, “Analysis of path characteristics and transport protocol design in vehicular ad hoc networks,” in *Proc. IEEE*

Vehicular Technology Conference (VTC) Spring, vol. 2, May 2006, pp. 528–532.

[214] L. Zhou, B. Zheng, B. Geller *et al.*, “Cross-layer rate control, medium access control and routing design in cooperative VANET,” *Computer Commun.*, vol. 31, no. 12, pp. 2870–2882, Jul. 2008.

[215] M. Drigo, W. Zhang, R. Baldessari *et al.*, “Distributed rate control algorithm for VANETS (DRCV),” in *Proc. ACM International Workshop on VehiculAr InterNETworking (VANET)*, Sept. 2009, pp. 119–120.

[216] A. Chen, B. Khorashadi, D. Ghosal, and C. Chuah, “Impact of transmission power on TCP performance in vehicular ad hoc networks,” in *Proc. IEEE/IFIP Wireless On-demand Networks and Services (WONS)*, Jan. 2007, pp. 65–71.

[217] B. Khorashadi, A. Chen, D. Ghosal, C. Chuah, and M. Zhang, “Impact of transmission power on the performance of UDP in vehicular ad hoc networks,” in *Proc. IEEE International Conference on Communications (ICC)*, Jun. 2007, pp. 3698–3703.

[218] J. Eriksson, H. Balakrishnan, and S. Madden, “Cabernet: Vehicular content delivery using WiFi,” in *Proc. ACM International Conference on Mobile Computing and Networking (MobiCom)*, Sept. 2008, pp. 199–210.

[219] X. Zhu, S. Wen, C. Wang *et al.*, “A cross-layer study: Information correlation based scheduling scheme for device-to-device radio underlaying cellular networks,” in *Proc. International Conference on Telecommunications (ICT)*, Apr. 2012.

[220] Y. Zeng, N. Xiong, L. T. Yang, and Y. Zhang, “Cross-layer routing in wireless sensor networks for machine-to-machine intelligent hazard monitoring applications,” in *Proc. IEEE Conference on Computer Communications Workshops (INFOCOM WKSHPS)*, Apr. 2011, pp. 206–211.

[221] Y. Zeng, C. J. Sreenan, and L. Sitanayah, “A real-time and robust routing protocol for building fire emergency applications using wireless sensor networks,” in *Proc. IEEE International Conference on Pervasive Computing and Communications Workshops (PERCOM Workshops)*, Mar.–Apr. 2010, pp. 358–363.

[222] O. Chipara, Z. He, G. Xing *et al.*, “Real-time power-aware routing in sensor networks,” in *Proc. IEEE International Workshop on Quality of Service (IWQoS)*, Jun. 2006, pp. 83–92.

[223] H. Luo, S. Ci, and D. Wu, “A cross-layer optimized distributed scheduling algorithm for peer-to-peer video streaming over multi-hop wireless mesh networks,” in *Proc. IEEE*

Communications Society Conference on Sensor, Mesh and Ad Hoc Communications and Networks (SECON), Jun. 2009, pp. 1–9.

[224] X. Zhang, J. Liu, B. Li, and T. P. Yum, "Coolstreaming/donet: A data-driven overlay network for peer-to-peer live media streaming," in *Proc. INFOCOM*, vol. 3, Mar. 2005, pp. 2102–2111.

[225] FCC, "Connecting America: The national broadband plan," Technical Report, Mar. 2010.

[226] T. E. Humphreys, B. M. Ledvina, M. L. Psiaki, B. W. O'Hanlon, and P. M. Kintner, "Assessing the spoofing threat: Development of a portable GPS civilian spoofer," in *Proc. 21st International Technical Meeting of the Satellite Division of the Institute of Navigation, ION GNSS*, Savannah, GA, Sept. 2008, pp. 2314–2325.

[227] N. O. Tippenhauer, C. Popper, K. B. Rasmussen, and S. Capkun, "On the requirements for successful GPS spoofing attacks," in *Proc. 18th ACM Conference on Computer and Communications Security, CCS*, Chicago, IL, Oct. 2011, pp. 75–86.

[228] E. Mills, "Drones can be hijacked via GPS spoofing attack," June 29, 2012. http://news.cnet.com/8301-1009_3-57464271-83/drones-can-be-hijacked-via-gps-spoofing-attack.

[229] A. Rawnsley, "Iran's alleged drone hack: Tough, but possible," *Wired*, Dec 2011. http://www.wired.com/dangerroom/2011/12/iran-drone-hack-gps/?utm_source=Contextly&utm_medium=RelatedLinks&utm_campaign=Previous.

[230] S. Lawson, "FCC to move on sharing scheme that could free up 100 MHz of wireless spectrum," *PC World*, Sept. 13, 2012. http://www.pcworld.com/article/262301/fcc_to_move_on_sharing_scheme_that_could_free_up_100mhz_of_wireless_spectrum.html.

[231] S. Kim, H. Jeon, and J. Ma, "Robust localization with unknown transmission power for cognitive radio," in *Proc. IEEE MILCOM*, Orlando, FL, Oct. 2007, pp. 1–6.

[232] M. Robinson and I. Psaromiligkos, "Received signal strength based location estimation of a wireless LAN client," in *Proc. IEEE WCNC*, New Orleans, LA, Mar. 2005, pp. 2350–2354.

[233] J. Yang and Y. Chen, "Indoor localization using improved RSS-based lateration methods," in *Proc. IEEE GLOBECOM*, Honolulu, HI, Dec. 2009, pp. 1–6.

[234] X. Cheng, A. Thaeler, G. Xue, and D. Chen, "TPS: A time-based positioning scheme for outdoor wireless sensor networks," *Proc. IEEE INFOCOM*, vol. 4, pp. 2685–2696, Mar. 2004.

[235] S. A. Golden and S. S. Bateman, "Sensor measurements for Wi-Fi location with emphasis on time-of-arrival ranging," *IEEE Trans. Mobile Computing*, vol. 6, no. 10, pp. 1185–1198, Oct. 2007.

[236] N. B. Priyantha, A. Chakraborty, and H. Balakrishnan, "The cricket location-support system," in *Proc. 6th Annual International Conference on Mobile Computing and Networking, MobiCom*, Boston, MA, Aug. 2000, pp. 32–43.

[237] D. Niculescu and B. Nath, "Ad hoc positioning system (APS) using AOA," in *Proc. IEEE INFOCOM*, San Francisco, CA, Apr. 2003, pp. 1734–1743.

[238] P. Rong and M. Sichitiu, "Angle of arrival localization for wireless sensor networks," in *Proc. 3rd Annual IEEE Communications Society on Sensor and Ad Hoc Communications and Networks (SECON)*, Reston, VA, Sept. 2006, pp. 374–382.

[239] P. Bahl and V. N. Padmanabhan, "Radar: An in-building RF-based user location and tracking system," in *Proc. IEEE INFOCOM*, Tel Aviv, Mar. 2000, pp. 775–784.

[240] P. Bahl and V. N. Padmanabhan, "Enhancements to the radar user location and tracking system," Microsoft Research, Technical Report, Feb. 2000.

[241] C. Feng, W. Au, S. Valaee, and Z. Tan, "Compressive sensing based positioning using RSS of WLAN access points," in *Proc. IEEE INFOCOM*, San Diego, CA, Mar. 2010, pp. 1–9.

[242] K. Kaemarungsi and P. Krishnamurthy, "Modeling of indoor positioning systems based on location fingerprinting," in *Proc. IEEE INFOCOM*, Mar. 2004, pp. 1012–1022.

[243] S. Sen, B. Radunovic, R. Choudhury, and T. Minka, "Spot localization using PHY layer information," in *Proc. ACM MOBISYS*, Low Wood Bay, Lake District, Jun. 2012, pp. 183–196.

[244] S. Sen, B. Radunovic, R. R. Choudhury, and T. Minka, "Precise indoor localization using PHY information," in *Proc. 9th International Conference on Mobile Systems, Applications, and Services, MobiSys*, Washington, DC, Jun. 2011, pp. 413–414.

[245] Y. Chen, D. Lymberopoulos, J. Liu, and B. Priyantha, "FM-based indoor localization," in *Proc. 10th International Conference on Mobile Systems, Applications, and Services, MobiSys*, Low Wood Bay, Lake District, Jun. 2012, pp. 169–182.

[246] M. Azizyan, I. Constandache, and R. R. Choudhury, "Surroundsense: Mobile phone localization via ambience fingerprinting," in *Proc. 15th Annual International Conference on Mobile Computing and Networking, MobiCom*, Beijing, Sept. 2009, pp. 261–272.

[247] N. Bulusu, J. Heidemann, and D. Estrin, "GPS-less low-cost outdoor localization for very small devices," *IEEE Personal Commun.*, vol. 7, no. 5, pp. 28–34, Oct. 2000.

[248] T. He, C. Huang, B. M. Blum, J. A. Stankovic, and T. Abdelzaher, "Range-free localization schemes for large scale sensor networks," in *Proc. 9th Annual International Conference on Mobile Computing and Networking, MobiCom*, San Diego, CA, Sept. 2003, pp. 81–95.

[249] Y. Shang, W. Ruml, Y. Zhang, and M. Fromherz, "Localization from connectivity in sensor networks," *IEEE Trans. Parallel Distributed Systems*, vol. 15, no. 11, pp. 961–974, Nov. 2004.

[250] Y. Shang, W. Ruml, Y. Zhang, and M. P. J. Fromherz, "Localization from mere connectivity," in *Proc. 4th ACM International Symposium on Mobile Ad Hoc Networking & Computing, MobiHoc*, Annapolis, MD, Jun. 2003, pp. 201–212.

[251] I. Constandache, X. Bao, M. Azizyan, and R. R. Choudhury, "Did you see Bob?: Human localization using mobile phones," in *Proc. 16th Annual International Conference on Mobile Computing and Networking, MobiCom*, Chicago, IL, Sept. 2010, pp. 149–160.

[252] I. Constandache, R. R. Choudhury, and I. Rhee, "Towards mobile phone localization without war-driving," in *Proc. IEEE INFOCOM*, San Diego, CA, Mar. 2010, pp. 1–9.

[253] B. Zhang, J. Teng, J. Zhu *et al.*, "Ev-loc: Integrating electronic and visual signals for accurate localization," in *Proc. 13th ACM International Symposium on Mobile Ad Hoc Networking and Computing, MobiHoc*, Hilton Head Island, CA, Jun. 2012, pp. 25–34.

[254] H. Liu, Y. Gan, J. Yang *et al.*, "Push the limit of WiFi based localization for smartphones," in *Proc. 18th Annual International Conference on Mobile Computing and Networking, MobiCom*, Istanbul, Aug. 2012, pp. 305–316.

[255] J. G. Manweiler, P. Jain, and R. R. Choudhury, "Satellites in our pockets: An object positioning system using smartphones," in *Proc. 10th International Conference on Mobile Systems, Applications, and Services, MobiSys*, Low Wood Bay, Lake District, Jun. 2012, pp. 211–224.

[256] S. Sen, R. R. Choudhury, and S. Nelakuditi, "Spinloc: Spin once to know your location," in *Proc. Twelfth Workshop on Mobile Computing Systems & Applications, HotMobile*, San Diego, CA, Feb. 2012, p. 12.

[257] H. Wang, S. Sen, A. Elgohary *et al.*, "No need to war-drive: Unsupervised indoor localization," in *Proc. 10th International Conference on Mobile Systems, Applications, and Services, MobiSys*, Low Wood Bay, Lake District, Jun. 2012, pp. 197–210.

[258] Y. Chen, W. Trappe, and R. P. Martin, "Attack detection in wireless localization," in *Proc. IEEE INFOCOM*, Anchorage, AK, May 2007, pp. 1964–1972.

[259] K. Bauer, D. McCoy, E. Anderson *et al.*, "The directional attack on wireless localization: How to spoof your location with a tin can," in *Proc. IEEE GLOBECOM*, Honolulu, HI, Dec. 2009, pp. 1–6.

[260] N. O. Tippenhauer, C. Popper, K. B. Rasmussen, and S. Capkun, "On the requirements for successful GPS spoofing attacks," in *Proc. 18th ACM Conference on Computer and Communications Security (CCS)*, Chicago, IL, Oct. 2011, pp. 75–86.

[261] L. Hu and D. Evans, "Using directional antennas to prevent wormhole attacks," in *Network and Distributed System Security Symposium*, San Diego, CA, Feb. 2004, pp. 131–141.

[262] L. Lazos and R. Poovendran, "Serloc: Secure range-independent localization for wireless sensor networks," in *Wireless Security*, Philadelphia, PA, Oct. 2004, pp. 21–30.

[263] S. Capkun, M. Cagalj, and M. Srivastava, "Secure localization with hidden and mobile base stations," in *Proc. 25th IEEE International Conference on Computer Communications, INFOCOM*, Barcelona, Apr. 2006, p. 110.

[264] L. Lazos and R. P. Hirloc, "High-resolution robust localization for wireless sensor networks," *IEEE J. Selected Areas Commun.*, vol. 24, no. 2, p. 233–246, Feb. 2006.

[265] N. Sastry, U. Shankar, and D. Wagner, "Secure verification of location claims," in *Proc. 2nd ACM Workshop on Wireless Security*, San Diego, CA, Sept. 2003, p. 110.

[266] S.-H. Fang, C.-C. Chuang, and C. Wang, "Attack-resistant wireless localization using an inclusive disjunction model," *IEEE Trans. Commun.*, vol. 60, no. 5, pp. 1209–1214, May 2012.

[267] Y. Hu, A. Perrig, and D. Johnson, "Packet leashes: A defense against wormhole attacks in wireless networks," *Twenty-Second Annual Joint Conference of the IEEE Computer and Communications, INFOCOM*, vol. 3, pp. 1976–1986, Apr. 2003.

[268] J. H. Lee and R. Buehrer, "Location spoofing attack detection in wireless networks," in *Proc. IEEE INFOCOM*, Miami, FL, Dec. 2010, p. 16.

[269] X. Li, Y. Chen, J. Yang, and X. Zheng, "Designing localization algorithms robust to signal strength attacks," in *Proc. IEEE INFOCOM*, Shanghai, Apr. 2011, pp. 341–345.

[270] Z. Li, W. Trappe, Y. Zhang, and B. Nath, "Robust statistical methods for securing wireless localization in sensor networks," in *Fourth International Symposium on Information*

Processing in Sensor Networks, IPSN, Los Angeles, CA, Apr. 2005, pp. 91–98.

[271] D. Liu, P. Ning, and W. Du, "Attack-resistant location estimation in sensor networks," in *Fourth International Symposium on Information Processing in Sensor Networks, IPSN*, Los Angeles, CA, Apr. 2005, pp. 99–106.

[272] J. S. Warner and R. G. Johnston, "GPS spoofing countermeasures," *Homeland Security Journal*, Dec. 2003.

[273] Y. Zhang, W. Liu, Y. Fang, and D. Wu, "Secure localization and authentication in ultra-wideband sensor networks," *IEEE J. Selected Areas Commun.*, vol. 24, no. 4, pp. 829–835, Apr. 2006.

[274] P. Bao and M. Liang, "A security localization method based on threshold and vote for wireless sensor networks," *Procedia Engineering*, vol. 15, no. 12, pp. 2783–2787, Dec. 2011.

[275] Q. Mi, J. A. Stankovic, and R. Stoleru, "Secure walking GPS: A secure localization and key distribution scheme for wireless sensor networks," in *Proc. Third ACM Conference on Wireless Network Security, WiSec*, Hoboken, NJ, Mar. 2010, pp. 163–168.

[276] S. K. Leung-Yan-Cheong and M. E. Hellman, "The Gaussian wiretap channel," *IEEE Trans. Information Theory*, vol. 24, no. 4, pp. 451–456, Jul. 1978.

[277] A. D. Wyner, "The wire-tap channel," *Bell. Syst. Tech. J.*, vol. 54, no. 8, pp. 1355–1387, Oct. 1975.

[278] P. C. Pinto, J. Barros, and M. Z. Win, "Physical-layer security in stochastic wireless networks," in *11th IEEE Singapore International Conference on Communication Systems*, Singapore, Nov. 2008.

[279] Z. Shu, Y. Yang, Y. Qian, and R. Q. Hu, "Impact of interference on secrecy capacity in a cognitive radio network," in *Global Telecommunications Conference (GLOBECOM 2011)*, Houston, TX, Dec. 2011.

[280] G. Karagiannis, O. Altintas, E. Ekici *et al.*, "Vehicular networking: A survey and tutorial on requirements, architectures, challenges, standards and solutions," *Commun. Surveys Tutorials*, vol. 13, no. 4, pp. 584–616, Oct.–Dec. 2011.

[281] ETSI, "Intelligent transport system (ITS); vehicular communications; basic set of applications; definition," Technical Report, Jun. 2009, ETSI Std. ETSI ITS Specification TR 102 638 version 1.1.1.

[282] J. Misic, G. Badawy, and V. B. Misic, "Performance characterization for IEEE 802.11p network with single channel devices," *IEEE Trans. Vehicular Technol.*, vol. 60, no. 4, pp. 1775–1787, 2011.

[283] X. Chen and D. Yao, "An empirically comparative analysis of 802.11n and 802.11p performances in CVIS," in *Proc. International Conference on ITS Telecommunications (ITST)*, Nov. 2012, pp. 848–851.

[284] C.-S. Lin, B.-C. Chen, and J.-C. Lin, "Field test and performance improvement in IEEE 802.11p v2r/r2v environments," in *Proc. IEEE International Conference on Communications Workshops (ICC)*, Cape Town, May 2010, pp. 1–5.

[285] H. Guo, S. T. Goh, N. C. S. Foo, Q. Zhang, and W.-C. Wong, "Performance evaluation of 802.11p device for secure vehicular communication," in *Proc. International Wireless Communications and Mobile Computing Conference (IWCMC)*, Jul. 2011, pp. 1170–1175.

[286] J. A. Fernandez, K. Borries, L. Cheng *et al.*, "Performance of the 802.11p physical layer in vehicle-to-vehicle environments," *IEEE Trans. Vehicular Technol.*, vol. 61, no. 1, pp. 3–14, 2012.

[287] C. Han, M. Dianati, R. Tafazolli, R. Kernchen, and X. Shen, "Analytical study of the IEEE 802.11p MAC sublayer in vehicular networks," *IEEE Trans. Intelligent Transportation Systems*, vol. 13, no. 2, pp. 873–886, 2012.

[288] J.-C. Lin, C.-S. Lin, C.-N. Liang, and B.-C. Chen, "Wireless communication performance based on IEEE 802.11p r2v field trials," *IEEE Commun. Mag.*, vol. 50, no. 5, pp. 184–191, 2012.

[289] T. Sukuvaara, R. Ylitalo, and M. Katz, "IEEE 802.11p based vehicular networking operational pilot field measurement," *IEEE J. Selected Areas Commun.*, vol. 31, no. 9, pp. 409–417, Sept. 2013.

[290] S. Cespedes, N. Lu, and X. Shen, "VIP-wave: On the feasibility of IP communications in 802.11p vehicular networks," *IEEE Trans. Intelligent Transportation Systems*, vol. 14, no. 1, pp. 82–97, Mar. 2013.

[291] F. Li and Y. Wang, "Routing in vehicular ad hoc networks: A survey," *IEEE Vehicular Technol. Mag.*, vol. 2, no. 2, pp. 12–22, Jun. 2007.

[292] C. E. Perkins and E. M. Royer, "Ad-hoc on demand distance vector routing," in *Proc. IEEE Workshop on Mobile Computing Systems and Applications (WMCSA)*, Feb. 1999, pp. 90–100.

[293] D. B. Johnson and D. A. Maltz, *Mobile Computing*. Springer, 1996, ch. Dynamic source routing in ad hoc wireless networks, pp. 153–181.

[294] V. Namboodiri, M. Agarwal, and L. Gao, “A study on the feasibility of mobile gateways for vehicular ad-hoc networks,” in *Proc. First International Workshop on Vehicular Ad Hoc Networks*, Philadelphia, PA, Oct. 2004, pp. 66–75.

[295] S. Y. Wang, C. C. Lin, Y. W. Hwang, K. C. Tao, and C. L. Chou, “A practical routing protocol for vehicle-formed mobile ad hoc networks on the roads,” in *Proc. IEEE International Conference on Intelligent Transportation Systems*, Vienna, Sept. 2005, pp. 161–165.

[296] V. Namboodiri and L. Gao, “Prediction-based routing for vehicular ad hoc networks,” *IEEE Trans. Vehicular Technol.*, vol. 56, no. 4, pp. 2332–2345, Jul. 2007.

[297] B. Karp and H. T. Kung, “GPSR: Greedy perimeter stateless routing for wireless networks,” in *Proc. ACM/IEEE International Conference on Mobile Computing and Networking (MobiCom)*, Boston, MA, Aug. 2000, pp. 243–254.

[298] H. Fubler, M. Mauve, H. Hartenstein, M. Kasemann, and D. Vollmer, “Location-based routing for vehicular ad-hoc networks,” *ACM SIGMOBILE Mobile Computing and Communications Review (MC2R)*, vol. 7, no. 1, pp. 47–49, Jan. 2003.

[299] E. H. Wu, P. K. Sahu, and J. Sahoo, “Destination discovery oriented position based routing in VANET,” in *Proc. IEEE Asia–Pacific Services Computing Conference (APSCC)*, Dec. 2008, pp. 1606–1610.

[300] Y. Ohta, T. Ohta, and Y. Kakuda, “An autonomous clustering-based data transfer scheme using positions and moving direction of vehicles for VANETS,” in *Proc. IEEE Wireless Communications and Networking Conference (WCNC)*, Apr. 2012, pp. 2900–2904.

[301] M. Durresi, A. Durresi, and L. Barolli, “Emergency broadcast protocol for intervehicle communications,” in *Proc. International Conference on Parallel and Distributed Systems Workshops (ICPADS)*, Fukuoka, Jul. 2005, pp. 402–406.

[302] G. K. E. Ekici, F. Ozguner, and U. Ozguner, “Urban multi-hop broadcast protocol for inter-vehicle communication systems,” in *ACM International Workshop on Vehicular Ad Hoc Networks*, Philadelphia, PA, Oct. 2004, pp. 76–85.

[303] M. Sun, W. Feng, T.-H. Lai *et al.*, “GPS-based message broadcasting for inter-vehicle communication,” in *Proc. International Conference on Parallel Processing (ICPP)*, Toronto, Aug. 2000, pp. 279–286.

[304] S. Panichpapiboon and W. Pattara-Atikom, “A review of information dissemination protocols for vehicular ad hoc networks,” *Commun. Surveys Tutorials*, vol. 14, no. 3, pp. 784–798, Oct.–Dec. 2012.

[305] T. Zhong, B. Xu, and O. Wolfson, “Disseminating real-time traffic information in vehicular ad-hoc networks,” in *Proc. IEEE Intelligent Vehicles Symposium (IV)*, Jan. 2008, pp. 1056–1061.

[306] T. Fujiki, M. Kirimura, T. Umedu, and T. Higashino, “Efficient acquisition of local traffic information using inter-vehicle communication with queries,” in *Proc. IEEE Intelligent Transportation Systems Conference (ITSC)*, Sept. 2007, pp. 241–246.

[307] D. Li, H. Huang, X. Li, M. Li, and F. Tang, “A distance-based directional broadcast protocol for urban vehicular ad hoc network,” in *Proc. International Conference on Wireless Communications, Networking and Mobile Computing (WiCom)*, Sept. 2007, pp. 1520–1523.

[308] N. Wisitpongphan, O. K. Tonguz, J. S. Parikh *et al.*, “Broadcast storm mitigation techniques in vehicular ad hoc networks,” *IEEE Wireless Commun.*, vol. 14, no. 6, pp. 84–94, Dec. 2007.

[309] L. Li, R. Ramjee, M. Buddhikot, and S. Miller, “Network coding-based broadcast in mobile ad-hoc networks,” in *Proc. IEEE International Conference on Computer Communications (INFOCOM)*, May 2007, pp. 1739–1747.

[310] Y.-S. Chen, Y.-W. Lin, and S.-L. Lee, “A mobicast routing protocol in vehicular ad-hoc networks,” in *Proc. IEEE Global Telecommunications Conference (GLOBECOM)*, Nov.–Dec.2009, pp. 1–6.

[311] B. Zhou, H. Hu, S.-Q. Huang, and H.-H. Chen, “Intracluster device-to-device relay algorithm with optimal resource utilization,” *IEEE Trans. Vehicular Technol.*, vol. 62, no. 5, pp. 2315–2326, Jun. 2013.

[312] B. Shrestha, D. Niyato, Z. Han, and E. Hossain, “Wireless access in vehicular environments using BitTorrent and bargaining,” in *Proc. IEEE Global Telecommunications Conference (GLOBECOM)*, Nov.–Dec. 2008, pp. 1–5.

[313] D. Qiu and R. Srikant, “Modeling and performance analysis of BitTorrentlike peer–peer networks,” *SIGCOMM Computer Commun. Rev.*, vol. 34, no. 4, pp. 367–378, Oct. 2004.

[314] T. S. Rappaport, *Wireless Communications: Principles and Practice*, 2nd edn. Prentice Hall, 2002.

[315] M. H. Ahmed, H. Yanikomeroglu, and S. Mahmoud, "Fairness enhancement of link adaptation techniques in wireless networks," in *Proc. IEEE Vehicular Technology Conference (VTC)*, vol. 4, Oct. 2003, pp. 1554–1557.

[316] D. Niyato, E. Hossain, and P. Wang, "Optimal channel access management with QoS support for cognitive vehicular networks," *IEEE Trans. Mobile Computing*, vol. 10, no. 4, pp. 573–591, Feb. 2011.

[317] M. M. Buddhikot, "Understanding dynamic spectrum access: Models, taxonomy and challenges," in *Proc. IEEE International Symposium on New Frontiers in Dynamic Spectrum Access Networks (DySPAN)*, Apr. 2007, pp. 649–663.

[318] L. Le and E. Hossain, "A MAC protocol for opportunistic spectrum access in cognitive radio networks," in *Proc. IEEE Wireless Communications and Networking Conference (WCNC)*, Mar.–Apr. 2008, pp. 1426–1430.

[319] Q. Liu, S. Zhou, and G. B. Giannakis, "Cross-layer combining of adaptive modulation and coding with truncated ARQ over wireless links," *IEEE Trans. Wireless Commun.*, vol. 3, no. 5, pp. 1746–1755, Sept. 2004.

[320] M. L. Puterman, *Markov Decision Processes: Discrete Stochastic Dynamic Programming*. Wiley-Interscience, 1994.

[321] N. Kayastha, D. Niyato, P. Wang, and E. Hossain, "Applications, architectures, and protocol design issues for mobile social networks: A survey," *Proc. IEEE*, vol. 99, no. 12, pp. 2130–2158, 2011.

[322] N. Vastardis and K. Yang, "Mobile social networks: Architectures, social properties, and key research challenges," *IEEE Commun. Surveys Tutorials*, vol. 15, no. 3, pp. 1355–1371, Oct.–Dec. 2013.

[323] D. J. Watts and S. H. Strogatz, "Collective dynamics of 'small-world' networks," *Nature*, vol. 393, pp. 440–442, 1998.

[324] Y. Zhu, B. Xu, X. Shi, and Y. Wang, "A survey of social-based routing in delay tolerant networks: Positive and negative social effects," *IEEE Commun. Surveys Tutorials*, vol. 15, no. 1, pp. 387–401, Oct.–Dec. 2013.

[325] K. Wei, X. Liang, and K. Xu, "A survey of social-aware routing protocols in delay tolerant networks: Applications, taxonomy and design-related issues," *IEEE Commun. Surveys Tutorials*, vol. 16, no. 1, pp. 556–578, Jan.–Mar. 2014.

[326] C.-M. Huang, K. C. Lan, and C.-Z. Tsai, "A survey of opportunistic networks," in *Proc. International Conference on Advanced Information Networking and Applications – Workshops (AINAW)*, Okinawa, Mar. 2008, pp. 1672–1677.

[327] J. G. Scott, *Social Network Analysis: A Handbook*. SAGE Publications, 2012.

[328] D. Knoke and S. Yang, *Social Network Analysis (Quantitative Applications in the Social Sciences)*. SAGE Publications, 2007.

[329] T. Hossmann, F. Legendre, and T. Spyropoulos, "From contacts to graphs: Pitfalls in using complex network analysis for DTN routing," in *Proc. INFOCOM Workshops*, Rio de Janeiro, Apr. 2009, pp. 1–6.

[330] M. E. J. Newman, "Detecting community structure in networks," *Eur. Phys. J. B – Condensed Matter Complex Systems*, vol. 38, no. 2, pp. 321–330, Mar. 2004.

[331] L. Danon, J. Duch, A. Diaz-Guilera, and A. Arenas, "Comparing community structure identification," *J. Statist. Mech.: Theory Exp.*, p. 09008, 2005.

[332] G. Bigwood, D. Rehunathan, M. Bateman, T. Henderson, and S. Bhatti, "Exploiting self-reported social networks for routing in ubiquitous computing environments," in *Proc. IEEE International Conference on Wireless and Mobile Computing, Networking and Communication (WiMob)*, Avignon, Oct. 2008, pp. 484–489.

[333] K. Jahanbakhsh, G. C. Shoja, and V. King, "Social-greedy: A socially-based greedy routing algorithm for delay tolerant networks," in *Proc. Second International Workshop on Mobile Opportunistic Networking*, Pisa, Feb. 2010, pp. 159–162.

[334] M. E. J. Newman, "Fast algorithm for detecting community structure in networks," *Phys. Rev. E*, vol. 63, no. 6, p. 066133, Jun. 2004.

[335] M. Girvan and M. E. J. Newman, "Community structure in social and biological networks," *Proc. Nat. Acad. Sci. USA*, vol. 99, no. 12, pp. 7821–7826, Jun. 2002.

[336] N. P. Nguyen, Y. X. T. N. Dinh, and M. T. Thai, "Adaptive algorithms for detecting community structure in dynamic social networks," in *Proc. IEEE INFOCOM*, Shanghai, Apr. 2011, pp. 2282–2290.

[337] V. D. Blondel, J. Guillaume, R. Lambiotte, and E. Lefebvre, "Fast unfolding of communities in large networks," *J. Statist. Mech.: Theory Exp.*, p. 10008, Oct. 2008.

[338] Z. Ye, S. Hu, and J. Yu, "Adaptive clustering algorithm for community detection in complex networks," *Phys. Rev. E*, vol. 78, no. 4, p. 046115, 2008.

[339] G. Palla, P. Pollner, A. Barabasi, and T. Vicsek, *Adaptive Networks*. Springer, 2009, ch. Social group dynamics in networks, pp. 11–38.

[340] A. Chaintreau, J. C. P. Hui, C. Diot, R. Gass, and J. Scot, “Impact of human mobility on opportunistic forwarding algorithms,” *IEEE Trans. Mobile Computing*, vol. 6, no. 6, pp. 606–620, Jun. 2007.

[341] P. Hui and J. Crowcroft, “How small labels create big improvements,” in *Proc. IEEE International Conference on Pervasive Computing and Communications Workshops (PerCom Workshops)*, White Plains, NY, Mar. 2007, pp. 65–70.

[342] T. N. Dinh, Y. Xuan, and M. T. Thai, “Towards social-aware routing in dynamic communication networks,” in *Proc. IEEE International Performance Computing and Communications Conference (IPCCC)*, Phoenix, AZ, Dec. 2009, pp. 161–168.

[343] P. Hui, E. Yoneki, S.-Y. Chan, and J. Crowcroft, “Distributed community detection in delay tolerant networks,” in *Proc. ACM International Workshop on Mobility in the Evolving Internet Architecture (MobiArch)*, no. 7, Kyoto, Aug. 2007.

[344] Haggle project, 2004. http://www.haggleproject.org.

[345] N. Eagle and A. Pentland, “Reality mining: Sensing complex social systems,” *Personal and Ubiquitous Computing*, vol. 10, no. 4, pp. 255–268, May 2006.

[346] M. McNett and G. M. Voelker, “Access and mobility of wireless PDA users,” *SIGMOBILE Mobile Computing Commun. Rev.*, vol. 9, no. 2, pp. 40–55, Apr. 2005.

[347] D. Kempe, J. Kleinberg, and E. Tardos, “Influential nodes in a diffusion model for social networks,” in *International Colloquium on Automata, Languages and Programming*, no. 32, Lisbon, Jul. 2005, pp. 1127–1138.

[348] P. Domingos and M. Richardson, “Mining the network value of customers,” in *Proc. 7th ACM SIGKDD International Conference on Knowledge Discovery and Data Mining*, San Francisco, CA, Aug. 2001, pp. 57–66.

[349] D. Kempe, J. Kleinberg, and E. Tardos, “Maximizing the spread of influence through a social network,” in *Proc. 9th ACM SIGKDD International Conference on Knowledge Discovery and Data Mining*, Washington, DC, Aug. 2003, pp. 137–146.

[350] J. Leskovec, A. Krause, C. Guestrin *et al.*, “Cost-effective outbreak detection in networks,” in *Proc. 13th ACM SIGKDD International Conference on Knowledge Discovery and Data Mining*, San Jose, CA, Aug. 2007, pp. 420–429.

[351] W. Chen, Y. Wang, and S. Yang, "Efficient influence maximization in social networks," in *Proc. 15th ACM SIGKDD International Conference on Knowledge Discovery and Data Mining*, Paris, Jun. 2009, pp. 199–208.

[352] Y. Wang, G. Cong, G. Song, and K. Xie, "Community-based greedy algorithm for mining top-*k* influential nodes in mobile social networks," in *Proc. 16th ACM SIGKDD International Conference on Knowledge Discovery and Data Mining*, Washington, DC, Jul. 2010, pp. 25–28.

[353] E. M. Daly and M. Haahr, "Social network analysis for routing in disconnected delay-tolerant MANETS," in *Proc. ACM International Symposium on Mobile Ad Hoc Networking and Computing (MobiHoc)*, Montreal, QC, Sept. 2007, pp. 32–40.

[354] P. Hui, J. Crowcroft, and E. Yoneki, "Bubble rap: Social-based forwarding in delay tolerant networks," in *Proc. ACM International Symposium on Mobile Ad Hoc Networking and Computing (MobiHoc)*, May 2008, pp. 241–250.

[355] G. Palla, I. Derenyi, I. Farkas, and T. Vicsek, "Uncovering the overlapping community structure of complex networks in nature and society," *Nature*, vol. 435, no. 7043, pp. 814–818, Jun. 2005.

[356] M. E. J. Newman, "Analysis of weighted networks," *Phys. Rev. E*, vol. 70, no. 5, p. 056131, Nov. 2004.

[357] A. Lindgren, A. Doria, and O. Schelen, "Probabilistic routing in intermittently connected networks," *ACM SIGMOBILE Mobile Computing Commun. Rev.*, vol. 7, no. 3, pp. 19–20, Jul. 2003.

[358] E. Bulut and B. K. Szymanski, "Exploiting friendship relations for efficient routing in mobile social networks," *IEEE Trans. Parallel Distributed Systems*, vol. 23, no. 12, pp. 2254–2265, Dec. 2012.

[359] J. Fan, J. Chen, Y. Du *et al.*, "Geocommunity-based broadcasting for data dissemination in mobile social networks," *IEEE Trans. Parallel Distributed Systems*, vol. 24, no. 4, pp. 734–743, Apr. 2013.

[360] D. Niyato, P. Wang, W. Saad, and A. Hjorungnes, "Controlled coalitional games for cooperative mobile social networks," *IEEE Trans. Vehicular Technol.*, vol. 60, no. 4, pp. 1812–1824, May 2011.

[361] R. Nelson, *Probability, Stochastic Processes, and Queueing Theory: The Mathematics of Computer Performance Modeling*. Springer, 2010.

[362] Y.-K. Ip, W.-C. Lau, and O.-C. Yue, “Performance modeling of epidemic routing with heterogeneous node types,” in *Proc. IEEE International Conference on Communications (ICC)*, Beijing, May 2008, pp. 219–224.

[363] D. Uckelmann, M. Harrison, and F. Michahelles, *Architecting the Internet of Things*. Springer, 2011.

[364] 3GPP, “Service requirements for machine-type communications,” Technical Report, 2012.

[365] 3GPP, “Evolved universal terrestrial radio access (E-UTRA) and evolved universal terrestrial radio access network (E-UTRAN), overall description,” Technical Report, Jun. 2012.

[366] Alcatel-Lucent, “The LTE network architecture,” Alcatel-Lucent, Technical Report, 2009.

[367] K. Zheng, F. Hu, W. Wang, W. Xiang, and M. Dohler, “Radio resource allocation in LTE-advanced cellular networks with M2M communications,” *IEEE Commun. Mag.*, vol. 50, no. 7, pp. 184–192, Jul. 2012.

[368] S. Sesia, I. Toufik, and M. Baker, *LTE, The UMTS Long Term Evolution: From Theory to Practice*. Wiley Publishing, 2009, ch. 19.

[369] 3GPP, “Medium access control (MAC) protocol specification,” Technical Report, Mar. 2012.

[370] 3GPP, “Study on RAN improvements for machine-type communications,” Technical Report, Sept. 2011.

[371] M.-Y. Cheng, G.-Y. Lin, H.-Y. Wei, and A.-C. Hsu, “Overload control for machine-type-communications in LTE-advanced system,” *IEEE Commun. Mag.*, vol. 50, no. 6, pp. 38–45, Jun. 2012.

[372] S.-Y. Lien, K.-C. Chen, and Y. Lin, “Toward ubiquitous massive accesses in 3GPP machine-to-machine communications,” *IEEE Commun. Mag.*, vol. 49, no. 4, pp. 66–74, Apr. 2011.

[373] C.-Y. Tu, C.-Y. Ho, and C.-Y. Huang, “Energy-efficient algorithms and evaluations for massive access management in cellular based machine to machine communications,” in *Proc. Vehicular Technology Conference (VTC Fall)*, Sept. 2011, pp. 1–5.

[374] S.-Y. Lien, T.-H. Liau, C.-Y. Kao, and K.-C. Chen, “Cooperative access class barring for machine-to-machine communications,” *IEEE Trans. Wireless Commun.*, vol. 11, no. 1, pp. 27–32, Jan. 2012.

[375] J.-P. Cheng, C.-H. Lee, and T.-M. Lin, "Prioritized random access with dynamic access barring for RAN overload in 3GPP LTE-A networks," in *Proc. IEEE GLOBECOM Workshops*, Dec. 2011, pp. 368–372.

[376] K.-D. Lee, S. Kim, and B. Yi, "Throughput comparison of random access methods for M2M service over LTE networks," in *Proc. IEEE GLOBECOM Workshops*, Dec. 2011, pp. 373–377.

[377] S. Choi, W. Lee, D. Kim *et al.*, "Automatic configuration of random access channel parameters in LTE systems," in *Proc. IFIP Wireless Days (WD)*, Oct. 2011, pp. 1–6.

[378] A. Lo, Y. W. Law, and M. Jacobsson, "Enhanced LTE-advanced random-access mechanism for massive machine-to-machine (M2M) communications," in *Proc. 27th Meeting of Wireless World Research Form (WWRF)*, Oct. 2011, pp. 1–5.

[379] S.-Y. Lien, K.-C. Chen, and Y. Lin, "Toward ubiquitous massive accesses in 3GPP machine-to-machine communications," *IEEE Commun. Mag.*, vol. 49, no. 4, pp. 66–74, Apr. 2011.

[380] M.-S. Lee and Y.-M. Choi, "An efficient receiver for preamble detection in LTE SC-FDMA systems with an antenna array," *IEEE Commun. Lett.*, vol. 14, no. 12, pp. 1167–1169, Dec. 2010.

[381] 3GPP, "Feasibility study for proximity services (ProSe)," Technical Report, Jun. 2013.